U0269022

科技创新与现代水利

——2007 年水利青年科技论坛

河南省水利学会　编

黄河水利出版社

内 容 提 要

本书汇集了河南省水利学会青年科技工作委员会组织的"2007年水利青年科技论坛"优秀学术论文95篇。从多个层面反映了河南省水利系统在水利科技领域的积极探索和技术创新，展示了近年来河南省水利系统科学技术和科技创新的发展成就。全书包含水利工程规划、设计、施工、管理，节水灌溉，水利信息化建设现状、技术应用与发展趋势，水利科学研究及南水北调中线工程等方面的内容。本书对于提高广大水利工作者的科技与管理水平，促进水利科学技术与科学研究在水利工作中的应用，加速水利科学技术的发展，具有重要意义。本书可供水利工作者、有关院校师生及相关人员阅读参考。

图书在版编目（CIP）数据

科技创新与现代水利：2007年水利青年科技论坛/
河南省水利学会编. —郑州：黄河水利出版社，
2007.10
    ISBN 978-7-80734-282-3

    Ⅰ.科… Ⅱ.河… Ⅲ.水利工程–技术革新–文集
Ⅳ.TV–53

    中国版本图书馆CIP数据核字(2007)第145783号

组稿编辑：岳德军   手机：13838122133   E-mail: dejunyue@163.com

出 版 社：黄河水利出版社
            地址：河南省郑州市金水路11号   邮政编码：450003
发行单位：黄河水利出版社
            发行部电话：0371–66026940   传真：0371–66022620
            E-mail: hhslcbs@126.com
承印单位：黄河水利委员会印刷厂
开本：787 mm × 1 092 mm   1 / 16
印张：25
字数：578 千字   印数：1—1 000
版次：2007年10月第1版   印次：2007年10月第1次印刷

书号：ISBN 978-7-80734-282-3 / TV·522   定价：60.00 元

编辑委员会

名 誉 主 任：李国英　李福中　高丹盈　石春先　张　超　刘正才
　　　　　　于合群　戚绍玉　时明立

主 任 委 员：翟渊军

副主任委员：吴泽宁　张会言　王　伟　董德忠　解　伟　孙觅博
　　　　　　王继新　戚世森

主　　　　编：翟渊军

副　主　编：胡润亭　石长青　荆国强

委　　　员：王庆伟　王庆斋　王家永　王有生　王洪伟　刘云生
　　　　　　马绍军　任汝成　闫朝阳　肖用海　向广银　李相朝
　　　　　　李景全　李永秋　陈维杰　赵庆民　张中锋　严　军
　　　　　　张西瑞　杨永革　周虎照　徐　宏　荆国强　胡立中
　　　　　　胡润亭　石长青　耿传宇　贾守喜　高　峰　韩德全
　　　　　　雷存伟　黄喜良　常建华　崔联华　曹永涛　裴宗杰
　　　　　　王怀柏　王成伟　李高升　崔元钊　仝孟蛟　张永行
　　　　　　杨勇新　张经济　杨天喜　郭雪蟒　胡献宇　蒋黎明
　　　　　　黄修桥　魏家红　王　骏　郑　惠　杨志超

坚持以人为本，加强科技创新，构建和谐水利

(代序)

在这丹桂飘香的季节里，河南省水利学会青年科技工作委员会编纂的《科技创新与现代水利》即将付印，这是我省水利系统有志青年们在不同的专业领域里所取得的累累硕果。

今年我国气候异常，降雨分布极不均匀，极端灾害性天气事件频繁，洪涝和干旱灾害严重。我省同样如此，特别是淮河流域发生了流域性大洪水，一些中小河流发生了超历史记录的特大洪水，山洪、泥石流、滑坡等局部灾害频繁发生，部分地区还发生了历史罕见的特大干旱。党中央、国务院高度重视防汛抗旱工作，胡锦涛总书记、温家宝总理、回良玉副总理等中央领导同志多次对防汛抗洪和抗旱救灾工作作出重要批示，并亲赴一线视察汛情、旱情和灾情，指导工作，极大地鼓舞了广大干部群众。我省各地各部门坚持以科学发展观为指导，坚持以人为本，依法防控，科学防控，群防群控，重要堤防无一冲决，水库无一垮坝，减灾效益十分显著，尤其是治淮骨干工程，更是发挥了显著的经济效益和社会效益。继续进行淮河及其他流域的防洪除涝供水工程及其相关设施建设，仍然是今后相当长一段时期的重要任务。

近几年来，山洪灾害造成人员伤亡的事件屡有发生，这是值得特别关注的大事，特别是今年夏季豫西卢氏极端天气事件引发的山洪灾害令人铭记在心。因此，要切实做好山洪灾害的防御工作，要强化山洪灾害监测和预警，认真落实各项应急预案和防御措施，提前转移受威胁地区群众，确保人民生命财产安全。

水利是造福人民的伟业，是治国安邦的大事，是国民经济重要的基础设施。水利工作涉及人民群众最切身的利益，事关城乡之间、区域之间、经济与社会、人与自然等多方面的和谐发展。水利人肩负着崇高的使命和历史的重任，尤其是青年水利科技工作者，是水利事业的未来和希望。

近年来，我省水利系统在贯彻落实科学发展观、促进社会主义和谐社会建设方面，进行了积极的实践和探索。在治水思路上，确立了人与自然和谐相处的可持续发展水利理念，倡导人与水相亲，给洪水以出路，注重水资源的节约和保护，充分发挥大自然的自我修复能力，努力促进经济社会发展与水资源承载力和水环境承载力相适应、相协调；坚持以人为本，把广大人民的最根本利益作为水利工作的出发点和落脚点，最大限度地减轻水旱灾害损失，积极解决人民群众的饮水困难，努力保障饮水安全，妥善处理水利建设与征地补偿、移民安置等方面的矛盾；全面规划，统筹兼顾，稳定农田水利基本建设，加强灌区续建配套和节水改造，实施泵站改造，发展农村水电，加大了中西部地区以及粮食主产区、"老少边穷"地区、生态保护任务较重地区的水利投入，促进了水利工作的协调发展。

但是，我们也清醒地认识到，与落实科学发展观、构建社会主义和谐社会的要求相比，水利发展中还存在着不少矛盾、困难和问题。防洪减灾综合体系还不完善，特别是中小河流、中小水库的洪水威胁严重，平原低洼地区的涝灾相当频繁；水资源短缺和水环境问题仍然突出，全省农村还有不少地方饮水不安全，水质问题严重影响着群众身体健康；农村水利基础设施薄弱，灌排系统不完善，老化损毁严重，制约着农业综合生产能力的提高，对国家粮食安全将带来不利影响；在水利施工、科学管理、自动化操作、信息化控制等方面现代化水平还比较低。我省水利发展任重道远，水利在构建和谐社会中任务还十分艰巨。

构建社会主义和谐社会对水利工作提出了新任务、新要求。我们必须认真贯彻党的十七大会议精神，以科学发展观为统领，在统筹做好防汛抗旱、重点水利工程建设、节水型社会建设等各项水利工作的同时，以解决人民群众最关心、最直接、最现实的利益问题为重点，着力实施病险水库除险加固、山洪灾害防治和农村饮水安全保障，积极推进灌区"两改一提高"，大力加强水利现代化建设，全面推进可持续发展水利，以水资源的可持续利用保障经济社会的可持续发展，促进社会主义和谐社会建设。

科技创新能力是一个国家科技事业发展的决定性因素，是国家竞争力的核心，是强国富民的重要基础。要坚持"科学技术是第一生产力"的指导方针，深化科研管理体制改革，加强科学研究、技术开发和成果转化应用，研究探索新理论、新方法、新模型，大力开发推广新技术、新材料、新工艺，不断提高水利科技水平。近年来，我省水利科技水平日益提高，2006年我省水利系统自主研发了"基于分布式水文模型的山洪灾害预警预报系统研究"等19项获奖科技成果，其中多数处于国内先进水平，为我省水利现代化工作做出了积极贡献。

青年科技工作者要在推进水利科技创新的征途上，在贯彻落实科学发展观、践行可持续发展治水的事业里，在加快水利改革与发展、构建社会主义和谐社会的伟大进程中，积极奉献自己的青春年华和聪明才智。

是为序。

李振中

2007 年 10 月

目　录

坚持以人为本，加强科技创新，构建和谐水利(代序) ………………………………… 李福中

水质水量统一优化配置的理论与模型体系框架 …………… 吴泽宁　胡润亭 (1)

结构动力可靠度中相关性问题研究 ……………… 解　伟　王　恒　胡润亭等 (7)

交互式水文规划分析模拟系统 …………………………………… 刘德波 (13)

电子档案综合管理系统在工程设计行业中的应用 …… 杜　华　李润民　马曼曼 (19)

南水北调中线工程潮河线路隧洞线方案比选研究 …… 黄喜良　石长青　马新霞 (23)

河道内采砂对涡河堤防安全的影响 ……………… 闫长位　王贵生　曹东勇 (30)

水面工程库区渗漏及防渗措施探讨 ……………… 史　瑞　李文洪　李若鹏 (33)

双排带桩基础在砂基河道险工治理中的应用 ……… 史　瑞　李一兵　王和顺 (40)

水保综合治理已成为新县经济发展的重要支撑 ………………… 张　建　连光学 (42)

龙飞山小流域综合治理机制与成效 ……………… 连光学　张万清　付　莉 (46)

鹤壁市城市生活节水潜力分析 …………………………………… 姚慧军 (49)

BGAN 卫星通信技术与防汛应急通信 ……………… 任建勋　李延峰　杨　栓 (53)

YJ-302 混凝土界面处理剂在灌区技术改造工程中的运用

　…………………………………………………… 逯林方　王秋旺　周在美 (57)

国家重点灌溉试验站(许昌站)发展规划 …………………………… 闫朝阳 (60)

基于 GIS、GPS 和 GPRS 网络构建河南省防汛应急指挥系统 …… 黄喜良　刘念龙 (66)

基于移动代理的入侵检测模型在水利信息化中的应用 …………… 宋　博　张琦建 (69)

居安思危厉行节约用水　真抓实干建设节约型社会 …………………… 王东旗 (74)

开封市引黄灌区节水发展对策 …………………………………… 董　楠　马　静 (78)

开封市水资源可持续利用存在的问题及对策 …………………… 马　静　董　楠 (82)

利用 IPSTAR 卫星建立防汛应急通信体系 ………………………… 张琦建　宋　博 (86)

漯河市双龙污水提排站工程穿澧河倒虹吸管道安装施工技术

　………………………………………………… 朱寅生　周卫军　冀联群 (90)

浅析灌溉节水的途径 ……………………………………………… 李金虎 (93)

浅析水利基础设施建设规划在农村基础建设整体规划中的重要性

　…………………………………………………… 吴小强　刘清河　方　亮等 (98)

浅议小型水电站二次设备的技术改造 ………………………………… 卢祥斌 (100)

现代通信技术在水利工作中的应用及问题 …………… 杨　栓　任建勋　王　晶 (105)

小清河水资源保护与平舆县城市建设发展关系探讨

　…………………………………………………… 刘清河　方　亮　吴小强等 (109)

大棚西瓜滴灌最佳灌溉制度研究 ……………… 张佳男　韩献忠　杨志超 (111)

混凝土薄壁防渗墙模板施工技术 …………………………………… 周卫军　朱寅生 (116)

浅谈水电站综合自动化系统改造 ………………………………… 石爱莲 (118)

电站调压室滑模的应用 …………………… 胡　亮　雷振华　杜晓晓 (121)

关于提高桥梁梁(板)安装质量的探讨 ……………… 李岩玲　赵宪孔 (126)

河南省燕山水库输水洞工程施工测量控制网 ……… 蔡　彦　胡　亮 (129)

水利企业安全文化建设探讨 ……………………………… 雷振华 (132)

喷射混凝土技术的应用 …………………………… 赵宪孔　张国锋 (137)

浅谈混凝土工程质量控制及通病防治 ……………… 苏　航　丁　鑫 (139)

室内装修产生的有害物质及控制 ……… 易祖明　李志峰　林亚一等 (144)

燕山水库输水洞洞身混凝土衬砌的施工 ……… 张国锋　赵宪孔　李磊 (147)

移动多媒体通信技术在防汛应急通信中的应用 …… 刘念龙　马广亮 (151)

分体式挖槽机在黄河堤防边埝埋设施工中的应用 … 张　军　陈明章　郑松涛 (155)

浅淡内地中小城市洪水的成因与防洪措施 ……… 马　超　杨新颖　王秀娟等 (158)

浅谈白沙水库水资源安全 …………………… 任夫全　赵丽鹏　张爱锋 (160)

浅谈施工电气维修技术 …………………… 马　超　杨新颖　王秀娟等 (164)

土工合成材料在防汛抢险中的应用 ……………………… 王卫宁 (166)

虞城县农村饮水安全工程建设与管理探索 ……… 展东升　张进宝 (171)

浅谈农村饮水安全工程管理 ……………… 张伟晓　郭便玲　董会利等 (175)

浅谈伊川县水利工程管理现状及建议 …… 罗莉姣　张君慧　郭便玲等 (178)

人民胜利渠灌区信息化建设及近期规划 …………… 尚德功　马喜东 (181)

浅谈水库汛前检查在防汛工作中的重要性 …… 李悦锋　郭便玲　张改利等 (184)

一种亟待推广的小型挡水坝——人字闸 …… 李孟奇　陈维杰　李重新等 (187)

南水北调中线工程应河渠道倒虹吸岩溶发育规律浅析

　　　　　　　　……………………… 张　帆　刘福明　王双锋 (189)

循环冷却技术供水在西霞院反调节电站的应用 ……… 孔卫起　李国怀　田武慧 (193)

小浪底水轮机稳定运行技术措施 …………… 张建生　詹奇峰　徐　强 (197)

小浪底水力发电厂通信系统组网应用 ……………………… 徐江平 (202)

水利移民项目质量管理探索 ……………………………… 游建京 (208)

水库生态影响研究和生态调度对策探讨 …… 肖金凤　梁　宏　杨治国 (213)

可持续的水资源管理策略探讨 …………………… 梁　宏　肖金凤 (218)

气吹法敷缆技术在黄河通信光缆施工中的应用 …… 王小远　尚德全 (223)

河南黄河通信专网的网络管理建设方案探讨 ……… 崔　峰　赵凤高 (230)

加快防汛信息化建设　提高现代防汛水平 …… 郭兆娟　张红霞　户晓莉等 (232)

基于 Hopfield 网络的水质综合评价及其 Matlab 实现 ……… 崔永华 (236)

河南省陆浑灌区水资源平衡分析 …………………………… 何阵营 (242)

对大花水水电站水击计算方法的思考 …………… 王利卿　刘云生 (246)

人民胜利渠灌区井渠结合现状及评价 …………… 杨英鸽　周在美 (250)

渠井结合合理利用水资源 …………………… 周万银　原永兴　王中涛 (254)

地下水补给量的分析与计算 ……………………………… 周万银 (258)

河南省节水型社会建设探索 …………………… 张瑞锋　高啸尘　赵树坤等　(260)

濮阳市水环境建设初探 ………………………… 孙保庆　酒　涛　郝庆霞等　(264)

城市防洪与先进防洪技术探讨 ………………… 孙保庆　酒　涛　宋红霞等　(268)

人居和谐的生态城市建设探讨 ………………… 宗正午　李明星　王俊姣等　(271)

节水型社会建设是缓解人类生存环境危机的战略选择

　　　　　　　　　　　　　　　　　张瑞锋　贺素娟　宋红霞等　(277)

实时移动采集系统在河南黄河防汛中的应用 ……………………… 崔　峰　(283)

安阳市城市水系环境建设及水资源配置探讨 …………………… 孟红军　(287)

从2000年洪汝河洪水论滞洪区工程建设的必要性 ……… 付战武　高　尚　(292)

数字化测图之浅见 …………………… 高　尚　付战武　冯煜民　(295)

正确处理业主与参建方的关系是搞好质量控制的关键

　　　　　　　　　　　　　　　　　陈维杰　常延斌　李孟奇等　(298)

安阳城市防汛现状分析及对策的探讨 ………… 李洪斌　李红兵　王福现　(302)

城市居民生活节水的技术与方法 ……………… 韩建秀　周朝鑫　白乐宁　(306)

关于城市水环境综合治理与开发的探讨 ………………… 魏国红　张双景　(312)

监理工程师如何利用检测数据控制和评估施工质量 ……………… 姜仁东　(316)

农业灌溉节水在节水型社会建设中的地位和作用 ………………… 郭兵托　(319)

土坝帷幕灌浆技术在陆浑西干渠除险加固工程施工中的应用

　　　　　　　　　　　　　　　　　郭便玲　张改利　张伟晓等　(323)

郑开大道沿线地区防洪规划研究 ……………………… 马俊青　丁永杰　(326)

水文缆道控制台(EKL型)调速故障的分析与排除 ………………… 赵新智　(330)

浅淡节水灌溉工程实用技术 …………………………………… 周　彬　(333)

南阳市农村供水现状、问题及对策 …………………………… 周　彬　(338)

基于共享的水资源实时监控与管理平台设计构想 ……………… 王　骏　(346)

信息化技术在石漫滩水库闸门控制系统中的应用 ……… 齐翠阁　袁自立　王培超　(351)

水击基本方程的改善研究 ……………… 杨玲霞　李树慧　侯咏梅等　(355)

水文新技术在河南省水文测报工作中的应用与发展 ……… 赵恩来　孙　霞　(361)

ADCP在河道流量测验中存在的问题与对策 …………………… 赵恩来　(364)

信息技术在水利工程建设管理中的应用 ……………………… 毋芬芝　(367)

鸭河口水库水情自动测报系统更新改造方案 ………………… 杨晓鹏　(370)

网络视频监控系统在工程管理中的应用思路 ………… 张　战　何心望　(377)

基于MapServer技术的防汛抗旱预警系统 ……… 冉志海　田海河　孙　霞等　(381)

对南水北调中线工程沙河南—漳河南渠段膨胀岩(土)渠坡处理技术问题

　　的思考 ……………………………………………………… 石长青　(385)

水质水量统一优化配置的理论
与模型体系框架

吴泽宁[1]　胡润亭[2]

(1.郑州大学环境与水利学院；2.河南省水利科学研究院)

摘　要：提出了水质水量统一优化配置的概念和水质水量统一优化配置的原则；分析了水资源生态经济系统的规模阈和配比阈，提出了水质水量统一配置方案拟定的基本原则；基于生态经济系统结构优化限制性因素原理，从水资源生态经济系统输入输出关系的角度，建立了水质水量统一优化配置的概念模型；构建了由核心模型和多个辅助模型组成的水质水量优化配置模型体系框架；提出了确定性评价和不确定性评价构成的配置方案评价框架。

关键词：水资源　水质水量　统一优化配置　模型体系

1　水质水量统一优化配置的概念和内涵

1.1　配置要素的内涵

水资源配置中水量要素的内涵是人们所熟知的。然而，水资源配置的水质要素的内涵，尚无系统完善的认识。因此，水质要素的内涵是进行水质水量统一优化配置必须明确的问题。

(1)水质及其表现形式。水体是水质要素的载体，离开了水体就无从谈及水质，这说明水量和水质是耦合在一起的。由于水体质量受到自然界及人类活动排入污染物的多寡影响而呈现出不同特点，所以水体中各种污染物质含量的高低就成为评价水质状况的依据。

若界定一定水质状况对应的水体容纳污染物的数量为水环境容量，则可用水环境容量表征水环境资源的多少。

(2)水质要素的价值体现。水质要素的价值主要通过水环境容量是重要的环境质量资源体现出来。具体表现在水环境质量变化引起的水资源生态经济系统整体效益的变化。按生态经济价值观的要求,在水质水量优化配置时这部分效益必须计入系统的总体效益，以反映水质要素不同配置的系统效果。

1.2　水质水量统一优化配置的概念与内涵

1.2.1　水质水量统一优化配置的概念

基于水资源的生态经济特点和功能，按照生态经济学的基本观点，水质水量统一优化配置是指在特定的水资源生态经济系统内，考虑各种系统资源要素的相互依存、影响、制约和转化关系，遵循生态经济规律，通过多种措施，将有限的水资源数量和可利用水环境容量在区域间和用水部门间进行合理调配，实现水资源生态经济系统的整体效益最大化。

1.2.2 水质水量统一配置的生态经济学内涵

从生态经济学角度理解，上述概念包含着如下三方面的含义：

(1)水质水量统一优化配置是在水资源生态经济系统内，以水资源数量和质量配置为中心，同时包括经济资源和社会资源的配置，即以水质水量为中心的水资源生态经济系统的系统总资源的配置。其中，除水质水量以外的其他资源要素的配置是通过它们与水质水量要素间的相互依存、相互影响、相互制约和相互转化关系来体现的。

把水质水量配置理解为是对水资源生态经济系统总资源的配置，较好地克服了从传统经济学出发对水资源配置的狭义理解。这是因为，水资源生态经济系统总资源既包括经济资源，又包括社会资源和自然资源，只有重视水资源生态经济系统总资源的优化配置，才能避免单纯的经济资源配置所带来的种种生态经济问题，实现水资源的可持续利用与经济、社会和生态环境的协调发展。

(2)在按一定的比例将系统内各种资源实行组合和配置的过程中，其不断组合的资源主要是紧缺资源，而这些紧缺资源中不仅包括水质和水量，也包括部分经济资源和社会资源，还包括部分自然资源和生态环境资源。

(3)以水质水量优化配置为中心进行的系统总资源配置的目标，是通过水资源生态经济系统内各种经济、社会和自然资源的最佳组合，生产和提供出品种结果合理、数量适度的产品和劳务，以满足人类自身不断增长的生存需要、享受需要和发展需要。这样界定水质水量统一优化配置的目标，一方面是生态经济全面需求观的客观要求；另一方面是在水质水量统一优化配置中，要重视水量和水质要素的生态环境价值。

2 水质水量统一优化配置的基本原则

2.1 整体性原则

水质水量统一优化配置整体性原则是由水资源生态经济系统的整体性决定的。其整体性主要表现在：水资源与其他自然资源、水资源与经济活动、地区水资源与流域水系等相互间存在着内在联系，以及相互影响、相互制约的关系。很明显，水资源状况的重大改变(如形态、数量、质量、水事活动等变化)将引起生物和非生物资源因子的相应变化；水资源的综合开发和利用，将大大促进社会、经济发展；流域内不同区域的水事活动，对河流的干支流和上下游将产生一定的影响。这就要求对水资源生态经济系统进行整体的开发利用和保护。

2.2 可持续性原则

可持续性是经济社会可持续发展的核心特征，也是维持生态系统良性循环的最基本的要求。水资源是再生资源，因此在水质水量配置时，必须遵循可持续性原则。

水资源配置中的可持续性原则，就是要求实现水资源的永续利用，从生态经济阈的概念理解，就是要将水资源的数量和质量限制在水资源生态经济阈的限值之内。如此才能实现水资源生态经济系统的正常运转。

具体讲，可持续性原则要求水量和可利用水环境容量应在区域内的不同子区和不同用水部门之间进行合理分配，既要考虑区域远、近期经济、社会和生态环境持续协调发展，又要考虑区域内不同子区之间的协调发展；既要追求以提高水资源总体配置效率为中心的优化配置模式，又要注重效益在全体用水部门之间的公平分配；既要注重水资源的合理开发利用，又要兼顾水资源的保护与治理。

2.3 "三效益"协调统一原则

根据生态经济学的基本理论，水质水量不同配置方案对应不同的水资源生态经济系统结构，可实现不同的系统功能——经济效益、社会效益和生态效益，系统优化的目标是实现经济效益、社会效益和生态效益的协调统一。根据生态经济系统结构优化原理，水质水量统一优化配置是通过调控水量和水质要素在不同子系统与部门间的配比关系，影响其他资源在水资源生态经济系统内不同层次的配比关系，达到水资源生态经济系统的动态平衡，实现系统的最佳整体功能。

2.4 高效利用原则

提高资源的利用效率是资源配置的核心，显然也是水质水量优化配置应遵循的原则。高效利用指水质水量的配置中要追求高效率，它包括两方面的内容：一是提高单位水资源量的产出量或降低单位产出的水资源消耗量；二是降低单位产出的污废水排出量。前者相当于间接增加了水资源数量，从而增加了有限水量的经济、社会效益；后者相当于减少了水资源生态系统的承载压力，即提高了水环境质量，从而增加水资源的生态环境效益。

3 水质水量统一优化配置的理论框架

3.1 水质水量统一配置方案的生态经济阈值

3.1.1 水资源生态经济系统阈值

(1)水资源生态经济系统的规模阈。指水资源生态经济系统的生态经济要素数量聚集程度上的界限。它又具体包括以下三个方面的内容：

①再生能力限制阈。表示水资源生态经济系统中水资源的自我更新能力的极限，从而成为人类开发利用水资源时利用量的上限。如地表水资源可利用量、地下水资源可采量等。

②水环境容量限制阈。表示水体对工农业生产和城乡居民生活中排泄的污染物质所能降解或稀释的能力的最大量。

③水资源开发利用的生产规模阈。包括各种利用水资源的产业部门同步取得良好生态效益、社会效益和经济效益所需水量的上、下限。

(2)水资源生态经济系统的配比阈。是水资源生态经济系统中，各个生态和经济要素之间都存在着一定的比例关系，当这种比例关系的变化超过一定的界限之后也会引起该系统生态经济结构和功能的质变，这种比例界限就是水资源生态经济阈值的配比阈。具体包括如下几个方面：

①水资源开发利用与区域水资源基础设施(供水、排水、水污染治理等建设)之间的配比阈。它表示在水资源利用要与区域的水资源基础设施建设总体水平之间相互制约、相互促进的配比数量极限。

②水资源开发利用规模同财力、物力、人力承受能力间的配比阈。它表示水资源开

发利用的规模同支持资源开发的经济系统的承受能力之间的配比数量极限。

水资源生态经济系统的规模与配比阈之间有着不可分割的内在联系，前者是后者的基础，后者是前者发展的必然产物。两者相互结合，就构成了水资源生态经济系统的生态经济阈的丰富内涵。

3.1.2　水质水量统一配置可行方案拟定的原则

基于水资源生态经济系统的生态经济阈，拟定水质水量统一配置可行方案时，应遵循如下原则：

(1)水资源可承载原则。分配到系统内生活、生产和生态环境用水量之和不超过水资源生态系统供经济和社会使用的可利用水资源水量。包括地表水资源量、地下水资源量和污水资源化数量等。

(2)水环境可承载原则。系统内所有生活和生产用水部门排入各水功能区的各种污染物之和不超过规定的水体纳污能力。

(3)经济可承受原则。水质水量配置方案投入的措施所需的资金投入量之和不超过经济子系统可用于水质水量配置措施投资的总量。

(4)其他资源相匹配原则。分配给某部门的用水量不超过系统内其他自然资源和社会经济资源的限制。如农业用水要受灌溉面积的限制；工业用水要受企业生产规模的限制等。

3.2　水质水量统一优化配置概念模型

水质水量统一优化配置的目的是针对特定的水资源生态经济系统，以系统的经济、社会和生态环境综合效益为优化准则，寻求水量和可利用水环境容量在子区和各用水部门间的最佳配置比例。根据水资源生态经济系统投入的产出关系，可建立如图1所示的概念模型。

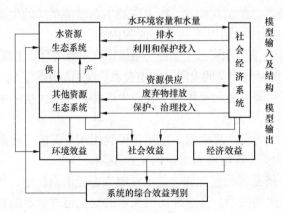

图1　水质水量统一优化配置概念模型

图1表明：①水质水量配置模型由输入和输出两大部分组成。其中输入部分是由组成水资源生态经济系统的水资源生态子系统、其他资源生态子系统及社会经济系统间多种相对的输入和输出关系构成，反映了各子系统间和各种资源要素间的相互影响、相互制约关系。输出部分指系统的总输出，包括由水资源生态子系统产生的环境效益和社会

效益、水资源生态子系统与社会经济子系统生产的社会效益和经济效益。②水质水量统一优化配置过程是个反复协调的调控过程，即模型通过系统综合效益的判别，并将判别信息反馈给输出部分，输出部分根据反馈信息调整系统的输入，进而改变模型的输出，根据输出又可产生反馈信息，如此循环，直至系统取得最佳的输出——系统的综合效益最大。

4 水质水量统一优化配置的模型体系

4.1 生态经济系统结构优化限制性因素原理

在整个生态经济系统中，各子系统以及各因素之间，是相互关联、相互影响的，但并非所有因素的作用都是相同的，其中必有一个或几个因素成为限制性因素，它们的状况以及发展变化，制约着其他因素乃至整个系统的状况和发展变化。

在水资源短缺区，水资源已经成为经济社会可持续发展的制约因子，根据生态经济系统结构优化限制性因素原理，在这些地区可将水质(可利用水环境容量)和水量作为限制性因素来研究水质水量的统一优化配置问题，即可以水质水量为主来建立优化配置核心模型，水资源生态经济系统中其他资源要素的配置可通过其与水质和水量间的相互影响及制约关系的基础模型来实现。

4.2 水质水量统一优化配置模型体系框架

按图1所示概念模型，将模型体系中的模型分为水质水量配置方案生成核心模型和辅助模型两类。核心模型用于生成水质水量在系统内子系统和各部门的配比关系，辅助模型用于为核心模型提供输入参数、建立水质水量间的耦合关系和不同水质水量配比与经济、社会和生态环境效益间的耦合关系。水质水量统一优化配置模型体系见图2。

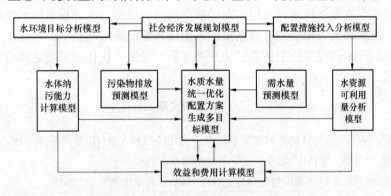

图2 区域水质水量统一优化配置模型体系框架

图2所示的模型体系中，水质水量统一配置方案生成多目标模型是核心模型，它根据各辅助模型提供的参数和关系，生成水质水量在区域内子区和部门间的优化分配比例。其他模型作为辅助模型。

4.3 配置方案效果的确定性和不确定性评价

由于水资源生态经济系统的效益，尤其是社会效益和生态环境效益构成复杂，部分可以直接或间接量化，部分尚不易量化。在水质水量统一优化配置模型的目标中不可能包括效益的所有方面，其得到的仅是模型目标意义下的优化配置方案，仅据模型目标数值的大小来推荐水质水量配置方案，是不全面的。为了判别目标意义下的优化配置方案是否是经济、社会和生态环境综合效益最佳的方案，在优化配置模型提供的配置信息的基础上，要用更多的反映经济、社会和生态环境效益的指标对方案进行综合评价，推荐合理的水质水量统一优化配置方案。

为了反映确定性条件下水质水量统一配置效果和系统不确定因素对配置效果的影响，配置方案效果评价应包括确定性评价和不确定性评价两大部分。所谓配置方案确定性评价，是在配置方案对应的配置方案生成模型输入、配置措施确定不变情况下，对配置模型得到的水质水量配置效果所进行的评价。其目的是对不同配置措施构成的方案所实现的经济、社会效果，以及系统发展的可持续性水平作出分析和判断，预测各配置方案的总体效果。所以，确定性评价内容应包括水资源利用效果评价和发展可持续性评价两个方面。水资源利用效果评价是从水资源利用产生经济、社会效益的角度，对配置方案实现的经济社会效益的大小所进行的分析判断；发展可持续性评价则是从区域水资源生态经济系统可承载和发展的程度方面，对配置方案相应的系统发展可持续性水平进行分析判断。

在水资源生态经济系统中，无论是水质水量，还是经济社会要素本身，以及要素间的投入产出关系都广泛地存在不确定性，必将对水质水量的统一配置结果产生影响，导致各配置方案实现的效果与确定性条件的效果存在偏差，对这种偏差产生的原因、程度及其可能性进行分析和判断，即配置方案的不确定性评价，亦称配置方案的风险分析。

5 结语

本文从生态经济角度，运用生态经济学的有关原理，在分析水质水量统一优化配置的概念、原则和水资源生态经济系统的规模阈与配比阈的基础上，构建了水质水量统一优化配置的理论和模型框架体系，为开展水质水量统一优化配置理论和应用研究开辟了新的途径。

参考文献

[1] 吴泽宁. 基于生态经济的区域水质水量统一优化模型和方法[J]. 灌溉排水学报，2007，26(2).

[2] 唐建荣. 生态经济学[M]. 北京：化学工业出版社，2005.

[3] 冯尚友. 水资源可持续利用与管理导论[M]. 北京：科学出版社，2000.

【作者简介】吴泽宁，1963 年 1 月出生，博士研究生，2004 年毕业于河海大学，获工学博士学位，郑州大学环境与水利学院教授、博士研究生导师。

结构动力可靠度中相关性问题研究

解 伟[1] 王 恒[1] 胡润亭[2] 杨志超[2]

(1．华北水利水电学院；2．河南省水利科学研究院)

摘 要：在分析了当前结构动力可靠度领域里存在的一些基本问题之后，系统地研究了结构动力反应过程的相关性及动力失效的相关性。提出了结构动力反应过程"完全相关形式"的唯一性(一致性)，并给出了该性质的证明。解决了目前难以解决的体系动力可靠度问题，建立了求解结构体系动力可靠度更精确的理论模式——动力 PNET 模式。

关键词：动力过程相关性 动力失效相关性 相关形式一致性 质点失效相关 一致条件概率 随机过程

1 问题的提出

结构动力反应过程的相关性及动力失效的相关性是结构动力可靠度领域里的基本性问题，但由于动力问题的相关性涉及反应全过程的相关性，研究起来十分复杂。很久以来，结构动力可靠度的分析中无不采用了十分简化的处理方法，这种简化有时会给结构动力可靠度的计算带来较大的误差。

1.1 当前结构动力可靠度分析的基本思路及不足

在结构动力可靠度分析中，一般先把实际结构简化为质点体系[1]，进而计算质点反应过程的谱密度函数及其导数过程的谱密度函数，然后在给定的可靠性界限下利用有关的可靠度公式求出各质点的动力反应失效概率，最后以控制点的失效概率作为整个结构体系的失效概率[2, 3]。

由于结构的动力作用过程(风、地震等)是具有很强随机性的过程，所以结构动力反应过程也具有很强的随机性，即使某时刻控制点的反应落在可靠性范围之内，非控制点的反应却不一定也落在可靠性范围之内，它仍会以一定的概率(由于是非控制点，此时的超越概率不会很大)超越可靠性界限，那么仅以控制点的失效来代表整个结构的失效是不精确的。

1.2 动力失效的相关性问题

由前所述，以控制点的动力可靠度来衡量整个结构的动力可靠度会带来一定的误差，那么就有必要研究多个质点共同决定的体系动力可靠度问题，而多质点体系动力可靠度研究关键在于质点动力失效间的相关性(本文研究的主要问题)，它体现质点失效事件间的条件概率关系，是计算体系动力可靠度问题的基础。

在动力可靠度问题的分析中，要定量地确定质点的失效间的相关性是困难的。静力可靠度中，由于有明确的功能函数 Z_1、Z_2 来表达两个不同事件的失效意义，因而也就可以用相关系数 $\rho_{Z_1 Z_2}$ 的大小来刻画 Z_1、Z_2 之间相关程度的大小[4]。而动力问题的研究对象是不同的质点随机过程 $X(t)$，它不同于随机变量，它在反应中的任意时刻超越可靠性界限质点即认为是失效，所以对于随机过程质点是没有明确的功能函数来表达其全过程的失效意义的，因而也就不能用简单的相关系数来确定随机过程质点失效间的相关性，那么如何来研究两质点动力反应失效间的相关性呢？

2　基于条件概率的动力失效相关性

2.1　相关性问题的转化

在静力体系可靠度分析的 PNET 法思想中，求任两个功能函 $Z_i=f_i(X_1，X_2，\cdots，X_n)$，$Z_k=f_k(X_1，X_2，\cdots，X_n)$ 对应的随机变量间的相关系数 $\rho_{X_iX_k}$——它代表相关性——最终是为了确定对应的失效事件之间的条件概率关系，简单讲，即当一事件 Z_i 小于 0 时，另一事件 Z_k 小于 0 的概率有多大；或当 Z_k 小于 0 时，Z_i 小于 0 的概率有多大。而恰恰是这种关系决定了能否用"大"的失效概率代替"小"的失效概率。动力可靠度问题既然不能用相关系数刻画相关性，那么可以直接从随机过程质点失效事件的条件概率关系入手来寻找这种能否用"大"的失效概率代替"小"的失效概率的关系(它也是相关程度的一种体现)。

质点的失效与质点随机过程中每一时刻 t 的截口随机变量 $X(t)$ 的失效概率是紧密联系的，那么质点失效间的条件概率关系也就紧密联系于截口随机变量间 Z_i 的条件概率关系，但是二者不能等价。作为问题的简化，本文只研究在什么情况下可以用截口随机变量间的条件概率关系代替质点失效间的条件概率关系。两随机过程在任意时刻所对应的截口随机变量 $X_1(t)$、$X_2(t)$ 失效的条件概率值一致(相等)的情况下这两种关系等价。

下面证明任意时刻 t 两随机变量失效的一致条件概率(条件概率值相等)需要满足的数学条件。

给定两随机过程：

$$X_1(t), X_2(t) \qquad t \in T$$

将 $X_1(t)$，$X_2(t)$ 主振型展开[5](为后面论述的方便)

$$X_1(t) = \sum_{j=1}^{n} S_{1j} q_j(t)，\quad X_2(t) = \sum_{j=1}^{n} S_{2j} q_j(t)$$

取 t_1 时刻为截口，得两截口随机变量

$$X_1(t_1) = \sum_{j=1}^{n} S_{1j} q_j(t_1)，\quad X_2(t_1) = \sum_{j=1}^{n} S_{2j} q_j(t_1)$$

设 $X_1(t_1)$、$X_2(t_1)$ 的联合概率密度函数为 $f[X_1(t_1)，X_2(t_1)]$，所对应的 $q_j(t_1)$ 的联合概率密度函数为 $g[q_1(t_1)，q_2(t_1)，\cdots，q_n(t_1)]$。则当 $X_1(t_1)$ 失效时，$X_2(t_1)$ 失效的条件概率(R_n 为可靠性界限)：

$$P\{X_2(t_1) > R_n \mid X_1(t_1) > R_n\} = \frac{P\{X_1(t_1) > R_n 且 X_2(t_1) > R_n\}}{P\{X_1(t_1) > R_n\}}$$

$$
\begin{aligned}
&= \frac{\displaystyle\iint_{\Omega} f[x_1(t_1), x_2(t_2)]\,\mathrm{d}x_1(t_1)\,\mathrm{d}x_2(t_1)}{\displaystyle\iint_{x_1(t_1)>R_n} f[x_1(t_1), x_2(t_2)]\,\mathrm{d}x_1(t_1)\,\mathrm{d}x_2(t_1)} \\
&= \frac{\displaystyle\iint\cdots\int_{\Omega} g[q_1(t_1), q_2(t_1), \cdots, q_n(t_1)]\,\mathrm{d}q_1(t_1)\,\mathrm{d}q_2(t_1)\ldots\mathrm{d}q_n(t_1)}{\displaystyle\iint\cdots\int_{x_1(t_1)>R_n} g[q_1(t_1), q_2(t_1), \cdots, q_n(t_1)]\,\mathrm{d}q_1(t_1)\,\mathrm{d}q_2(t_1)\cdots\mathrm{d}q_n(t_1)}
\end{aligned} \tag{1}
$$

其中 Ω 为两随机变量失效的公共交域，如图 1(图中表示 X 按二阶振型展开)。

对于时不变问题，可靠性界限 $R_n(t)$ 为常数，故任意时刻 t 的 Ω 域是不变的，从式(1)中可以看出：要保证任意时刻 t 由 $P\{X_2(t)>R_n \mid X_1(t)>R_n\}$ 所表达的条件概率值恒定，联合概率密度函数需要满足：或者(a) $g[q_1(t), q_2(t), \cdots, q_n(t)]$ 是 t 的不变函数；或者(b)在 $X_1(t)>R_n$ 的区域内 $g[q_1(t), q_2(t), \cdots, q_n(t)]$ 只在 Ω 域内有显著值(即在 $X_1(t)>R_n$ 的区域内除 Ω 外 g 值为 0 或接近于 0)，此时，条件概率值 $P\{X_2(t_1)>R_n \mid X_1(t_1)>R_n\}$ 不仅不变，而且对于任意 t，$P\{X_2(t)>R_n \mid X_1(t)>R_n\}=1$。至此，我们得到两随机变量任意时刻 t 一致条件概率所需满足的条件(a 或 b 只一条件成立即可)。

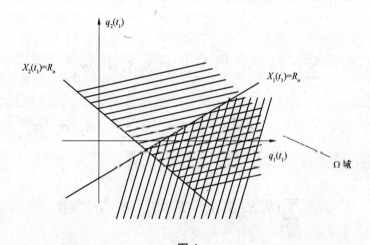

图 1

注：图中阴影部分分别为 $X_1(t_1)>R_n$ 的区域及 $X_2(t_1)>R_n$ 的区域，交叉部分为 Ω 域。

2.2 一种特殊情况的讨论

对于一般的结构反应过程，条件(a)是苛刻的，实际情况中一般不会出现，而条件(b)则是常遇的。所有振子的均值均为零的两随机过程且任意时刻所对应的两截口随机变量完全相关即是符合条件(b)的一个特例(在实际工程中常用到的就是具有 0 均值输入的地震波，此情况下所得到的振子过程 $q_i(t)$ 的均值均为 0)。对于只用到完全相关或独立的体系可靠度分析方法(如 PNET 法)，这个特例情况足可以为研究体系动力可靠度问题提供圆满解答。

下面给出这一特殊情况满足条件(b)的证明。

给定两随机过程：

$$X_1(t), X_2(t) \quad t \in T$$

某时刻 t(t 为任意值)两截口随机变量完全相关，得到(仍利用前述的振型展开)：

$$\rho_{X_1 X_2}(t,t) = \frac{\sum_{j=1}^{n} S_{1j} S_{2j} \sigma_{q_j}^{\ 2}}{(\sum_{j=1}^{n} S_{1j}^{\ 2} \sigma_{q_j}^{\ 2} \sum_{j=1}^{n} S_{2j}^{\ 2} \sigma_{q_j}^{\ 2})^{\frac{1}{2}}} = 1$$

式中：$\sigma_{q_j}^{\ 2}$ 代表 $\sigma_{q_{j(t)}}^{\ 2}$。

将上式整理后得到

$$\sum_{j=1}^{n} S_{1j} S_{2j} \sigma_{q_j}^{\ 2} = (\sum_{j=1}^{n} S_{1j}^{\ 2} \sigma_{q_j}^{\ 2} \sum_{j=1}^{n} S_{2j}^{\ 2} \sigma_{q_j}^{\ 2})^{\frac{1}{2}}$$

两侧取平方

$$\sum_{j=1}^{n} \sum_{l=1}^{n} S_{1j} S_{2j} S_{1l} S_{2l} \sigma_{q_j}^{\ 2} \sigma_{q_l}^{\ 2} = \sum_{j=1}^{n} \sum_{l=1}^{n} S_{1j}^{\ 2} S_{2l}^{\ 2} \sigma_{q_j}^{\ 2} \sigma_{q_l}^{\ 2}$$

展开得

$$\sum_{j=1}^{n} S_{1j}^{\ 2} S_{2j}^{\ 2} \sigma_{q_j}^{\ 4} + \sum_{\substack{j,l=1 \\ j \neq l}}^{n} S_{1j} S_{2j} S_{1l} S_{2l} \sigma_{q_j}^{\ 2} \sigma_{q_l}^{\ 2}$$

$$= \sum_{j=1}^{n} S_{1j}^{\ 2} S_{2j}^{\ 2} \sigma_{q_j}^{\ 4} + \sum_{\substack{j,l=1 \\ j \neq l}}^{n} S_{1j}^{\ 2} S_{2l}^{\ 2} \sigma_{q_j}^{\ 2} \sigma_{q_l}^{\ 2}$$

消掉相同项得

$$\sum_{\substack{j,l=1 \\ j \neq l}}^{n} (S_{1j} S_{2j} S_{1l} S_{2l} - S_{1j}^{\ 2} S_{2l}^{\ 2}) \sigma_{q_j}^{\ 2} \sigma_{q_l}^{\ 2} = 0 \tag{2}$$

由于主振型是振动系统本身固有的属性，故 S_{ij} 的值是预定的。上式若成立，则 $\sigma_{q_j}^{\ 2}(j=1,2,\cdots,n)$ 中至多有一个不为 0，而其余全部为 0。这说明：振子 $q_j(t)$ 中至多有一个为随机过程，其余为固定的函数过程。设具有随机过程性质的振子为 $q_i(t)$。

这样

$$X_i(t) = \sum_{j=1}^{i-1} S_{ij} q_j(t) + S_{ii} q_i(t) + \sum_{j=i+1}^{n} S_{ij} q_j(t) \tag{3}$$

$$X_k(t) = \sum_{j=1}^{i-1} S_{kj} q_j(t) + S_{ki} q_i(t) + \sum_{j=i+1}^{n} S_{kj} q_j(t) + \cdots \tag{4}$$

式(3)、式(4)中，i,k 表示振动系统中的任意两个质点。

另外，由于所有振子的均值为 0，那么固定函数过程 $q_j(t) = 0$，$j \neq i$。

这样

$$X_i(t) = S_{ii}q_i(t) , \quad X_k(t) = S_{ki}q_i(t) \tag{5}$$

式(5)说明，两随机过程已退化为一维振子过程，在图 1 中相当于 g 只在 $q_1(t_1)$ 轴上有值，那么此结果显然符合上述条件(b)。

假定某时刻 t 有下式成立(对于双侧界限失效问题失效事件为：$X(t)$ 的模 $> R_n$)

$$P\{X_k(t) \text{的模} > R_n \mid X_i(t) \text{的模} > R_n\} = 1$$

那么由式(5)易推得，对于任意时刻 t 上式均成立。

从以上的证明可以得到如下结论：

(1)对于所有振子的均值均为零的某两随机过程，如果在动力反应过程中的任意时刻所对应的两截口随机变量完全相关(即 $\rho(t) \equiv 1$)，那么此两质点在动力反应过程中的任意时刻两个条件概率中的一个条件概率值恒定为1(即或者 $P\{X_2(t) > R_n \mid X_1(t) > R_n\} \equiv 1$，或者 $P\{X_1(t) > R_n \mid X_2(t) > R_n\} \equiv 1$)，这样我们就可以认为此两质点的动力失效的条件概率有一个值为1，并且把这种情况定义为质点失效完全相关(它不同于通常意义上的完全相关，这里认为当一个质点失效另一个质点一定失效的事件为完全相关，它包含整个过程上的意义。且也不像普通意义上的两随机变量一定要有某种确定的数量上的关系，研究随机过程我们无法做到这一点)。

(2)一旦系统(体系)中存在某两个质点符合上述(1)的情况，那么体系中任何两质点的失效均是完全相关的(按照本文完全相关的定义)。

由以上结论可以引申出以下结论：

(3)如果动力反应过程中某两质点随机过程出现某时刻不完全相关，那么这两个质点的失效最终一定不是完全相关(同样按照本文的完全相关定义)的，至于相关程度有多大还需进一步研究。如果任意时刻两质点随机过程是独立的，那么此两质点的失效可以认为是独立的。而且体系中任何两质点的情况也是这样的。

(4)性质：把对于任意时刻完全相关的两随机过程，其一个条件概率值不随时间改变的特性称为完全相关形式的唯一性(一致性)。这样反应过程中均完全相关的两质点所具有的性质，有了这样的性质后，可以认定质点最终失效的条件概率其中一个为 1，这样可以认为两质点的动力失效是完全相关(按本文完全相关的定义)的。

3 结论的工程应用

某教学楼为四层钢筋混凝土框架结构，楼层重力荷载代表值：G_1=7 800 kN，G_2=G_3= 7 000 kN，G_4=5 000 kN。梁截面尺寸：250 mm×600 mm，混凝土采用 C20；柱截面尺寸：450 mm × 450 mm，混凝土采用 C30。现浇柱、梁、楼板。Ⅱ类场地土，8 度近震。

计算过程中采用的平稳地震波的功率谱密度函数(psd)为

$$S_{X_g}(\omega) = \frac{\omega_g^4 + 4\xi_g^2\omega_g^2\omega^2}{(\omega_g^2 - \omega^2)^2 + 4\xi_g^2\omega_g^2\omega^2} S_0$$

由于此问题是具有零均值的平稳地震波输入，故各振子可以处理为平稳过程，且具有零均值。对于平稳过程经计算得任意时刻各质点反应的相关系数矩阵为

$$
\left[\rho_{ij} \right] = \begin{bmatrix}
1.000\ 0 & 0.999\ 6 & 0.998\ 7 & 0.997\ 9 \\
0.999\ 6 & 1.000\ 0 & 0.999\ 7 & 0.999\ 2 \\
9.998\ 7 & 0.999\ 7 & 1.000\ 0 & 0.999\ 9 \\
0.997\ 9 & 0.999\ 2 & 0.999\ 9 & 1.000\ 0
\end{bmatrix}
$$

由以上相关系数矩阵可以看出，任何两质点在整个反应过程上的失效均是完全相关的。应用 2 部分得到的结论及性质，可以认为任何两质点在整个反应过程上的一个条件概率恒定不变且为 1，那么两质点最终失效的条件概率为 1，按前面的定义，任两质点的动力失效是完全相关的。这样就可以用 PNET 法计算结构体系的可靠度。

结构中各质点可靠度经计算得，$P_1=0.936\ 4$，$P_2=0.927\ 5$，$P_3=0.924\ 7$，$P_4=0.900\ 2$。首先按失效概率的大小排列：P_1，P_2，P_3，P_4，然后找出与 P_1 相关程度较大的量 P_1，P_2，P_3 并用其代替，最后计算出整个结果简要分析：本例中各质点的失效是完全相关的，所以计算出的结果与控制点计算出的结果一样，但是如果各质点的相关系数经计算较小，而认为是独立的，那么结果显然不同。构体系的可靠度为 $P=P_1=0.936\ 4$。

参考文献

[1] 郭继武. 建筑抗震设计[M]. 北京：高等教育出版社，1997.

[2] 李桂青，李秋胜. 工程结构时变可靠度理论及应用[M]. 北京：科学出版社，2001.

[3] 李桂青，曹宏，李秋胜，等. 结构动力可靠性理论及应用[M]. 北京：地震出版社，1993.

[4] 解伟，李昆良，彭万春. 水工结构可靠度[M]. 郑州：河南科学技术出版社，1997.

[5] 刘尔烈. 结构力学[M]. 天津：天津大学出版社，1996.

交互式水文规划分析模拟系统

刘德波

(河南省水利勘测设计研究有限公司)

摘　要：工程水文规划的计算分析工作量巨大，非软件难以适应工作需要；一些防洪工程系统上下游相互联系，规划分析过程复杂，有关计算、处理方法需要研究改进，操作工具和手段也需要更新。本文对于水文规划工作中可能遇到的计算问题进行分析，提出相应的数学模型，结合当前的软件技术进行系统开发，内容涉及水文计算、工程运用调节、防洪系统模拟计算等。力求操作简单、实用，具有较好的交互性、通用性和适应性，为工程规划设计提供技术支持。

关键词：工程　水文规划　模型　软件

1　模型研究

　　针对河、库防洪系统水文计算分析，水库调度运用的防洪和兴利调节，河、库系统防洪模拟计算等问题，进行计算方法、处理措施和模拟计算模型的探索研究，并应用模型原理开发相应的交互式操作系统。除常规计算方法在有关教材和规范中有说明外，为解决水利水电工程规划设计中遇到的实际问题，系统研究采用的有关计算方法简述如下。

1.1　河、库防洪系统水文计算模型

　　系统构建：根据工程组成进行单元划分，工程不同功能赋予相应的属性、运用方式及特性参数，选配支持文件。按工程的作用顺序构建系统。

　　系统运行：以水流经过和工程的作用顺序进行模拟计算，计算结果为每个单元的输入与输出流量及相应水位。基本公式如下：

$$q(i,t) = \sum f_{j,1}(qc(j,t)) + d(i,t)$$

$$qc(i,t) = f_{i,2}(q(i,t), q(i,t-1), qc(i,t-1))$$

$$h(i,t) = f_{i,3}(q(i,t), q(i,t-1), qc(i,t-1), qc(i,t))$$

式中：q 为单元入流，m³/s；d 为区间产流量，m³/s；qc 为单元出流，m³/s；h 为水位，m；i 为计算单元；t 为时段；j 为相关单元。

1.2　水库汛限水位、兴利水位优选模型

　　水库在满足对径流的调节和用水要求等边界条件下，汛限水位和兴利水位越低，规模越小，投资越少。各水位在一定范围内有多种组合方案，模型为寻求满足兴利和防洪要求的经济方案。基本公式如下：

$$\frac{q(t)+q(t-1)}{2}\Delta t - \frac{qc(t)+qc(t-1)}{2}\Delta t = V(t)-V(t-1)$$

$$h(i,j)=h_0(j)+\Delta h\times i$$

$$p(k)>p_0(k)$$

$$hh(i)=\min(h(i,j))$$

式中：Δh 为水位步长，m；j 为水位类别；i 为水位 j 的方案数；h 为组合方案水位；p_0 为用水要求保证率；k 为用水类别；Δt 为时段长；h_0 为水位下边界，m；v 为库容，万 m^3；其他符号意义同前。

1.3　复式水库调洪计算模型

由于地形条件造成库区水流不通畅，因库区入、出流差别导致分区水位差别明显，水库为非单一水体的情况。设有 A、B 两区，基本公式：

$$Q_{引 AB}=f(H_A，H_B)$$

式中：$Q_{引 AB}$ 为通过 A 区与 B 区之间引(行)洪道的流量，m^3/s，设从 A 区向 B 区流动为正，则反之为负；H_A、H_B 为 A 区、B 区的库水位，m。

设 A 区为非控制区，B 区为控制区，按照洪水蓄泄关系，两库水量平衡方程式可写为：

$$A \ 区：\frac{q_{A(t-1)}+q_{A(t)}}{2}\Delta t - \frac{Q_{引 AB(t-1)}+Q_{引 AB(t)}}{2}\Delta t = V_{A(t)}-V_{A(t-1)}$$

$$B \ 区：\frac{q_{B(t-1)}+q_{B(t)}}{2}\Delta t + \frac{Q_{引 AB(t-1)}+Q_{引 AB(t)}}{2}\Delta t - \frac{qc(t-1)+qc(t)}{2}\Delta t = V_{B(t)}-V_{B(t-1)}$$

若与 A 区有水力联系的还有 C 区，则 A 区水量平衡方程式为：

$$\frac{q_{A(t-1)}+q_{A(t)}}{2}\Delta t - \frac{Q_{引 AB(t-1)}+Q_{引 AB(t)}}{2}\Delta t - \frac{Q_{引 AC(t-1)}+Q_{引 AC(t)}}{2}\Delta t = V_{A(t)}-V_{A(t-1)}$$

若与 B 区有水力联系的还有 C 区，则 B 区水量平衡方程式为：

$$\frac{q_{B(t-1)}+q_{B(t)}}{2}\Delta t + \frac{Q_{引 AB(t-1)}+Q_{引 AB(t)}}{2}\Delta t + \frac{Q_{引 CB(t-1)}+Q_{引 CB(t)}}{2}\Delta t - \frac{qc(t-1)+qc(t)}{2}\Delta t$$

$$= V_{B(t)}-V_{B(t-1)}$$

式中：q 为入流，m^3/s；qc 为出流，m^3/s；$Q_{引}$ 为连同流量，m^3/s；v 为库容，万 m^3；t 为时段。

1.4　大于集统计模型

设变量集合为 $x(i，j)$，大于指标 x_0 的次数为 $c(i)$，$i=1，2，\cdots，m$；$j=1，2，\cdots，n$。基本公式：

$$xx(i,k)=x(i,j)\in(x(i,j)-x_0>0)$$

$$k=1，2，\cdots，c(i)$$

$$t(k)\neq t(k-1)+\Delta t$$

式中：xx 为非连续性大于集变量；m、n 分别为变量队列。

1.5　水库规划调节模型

调度规则：n_1 级控制，洪水频率为 $p(i)$，i=1，2，$\cdots$，n_1；

洪水调节：n_2 级，洪水频率为 $pp(j)$，j=1，2，...，n_2；

计算目标值：各级控制水位 $h_k(i)$，各频率最高水位 $h_m(j)$

$$n_2 \geqslant n_1$$

$$p(i) \in pp(j)$$

基本公式：

$$h(t) < h_k(i)，\quad q_c(t) = q_k(i)$$

$$\frac{q(t) + q(t-1)}{2}\Delta t - \frac{qc(t) + qc(t-1)}{2}\Delta t = V(t) - V(t-1)$$

$$h(t) = f(v(t))$$

式中：q 为入流，m^3/s；qc 为出流，m^3/s；q_k 为控泄流量，m^3/s；v 为库容，万 m^3；h 为水位，m。

2　系统设计

根据河、库防洪系统及工程水文规划涉及范围、工作程序进行系统设计、开发，以方便实用为原则，注重可操作性、人机交互、简明性的实现。

功能设计：以事务管理分类，进行功能设计。考虑资料格式、工程特性等因素，力求通用性良好，结合水利工程水文规划有关内容，从资料处理到专项计算，分块分类进行事务处理，不同事务处理通过数据成果链接。

结构设计：根据处理过程的繁简，充分体现作业思路，在将计算分析过程隐蔽的同时，给出必要的交互界面，力求提供更多的信息，便于理解、引导进程。从基本资料到中间结果都尽可能编辑、修改、输出。

界面设计：充分利用图表的简明交互性能，设置输入端口，方便操作者介入计算与分析。直观控制进程、修改边界条件，操作灵活，随时中止、继续或后退，操作步骤简便快捷。

系统关键技术：除一般工具外，系统主要采用了河、库防洪系统水文计算模型；水库汛限水位和兴利水位优选模型；复式水库调洪计算模型；流域产汇流计算模型；小流域推理公式法洪水计算模型；河道洪水演进模型；大于集检索、持续时段检索、水能计算、水面线计算方法等。

3　系统功能

系统主要功能简述如下。

3.1　水文计算

3.1.1　水文数据读取

从水文部门电子文档资料文件读取水文数据，可建立相应"站码"的子文件夹。

读取内容包括河道洪水要素、逐日流量，水库水文要素、逐日水位、各出水口流量、日雨量、雨量摘录等。

能直接统计流域平均雨量。各年根据选择的雨量站按实有站计算均值(考虑设站变化)。

资料读取：洪水流量、雨量原始文档不同年份格式不同，按要求摘取原型数据后按统一格式存为文件，以便于检查判别原始数据的正误。

转换处理：规范化数据过程，通过计算、归并形成系列，供分析使用。

3.1.2　水文资料处理

为纠正错误、统一格式，便于资料处理分析应用，进行水文资料处理。

水库特性曲线一般包含水位、库容、面积。

(1)河道洪水要素统一。不同年份洪水要素格式统一。

(2)河道全年过程。由洪水要素和日平均流量生成全年时段过程。

(3)水库洪水要素统一。不同年份水文要素格式统一。

(4)水库逐日反推。表中可随意选取各个出流或总出流，由逐日水位、出流反推入库流量，可方便地选择计入蒸发、渗漏及引水量，资料文件可为文本格式，也可以是 Excel 表。

(5)水库全年过程。由水文要素和日平均进、出库流量生成全年时段入流、出流量过程。

(6)其他。分期特征值统计、大于集的统计、年径流统计，以及年径流还原、过程线性叠加等。

3.1.3　洪水计算

(1)设计、实际洪水的有关计算，可按系列进行处理。包括河道洪水演进、典型放大、地区组成，对一般过程进行特征值统计。

(2)由雨量推求洪水。

(3)小流域洪水计算：根据流域特征、位置，暴雨参数，计算设计雨量、暴雨递减指数等，可自动修正进行产流计算，输出要求频率的洪峰、流量过程，转换为需要的等时段过程。

(4)平原汇排水计算。

(5)洪水反演计算。

(6)溃坝洪水计算。

3.2　防洪兴利调节

3.2.1　防洪系统

为多输入多输出系统，河、库防洪系统防洪调节计算模型，进行防洪系统调节。

防洪系统由分单元组成，每个单元有多个输入。

河、库系统由河网与水利工程组成，包括河段、水库、分洪闸、蓄滞洪区等，均为对水体作用的天然或人工工程。系统构建时先对单元分类，命名构成系统的各单元特性文件、控制边界、输入与输出文件。

防洪系统模型构建：根据工程组成、资料情况、规划计算要求，确定单元、节点。既可以由上至下全系统实际模拟计算，也可以设置虚拟节点，对不需要计算结果而需要计算过程的可设为虚拟节点，虚拟节点的进出洪水不是全部，只是其中一项。根据工程类别给出特性参数、控制运用条件，分为水库、汇流节点、分流节点、蓄滞洪区等。

完全调节：只计入工程(水库)作用的洪水。

不完全调节：一般模拟计算，有部分工程作用或没有工程作用。

完全有工程作用，不计区间洪水，是一种简化计算，在单项工程规划中，不考虑其他附加条件时采用。

不完全调节时，区间洪水可计也可不计。

系统构成文件存取：为复验信息，编辑的系统构成可存为文件，再次计算时，调入即可，系统构成编辑和修改只在一个表中进行，十分方便。

数据文件：特性参数、运用条件等可在文件表格中编辑、存取、修改。

系列：在规划计算中，无论是设计值或是实际值，同类均可能是多样本，如不同频率、不同典型、不同年份，可作为系列给出，系列的类，按自己的习惯设置，配合文件夹、数据文件名清晰表述，便于识别和调用洪水数据。

系统自动进行调节计算、单元转换，输出各单元调节计算结果。

3.2.2　兴利调节

用水类别、调节起始时间可根据需要设置。

(1)水库规划水位优化：水库汛限水位、兴利水位的确定，通过兴利调节一次优选出特征水位，输入分类水位范围和兴利目标要求，便给出特征水位优选结果。

(2)一般调节：根据来、用水逐时段进行调节计算，可分时段设置控制水位。

兴利调节的非农业用水过程可以有多种类别，分别有保证率，控制参数也与用水类别对应。用水类别任意组合调节计算。

3.2.3　水库规划防洪调节

由设计洪水和调度规则自动调节计算，直接给出各级控制水位、各频率最高水位。

3.2.4　模拟实时调度

采用参证规划方式，根据下游要求随时改变泄流量，可用于分析错峰效果。

3.2.5　长系列防洪兴利联合调节

模拟水库实际运用过程，非汛期对径流进行兴利调节，汛期按调度运用方式对洪水过程进行防洪调节，输出水位及出流量过程，防洪起调水位受前期调度影响是变化的。

3.2.6　复式水库洪水调节

有的水库为非单一的水体，而是由分区组成的，中间有连通。在进、出库流量较大时，形成明显的水位差。分区调节作用不同于一般水库，对此，通过建立连通口的水位流量关系、分区水位库容曲线及调度运用方式进行调节计算，输出分区的水位、出流变化过程。

有出流控制的分区为控制区，无出流控制的分区为非控制区，系统可处理由控制区、非控制区、连通道任意组成的复式水库洪水调节计算。

3.3　工具

3.3.1　水面线计算

根据断面资料自动给出断面图，图形交互读取断面有关特征数据，生成标准文件。可计算流量沿程不变或变化的情况。

3.3.2　洪水过程修正

图形交互修正洪水过程，统计特性提示，直观参考作为修正依据。

3.3.3　频率分析

可对所选系列进行频率分析、适线，不同系列成果对比。输出适线结果、设计成果、图形，交互界面直观标注特大值、加入经验频率值，图形坐标"取整"输出。

可对含负值系列、C_s 为 0 的一般数据系列频率分析。

3.3.4　其他

(1)通用插值：时段转换可对等时段、不等时段、累计时段等类型数据进行时段统一转换。

(2)线性相关交互模拟。

(3)防洪效益计算。

(4)单位线分析。

(5)水域纳污能力计算等。

4　应用情况

系统在出山店水库项目建议书、河南核电项目初步可行性研究阶段工程水文专题研究、鸭河口水库安全评价及除险加固可行性研究、白龟山水库蓄水安全鉴定、郑东新区龙湖成湖工程初步设计、五岳水库安全评价及初步设计、宿鸭湖水库安全评价及可行性研究等项目中已经应用。由于经验和水平有限，模型内容还有待补充，随着软件技术的发展，系统还有待进一步改进。

【作者简介】刘德波，男，大学本科，河南省水利勘测设计研究有限公司高级工程师。

电子档案综合管理系统在工程设计行业中的应用

杜　华　李润民　马曼曼

(河南省水利勘测设计研究有限公司)

摘　要：本文结合我公司具体实施的电子档案管理系统过程和经验，深入探讨了局域网内如何进行数据采集、整理、再利用等功能的实现手段，并从数据安全方面入手，探讨了局域网内如何管理密级较高的电子文档。

关键词：局域网　档案管理　防火墙　多数据库

随着工程勘察设计行业信息化的发展，办公自动化进一步深化，设计单位在各自的发展历程中，积累了大量的宝贵资料，大都以纸质方式保存在资料部门或以电子文档方式散落在设计人手中，损坏和丢失是不可避免的，甚至还会出现设计成果的流失；另外，数据安全问题也日益被重视。因此，建立电子档案综合管理系统已经势在必行。

设计行业信息化的目标是实现资料信息的网络查询检索，以优质迅捷的信息管理服务为基础，实现真正意义上的信息化，最大限度地进行资源再利用，为科研设计服务。

一般来说，设计行业大都建成了中小型局域网，为保证信息数据的安全，首先应建立健全网络的安全保护机制，防火墙、网络版杀毒软件必不可少，最好合理规划网络，按照部门划分 VLAN，规定 VLAN 之间的访问权限，必要时可将计算机的光驱、USB口等关闭，以防止资料被带出单位。在条件许可的情况下，建议采用独立服务器管理图档，该服务器应配备大容量内存和硬盘，还应根据数据量大小配备性能稳定的存储设备，并指定计算机专业人员参与图档数据的备份工作，减少人为操作的失误。

档案管理应遵循档案收集、整编、录入、管理、利用、鉴定、统计等步骤。但电子档案与纸质等载体档案有很大区别，首先，电子档案的保存是依存于存储载体的，需要有较先进的软件技术和硬件设备支持，并且还要保证和目前流行的操作平台兼容，电子档案生命周期的决定因素很多：载体的寿命、电子文件的类型、支持环境的版本、操作系统的更新速度、软硬件平台的一致性等，所以电子档案管理保存是一项极其复杂的技术工程，长期保存是非常困难的，需要有不断更新的技术和设备作保障。其次，收集整理电子档案也是一项技术性很强的工作，必须依靠设计合理、可操作性强的图档管理软件来完成。

目前，国内信息自动化管理软件种类繁多，软件功能不尽相同，其中图档管理软件核心流程如图 1 所示。

下面就每一部分应该注意的问题加以论述。

1 预归档文件的收集

1.1 纸质档案和电子文件的关系

档案种类较多，分类也较复杂，我们只有认清电子档案与纸质等载体档案的异同，

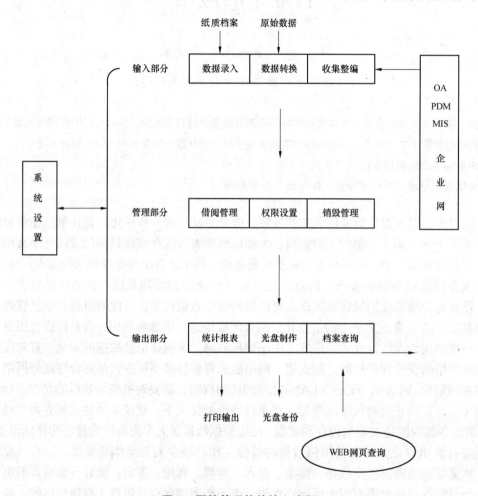

图 1 图档管理软件核心流程

才能将电子档案有效地管理起来，既坚持档案管理基本原则，又不妨碍电子档案根据自身的特殊性，创建自己的管理方法、技术和标准。目前，电子文件已逐渐渗透到人们的观念中，并开始形成现代社会信息化的档案主体，处于纸质和电子过渡阶段，需要归档的电子文件同时也有相应的纸质或其他载体形式的文件时，应在内容、相关说明及描述上保持一致；具有保存价值的电子文件，必要时应将纸质文件光栅扫描备份，进行归档时，必须将电子文件与相应的纸质光栅扫描件一并归档，来确保电子文件和电子档案的原始性和真实性，使其真正具有档案的凭证作用，从而更有效地利用它。只有如此，才能达到既强调电子文件及电子档案管理的必要性，又不会放松对原始性纸质等载体档案的管理。

1.2 保证电子档案的原始性

电子文件的原始性是电子档案管理的核心问题。档案首先要具备原始性和真实性，才能具有法律意义上的凭证作用。因此，确定电子文件的原始性，保证其归档的电子档案具有凭证作用是至关重要的。电子档案可以分为文字、影像记录和数字记录两大类型，前者属于文本、图像、声音或影像等格式，后者多以光栅图或矢量图等形式存在，而且这两大类型还会因长期保存和开发利用的需要而相互转换。

由于电子文档易修改，外界影响因素繁杂，例如，用 CAD 绘制的图形文件，收集时应注意其对设备的依赖性、对绘图平台的兼容性，其外挂图片和对象应一并收集，否则，图形文件可能无法打开；用音频、视频设备获得的声音动态图像文件，收集时应注意收集其压缩算法软件和相关播放软件；由专业软件产生的电子文件，收集时应注意将该软件一并收集。

要保证电子文件的原始性，首先应该根据设计行业的特点，选用一套功能完备的电子归档管理软件，依靠其对电子文件形成、积累、鉴定、归档及电子档案的保管实行全过程管理，应当由主管部门统一协调，指定专门机构或人员负责，管理好电子文件形成、处理、归档、保管和利用的各个环节，以防信息被更改和丢失，加强对电子文件制作和管理人员的培训，提高从业人员的素质和责任心；档案部门应明确电子文件归档的时间、范围、技术环境、归档人、转存记录，以便有迹可查；必要时应记录重要文件的主要修改过程，有查考价值的电子文件也应被保留；当正式文件是纸质时，应该对纸质进行扫描，其原始光栅图像应该归档保存；保存与纸质、光栅等文件内容相同的电子文件时，要建立起它们之间一一对应的标识关系；在"无纸化"计算机办公或事务系统中产生的电子文件，应采取更严格的安全措施，保证电子文件不被非正常改动；同时必须随时备份，存储于能够脱机保存的载体上，并对有档案价值的电子文件制作纸质件保留；用文字处理技术形成的电子文件，收集时应转换成最普遍的存储格式，便于利用。

2 电子档案的管理

电子文件的形成、处理、收集、积累、整理、归档、保管和利用等各个环节，都有信息更改、丢失的可能性，建立科学、合理、严密的管理制度非常必要，避免每个环节出现信息失真的隐患。制度应从电子文件形成、处理、收集、积累、整理、归档，到电子档案的保管、利用的全过程都加以限制和规定。

2.1 电子文件的整理

电子文件整理包括两个层次：一是将生产室归档的文件整理、分割、重命名，这项工作十分烦琐，应该制定详细的归档办法，严格要求归档文件的格式标准，把这项工作移交给归档人来做，以减轻档案管理人员的工作量，也可以避免档案人员因专业不了解而出现错误；二是组织建立数据库，档案管理系统都是多数据库模式，库与库之间有一对一或一对多的关联，建立基础信息数据库非常重要，创建时应充分考虑字段的设置，尽量"大而全"，应避免数据库结构的多次改变。

2.2 电子文件的归档

电子文档的管理重点是信息收集和安全存储，主要体现在以下几个方面：电子文件的形成要责任分明，编写人员应该对其文件负全责；设计项目告一段落后及时提交归档，以防在分散状态下发生文件损失和变动；CAD 电子文件的更改要经过必要的批准手续；归档时应对电子文件进行全面、认真的检查，在内容方面检查归档的电子文件是否齐全完整、真实可靠，归档的电子文件是否是最终稿本，有无病毒；电子文件与相应的纸质或其他载体文件的内容及相关说明是否一致等。

建立和执行严格的保管制度也是非常重要的。归档电子文件应首先存放在图档专用服务器中，该服务器的硬盘应做成自动镜像模式，定期由档案管理人员将数据备份出来；在对电子文件进行整理和因软硬件平台发生改变而对电子文件实行格式转换时，要特别注意防止转换过程中的信息丢失；对电子文件要定期进行安全性、有效性检查，发现问题及时采取维护措施，进行修复或拷贝；必要时应建立备份日志，记录文件的管理、拷贝和使用情况，用这些记录来证实电子文件内容的真实性。

3 电子档案的利用管理

由于电子档案提供的利用方式多种多样，加强电子档案的利用管理就显得特别重要。利用管理的内涵很丰富，目前最关注的是如何保障电子信息应用安全。

信息应用安全包括两方面，一方面是数据载体的维护管理，防止载体损坏、及时更新支撑软件、定期备份；另一方面是数据存放和再利用过程中的安全保密措施，防止向外流失。

数据利用所涉及的人员有档案的保管人员、数据系统的管理人员、利用者及维护操作人员等，由于他们各自工作性质和责任的不同，因而对其进行使用权限限定是十分必要的。在局域网的安全建设的保证下，要根据人员工作级别进行权限的认定，分别设置登录密码，由系统自动判定当前使用者身份的合法性及其所浏览的范围，并由系统自动对其使用过程中的操作进行跟踪与记录，对使用未经授权的功能，应能拒绝响应并给予告警提示。另外，拷贝权限的提供应该慎重，必须采取有效的措施和方法，对其进行严格管理，例如，尽量避免把存档项目上存储的电子档案信息全部拷贝，并通过技术手段防止所提供拷贝的再复制；购买网络信息自动加密软件，与图档管理软件结合使用，即使非法取得电子文件，一旦离开局域网，也无法打开再编辑。

4 电子档案管理人员的培养

电子文件归档、电子档案保存及开发利用，都要靠人员管理，一个能够将图档管理软件运用得得心应手的管理人员，发挥的效益是非常大的。图档管理人员必须具备电子计算机应用及档案管理知识，还应该掌握一些常用的计算机英语。现在档案系统的专业工程技术人员少，不利于档案事业进一步发展，尤其不利于电子档案的管理，这应该引起行业管理层的高度重视，应考虑设置电子档案管理及其他工程技术人员的相应专业技术职务，并制定相应的有利于吸引和稳定电子档案管理及有关工程技术人员的措施。总之，要采取多途径、多方法培养既懂设计专业又能够熟练操作计算机的复合型档案管理人员，扩大档案系统的工程技术队伍。

【作者简介】杜华，女，1968 年 4 月出生，大学本科，高级工程师，从事水利信息化工作。

南水北调中线工程潮河线路隧洞线方案比选研究

黄喜良[1]　石长青[2]　马新霞[3]

(1. 河南省防汛通信总站；2. 河南省水利勘测设计研究有限公司；

3. 河南省水利科学研究院)

摘　要: 南水北调中线工程总干渠潮河段(又称包崭山段)，起点位于新郑市梨园村，终点位于郑州市毕河村西。在历次线路规划、方案比选工作中有切岗线方案、绕岗线方案、隧洞线方案等。对隧洞线，在已有地质资料基础上又进行了补充地质勘察工作，并分别对盾构法、矿山法隧洞设计方案从施工技术难易程度、施工工期、对环境的影响及投资等方面进行了比较、分析、研究。

关键词: 南水北调中线工程　盾构法　矿山法　比选　研究

1　工程概况

南水北调中线工程总干渠潮河段(又称包崭山段)，起点位于新郑市梨园村，终点位于郑州市毕河村西。

在历次线路规划中，有关单位曾做过大量的方案比选工作，其中具代表性的方案有切岗线方案、绕岗线方案、隧洞线方案等。此后，有关单位在总干渠定线时也一直推荐切岗线方案。

切岗明渠线在信府南通过的地区以岗地、丘陵为主，地面高且高差大，地面高程最高达 168.5 m，最低为 127.26 m；信府以北为河床、滩地地貌，局部地形高差变化剧烈，挖深大于 40 m 的渠段长 6 km，挖深大于 30 m 的渠段约 12 km，最大挖深达 51 m。该方案沿线地下水位高，施工排水困难，开挖后形成的动水压力对渠坡稳定极为不利；并且挖方量大、集中，给施工弃土堆放带来诸多问题。

切岗隧洞方案：由于绕岗线沿线存在的流动沙丘、地表沙化现象会给渠道带来淤积、边坡稳定和砂土液化等问题，且线路两次穿越京广铁路和京深高速公路，施工期间对交通运输会有影响等，加之调水规模变小后隧洞条数减少。有关单位联合中铁隧道集团，对隧洞方案进行了比选。同时，委托长江设计院对隧洞方案做了专题研究。

隧洞线全长 21.838 km，其中隧洞前明渠长 1.990 km，隧洞段(含隧洞进出口建筑物)长 18.859 km，隧洞后明渠长 0.989 km，共布置各类建筑物 7 座。

2　地质概况

2.1　隧洞沿线地形条件及土体结构类型

潮河隧洞线穿过地貌单元主要为岗地，岗地走向近南北。隧洞线附近地面高程 136～

175 m，地面起伏较大，冲沟发育，河谷深切，主要有黄水河深切河谷地貌，河底高程最低处约 128 m，与岗顶最大高差达 47.5 m。隧洞进出口两端位于岗地下部，逐渐过渡为岗前倾斜平原。

按地表至隧洞底板以下 10 m 范围内土、岩体结构类型，分为以下两种类型：

(1)土、岩双层结构段：上覆黄土状土、壤土，厚度 1.5 ~ 33 m，其中 alplQ$_3^1$、alplQ$_2$ 重粉质壤土厚度、层底高程变化较大；下伏上第三系洛阳组黏土岩、粉砂岩，夹少量砂砾岩透镜体，主要分布在桩号 0+700 ~ 18+430。

(2)土体黏、砂多层结构段：岩性由黄土状轻粉质壤土(轻壤土)、粉砂、中粉质壤土、重粉质壤土组成。主要分布在岗前倾斜平原，桩号 18+430 ~ 21+838。

2.2　工程地质分段

潮河隧洞线根据土和岩体的结构类型、洞底以上的岩性及厚度、工程地质条件及地下水等因素，分为以下 5 个工程地质段：①进口明渠段(0+000 ~ 2+570)，长 2.57 km；②第一隧洞段(2+570 ~ 4+900)，长 2.33 km；③黄水河河谷暗渠段(4+900 ~ 5+400)，长 0.5 km；④第二隧洞段(5+400 ~ 18+430)，长 13.03 km；⑤出口明渠段(18+430 ~ 21+838)，长 3.51 km。

各岩土层物理力学性指标见表 1 ~ 表 3。

表 1　土体物理性指标

工程地质段	土体单元	天然含水量 W (%)	天然干密度 ρ_d (g / cm^3)	比重 Gs	天然孔隙比 e	液限 W_L (%)	塑限 W_p (%)	塑性指数 I_p (%)	液性指数 I_L (%)
①进口明渠段	黄土状轻粉质壤土(alplQ$_3$)	11.8	1.48	2.70	0.805	26.5	15.3	11.2	0.30
	黄土状中粉质壤土(alplQ$_3$)	13.0	1.50	2.70	0.780	25.0	15.0	10.0	0.20
②第一隧洞段	黄土状轻粉质壤土(alplQ$_3$)	18.3	1.50	2.70	0.790	23.8	15.6	8.2	0.30
③黄水河河谷暗渠段	重粉质壤土(alQ$_4$)	20.4	1.42	2.70	0.875	31.0	15.2	15.8	0.33
④第二隧洞段	重粉质壤土(alplQ$_4$)	19.7	1.42	2.70	0.875	27.4	14.8	12.6	0.26
	黄土状轻粉质壤土(alplQ$_3$)	15.4	1.51	2.69	0.757	24.8	14.1	10.7	0.50
	重粉质壤土(alplQ$_3$)	21.1	1.54	2.70	0.758	30.3	17.2	13.2	0.33
	重粉质壤土(alplQ$_2$)	21.3	1.60	2.70	0.650	35.5	19.2	15.5	0.17
⑤出口明渠段	黄土状轻粉质壤土(alplQ$_3$)	14.4	1.48	2.68	0.805	22.7	12.6	10.1	0.30
	重粉质壤土(alplQ$_3$)	20.4	1.53	2.70	0.765	31.6	16.0	15.6	0.30

表 2　土体力学性指标

工程地质段	土体单元	力 学 性 质				渗透系数 k (cm/s)	承载力标准值 f_k (kPa)	坚固系数 f
		压缩系数 a_{1-3} (MPa^{-1})	压缩模量 Es (MPa)	凝聚力 Gs (kPa)	内摩擦角 φ (°)			
①进口明渠段	黄土状轻粉质壤土(alplQ$_3$)	0.24	7.5	13	22	1.6×10^{-4}	120 ~ 140	
	黄土状中粉质壤土(alplQ$_3$)	0.25	7.2	16	20	1.6×10^{-5}	130 ~ 140	
②第一隧洞段	黄土状轻粉质壤土(alplQ$_3$)	0.20	8.6	10	22	1.5×10^{-4}	120 ~ 140	0.1 ~ 0.3
③黄水河河谷暗渠段	重粉质壤土(alQ$_4$)	0.30	6.2	20	13.0	2.1×10^{-6}	100 ~ 120	
	中砂(alQ$_4$)						130	
④第二隧洞段	重粉质壤土(alplQ$_4$)	0.28	6.5	20	13.0	2.1×10^{-6}	100 ~ 120	
	黄土状轻粉质壤土(alplQ$_3$)	0.20	8.6	10	22	7.3×10^{-5}	120 ~ 140	0.1 ~ 0.3
	重粉质壤土(alplQ$_3$)	0.18	8.9	22.0	19	2.4×10^{-6}	160	0.8 ~ 1.0
	重粉质壤土(alplQ$_2$)	0.165	10.5	25	18	2.4×10^{-6}	160 ~ 180	0.8 ~ 1.0
⑤出口明渠段	黄土状轻壤土(alplQ$_3$)	0.24	7.5	12	22	2.2×10^{-5}	120	
	细砂(alplQ$_3$)						8.9×10^{-3}	140
	重粉质壤土(alplQ$\frac{1}{3}$)	0.18	8.8	23.0	18	2.4×10^{-6}	160	

表 3　各岩体物理力学性指标

岩性	天然含水量 W (%)	天然干密度 ρ_d (g/cm^3)	抗压强度 $R_{饱和}$ (MPa)	饱和快剪		承载力标准值 f_k (kPa)	坚固系数 f
				C (kPa)	φ (°)		
黏土岩(N$_{1L}$)	19.1	1.70	0.15	15	18	300	1.0 ~ 1.5
粉砂岩(N$_{1L}$)	19.6	1.75			27 ~ 32	300	0.5 ~ 0.8
砂砾岩(N$_{1L}$)	12	1.75	0.70			350	0.5 ~ 0.8

2.3　水文地质

勘探深度内揭露有潜水含水层和承压水含水层。

2.3.1　潜水

潜水含水层岩性为第四系中砂、细砂、粉砂、黄土状轻粉质壤土，属于孔隙潜水含水层。上部上第三系粉砂岩(未胶结)亦为孔隙潜水含水层。上述多种岩性组成孔隙潜水含水层组。

2.3.2　承压水

承压水含水层岩性主要为上第三系未胶结的粉砂岩，其次是砂砾岩。主要分布于桩号 5+400 ~ 18+780，其隔水顶板、隔水底板均为上第三系黏土岩，承压水位高程 130.5 ~ 153.9 m，水头高 9.5 ~ 39.0 m。承压水顶板埋深 29.5 ~ 52.5 m(高程 114.8 ~ 125.4 m)，位于隧洞底板以上及附近，见表 4。

由于黏土岩厚度差别较大，且局部黏土岩较薄且含砂量大，隔水效果差，故潜水和承压水有一定的水力联系。潜水、承压水对混凝土无腐蚀性。

表4　土、岩体渗透试验成果统计

土体单元	试验方法	统计组数	渗透系数 k(cm/s)或透水率 q_u(Lu)		透水性等级
			范围值	平均值	
alplQ₃ 细(粉)砂	抽水试验	3	$1.12 \times 10^{-3} \sim 8.33 \times 10^{-3}$	5.61×10^{-3}	中等透水
alplQ₃ 黄土状轻粉质壤土	室内渗透	11	$1.20 \times 10^{-5} \sim 1.6 \times 10^{-4}$		弱～中等透水
alplQ₃ 重粉质壤土	室内渗透	8	$3.6 \times 10^{-8} \sim 4.8 \times 10^{-6}$	1.61×10^{-6}	微透水
alplQ₂ 重粉质壤土	室内渗透	5	$6.1 \times 10^{-9} \sim 5.7 \times 10^{-8}$	3.41×10^{-8}	极微透水
N₁ₗ 粉砂岩、砂砾岩(未胶结)	抽水试验	3	$1.76 \times 10^{-3} \sim 4.39 \times 10^{-3}$		中等透水
N₁ₗ 黏土岩	压水试验	7	$2.0 \sim 5.0$	3.8	弱透水

3　主要设计条件

3.1　工程范围

潮河段总体地势较高，隧洞进口处渠底高程 116.344 m，出口处渠底高程 114.012 m。隧洞段地面高程大部分为 160～175 m，进口处地面高程 115～136 m，出口处地面高程 140～126 m。根据总干渠总体布置以及连接点处渠道控制水位要求，结合地形特征等条件，潮河隧洞线工程采用线路最短的布置原则，即在南北两连接点处与原有总干渠光滑连接，然后隧洞以直线方式布置。

比选段起点位于黄水河右岸的梨园村，起点坐标：X=3 812 000.507，Y=384 715 51.413，设计桩号 SH133+194.8；终点位于毕河村西，终点坐标：X=383 321 1.782，Y=384 760 36.014，设计桩号 SH181+023.7；与干渠前后衔接断面：起点断面为渠道底板高程 116.344 m，渠道底宽 25 m，纵坡 1/28 000，渠道边坡 1：2.0；终点断面为渠道底板高程 114.012 m，渠道底宽 19 m，纵坡 1/26 000，渠道边坡 1：3.0。

3.2　控制点水位及设计水头

该段线路的连接点位置及设计条件，比较段内总设计水头 2.332 m，设计流量和衔接水位见表5。

表5　潮河比较段设计流量和衔接水位

项　目	流　量(m^3/s)	水　位(m)		
		起　点	终　点	水位差
设计流量	305、295	123.344	121.012	2.332
加大流量	365、355	123.976	121.690	2.286

4　方案比较

4.1　有压隧洞方案与无压隧洞方案比较

对潮河隧洞方案研究了深埋于基岩中的有压隧洞方案和覆盖层较浅的无压隧洞方案。

4.1.1　有压隧洞方案

有压隧洞方案即在隧洞给定水头情况下，通过加大流量时确定隧洞过流断面。隧洞洞线岩层涉及黏土岩、粉砂岩、重粉质壤土、黄土状轻粉质壤土等岩层，隧洞水平段位于粉砂岩中，岩层胶结情况较差。进出口采用斜坡连接方式，隧洞各段布置如下：

以总干渠桩号Ⅱ133+194.6处为潮河洞0+000桩号，0+000～1+990段为总干渠段，1+990～2+070段为扭曲面段，渠底高程由116.344 m降低至108.50 m，2+070～2+125段为闸室控制段，闸室底板高程为108.50 m，2+125～2+155为隧洞进口渐变段(方变圆)，洞底高程由108.5 m降低至106.0 m，2+155～20+684.71为压力管段，管底高程由2+155处106.0 m按1/9 100降低至20+654.71处的103.89 m，20+654.71～20+684.71处底部高程为108.89 m，20+684.71～20+714.71段为隧洞出口渐变段，底部高程为108.89 m，20+714.71～20+769.51段为闸室控制段，底部高程为108.89 m，20+769.51～20+849.51段扭曲面渐变段，底部高程由108.89 m升高至114.02 m与下游渠底相连。根据地质勘探资料，洞身位于上第三系黏土岩、粉砂岩中，黏土岩为极软岩或呈坚硬土状，饱和单轴抗压强度R_b小于1 MPa；粉砂岩、砂砾岩一般成岩差，呈散粒状，中密—密实，部分为泥质微胶结，手搣即碎。局部为钙质胶结，成岩较好，为次软岩。粉砂岩、砂砾岩多为散体结构，黏土岩强度低，具弱膨胀潜势，地下水位高于洞顶。围岩工程地质分类为Ⅴ类，极不稳定，围岩不能自稳，变形破坏严重[5]。地下水位高于隧洞洞顶，存在内水压力，对隧洞施工和衬砌都有影响。

据布置，隧洞直径12.0 m，单层衬砌厚度800 mm，由于埋藏深，内压水头达50 m，围岩弹性抗力差，衬砌厚度较大。该方案优点是地震影响轻微，但因隧洞埋置较深，进、出口及洞身工程量大，而且岩层比较破碎，隧洞施工中需考虑施工支护和防水问题。该方案建筑物布置示意图详见图1。

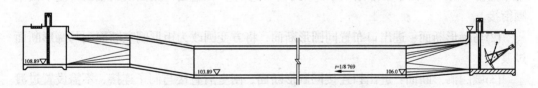

图1　有压隧洞方案建筑物立面布置示意图

4.1.2 无压隧洞方案

无压隧洞方案，在南北端连接段之间根据隧洞设计水头和隧洞长度，确定隧洞坡降，通过设计流量时确定隧洞断面。

隧洞洞身主要位于上第三系黏土岩、粉砂岩中，与有压隧洞穿越岩层基本相同。隧洞进出口建筑物及布置方式同有压隧洞。隧洞布置如图2所示。

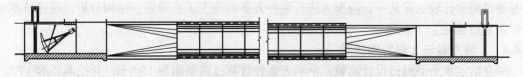

图2　无压隧洞方案建筑物立面布置示意图

4.2 有压隧洞方案与无压隧洞方案比较

在第三系黏土岩、粉砂岩中进行大断面隧洞开挖，无论是有压洞还是无压洞，均存在围岩破碎、整体性差、成洞难度大的特点，由于二者设计条件不同(压力洞按加大流量计算结构尺寸，无压洞按设计流量计算结构尺寸)，通过相同的流量洞子断面尺寸略有差别。二者相比，压力洞存在如下不利因素：

(1)压力洞由于埋深大于无压洞，同时承受较大的内水压力和外水压力，压力洞结构上应满足防止内水外渗和外水内渗的要求，应按抗裂设计，同等过流条件下衬砌厚度较无压洞大。

(2)从地质上看，在现有勘探深度内，压力洞没有适宜的地层条件，隧洞的水平段部分位于粉砂岩地层，围岩成洞条件差。

(3)从运行管理上看，压力洞检修时抽排水量大，费用高，不如无压洞简便。

(4)引水隧洞当上游水位变化不大引用流量比较稳定时，采用无压隧洞[4]。南水北调当属此种情况；另外，规范中要求土洞宜采用无压隧洞方案，潮河段基本为土洞，因此应采用无压隧洞。

综合考虑以上因素，潮河段隧洞线选用无压洞方案。

4.3 无压圆形隧洞和无压马蹄形隧洞方案比较

确定采用无压隧洞方案后，对于矿山法隧洞，对方案的几种可行洞型进行了比较研究，根据潮河线地形、地质条件，研究了圆形断面、马蹄形断面、城门洞形断面三个方案。

(1)圆形断面：在进口节制闸后布置方变圆洞段，与圆形断面衔接，进出口连接建筑物布置相对简单，由于圆形断面水深大于干渠水深，在进出口扭面设斜坡段，使水面平顺衔接。

(2)马蹄形断面：进出口布置同圆形断面，将方变圆改为矩形闸室断面到马蹄形断面过渡。

(3)城门洞形断面：进出口连接同圆形断面，闸室后直接与洞子连接，不需设置过渡段。

上述三个方案中，技术上均属可行，而从地质条件判断，在黏土岩、砂岩甚至部分粉质壤土中成洞，根据一般工程经验，圆形断面显然受力条件最好，而马蹄形断面次之，城门洞形断面最差。因此，城门洞形断面方案比较中不再考虑。

圆形断面与马蹄形断面相比，在同样过流条件下，马蹄形断面结构尺寸(R=11.7 m)较圆形断面(R=12.0 m)稍小一些，根据常规施工经验，按常规矿山法施工时圆形断面成型条件不如马蹄形断面；考虑盾构施工方案时，根据目前施工工艺水平，一般采用圆形断面。因此，在潮河线现有地质条件下，上述两种断面形式在施工工艺上各有千秋，不易通过简单比较选定其一，应深入进行两种方案的施工工艺研究、结构分析，通过技术经济比较选定。

4.4 2洞方案与3洞方案比较

在给定水头下通过设计流量，单洞方案经计算过流断面为 15.5 m，开挖洞径为 17.5 m 以上，考虑到潮河线地质条件差、成洞难度大的特点，开挖如此大断面洞室从技术上难度较大，国内目前尚无成功先例。另外，单洞方案运行管理上没有多洞方案灵活，考虑到南水北调干渠的重要性和运行管理要求，方案比选中不再考虑单洞方案。

5 结论

通过比选，2条隧洞方案具有较大优势，因此选用2条隧洞作为代表方案。

归纳以上研究，本阶段以盾构法圆形无压隧洞、矿山法马蹄形隧洞两个代表性方案进行深入研究，通过技术经济比较选定一个代表方案。

参考文献

[1] 水利水电工程等级划分及洪水标准 (SL252—2000).

[2] 中国地震动参数区划图(GB18306—2001).

[3] 中国地震局分析预报中心. 南水北调中线工程沿线设计地震动参数区划报告. 2003.

[4] 水工隧洞设计规范(SL279—2002).

[5] 水利水电工程地质勘察规范(GB50287—99).

[6] 河南省水利勘测总队. 南水北调中线一期工程潮河隧洞线可行性研究阶段工程地质勘测报告. 2007.

[7] 碾压式土石坝设计规范(SL274—2001).

【作者简介】黄喜良，1962年10月出生，大学本科，双学士学位，工程师，从事水利勘测及技术管理工作。

河道内采砂对涡河堤防安全的影响

闫长位 [1]　　王贵生 [2]　　曹东勇 [2]

(1. 沙颍河水利勘测设计院；2.河南省水利勘测有限公司)

摘　要： 本文以涡河堤基地层岩性、地质结构为依据，结合堤内外地层岩性的分布，对河道内采砂导致的堤防安全问题进行了分析，以引起有关部门的重视，加强宣传、管理、监督。

关键词： 采砂　塌陷　地面裂缝　堤防安全

1　概况

涡河是淮北平原跨越豫皖两省的骨干排水河道，为淮河第二大支流，发源于河南省开封县的郭厂附近，由西北向东南流经开封、杞县、睢县、太康、鹿邑，于安徽省蚌埠市怀远县城北汇入淮河。河南省境内涡河全长 178.5 km，流域面积 4135 km^2，人口 310 万人，耕地面积 409 万亩。

涡河流域内地势由西北向东南倾斜，地面高程为 55~40 m，地面坡降 1/4 500，河床宽一般 40~100 m，局部较窄，水深一般 1~3 m，河床比降为 1/6 000~1/9 000。堤内近河堤处由于筑堤取土等原因，多分布有坑塘、洼地。涡河河道弯曲，河流沿岸为河谷地貌形态。河谷呈"U"形，切深 8~13 m，河床宽 40~200 m，部分河段漫滩不对称发育，滩地宽 100 m 左右，倾向河床，漫滩多呈缓坡状与河床相接。

2　地层岩性

勘探深度范围内揭露地层为第四系上更新统和全新统冲积层，地层岩性分布比较稳定。共分为 6 个土体单元(见图 1)，现按土体单元编号自上而下分述：

第①层低液限黏土(重粉质壤土)：褐黄—浅黄色，杂锈黄色，湿，硬可塑状为主，具水平层理，见针孔及虫孔，土质不均一，部分地段相变为粉质黏土或轻粉质壤土。

第②-1 层低液限粉土(砂壤土)：褐黄、浅黄色，稍湿—湿，软可塑状。土质不均匀，夹粉砂，局部相变为低液限黏土(轻粉质壤土)。该层厚度 1.1 ~ 5.4 m。

第②-2 层粉土质砂(粉细砂)：浅黄、褐黄色，湿—饱和，稍密为主，砂粒均匀，矿物成分主要为石英和长石，次为云母。该层厚度 1.0 ~ 3.5 m。

第③层含有机质低液限黏土(重粉质壤土)：灰黑色、浅灰色及褐灰色，湿，软可塑状，含有机质，具腥臭味，见黑色碳屑、腐殖质及青砖瓦碎块(片)，土质较均匀，局部为粉质黏土和中粉质壤土。该层厚度一般 1.0 ~ 1.5 m，厚度稳定，分布普遍，可作标志层。

第④层低液限黏土(重粉质壤土、粉质黏土)：上部褐黄色为主，灰褐色次之，下部以浅棕黄色为主，杂少量青绿色条纹，可塑状。含钙结核，局部较富集，一般粒径 0.5 ~ 5 cm，棱角状，多分布于上部，见黑色铁锰质薄膜及结核。土质不均，夹有低液限粉土。

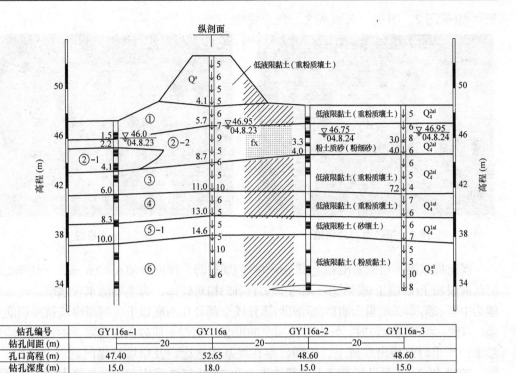

钻孔编号	GY116a-1	GY116a	GY116a-2	GY116a-3
钻孔间距(m)	20	20	20	
孔口高程(m)	47.40	52.65	48.60	48.60
钻孔深度(m)	15.0	18.0	15.0	15.0

图1   涡河右岸典型地质剖面图

大部分被揭穿,揭露厚度1.1~8.6 m。

第⑤-1层低液限粉土(砂壤土):浅黄色、褐黄色为主,湿,可塑状,偶见钙结核,土质不均匀,夹粉砂。该层大部分未揭穿,揭露厚度1.0~4.9 m。

第⑤-2层含细粒土砂(粉砂、细砂):黄色、褐黄色为主,饱和,中密状为主,稍密次之,矿物成分主要为石英和长石,次为云母,偶见砾、卵石,局部夹低液限粉土。该层多未揭穿,揭露厚度2.1~9.3 m。

第⑥层低液限黏土(粉质黏土、重粉质壤土):浅棕红、棕黄色,杂青绿色条纹,可塑—硬塑状,含少量钙结核,见黑色铁锰质斑点,土质不均一。未揭穿,揭露最大厚度7.4 m。

3 采砂对堤防安全的影响

涡河堤防堤身填土为素填土,多为就近取土,其岩性和附近地表土层相似,成分以轻—中粉质壤土、砂壤土和中、重粉质壤土夹细砂为主;局部为重粉质壤土,偶夹砂壤土或细砂,大多为可塑状,一般填筑质量尚可,部分堤段填筑质量稍差,土质疏松,裂隙较多,钻进时漏水严重。

第②-2层粉土质砂(粉细砂)为当地村民采砂的主要对象。据调查,一个抽水井,每天可以抽砂5~8 m³,一个月(按20个工作日计算)可以抽砂100~160 m³。第②-2层粉土质砂已被抽采殆尽,引起第①层低液限黏土下陷,从而产生地面裂缝、塌陷,引起岸坡坍塌(见图2、图3)，久而久之，危及堤防。

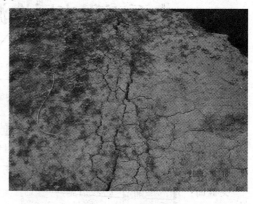

图2　采砂引起的塌陷　　　　　　　图3　地面裂缝

涡河堤基第①层低液限黏土(重粉质壤土)层较薄，厚度仅 0.6～2.6 m，下伏第②-1层低液限粉土(砂壤土)或第②-2 粉土质砂(粉砂)相对较厚，为主要潜水含水层，透水性能为中等。第②-2层粉土质砂(粉细砂)部分或全部处在河底以上，河岸岸坡抗冲刷能力差。因此，涡河高水位时，河水沿被抽空的第②-2层粉土质砂向堤脚附近的坑塘、洼地渗水，严重时可能出现流土、管涌，存在堤基渗透稳定及岸坡坍塌问题。

2000 年 2～3 月勘探期间上游骤然来水和 2000 年 7 月中旬本区连降大雨，涡河河水暴涨，右岸古城—玄武闸段(桩号 127+500～138+500 黏、砂多层结构)皆出现河水向堤内渗水现象，渗水点达十几处。

4　结论

"千里之堤，溃于蚁穴"，修筑堤防是为了保护河道沿岸人民的生命和财产安全，由于采砂导致的地面产生裂缝、塌陷，堤防岸坡坍塌，汛期高水位时会使堤基产生流土、管涌等，为堤防的正常运行埋下隐患。

建议有关部门应加强管理，加大宣传力度，提高沿岸居民的爱堤、护堤意识，防患于未然。

参考文献

[1] 堤防工程地质勘察规范(SL/T188—96)[S]. 北京：中国水利水电出版社，1997.

[2] 水利水电工程地质手册[M]. 北京：水利电力出版社，1985.

[3] 李广诚，等. 堤防工程地质勘察方法与评价[M]. 北京：中国水利水电出版社，2004.

[4] 孙文中，等. 涡河堤基土体工程地质评价[M]//. 科技、工程与经济社会协调发展——河南省第四届青年学术年会论文集(上). 郑州：河南科技出版社，2004.

水面工程库区渗漏及防渗措施探讨

史 瑞[1] 李文洪[1] 李若鹏[2]

(1．洛阳市河道管理处；2．洛阳水利勘测设计院)

摘 要：本文以上阳宫水面工程建设、运行的实际情况为例，说明了库区渗漏形式及渗漏量的估算和计算方法，研究了库区防渗措施和具体施工方法，同时也提出了工程运行中减少渗漏和降低地下水位的措施。

关键词：库区渗漏 防渗措施 探讨

1 引言

自 1999 年至今，洛阳市仅在洛河上就建设了 5 座水面工程。而在相对缺水，库区地质为砂卵石、泥砂卵石及砂浪土淤积层的河道上建筑水面工程，首先必须回答和正确解决这些问题：库区能否满蓄、蓄水后对周围环境及建筑造成什么影响、建设中采取哪些防渗措施。而要解决这些问题必须搞清库区渗漏情况并采取正确的防渗措施。上阳宫是洛河上的第一座水面工程，现就其建设期及这些年运行实际中库区渗漏情况及采取的措施进行研究。

2 概况

上阳宫水面工程位于洛河市区段涧河口东 800 m 处，坝总长 665.14 m，中坝高 4 m，回水长度 3 km，库区面积 2 200 亩，库容量 369 万 m³。配合防渗工程，两岸建有 11 口观测井。1998 年 10 月开工，2000 年 3 月建成。蓄水初期，坝下游有微弱的翻砂现象，南岸村庄(焦屯)地下水位上升明显，满库蓄水时建筑基坑排水排不及，曾有用挖泥船挖基坑情况。经过近 9 年运行，现在各方面情况都很稳定，效益良好。

3 库区地质

上阳宫水面工程位于洛阳盆地的西北部，盆地内上层广泛发育着由残积、坡积、冲积等成因形成的第四系松散堆积物，厚度达 200 m 以上，下伏地层为晚第三系黏土夹卵石组成，呈水平状分布，盆地周边丘陵地带的基岩零星露出。库区主要由第四系全新统冲洪积的砂卵石、泥砂卵石及砂壤土淤积层等组成。河床中冲积的砂卵石和泥砂卵石层，由于洛河含泥量大，沉积过程中形成淤泥层、含泥层和含泥量高的砂卵石层等情况，因此河床冲积层垂直向组成变化大，分布不稳定，水平向变化较小，分布较稳定。

4 上阳宫库区渗漏量估算

4.1 库区渗漏类型

库区蓄水后，不可避免地存在有三种渗漏形式：垂直渗漏、侧漏、坝基渗漏。

4.2　渗透系数

根据地质报告,河床垂直渗透系数,砂卵石 K 值为 4.1~15.6 m/d,属于弱—较强透水性;泥砂卵石层 K 值为 0.14~5.3 m/d,属微弱—弱透水性;砂壤土 K 值为 0.3~0.54 m/d,属弱透水性。整个水面工程除砂卵石层有部分垂直透水性较强外,其余河床大部分属弱—微弱透水性。夹有泥质粉砂和轻亚黏土薄层的河床,垂直透水性差。但是由于库区大量采砂,挖砂坑很深,破坏了含泥隔水层,这些砂坑透水性特别强,位置和面积也无法弄清。

4.3　库区内各地层面积

库底总面积 146.6 万 m²,经勘察,其中砂卵石部分占 16.4%,计 24.04 万 m²;泥砂卵石部分占 19.5%,计 28.59 万 m²;砂壤土部分占 64.3%,计 94.26 万 m²。

4.4　库区渗漏量估算

据勘察试验资料和参考《洛阳市市区地下水资源评估研究报告》等有关资料,渗透系数采用:砂卵石 4.26 m/d,泥砂卵石 1.0 m/d,砂壤土层 0.3 m/d。渗漏量是按达西定律公式计算,库区渗漏量约为 135.9 万 m³/d。这个估算是未采取任何防渗措施情况下算出的。

5　库区渗漏措施(防渗铺盖位置见图 1)

5.1　库区平整

平复挖砂坑,用泥砂卵石覆盖砂坑并进行碾压。

5.2　在库区铺设防渗铺盖。

5.2.1　坝上游 50 m 范围内采用土工布防渗铺盖

因为蓄水后,坝前水深 5 m,水压力很大,这一措施主要是避免从坝基下渗漏甚至管涌,所以施工方法要求特别严格。该措施沿水流方向长 50 m,沿大坝方向总宽 631 m。具体方案如下:土工布防渗段上游端为现浇 C15 混凝土,顶宽 0.5 m,底宽 0.7 m,高 1.5 m 混凝土防渗墙:墙基础先用机械控到设计高程(铺土工布高程),再用人工开挖 1 m 深、0.7 m 宽沟槽;待验收合格后进行 C15 混凝土浇注到土工布铺设高程;待铺设土工布时,再垫砂浆,将土工布深入该墙 20 cm,顶部 0.5 m 高混凝土墙与土工布首端 1.0 m 宽、0.3 m 厚原混凝土压板一起浇至设计高程。但混凝土防渗墙必须坐落在原河床上,若基础低于设计高程 133.5 m 或 135.5 m,应用黏土铺压 1.2 m 宽至设计高程,再立模浇注 C15 混凝土墙。

土工布铺设基础使用机械结合人工进行平整,达设计高程,经验收合格后进行洒水湿润铺砂垫层 5 cm 厚,铺设土工布,上面铺砂垫层和安放 C15 混凝土压条,经验收合格,再进行 1.0 m 原砂卵石保护层填筑(结合人工进行平整)。

该项目施工必须采用"一边倒"方法分段进行,即从导流墙或堤坡段处开始,每 4~8 m 为一段,依次铺设,不设间隔,土工布铺设长边为水流方向,由上游向下游,由一岸向另一岸(或从两岸向中间)铺设。幅与幅的搭接,用厂家提供的黏结剂进行黏合,黏合过程不得发生遗漏。砂垫层及混凝土压条用机械运输;人工挑抬铺砂和安放混凝土压条。最后用挖掘机或装载机进行砂卵石保护层填筑,用人工平整达 1.0 m 后填筑保护

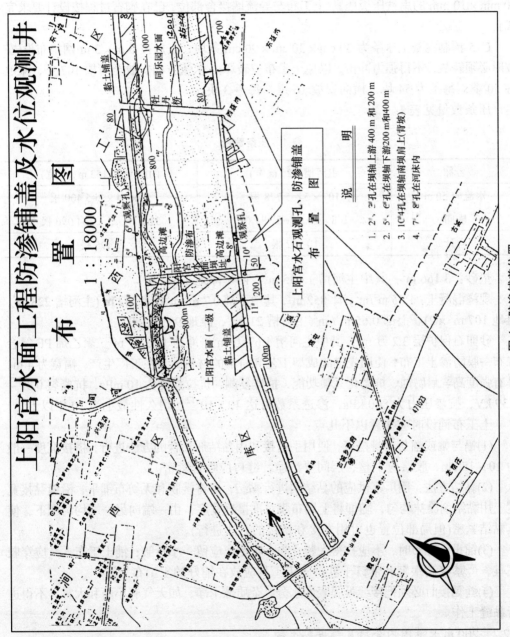

图 1　防渗铺盖位置

层，应与铺土工布和安放混凝土压条同步进行，避免土工布暴露阳光下时间过长，影响质量。

土工布与坝底和两岸堤坡段齿墙接合处，按设计高程和50 cm间距，用电锤钻孔10～12 cm深后，安装M16或M14膨胀螺栓和加工好的土工布，80 mm×10 mm橡胶垫和80 mm×10 mm的扁铁压板压紧(土工布与导流墙接合部位，已在砌石过程按设计要求完成)。

C15预制混凝土压条为30 cm×30 cm×90 cm条块，安放按3 m×3 m网格布设(安放时必须轻放，不得强力冲击，以免土工布被破坏)。水流方向安放至河槽107条，滩地各50条，每条为54块，横向安放16道，每道3块。

压条数量见表1。

表1 压条数量

名称	主河槽(325 m宽)	两岸滩地(153 m×2宽)
水流向50 m	107×54=5 778根	50×54×2=5 400根
横向	108×16×3=5 184根	51×16×3×2=4 096根
合计	10 962根	9 496根

垫砂：3 166 m^3，其中主河槽1 635 m^3，两岸滩地1 531 m^3。

现浇混凝土：1.35 m^3/m^2，计852 m^3，其中下部0.7 m^3/m^2，计442 m^3(主河槽228 m^3，滩地107 m^3×2)。上部0.65 m^3/m^2(主河槽212m^3，滩地99 m^3×2)

砂卵石保护层3.2万 m^3，其中主河槽1.67万 m^3，滩地1.53万 m^3。聚乙烯PE复合二布一膜防渗土工布，使用先进的成型工艺和科学的材料配方在工厂生产，幅宽为4 m，具有强度高、耐腐蚀、抗老化三项功能，抽样复测，抗拉强度为10 mPa，抗撕裂0.37～0.39 kV，抗渗压力为800 kPa，渗透系数可达40×10^{-12}，耐久性最小为20年以上。

土工布铺设时应注意以下几点：

(1)幅与幅或幅与本身搭接，使用手搭接和用黏结剂黏合的方法进行，搭接宽度一般为10～15 cm，膜层应平整，层间要洁净，缝口应吻合紧密。

(2)黏结方法：用厂家供应的黏结剂进行黏结，即将接膜和无纺布铺平，沿缝黏接宽度上用黏结剂涂抹均匀，随即将上层布膜对准接缝宽度，由一端向另一端均匀压下，使其黏结紧密(但局部位置也可用卷接和拼接的方法进行)。

(3)铺设土工布时，不应拉得太紧，隔一定距离应留一小折皱；铺土工布人员应穿胶底鞋，严禁穿高跟鞋和带钉子鞋；施工工具应放在铺好的土工布上。

(4)缝黏接时必须把接缝处膜表面水分、杂质擦干净，如天气有小雨和大雾，不得进行黏缝工作。

5.2.2 200 m长范围内全河宽铺设黏土铺盖

黏土铺盖接土工布防渗铺盖段上游混凝土防渗墙，逆水流方向长200 m全河段宽约650 m、厚0.2 m全部铺设黏土铺盖并碾压。

5.2.3 迎水坡脚黏土铺盖

两岸迎水坡脚都铺设 100 m 宽、长 550 m、厚 0.2 m 的黏土铺盖。同样碾压密实。

5.3 促淤防渗

正常蓄水后，根据观测井测量信息，正确调度库区水位，初期可反复多次低坝低水位促淤，库区淤积层属弱水层，可起到防渗作用。

6 采取上述防渗措施后库区渗漏量计算

上阳宫水面工程正常蓄水后，地下水位升高，据地质勘测资料，洛河地下水低槽已基本消失，库区地下水与库底相连接，渗漏形态主要是侧渗和坝基渗漏，具体渗漏量计算如下：

(1)侧渗：根据水面边界条件，绕渗接近圆形，按下式计算侧渗

$$Q=0.366KH(H_1+H_2)\tan(B/r_0)$$

式中：K 为渗透系数，据试验资料，侧渗的 $K=120$ m/d；H 为坝上下游水位差，据观测的资料，取 $H=8$ m；H_1 为库水位到隔水层厚度，底板至隔水层厚 50 m，取 $H_1=54$ m；H_2 为坝后水位到隔水层厚度，取 $H_2=46$ m；B 为岸边可能渗透长度，取边滩回水长度，$B=2\,400$ m；r_0 为坝端与岸边轮廓半径，$r_0=\dfrac{2b}{\pi}=\dfrac{263.5}{3.14}=83.92$(m)；$Q=0.366\times120\times8\times$

$(54+46)\tan(\dfrac{2\,400}{83.92})=51\,100$(m³/d) 两岸，$Q_{侧}=2Q=2\times5.11=10.22$(万 m³/d)。

(2)坝基渗漏：按下式计算坝基单宽渗漏量

$$q=KM[H/(2b+M)]$$

式中：K 为渗透系数，据钻孔注水试验资料，取较大值 $K=80$ m/d；M 为透水层厚度，据地质资料，取 $M=60$ m；$2b$ 为坝底宽加防渗铺盖长度，取 $2b=263.5$ m；L 为坝长，取 $L=666.2$ m

$$q=80\times60\times[8/263.5+60]=118.7(\text{m}^3/\text{d})$$

$$Q_{基}=q\times L=118.7\times666.2=79\,079(\text{m}^3/\text{d})$$

(3)总渗漏量：按下式计算

$$Q_{总}=Q_{侧}+Q_{基}=10.22+7.91=18.13(\text{万 m}^3/\text{d})$$

另外，库区自然淤积也会减少渗漏量。据测量，上阳宫库区年淤积量 5 cm 左右，淤积层为弱透水层，据有关资料分析，运行 5 年后，渗漏量约为 13.13 万 m³/d，和洛河原始渗漏量比大大降低。

7 上阳宫库区设防渗铺盖对降低地下水位的效果分析

上阳宫库区从蓄水的第一天就开始通过 11 个观测井测量地下水位。

主槽于 1999 年 12 月蓄水，2 月以后多次间断蓄水，9 月 7 日至 10 月 26 日为较长一次的蓄水，现将库水位较高时几个孔的水位观测资料列于表 2。

观测孔 2#、3# 及 10# 都位于坝上游大堤背坡堤肩上，距水面只有 40～60 m，据(表 2)上 9 次观测记录，孔内水位比水面水位有较大降深，在河床同一断面上，观测孔内水位基本一样，现分别统计 2～5 月份间断蓄水期和 9～10 月份连续蓄水期，水位降深列表见表 3。

表2　上阳宫水库库周地下水位观测孔资料　　　　　　　　（单位：m）

时间 （日/月）	库水位	孔水位						
		北　岸					南　岸	
		2#	3#	5#	6#	7#	8#	10#
10/2	138.4	133.55	133.13	132.04	131.02	132.3	132.08	132.81
28/2	139.57	133.98	133.41	132.04	130.97	132.27	131.65	132.37
1/3	139.35	134.23	133.73	132.38	131.25	132.55	132.22	132.74
17/4	139.75	133.15	133.62	132.32	131.33	132.55	131.93	132.66
29/4	139.27	134.37	133.21	132.29	131.81	132.53	缺	132.59
16/9	139.73	133.41	132.81	132.16	131.85	132.58	132.18	132.63
22/9	139.69	133.72	133.22	132.31	131.77	132.77	132.39	132.87
9/10	139.7	133.9	133.35	132.47	132.0	133.24	132.27	132.81
13/10	139.71	133.99	133.45	132.62	132.11	133.09	132.63	133.06

表3　上阳宫观测孔 2#、3#、10# 水位降深

孔号	单位	2~5 月间断蓄水期	9~10 月连续蓄水期
2#	m	4.85~6.60	5.72~6.32
3#	m	5.27~6.16	6.26~6.92
10#	m	5.59~7.20	6.65~7.10

　　表3说明库区采取的防渗铺盖等措施对降低库周地下水位的作用是明显的。2#孔位置，大堤迎水坡脚前铺100 m黏土防渗铺盖，初期间断蓄水，水位降深在4.85 m以上，到9~10月份较长时间蓄水，降深达到5.72 m以上。3#、10#孔的水位降深超过了2#孔，原因是此孔位置河床全部铺了防渗铺盖，所以降深更大些。

8　工程运行中减少渗漏，降低地下水位措施

　　由于同乐园库区及坝址有较多采砂坑，采砂坑又多又深，破坏了泥结卵石层和含泥层等隔水层，使垂直透水性增大，即使采取了局部防渗措施也可能出现意外，所以提出减少渗漏、降低库周地下水位的应急措施。

8.1　低坝蓄浑、促使淤积

　　洛河水含泥量非汛期为 0~4.32 kg/m³，汛期可达 4.32~12.9 kg/m³。库区整平后，有利于均匀淤积，因此当上游来水较浑，或利用故县冲砂的退水，可以低坝挡蓄，使浑水在库区滞留，促使淤积。据 2#观测孔观测，2~5 月间断蓄水时，防渗措施削减水头4.85 m以上，到 9~10月连续蓄水，削减水头增加到5.72 m以上，分析其原因，可能是库区淤积，减少渗漏造成的。可见，促使库区淤积是降低库周地下水位的有效措施。

8.2　增加地下水源的开采量

　　增加开采，可降低地下水位。洛南水源地设计规模为 13 万 m³/d，而最大给水能力达17 万 m³/d。张庄、临涧、下池、洛南、李楼水源地的设计能力依次为4 万、4.2 万、

6 万、13 万、16 万 m³/d，合计为 43.2 万 m³/d，而最大给水能力为 56.2 万 m³/d，可增加 13 万 m³/d 的抽水能力，另外还可新建一些水源井增加抽水量，以控制地下水位升得过高。

8.3　初期库区低水位间断运用减少渗漏，控制库周地下水位

库区渗漏量大小与库水位成正比，可以通过地下水位测孔，发现水位过高时，要降低库水位，间断蓄水，不致使地下水位升得过高。只要加强观测，搞好库水位调度运用，完全可以控制库周地下水位，没有必要开挖截流排水沟。

9　结语

水面工程建设中，搞清库区的渗漏情况，采取正确的防渗措施就为工程建设的顺利进行和日后工程效益的最大发挥打下良好的基础。

【作者简介】史瑞，女，1966 年 11 月出生，洛阳市河道管理处副处长、工程师。

双排带桩基础在砂基河道险工治理中的应用

史　瑞[1]　李一兵[2]　王和顺[2]

(1．洛阳市河道管理处；2．洛阳水利勘测设计院)

摘　要：本文通过近 10 年来作者主持完成的伊、洛河下游险工加固工程的实际经验，详细阐述了双排带桩基础在砂基河道险工加固工程中的应用。

关键词：双排带桩基础　险工治理　应用

伊、洛河洛阳市区段以下，河床逐渐细沙化，且主流摆动，河势不稳定；多处河段主流紧靠堤脚，一方面泥沙大量淤积，另一方面水流淘刷，坍塌严重。近年来，对这类险工(如洛河古城险工、喂庄险工、廛河口险工、白营险工、余家营险工、太后庄险工、于家营险工，伊河新民险工等)治理我们采用双排带桩基础，效果很好。

1　险工浅析

根据多年的治河经验，低水河岸坍塌的主要原因是中低水冲刷河岸，使岸坡陡立失稳；同时由于弯道凹岸主流紧靠岸脚，环向水流切割，使河岸溃垮，险情加剧。因此，险工治理的关键是阻止靠岸主流切割岸坡，防止岸坡坍塌。而护坡是坐落在基础之上的，也就是说只要保证基础稳定，就能保持护坡的稳定，从而起到保护河岸的目的。所以，基础是险工治理的关键。

当然最直接有效的办法是在较好的地基上做浆砌石，以避免水流淘刷而影响稳定。但就伊、洛河而言，由于险工段均为主流紧靠坡脚，水深流急，若实施该方案必须建施工围堰，加之沙质河底透水性强且难以深挖，使围堰和排水的造价占工程总造价的 1/3。若不开挖，基础一般采用抛石或铅丝笼块石，然后在其上建护坡。但对于沙质河底来说，基础的修建只使被淘刷部位向河心方向推移一些，仍会加剧水流对基础底部的淘刷。随着淘刷深度的加深，就会引起基础沉降，护坡因基部失去支撑而失稳。以前伊、洛河险工多年来一次又一次的治理而无法脱险，根源皆在于此。

2　双排基础之机理

综上所述，如何保持护坡基础的稳定就成了关健问题。为此，在伊、洛河治理中也采取过多种措施，实践证明采用双排带桩基础为最经济有效的方法之一。其作用机理在于：内排基础为护坡基础，由其支撑护坡，保持稳定，然后在该基础外侧另设一排基础作为护基基础。随着水流对外排护基基础底部的淘刷，外排基础逐步下沉，一直保护内侧护岸基础免受淘刷，从而一直处于稳定状态。要使外排基础逐渐下沉就要使其具有一定的柔性，且为一整体，故采用铅丝笼块石或土工格网石笼。可是往往沙质河底的淘刷结果不一定使护基基础均匀下沉，而是由于外侧淘刷较强而内侧影响较小，从而造成向外翻滚,脱离内侧基础,达不到保护内侧基础的目的。为此就要限制外排基础的水平移动,而保证其垂直移动,这就需要在外排铅丝笼基础外脚内打一排木桩,木桩要打入外排基础底部以下 2 m 深,并要保证桩顶露出笼外,以免顶托基础使其不能下沉(见图 1)。

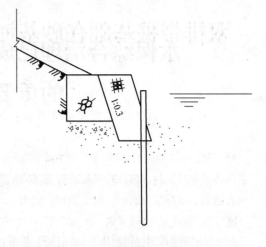

图 1　打木桩示意图

3　技术要求

3.1　内外排要求

内排护坡基础根据不同工程的需要确定,最好采用浆砌块石,外排护基基础采用铅丝笼块石:

(1)要严格内外排分离,以利于内排稳定,外排沉降。

(2)外排基础高度=冲刷深度–内排基础底部以上高度+50 cm。厚度不小于 100 cm。

(3)外排铅丝笼内坡坡度要陡于 1 : 0.3,以利于垂直沉降,避免水平推移。

(4)铅丝网网眼要小于 15 cm×15 cm,铅丝采用 10#(8# 丝太硬施工不方便,12# 丝太细不能满足工程需要)。

(5)块石要求石质新鲜,尺寸不小于 25 cm,堆砌时应摆放整齐,减少孔隙。铅丝笼应固定牢,每 3~5 m 为一箱,两端设横隔网,箱与箱之间不联结,以利于不均匀沉降。

3.2　打木桩要求

(1)要采用耐水耐腐蚀的硬柞木。

(2)桩径不小于 15 cm,梢径不小于 10 cm。

(3)要求打入外排基础底部 2 m 以下,且桩顶要露出块石笼体。

(4)打桩时要戴上桩帽、桩箍及桩靴。

4　结语

多年治河的实践证明此法安全牢固、合理经济,在类似河道的险工治理中均可使用。

【作者简介】史瑞,女,1966 年 11 月出生,中共党员,华北水利水电学院毕业,工学学士,现任洛阳市河道管理处工会主席、工程师。

水保综合治理已成为新县经济发展的重要支撑

张　建[1]　连光学[2]

(1．河南省水利厅水保处；2．信阳市水利局水保科)

摘　要： 新县是一个集"老、边、贫"于一体的国家级山区贫困县，水土流失面积达 1 411 km²，治理前年均土壤侵蚀模数达 3 340 t/km²。截至 2002 年，全县初步完成水土保持综合治理面积 751 km²，使年侵蚀率减少 49.6% ～ 56.7%。通过综合治理，新增有效灌溉面积 12.6 万亩，新增旱涝保收田 8.4 万亩，兴修道路 600 多 km，农村解决人畜饮水 5 000 多处，75%的农户用上了自来水，65%的农户翻盖了砖瓦房，极大地改变了农村面貌，已有 90%以上的农民解决了温饱、摆脱了贫困，开始走向致富道路。针对存在的问题，提出了加快该县水土保持事业发展的建议。

关键词： 水土保持　综合治理　产业建设　问题　建议

1　区域概况

新县位于豫南大别山腹地，地处江淮分水岭地区，全县总面积 1 612 km²，其中淮河流域面积 1 307.5 km²，长江流域面积 304.5 km²，总耕地面积 27.4 万亩(15 亩为 1 hm²，下同)，山场面积 188 万亩，辖 17 个乡(镇)、197 个行政村，总人口 33.2 万人，其中农业人口 29 万人，是一个集"老、边、贫"于一体的山区县。

新县山区面积大，山峰林立，沟壑纵横，据史料记载，清末以前境内森林茂密，流水清澈，后来由于战争频繁、乱砍滥伐，加上新中国建立后几次极"左"路线的影响，全县森林资源遭到严重破坏，水土流失相当严重，生态环境日趋恶化。据 1980 年调查，全县水土流失面积达 1 411 km²，年均土壤侵蚀模数达 3 340 t/km²。长期以来，生态环境恶化与经济文化落后结伴而行，制约了县域经济的发展，群众生活十分贫困。到 1983 年，全县贫困落后最明显的特征是"三不过一"，即国内生产总值不到 1 个亿元(7 700 万元)、县财政收入不到 100 万元(98 万元)、农民人均纯收入不到 100 元(86 元)，82%的农民生活在温饱线以下，是一个国家级的贫困县。

1984 年河南省人民政府将新县列为省水土保持重点治理县，1992 年淮河水利委员会将新县定为淮河流域水土保持综合治理开发试点县，近 20 年来，在上级水利水保部门的关怀与支持下，新县坚持从实际出发，把水土保持生态建设作为实现经济和社会协调发展的根本战略措施来抓，把工作的着眼点、着力点放在改善生态环境、开发山区资源上，采取以小流域为单元集中连片治理与千家万户承包治理相结合，植物措施与工程措施相结合，恢复土壤植被与培植发展支柱产业相结合，动员和组织全县人民，连年开展大规模的治理山水、改造山河的群众性运动，使水土保持生态建设取得了突破性进展，极大地促进了全县各项事业特别是农业和农村经济的快速发展，水土保持综合治理已成为支撑全县经济健康发展的动力源泉。2002 年全县国内生产总值达到 14.6 亿元，是 1983 年的 19 倍，县财政收入 6 658 万元，是 1983 年的 68 倍，农民人均纯收入 1 886 元，是 1983 年的 21.9 倍。通过水土保持综合治理的实施和农村以水土保持支柱产业为龙头的项目带动，现已有 90%以上的农民解决了温饱、摆脱了贫困，开始走上致富道路。

2　水土保持综合治理给山区带来的巨变

　　1984～2002 年，在国家水利部、淮委及省、市水利水保部门的大力支持和指导下，新县先后被确定为全省水土保持重点治理县、淮河流域水土保持综合治理开发试点县和全国水土保持生态修复试点县。十几年来，县委、县政府始终坚持水保立县这个根本，做到一届接着一届干，治理宏图不改变，强化领导，精心组织，调动千家万户治理千沟万壑，做到了水土保持综合治理与县域经济发展有机结合，实现了双赢目标，取得了显著成效。据 2002 年统计，全县初步完成水土保持综合治理面积 751 km^2，占应治理面积的 53.2%。水土保持综合治理改善了山区生态环境，夯实了富民富县的基础，加快了县域经济的快速发展，已经成为新县经济发展的重要支撑。

2.1　水土流失得到有效控制，生态环境有了明显改善

　　在全县已经完成的 751 km^2 的水土流失初步治理面积中，林地面积达 120.6 万亩，森林覆盖率达 61%。植被和水保工程拦蓄了大量的地表径流，减少了土壤冲刷，使年均土壤侵蚀模数由治理前的 3 340 t/km^2 下降到 1 250 t/km^2，年侵蚀率减少 49.6%～56.7%。苏河镇为改善生态环境，提高抗灾能力，加快农民脱贫致富步伐，组织全镇 6 000 名劳力在该乡的苏河、墨河、观音堂、毛河小流域摆开了综合治理开发战场，连续苦干了 10 年，完成治理面积 48.4 km^2，建起了乡、村、组、户水保林场 171 个，其中乡办水保林场 9 个，营造优质水保用材林 1.37 万亩，并采取村、组、户、股份合作一起上的办法，对零星分散的小单元进行治理，使全乡有林地面积达到 11.8 万亩，森林覆盖率由治理前的 28.4%提高到 62.5%，成为河南省山区小流域综合治理的一面旗帜，获国家林业局"全国造林百佳乡"，淮河流域水土保持示范工程和财政部、水利部命名的水土保持生态建设"十、百、千"示范工程等殊荣。

2.2　促进了支柱产业形成，奠定了农民致富基础

　　坚持以小流域为单元连年开展规模治理，做到把小流域综合治理与林果支柱产业开发相结合，大力开展县抓万亩连片、乡镇建千亩基地、村办百亩水保林、组户营造十亩新林的"万、千、百、十"水保工程造林活动，并采取区域化布局、规模化开发、集约化经营，建立商品生产基地和永久性的生态防护区。经过近 20 年的冬春苦战实干，全县已建起以杉木、板栗、茶叶、油菜、元竹、银杏为主的林果业商品生产基地。2002 年底全县拥有杉木林 30 万亩、板栗 25 万亩、茶叶 7.5 万亩、油茶 8 万亩、元竹与毛竹 6.9 万亩、银杏 5 万亩，2002 年全县林果业生产、加工、销售总产值达到 7.7 亿元，来自林果业的税收 2 800 多万元，农民人均林果业收入 800 元，分别占全县当年工农业总产值

的 55.8%、县财政收入的 42.3%和农民人均纯收入的 43.8%。古店流域的卡房乡为改变贫困面貌,依据广阔山场的优势资源,强力治理开发,目前已达到农民人均 4 亩板栗、3 亩杉木、30 株银杏,2002 年该乡农民人均纯收入达到 2 100 元,其中来自林果业收入 1 000 元,这个乡仅板栗一项收入超万元的农户就有 270 多户,占总农户的 1/10,有 60%的农户翻修建起了"小康楼",一跃而成为全县的首富乡。千斤乡邵山村农民施先训,承包荒山荒坡 1 000 亩,投资 40 万元发展优质水保林,现已郁闭成林,据测算总价值可达 400 余万元。陡山河乡刘湾村农民徐绪祥承包治理荒山 300 亩,全家人常年吃住在山上,营造杉木、板栗总价值超百万元,2002 年底仅板栗一项年收入就达 2 万元以上,被誉为"新县愚公"。

2.3 依托水保林果基地兴办了一批"龙头"企业

在开发山场大规模培植林果资源、加快山区生态建设的同时,以市场为导向,把发展的重点转向以加工增值为主的林果产品系列开发上来,依托资源优势,兴办水保企业,走"山上建林场,山下办工厂,山外拓市场"的路子,形成企业带基地、基地连农户、"公司+农户"的系列开发新格局,使水保向工业延伸,提高了开发效益。近年来,新县先后兴建了一批具有当地特色的林产品加工企业,初步形成了以羚锐公司为龙头的医药加工系列、以安太公司为龙头的天然野生蔬菜保鲜系列、以新林茶叶公司为龙头的"两茶"加工等系列、以林化公司为龙头的林产化工开发系列和以奥世天然果品冷藏食品有限公司加工出口为龙头的干鲜果品等林产工业体系,培育出了一大批在市场上畅销的名牌产品,扩大了新县影响,提高了县域综合经济实力。目前,全县已兴办各类加工型企业 600 余家,年产值 4.5 亿元。羚锐制药有限公司创办时仅是一家资源加工型扶贫企业,该公司立足当地中草药和银杏资源逐年丰富的优势,面向市场搞开发,企业规模不断扩大,经济效益逐年提高,2002 年创工业总产值 2.3 亿元,实现利税 4 800 万元,跻身于全国中药 50 强行列,羚锐品牌已成为全国驰名商标,在中央电视台榜上有名,2000 年该公司被中国证监会审核批准为上市公司,为豫南地区赢得了荣誉。新林茶叶公司是八里畈乡与日本华豫株式会社合资兴建的股份制合作公司,生产机制高档"蒸青茶",年生产规模可达 10 万 kg,产值 800 万元,年创利税 300 万元,每公斤茶叶售价较传统茶叶售价提高了 4 倍以上,不仅大大提高茶叶的经济效益,而且把农民从繁重的手工劳作中解放出来,使广大农民有更多的时间从事其他生产。

2.4 农村基础设施得到进一步加强,农民的生产生活条件发生了根本性变化

新县在开展小流域综合治理开发中,围绕"综合"做文章,突出质量下工夫,坚持植物、工程、保土耕作三大措施一起上,做到山治到哪里、林造到哪里,路就通到哪里,尽可能地把水也引到哪里,实现水保工程的生物化、水利化、高效化,从上到下梯次治理,措施一步到位,治理一次成型,达到治一片成一片,一次治理长期受益,进一步为水保产业开发创造条件,同时也夯实了农村基础设施建设,进一步改善了农民生产生活条件。通过山、水、林、田、路综合治理,全县新增有效灌溉面积 12.6 万亩,新增旱涝保收田 8.4 万亩,兴修道路 600 多 km,农村解决人畜饮水 5 000 多处,改厕 2 000 多个,新架设输变电线路 863 km。目前全县乡乡通程控电话,村村通机动车辆,建有电视差转

台和卫星电视地面接收站，99%的农户用上了常明电，75%的农户用上了自来水，65%的农户翻盖了砖瓦房，85%的农户拥有电视机。水、电、路、邮等农村基础设施的改善，极大地改变了农村面貌。

3 水土保持工作存在的问题与建议

3.1 存在的问题

从总体上看，新县以小流域为单元的水土保持综合治理开发发展较快，效果明显，为县域经济的发展做出了积极贡献。但是，由于特定的山区自然条件，山高沟深，水土流失面积大，目前全县尚有 660 km² 的水土流失面积亟待整治，而过去的治理也仅是初步的，还有相当大一部分工程措施不配套，治理的标准不高，开发层次还比较浅。又因为水保产业体系还不够健全，资源培植与后续加工不匹配，资源开发项目难以实现转化增值及水保资源型加工企业科技水平含量低等多方面困扰，使得小流域水土保持综合治理的效益还未能得到充分发挥。

3.2 几点建议

为全面开发山区水土资源，大力兴办以生态型经济为龙头的水土保持支柱产业，国家应强力扶持，以全面推进这一地区社会主义新农村建设。为了使水土保持事业蓬勃健康发展，特提出如下几点建议：

(1)树立水保观念，提升水保战略地位。目前国家已把水利工作摆到了基础设施建设的重要位置，水土保持作为农村五项重点工程之一被列入农村重要议事日程。从全国水利工作的全局看，山区的水土保持工作具有十分重要的战略地位，国家应把山区小流域水土保持综合治理开发放在与大江大河的治理同等重要位置，在政策、资金、项目诸方面给予实实在在的支持。

(2)加大舆论宣传，强化全民水保意识。党中央、国务院对水土保持工作十分重视，经全国人大常委会讨论通过颁布了《水土保持法》并把水土保持定为我国的一项基本国策。为全面贯彻水土保持法律法规，把水土保持这项利国利民的国策叫响喊亮，要树立全民水保忧患意识，鼓励、引导山区进一步搞好以小流域为单元的水土保持综合治理开发。

(3)加大资金投入，实行项目扶持带动。水土保持是一项涉及部门多、牵扯面广、资金投入大的综合治理工程，仅靠水土保持部门的投入显然不足。为拓宽水保经费投入渠道，国家应从涉农资金中拿出部分资金建立水土保持发展基金，统筹安排水土保持项目，以利于水土保持资金的良性循环。

(4)完善水保体系，巩固水保治理成果。没有工业的水保产业是不完备的产业，山区经济的发展和振兴离不开水保支柱产业作后盾。要想把山区经济搞活，农民致富必须强抓山场的资源优势，建设林果商品生产基地，兴建新上资源加工型企业，改变山区"原字号"低价值的小农经济状态。要鼓励水利水保部门兴办水保经济实体，切实解决好行业致富问题，以利于这些部门的队伍稳定，更好地服务小流域水土保持综合治理开发。

【作者简介】张建，1971 年出生，1997 年 12 月毕业于中共中央党校河北装甲兵学院函授学院(经济类)，河南省水利厅水土保持处工程师。

龙飞山小流域综合治理机制与成效

连光学[1] 张万清[2] 付 莉[1]

(1．信阳市水利局；2．信阳市平桥区水利局)

摘 要：在龙飞山小流域多年的治理开发工作中，当地政府明确治理思路，不断完善建设、投入、管护机制，实现了"谁投资、谁所有、谁受益"，保证了责、权、利的高度统一，经过多年高标准综合治理，取得了显著的生态效益、经济效益和社会效益，带动了周边小流域的治理开发。

关键词：水土保持 小流域治理 龙飞山

1 基本情况

1.1 地理位置

龙飞山小流域位于河南省信阳市平桥区平桥镇银钱村，地处信阳市城区的东北部，距离市区仅有 8 km，南北长 4.3 km，东西宽 3.7 km，总面积 8.94 km^2。

1.2 地形、土壤、植被

地面坡度组成：小于 5° 的占 25%，5° ~ 10° 的占 49%，10° ~ 25° 的占 20%，大于 25° 的占 6%，沟壑密度 0.64 km/km^2。土壤主要为黄棕壤和水稻土，岗岭为黄棕壤，质地较黏。植被主要为栎类、松类、山合欢、刺槐、黄荆条、野山楂、山茅草等。

1.3 社会经济

2004 年流域内有人口 3 062 人，人口密度 342 人/km^2，耕地 245 hm^2，人均耕地 0.08 hm^2。

2 治理情况

2.1 指导思想

在治理初期，原信阳市人民政府提出龙飞山小流域治理的指导思想是：实现一个目标、满足二个要求、坚持三个结合。即从根本上治理水土流失，实现经济可持续发展的目标；满足广大人民群众对改善居住环境要求、水土保持治理带动经济社会发展的要求；坚持治理水土流失与发展区域经济相结合，工程措施、生物措施与耕作措施相结合，治理开发与管护相结合。

2.2 建设规模

龙飞山小流域原有水土流失面积 6.5 km^2，占总面积的 73%，其中中度以上水土流失面积 5 km^2。小流域治理始于 1990 年，1991 年被河南省水利厅列入重点治理小流域，得到了上级有关部门的大力支持。多年来该流域共完成坡改梯 180 hm^2；栽植桃树、梨树、葡萄、板栗等经济林果 220 hm^2，约 15 万株；用材林 120 hm^2，薪炭林 80 hm^2，套种茶叶 50 hm^2，苗圃园 30 hm^2，旧水田改造 60 hm^2；修建改造塘堰坝 122 处，修建道路 24

条总长 36 km，其中三级柏油公路 14 km，建设护林房 35 间，综合经营养猪场 2 个，建万方养鱼塘 25 口，累计投入治理资金 382 万元。

3 建设、投入、管护机制

早在 1997 年，原信阳县出台了《关于加快治理开发农村"四荒"资源的决定》，并下发了《信阳县"四荒"使用权拍卖实施办法》。龙飞山小流域在治理开发过程中抓住这一发展契机，从产权制度改革入手，大力推行拍卖、租赁、承包、股份合作等治理开发模式，围绕 "公开拍卖、自主经营、综合开发、共同受益"的发展思路，制定了一系列的机制改革的优惠政策，允许公开拍卖"四荒"使用权，期限为 30～50 年不变，使用权可以继承、转让、抵押、租赁，坚持"谁投资、谁所有、谁受益"的原则，鼓励独资、合资、股份合作等形式开发治理，在技术、资金和税收等方面给予优惠，极大地调动了全社会开发治理龙飞山小流域的积极性。一批农村种植能手、乡镇干部和企事业单位职工纷纷瞄准龙飞山。他们将家从城市搬到山上，投资几百万元，建起了一座座漂亮的山庄，建成种苗、果园、引种实验园面积达 220 hm^2，年收入达到 500 万元，收到了良好的社会效益和经济效益。

为搞好龙飞山小流域的治理管护工作，平桥区政府制定了《平桥区龙飞山小流域开发管理规定》，对工程进行科学管理。为搞好治理成果的管护，采取了如下措施：一是分户承包落实责任制；二是股份合作落实责任制；三是专人管护落实责任制。坚持"三个不变"，即集中人力、物力、财力连片治理的方式不变，发展水保支柱产业的指导思想不变，拍卖承包、统分结合的管理方式不变。实行统一供苗、统一施肥、统一病虫害防治、统一嫁接抚育，分户拍卖承包经营，与承包人签订长期的承包合同，一方面能使疏幼林得到较好的管护，另一方面又使承包人在短期内保土耕作套种粮油作物取得一定的经济效益，起到了以短养长、长短互补的效果。经过多年实践，户包小流域治理已成为平桥区效果最好的水土保持治理形式。

龙飞山水土保持综合治理在建设、投入、管护机制上进行了探索与改革，在实践中摸索拓宽了融资渠道，形成了多元化投资模式，通过推行拍卖、承包、租赁、股份合作等形式吸引了社会上大量资金，从 1991 年到 2004 年，共吸引社会资金 800 万元，摆脱了单纯依靠国家和集体投资开发治理水土流失的局面，形成了多元化、多层次、多渠道的投资体系。良好的投资回报率极大地调动了社会各界治理水土流失的积极性。改革理顺了产权关系，明确了投资主体，实现了谁投资、谁受益、谁所有和责权利相结合的高度统一，从而使经营者买得放心、利益连心、投入热心、管护精心，使经营者对龙飞山的挖潜、开发利用同经营效益紧密地结合起来，注重经济核算和治理后工程、生物等措施的管护，提高了水土资源和工程利用率，发展了农村经济，盘活了存量资产，走出了一条建设—拍卖承包—再建设的滚动发展路子。

4 效益

4.1 生态效益

经过多年治理，龙飞山小流域已形成比较完善的区域防洪工程体系，沟道、坡面及骨干防洪工程、植物防护等各项措施布局科学合理，森林覆盖率达到 62.5%，地表有乔、灌、草多层林冠和枯枝落叶、苔藓等地被植物覆盖，地下有植物根系固结土壤。降水量小于 30 mm 时，除树冠截留和蒸发外，有 50% ~ 80% 的降水变为地下水，流失的一般不超过 20%，日降水量 50 ~ 100 mm 时，沟道里水基本是清澈的。通过植树造林和工程措施的实施，达到 10 年一遇暴雨袭击下，基本上实现土不下坡，沟道清水长流，蓄水和保土效益分别达到 80%、85% 以上，日降水量 50 mm 时主沟道洪峰流量削减 60%。据调查，该流域的侵蚀模数已由治理前的年均 5 100 t/km^2 降为目前的 800 t/km^2。

4.2　社会效益

经过 10 余年的持续治理，总治理面积 6.0 km^2，治理度达到 92.3%；荒山、荒坡植树面积 470 hm^2，占宜林面积 567 hm^2 的 83%；基本农田得到改造，流域内人均基本农田达到 0.08 hm^2，15° ~ 25° 陡坡耕地全部退耕还林，15° 以下坡耕地 90% 以上改为水平梯田，粮食产量由过去的亩产 350 kg 增加到 510 kg，粮食总产达到 187.43 万 kg，人均 612 kg，流域内群众粮食实现自给有余。

4.3　经济效益

经济林从 1994 年开始见成效，当年实现经济效益 20 万元；1996 年仅早桃和葡萄两项收入达 50 万余元，养鱼、苗圃以及梯田内套种西瓜、花生、豆类、药材等经济作物收入 30 万余元，当年经济林果及经济作物收入达 200 万元。1999 年底各类经济林果及经济作物总收入达到 320 万元。板栗已进入挂果期，农、林、牧、副、渔业由治理前 192.4 万元增加到治理后 823.34 万元，群众年人均纯收入由 645 元提高到治理后 2 689 元，增长了 2 044 元。通过治理开发，流域内群众的生活水平已经赶上并超过全区平均水平。

通过多年治理，龙飞山小流域水土流失得到基本控制，生态环境明显改善，水旱灾害明显减少，土地利用结构趋向合理，群众经济收入显著提高，蓄水保土效益明显。水土保持综合治理为发展农、林、牧、副、渔业各业创造了良好的条件，带动了周边乡镇发展生态农业和水土保持产业的快速健康发展。

5　几点启示

一是随着国家农村税费改革的落实，"两工"和村统筹逐步取消，过去主要依靠群众自筹资金和运用"两工"开展水土保持工程建设的做法已不能适应新的形势要求，水土保持治理面临着投资与投劳的双重困难。现阶段必须从建设、投入、管护机制方面进行改革与创新，否则新时期小流域治理难以跨上新台阶；二是高标准、高投入，坚持长期持续治理，是巩固提高治理成效的重要方式；三是小流域治理成果的管护与建设同等重要，要采取措施切实加强管护；四是在治理水土流失的过程中要尊重群众意愿，注重保护农民的合法权益，把治理水土流失与引领群众脱贫致富结合起来，只有得到群众的衷心拥护，水土保持这一基本国策才能焕发强大的生命力。

【作者简介】连光学，1969 年 7 月出生，1993 年 7 月毕业于西北农业大学，工程师。

鹤壁市城市生活节水潜力分析

姚慧军

(鹤壁市节水办公室)

摘　要：本文分析了城市用水现状、城市供水现状，确定了总体思路和目标，讨论了节水器具、方法及节水设施管理等，最后对节水措施提出建议。

关键词：鹤壁市　城市节水

1　现状分析

1.1　城市用水现状

鹤壁市三区两县，城镇供水服务面积为 48.64 km^2，城市用水人口 38.06 万人，年城市取水总量 4 917.27 万 t，其中生活用水量为 1 695.43 万 t，占总取水量的 34.48%，主要靠城市自来水系统和企业(单位)自备供水设施两部分组成，目前全市日供水能力达 16.69 万 t/d。城镇生活用水随着城镇化水平进程的加快和居民生活水平的不断提高，呈逐年增长的势头，城镇居民住宅日常生活用水量达到 1 063.03 万 t，占生活用水的 62.7%；城镇公共、建筑、商业服务用水量达到 632.4 万 t，占生活用水量的 37.3%。随着鹤壁市淇滨经济开发区规模的不断扩大，城镇建筑、绿化用水量呈上升趋势，目前城镇 98%以上生活用水，已实现取消包费户制度。

1.2　城市供水现状

鹤壁市三区两县供水设施分公共供水设施和自建供水设施，公共供水设施现有供水厂 5 个，设计供水能力 20.7 t/d，供水管网 175 km。鹤壁市自建供水设施主要取用淇河水和地下水。取用淇河水的一般稍加处理便用于生产，取用地下水的主要用于居民生活，其次用于生产和服务，综合取水能力达 25.74 万 t/d。

1.3　城镇污水处理

目前，鹤壁市城市废水排放量达 4 702 万 t，其中，生活污水排放量为 1 499 万 t，呈逐年递增趋势，生活污水主要来源于城镇居民和第三产业的污水排放，随着鹤壁市经济的快速发展，生活污水处理已成为人民不可忽视的问题，为更好地利用污水资源，目前鹤壁市已建成两座污水处理厂。它们分别是山城区污水处理厂和淇滨区污水处理厂，山城区污水处理厂设计规模为 6 万 t/d，项目投入使用后，每年可减少 COD 排放量 4 226.7 t。淇滨区污水处理厂设计规模达 5 万 t/d，项目投入使用后，每年可减少 COD 排放量 3 120 t。

2　总体思路和目标

2.1　总体思路

以加快推进全面建设和谐社会为主题，以建设节水型城市、建设节水型社会为总体目标，以提高水资源利用效率和效益为根本出发点，强化生活和生产过程中水资源的节约与保护意识，将城市生活用水和推广节水先进技术相结合，加大城镇居民生活、公益事业、商业、服务业等生活用水定额控制及中水利用效率，强化城镇生活用水、节水管理，杜绝跑、冒、滴、漏现象，减少水的浪费和污染，实现全社会在生活生产和消费用水上的高效合理利用。

2.2 生活用水目标

目前，全市城市节水器具普及率达 64.5%，通过改造和更换，到 2010 年前，全市城市节水器具普及率将控制达到 70%，新建居民建筑全部使用节水器具，城市大生活用水定额控制在 220 L/(人·天)以下，实现节水 166 万 t，其中，中水利用量 125 万 t。

3 设施内容

3.1 推广应用先进的节水器具

使用定量用水控制器，主要在新建房屋的卫生器具中，推广应用符合国家规定标准的节水器具。从 2006 年开始，城市新建楼房、办公、公共建筑等从规划和设计上选用定量控制器和节水型卫生器具，全部使用符合国家规定标准的节水器具。对已经建成的楼房、办公、公共建筑等建筑设施，要逐步推广使用节水阀门、节水龙头、节水型沐浴设备，选用定时感应自动控水器、红外线控水器等。2010 年生活节水器具普及率达到 70%，实现节水 41 万 t，计划投资 74 万元用于推广节水型器具。

3.2 中水利用

随着城市化进程的加快，城市生活用水量越来越大，大力提倡城市生活污水回用，已成为水资源开发利用保护的重要课题之一。加强中水利用建设已刻不容缓。到 2010 年前，结合城市给排水管网改造建设，逐步实行雨、污管分设，充分利用雨水、污水作为城市绿化用水、地面冲洗用水和近郊农田灌溉用水，对新建的宾馆、酒店、饭店等公共设施，具备中水利用条件的，从设计到施工都必须实行中水回用。对已建成的公共设施，符合中水利用条件的，要逐步改造。2010 年，通过中水利用设施建设和改造，预计可实现节水量 125 万 t。

3.3 严格新建工程节水设施管理

坚持把节约用水放在首位，大力开展节约用水活动，城市节约用水实行"三同时，四到位"，即同时设计、同时施工、同时投入使用，用水计划到位、节水目标到位、节水措施到位、管理制度到位。节水工程设施达不到国家节水设施标准或对使用的卫生器具不符合国家规定标准的，一律不予发放施工许可证，供水部门不予供水，工程不得交付使用。城市公园、共用绿地、企事业单位院内绿化、树木、花卉有条件的要用污水处理水，不符合条件的要采用滴灌方式，对采用大水漫灌的，一律按比例累进加价收费。

3.4 定额用水

2003 年鹤壁市已颁布了《鹤壁市用水定额》，定额分三部分，第一部分是产值用水定额；第二部分是生活用水定额；第三部分是产品用水定额。《鹤壁市用水定额》的颁布实施对指导全市生活、生产用水有着重要的理论依据。从 2004 年开始，严格实行定额用水，对超定额用水的单位和个人实行累进加价收费，通过这种方法，取得了良好的节水效果，全市城市每年可节水 200 多万 t。

4 节水措施

4.1 积极完善节约用水的政策措施

要充分调动各行各业节约用水的积极性，把节约用水工作落到实处，必须制定相应的政策措施，建立促进节水的制度。

(1)采取优惠政策，鼓励扶持修建节水设施、中水利用工程，对节水项目优先安排，优先立项，加大对节水设施建设扶持力度。

(2)积极开展争创节水型企业(单位)工作，把建设节水型城市、节水型社会工作推向前进。

(3)完善节水法规建设，认真贯彻落实《中华人民共和国水法》和《河南省节约用水管理条例》等法律、法规，及早颁布实施《鹤壁市节约用水管理条例》。

4.2 依法加强计划用水管理

加大计划用水管理力度，严格实行定额用水管理制度，加强对城市取水、供水、用水中跑、冒、滴、漏的督查工作，降低用水损失率；加强对施工用水的管理，进一步强化对施工用水的管理力度。根据供水、节水管理条例的有关规定，对全市新建、改建、扩建的建设项目实行用水计划审批制度，下达施工临时用水计划指标，对超计划用水的，实行超计划累进加价收费制度。各用水单位都要按照城市生活节水规划及用水定额标准要求，制定相应管理措施，建立健全监督制约机制。

4.3 开展节水基础工作

积极开展节水示范基地创建活动，力争建成一批节水型示范小区和公共用水节水示范工程；逐步完善居民计量器具管理工作，对水表计量不合格的要逐步进行更换，保证计量的准确性；加大节水宣传力度，深入持久地开展丰富多彩的节水宣传活动，提高全民节水意识；大力推广节水型器具，严禁使用不符合国家标准规定的卫生器具；加强公共供水和自备供水管网的检漏工作，降低管网漏失率。

4.4 加快城市污水处理设施建设

对城市污水处理设施建设项目力争按照规划目标预期完成，再生水质达到二级排放标准，对大型公共建筑、宾馆、小区等建筑物所排放污水都力争集中处理达标排放，对符合中水利用条件的住宅小区要力争建设中水利用工程。

4.5 积极推进水价改革，用价格手段促进节水

合理调整供水价格，用价格手段调整人们的用水行为，加快由供水公司向商品水转化，促进节约用水，同时对不同时期不同类型的用水实行差别水价或阶梯水价，推行计划用水、定额用水。

4.6 加强组织领导，确保城市生活节水目标如期实现

市水行政主管部门要会同有关部门，切实加强城市生活节水工作的组织领导，要把节水工作列入议事日程，按照城市节水规划总体要求和城市生活节水目标，研究制定本部门本单位的节水实施方案和分阶段的工作任务，明确责任，制定措施，确保节水目标按期完成。今后，我市新建、改建、扩建的工程项目，均应配套建设节水设施，从设计

把关，全部采用符合国家标准的节水器具，积极推广节水新技术、新工艺，并把是否采用节水器具和节水工艺作为竣工验收的重要内容之一。要及时总结推广节水工作的先进经验，对好的经验要及时推广，提高节水技术和管理水平，确保全市城市生活用水节水目标如期实现。

BGAN 卫星通信技术与防汛应急通信

任建勋　李延峰　杨　栓

(河南省防汛通信总站)

摘　要：简要介绍了卫星通信技术和 BGAN 卫星通信的技术特点与组网情况，以及在防汛应急通信中的应用情况。

关键词：卫星通信　BGAN　防汛应急　异地会商

1　卫星通信方式与防汛应急通信

防汛通信本身就有很强的机动性、应急性和特殊性，在汛期关键时刻能够将水情、工情及时传到指挥中心，同时将指挥中心的指令及时畅通地下达，常用的防汛通信方式有有线通信、微波无线通信、卫星通信。

我国地域广阔，地形复杂，地理环境多样。虽然地面通信网发展迅速，覆盖面积不断扩大，但是受到地形和人口分布等客观因素的限制，地面固定通信网和移动通信网不可能实现在全国各地全覆盖，在中国有 60%左右的地区是地面通信网盲区，通信的困难甚至成为人们生存的障碍。这一问题现在不可能解决，而且在将来的几年甚至几十年也很难得以解决，主要是由于这些地区地形、地势复杂，建立通信网络耗资大、效益低、建设周期长、维护难等因素制约。即使通信状况良好，在防汛救灾现场应急情况下，常规的微波无线通信或有线通信手段，已不具备为流动性强且地理环境复杂多变的防汛救灾现场提供通信信息传输通道，而卫星通信不受行政区域和地理条件的影响，覆盖范围大，通信路由建立方便，通信可用度达到 99.9%，可以满足特殊用户需求。

卫星通信系统主要是建立卫星通信链路，实现图像、数据、语音的传输，实时将现场情况传回防汛指挥中心，并将指挥中心的指令及时下达到现场，保障现场与上级指挥部门通信畅通。

卫星通信系统主要由两部分构成：一部分为移动卫星地面站，另一部分为地面卫星接收站。

移动卫星地面站到达现场后，可迅速开展工作，车载卫星天线系统可在最短时间内找到并锁定卫星，建立卫星链路。该通信系统由天线系统、变频高功放、调制解调器、复用器、解码器、LNB、公分器和卫星接收机等组成。

地面站卫星通信系统：地面站应建有与卫星通信车配套的卫星通信系统，用于与地面站进行双向视音频、数据、语音通信。地面卫星通信系统由天线系统、变频高功放、调制解调器、复用器、网络交换机、编码器、解码器、LNB、公分器和卫星接收机等组成。

2　BGAN 卫星通信技术

BGAN 是国际海事卫星组织所主导的宽频全球区域网络系统(Broadband Global Area Network System)的第四代卫星通信系统。它是基于 IP 技术的移动卫星宽带数据通信业务，提供可靠的、高速的数据解决方案(最高速率可达 144 kbps)，同时该业务可以实现"永久在线"的功能，它在全球任何地点都能通信，永远不会"不在服务区"，也不需要办理漫游，更不会受到气候、环境的影响，使用者可以 24 小时在线随时进行数据更新。它还能与计算机(或 PDA)相联，随时随地接入宽带网，轻松实现"发送文件、下载数据、Internet 浏览、Intranet 登录、Email 往来、即时互动聊天乃至音视频流媒体传输、电视电话会议"，并且只需按照实际的收发数据流量付费。

从前面所介绍的卫星通信方式可知，卫星通信系统主要分为移动卫星地面站和地面卫星接收站两部分，但是考虑到建设成本和使用效率，建立卫星地面站和地面卫星接收站成本偏高，投入大，只在应急的情况下才使用。另外，一旦汛情发生，地面交通状况十分恶劣，有的地区卫星通信车根本无法到达，如果要在现场临时架设地面站也需用花费相当长的时间，在汛情紧急时显然是不行的。BGAN 宽带数据和语音服务提供了通过单一装置，完全独立于地面的固定和移动电话网络。它使个人携带其终端在不同反应装置相互沟通，指挥所、场外领导第一时间了解灾区或蓄滞洪区情况，保证通信正常。

BGAN 整个系统耗资 16 亿美元，星座设计是三颗新的第四代(I-4)卫星覆盖全球(见图1、图2)，第一颗卫星F1 定位于IOR-64° E(印度洋)；第二颗卫星F2 定位于AOR-53°W(大西洋)，于 2005 年 11 月 4 日发射；第三颗卫星 F3-PRO 定位于 POR-178° E(太平洋)。网络几乎覆盖了整个地球，其中包括全球 85%以上的陆地(除极区)，使世界上 98%人口可以应用到这项卫星数据服务，从而可为全球所有地区提供通信连接能力。I-4 为迄今为止世界最大、最先进的商用通信卫星，综合了高低端多种业务，模式采用高效的频率复用技术，在有限 L 波段的带宽资源情况下，实现了容量和多样化的双佳选择。新技术最大限度地节约卫星资源、提高有效功率，使得用户终端小型化、综合一体化以及通信高质量和系统高可用度得到有效保证。其强大的功能体现在以下几方面：

(1)使用一台 BGAN 终端，就能够获得速率高达半兆位的数据应用并可同时进行语音视频通信。BGAN 终端轻便易携、功能齐全，便于操作，设备重量在 1～2.2 kg 之间，最大的如 A4 纸大小，最小的一款 BGAN 终端只有 PDA 大小，重量不足 1 kg，几分钟内就可以建立或关闭一个全功能的宽带移动办公室。

(2)BGAN 系统兼备了通信技术宽带化和个性化的发展，并在逐步实现多网融合：固定网络、无线移动网络、IP 网络、卫星网络全面融合。

(3)BGAN 具有多重网络融合的特性，一机在手，多种功能：集电话、短信、邮件、数据、传真、视频会议于一体，给予人们高可靠的一致的信息通信服务，用户无须携带多种设备，就可以在多种环境下满足信息通信需求。

(4)BGAN 具有移动宽带化特性，其提供的各种基于 IP 的宽带服务，速率最高可达 492 kbps，可以满足移动多媒体(视频)需求和移动办公需求。

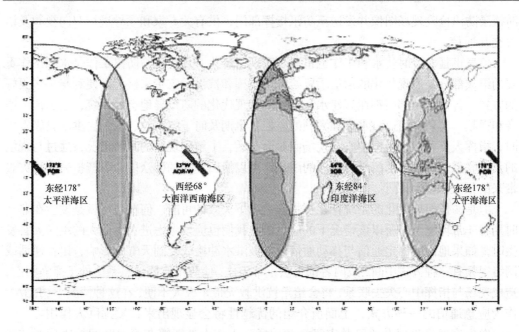

图 1　linmarsat BGAN 网络覆盖图

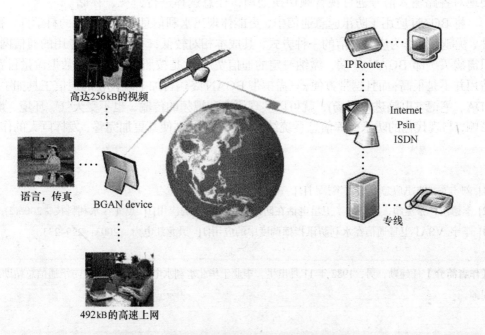

图 2　宽带全球区域网(BGAN)移动卫星工作

3　BGAN 技术与异地防汛会商系统

异地防汛会商系统主要用于防汛救灾现场第一线，能够实时参加防汛异地会商，实时摄录防汛抢险现场图像并发送至防汛指挥部门，供有关专家和领导进行双向视频及语言交互通信。

信息迅猛发展时代水利工作也正逐步实现信息化、现代化，防汛工作是水利工作重要的组成部分，而现代化的通信手段给防汛指挥和抗洪救灾带来极大的便利与更多更好的方式。各地水利部门都在兴建水利信息网和现代化的防汛异地会商系统，通过传输语音和视频，实现对河道、水库和大坝的监控，汛期及时了解水位、水情。洪涝灾害发生时，指挥人员可以在指挥中心与现场面对面对话，了解到现场的具体情况，通过与现场的及时联系，调度各部门进行有序的配合，可以挽回更多的群众生命财产损失，将灾难带来的损失减少到最小。

但是，任何现代化的系统存在在特殊情况下失效的可能，何况防汛就是发生在非常时期和非常环境下，所以该情况下的应急措施我们也应该考虑进去。当大的洪涝灾害发生时，如果地面的固定通信与移动通信设备被洪水冲垮或受到天气的影响，语音通话或网络视频有一种方式中断，或两者都无法正常工作，使防汛指挥信息系统处于瘫痪状态，造成现场与指挥中心失去联系，将会给给抗洪救灾带来极大不便，在这种情况下，BGAN作为应急通信的一种方式，上面所介绍的优越性将会显现出来，发挥巨大作用。

发生突发事件以及抢险救灾等活动现场，工作人员能够在第一时间拍摄现场的场景，利用BGAN终端将现场图像和声音高质量地传送至指挥中心，通过工作人员能够方便地对各路输入信号进行视音频切换处理，任意选择进行监视、存储。

将BGAN应用于防汛应急通信中，更能体现出水利信息化、现代化的科学性、智能性、优越性。作为应急通信的一种方式，其成本相对较低，不需要建立专用的通信网络，只需购买一部BGAN终端，缴纳一定的通信费用(它是按照实际的收发数据流量付费，费用并不是很高，而且携带方便，只需携带BGAN终端再加上现代化的通信工具如手机、PDA、笔记本电脑进入现场)，就可以实现语音和视频的传输，也不受天气、环境、地形影响，与现代化的防汛指挥信息系统结合起来使用，则使其更加完善，发挥巨大的作用。

参考文献

[1] 刘占军. 防汛应急通信方案探讨[J]. 山东水利，2001(8)：6.

[2] 李德东、张建超、王宇杰. 卫星电话在防汛通信系统中的应用[J]. 黑龙江水利科技，2005(2)：33.

[3] 李宇. VSAT卫星通信在水利防汛指挥调度中的应用[J]. 黑龙江电力，2003：229–233.

【作者简介】任建勋，男，1982年11月出生，毕业于华北水利水电学院，河南省防汛通信总站助理工程师。

YJ-302 混凝土界面处理剂在
灌区技术改造工程中的运用

逯林方　王秋旺　周在美

(河南省人民胜利渠管理局)

摘　要：通过对目前灌区技改工程的现状及投资分析，提出了采用 YJ-302 混凝土界面处理剂在旧混凝土表面浇筑新混凝土或砂浆抹面的做法，以达到节省原材料和投资，利用有限的资金进行更多的灌区技术改造工程的目的。

关键词：YJ-302 混凝土界面处理剂　技术改造

1　项目的提出

新中国成立以来，我国修建了万亩以上各种不同类型的灌区 5 729 处，灌区有效灌溉面积达到 37 866 万亩。这些灌区在发展农业生产、改善人民生活、保证国家粮食安全等方面发挥了重要的作用，但是由于各个灌区建立的时间不同，建成后进行必要资金维修和改造的程度不同，对目前进行节水技术改造的灌区工程来说，不是所有的渠道都需要重新衬砌，也不是所有的建筑物都需要拆除重建。例如对于部分以前衬砌过的渠道来说，如果仅仅是混凝土厚度不够，或者是风化、剥落较严重，那么在老混凝土表面重浇新混凝土，或者进行砂浆抹面处理即可，对部分建筑物如果只是破旧、破损轻微，那么只要稍加改造即可使用，不必浪费大量的人力物力进行重建。因此，在灌区工程技术改造中充分利用原有的水利工程，不但可以减少拆除重建工程量，节省原材料和投资，而且可以利用有限的资金发展更多的节水灌溉工程。要充分利用原有工程，如何对混凝土界面处理非常重要，而采用 YJ-302 混凝土界面处理剂就是一种很有效的方法。

YJ-302 混凝土界面处理剂最初广泛应用于房屋建筑的饰面工程(如沙浆抹面、面砖、大理石等)，将其应用到渠道混凝土衬砌新老界面的结合处理，不仅可以提高工程的内外质量，而且具有施工操作简便、造价低廉的特点。本项目通过室内—现场—室内的反复试验，掌握 YJ-302 混凝土界面处理剂的主要性能、技术要求和现场环保施工工艺后推广应用，以达到节约投资和提高混凝土性能与施工质量的目的。

2　YJ-302 混凝土界面处理剂实验室情况

YJ-302 混凝土界面处理剂是一种水泥砂浆黏结增强剂，与混凝土基层有优良的黏结性能，适用于新老混凝土的表面涂敷处理，以增强水泥砂浆对它们的黏结能力，从而解决抹灰砂浆空鼓、新老混凝土脱层的问题。经 YJ-302 混凝土界面处理的混凝土基层与砂浆的黏结强度比未经过处理的要增强 15~30 倍，比经凿毛处理的增强 3 倍，剪切强度提高 3 倍以上，并具有良好的耐水湿热及抗冻融、抗老化性能。其主要性能如表 1 所示。

表 1　YJ-302 混凝土界面处理剂的物理性能

项目		黏结强度(MPa)		
		未经处理	经 YJ-302 处理	经凿毛处理
混凝土~水泥砂浆	通常条件下	0.04~0.07	1.3~1.5	0.4~0.5
	冻融后(-15 ℃~常温 75 次循环)	0	0.5~0.6	—
	人工老化(相当于 20 年)	—	无变化	
	剪切强度			
	常温下 2 个月	0.66	>2.25	—

在室内试验中根据确定的生产厂家提供的原材料，进行物理、化学性状测试，对不同配合比进行试验分析，在试验的基础上选择满足工程施工要求的设计配合比及使用条件，提出符合环保要求的施工工艺。

3　现场环保的施工工艺

工程实施期间，主要进行了衬砌渠道在其表面现浇混凝土的应用，主要施工工艺如下。

3.1　配制

首先要选择好配合比，既可采用体积比，也可采用重量比，一般情况下甲组分：乙组分：石英粉(100 目左右)为 1∶3∶(3~5)。配制时将甲、乙两组分按比例倒入容器内搅匀，然后加入一定量的石英粉搅成稀糊状待用。每次配料量不宜过多，随配随用，最好在 2 小时左右用完。

3.2　施工

剔去老混凝土板基层表面的疏松部分，扫净或用水冲去表面的浮灰，允许如老混凝土基层呈潮湿状或有模板上的脱模剂存在，但不得有明水或大量油污堆积。

用毛刷将配制好的处理剂均匀地涂刷在老混凝土板基层表面，然后趁其未干立即浇混凝土，如果处理剂涂刷原表面干得太快，可用水浸湿基层，然后涂刷处理剂。

3.3　养护

混凝土浇筑完毕后，当硬化到不因洒水而损坏时，便开始养护，一般在浇筑完毕后 12~24 小时内开始养护，养护持续时间一般不少于 28 天，早期为避免太阳暴晒，混凝土表面应加秸秆遮盖。

3.4　贮存

贮存期间，甲、乙组分分开保护贮存，不得混合，贮存温度一般在 5 ℃以上，重新使用前，要充分搅匀。

其他建筑物的界面处理，与渠道施工处理相同。

4　工程实施后的情况

应用 YJ-302 混凝土界面处理剂技术，可有效地节约资金，提高新旧混凝土的黏结性能，提高施工工程质量、效益和寿命，具有显著的经济效益。几年来通过是否采用 YJ-302 混凝土界面处理剂处理现场对比，未做处理的老混凝土基层表面有裂缝存在，个别地方还有脱层现象，而经 YJ-302 混凝土界面处理剂处理过的老混凝土界面至今未发现有什么问题，说明 YJ-302 混凝土界面处理剂的运用是比较成功的。

由于试验是在夏季进行的，如何在冬季施工中运用 YJ-302 界面处理剂还需要重新研究，此外对混凝土衬砌渠道如直接采用经 YJ 混凝土界面处理剂处理，然后沙浆抹面，其使用期限可达多久也需进一步研究。

5　结语

随着工农业生产的进一步发展，灌区内水资源短缺程度和各部门用水的竞争日益加剧，实现水资源、粮食安全、经济社会及环境持续协调发展的战略性要求又十分迫切。因此，加大对灌区的投入，使灌区效益达到充分的发挥非常必要；虽然近几年国家和地方不断加大对灌区的投资力度，但投资额度和全国灌区总体规划投资量相比还远远不够，并且在今后很长一段时期内仍不会有很大改观。因此，如何利用有限的投资发展更多的节水灌溉工程，是我们亟待解决的问题。在充分论证的基础上通过对原有水利工程的修复改造，不但可以发展节水灌溉控制面积，而且也可以减少投资程度，用 YJ-302 混凝土界面处理剂在老混凝土表层浇新混凝土，就是一个很好的尝试。

【作者简介】逯林方，1973 年 6 月出生，1998 年 7 月毕业于华北水利水电学院，学士学位，河南省人民胜利渠管理局灌区节水技术改造工程建设管理局，工程师。

国家重点灌溉试验站(许昌站)发展规划

闫朝阳

(许昌市农田水利技术推广站)

摘　要： 加强灌溉试验工作是我国国情、水情和社会发展的要求，是上级主管部门的重大决策和工作要求。作为河南重点网站的组成部分，一个刚起步的新兵、认清形势、转变职能、抓住机遇，高标准地建设试验站，较好地完成四项任务，还有大量工作需要做。而一个好的发展规划有着重要指导意义。规划从场站硬件建设、试验研究方向、人才建设、成果推广四个方面论述了发展前景。

关键词： 灌溉试验　网站建设　发展规划

自 20 世纪 50 年代比较系统地开展灌溉试验工作以来，通过广大灌溉试验工作者的共同努力，取得了大量的灌溉试验数据和科研成果，为我国灌溉规划设计水资源优化配置和灌溉用水的科学管理提供了重要依据，也为我国灌溉管理水平的提高和农田水利的健康发展做出了重要贡献。但由于种种原因，自 20 世纪 80 年代中后期以来，灌溉试验工作走入了低谷，试验站点萎缩、设备老化、人员流失严重，大部分灌溉试验工作处于停滞状态。

随着社会经济的发展和人口的增加，水资源供需矛盾日益加剧。近年来，农业灌溉方式、灌溉技术和种植结构都发生了很大变化，过去为解决几种主要粮食作物充分灌溉而积累的试验资料和成果已不能满足当前农业可持续发展的需要。由于干旱缺水，我国大部分地区，特别是北方地区已没有条件采用充分灌溉，急需通过开展灌溉试验研究来确定科学的非充分条件下的灌溉定额和灌溉制度；另外，随着农业种植结构的调整和生态环境保护工作的开展，一些农作物的新品种和生态植被的需水规律、灌溉制度也急需通过灌溉试验加以确定。因此，加强灌溉试验工作是我国国情、水情和社会发展的需要，抓好灌溉试验工作对于当前的灌区节水改造、农业种植结构调整、生态环境建设和保护，以及节水农业的持续稳定发展都具有十分重要的意义。

水利部 2003 年下达了《关于加强灌溉试验工作的意见的通知》，要求恢复建设全国灌溉试验站网体系，计划用 2~3 年的时间，在全国范围内完善 100 个灌溉试验站，形成覆盖全国主要气候类型区、主要作物种类、水资源状况和生产水平的灌溉试验站网体系。许昌市农田水利技术推广站被列入全国重点灌溉试验站。2004 年围绕建设一个高水平的灌溉试验站的目标，在省、市主管部门的支持下和河南省中心站的指导下，建站工作开始启动。

1　项目建设的目的、意义

按照水利部 252 号文指示精神，灌溉试验站的建设目标是：建立组织合理、职责明确、运行稳定的灌溉试验站网体系，各级站网既有明确分工，又能协同攻关；培养一支具有较高业务水平、能够长期从事灌溉试验工作的稳定科技队伍；根据各级试验站网所承担的任务，建设必要的基础设施并配备试验设备；建立科学的灌溉试验数据收集、汇总、处理、发布体系，及时快速地发布有关研究成果；建立稳定的投入机制和科学的管理体系，确保灌溉试验工作能够长期稳定地开展，实现预期目标。

2 主要职责和任务

2.1 各级试验站的职责

水利部灌溉试验总站：协助水利部做好全国灌溉试验工作的发展规划，承担全国灌溉试验站网业务活动的组织、协调和管理，负责对基层灌溉试验站进行业务指导及人员培训；承担全国灌溉试验资料的收集汇总、数据库管理，以及全国灌溉农业基础数据年报的编制等工作。

各省(区、市)中心试验站：负责主持所在省(区、市)的灌溉试验工作；对下一级灌溉试验站进行业务指导；协助水利部灌溉试验总站执行全国协作研究任务；根据所在省(区、市)的生产实际需要，组织落实灌溉试验研究项目及灌溉试验成果的示范推广工作。

各省(区、市)重点试验站：根据灌溉试验站网的总体研究计划安排，完成灌溉农业基础数据采集和需要长期开展的灌溉试验工作；承担全国协作研究任务；承担所在省(区、市)设置的科研课题及研究成果的示范推广工作。

2.2 各级试验站的任务

(1)收集整理灌溉农业各类基础数据。采集整理灌溉农田的作物种植结构、产量水平、灌溉定额、水分生产效率、灌溉水利用系数等基础数据；按照灌溉试验规范要求，连续多年对某些研究项目进行试验研究，系统积累数据。各重点站向中心站、各中心站向灌溉试验总站定期报送采集的基础数据；灌溉试验总站要及时对全国各地报送的材料进行整理分析，写出年度报告，供有关部门决策参考。

(2)开展灌溉试验研究。针对节水灌溉发展新形势的需求，对一些影响全局性的课题开展全国性协作研究。通过研究不断开发高效用水新技术和新方法，为全国节水灌溉的发展提供技术支持。

(3)推广节水灌溉新技术。各级灌溉试验站点应立足当地农业生产实际，贴近农民需要，将灌溉试验取得的研究成果转化为实用的节水灌溉技术，并加以普及推广，推动当地节水灌溉及社会经济的持续稳定发展。

(4)定期汇总整编灌溉试验成果资料。站网初步建立后，要每隔3~5年系统地对全国的灌溉试验资料整理、汇编一次。待条件成熟时，逐步做到每年进行汇编。汇编材料定期出版发布。

2.3 试验站的主要工作

水利部在《全国灌溉试验站网工作方案》中要求完成的四项工作任务包括：

(1)灌溉试验站代表区域背景数据调查和整理。

(2)灌溉农业年度基础数据采集与整理。

(3)主要作物节水高效灌溉制度协作研究。

(4)灌溉试验资料整编。

3　发展规划展望

3.1　积极做好试验站设施建设

许昌市灌溉试验站位于许昌市东北，距市区 5 km 左右，北靠许开公路，南临小洪河，地理位置优越。占地面积 22 亩，其中办公占地 0.5 亩；院内道路 1 条，占地面积 0.85 亩；试验站南面用铁艺栅栏 42 m 与田间路隔离；东、西、北面用防护网与农田隔离。各功能区规划如下。

3.1.1　办公区建设规划

计划于 2007 年 5 月之前建成办公楼并开始使用。办公楼高 3 层，设有办公室、实验室、会议室，总建筑面积 360 m²。车库两间，建筑面积 50 m²。办公区前面为草坪，面积 430 m²，硬化生产路 300 m。

3.1.2　试验区建设规划

试验区总占地面积 22 亩左右，其中划分为试验观测区、节水灌溉示范区，面积分别为 2 亩和 17 亩。试验观测区内计划建设测坑 32 座，防雨设施 1 套，自动气象站 1 套。节水灌溉示范区计划引进先进的节水灌溉新技术，如长行程自升降喷灌系统、涌泉灌等。该计划预计 2008 年底建成。中期规划 200 亩，以国家重点灌溉试验站为核心区，建成辐射区 200 亩的河南省科技推广示范基地，该计划得到了河南省水利厅的支持。

3.2　试验研究规划

3.2.1　主要工作任务和设施标准

全国灌溉试验站网由灌溉试验总站、省级中心试验站和省级重点实验站三级站网组成。省级重点试验站在业务上接受灌溉试验总站和所在省(区、市)中心试验站的指导，结合四项工作任务，许昌灌溉试验站的工作任务是：①收集整理灌溉农业各类基础数据；②开展灌溉试验研究；③推广节水灌溉新技术；④进行长期农田小气候观测；⑤定期汇总整编灌溉试验成果资料。

根据重点试验站将要承担的研究任务，水利部灌溉试验总站对省级重点站试验设备和设施的配置标准提出了具体要求。需要说明的是，这些要求是完成相应工作任务所必需的最低要求。在此项基础上，各级灌溉试验站可根据所承担的省内试验研究任务的需要，以及争取到的建设经费对所在试验站的人员和仪器设备配置做出相应的调整及安排。

重点试验站的基础设备设施标准如下：

(1)计算机数据管理系统：PIV 以上的计算机 2 台，其中至少有一台具备快速上网条件。

(2)自然条件下的试验田：要求田面平整，土壤结构、质地、肥力，在当地都具有较好的代表性，净使用面积应在 15 亩以上，并具备完善的灌溉量水和控制设施。

(3)具有防雨设施的试验区：要建成电动(或手动)防雨设施，其下建设测坑群；防雨设施覆盖面积应不小于 0.5 亩；测坑的上口面积为 2 m×3.33 m(0.01 亩)，数量不少于 32 个；灌溉量水和控制设施要齐全。在反季节蔬菜生产种植的区域，还应建立适合当地条件的日光温室。

(4)气象站(最好为自动气象站)。

(5)简易实验室：包括烘箱 2 个，电子天平 1 个，土钻、铝盒等若干，要求满足水分、养分、水质等项目的检测与分析。

(6)土壤水分定位测定系统：TRIME(或中子水分仪)。

(7)灌溉系统水力性能测定系统：流速仪、流量计、水位计、压力表、量水堰，以及其他一些专用设备。

3.2.2　开展专项研究工作

随着水资源日益短缺和节水灌溉续建配套与节水改造，灌溉试验也将面临着新的形势和研究方向，要加强对地下水资源的变化状况、地表水防污与回用、人畜饮水安全问题等与水生态相关的课题研究。同时，还应进行农作物(如小麦、水稻、玉米、棉花等)、林果、蔬菜、花卉等非充分灌溉条件下的灌溉制度、需水量、耗水量试验研究以及生态需水研究等。

3.2.3　灌溉农业年度基础数据调查

"灌溉农业年度基础数据调查"是灌溉试验站网的一项重要的基础工作，要求每年都要开展，以后全国各地主要作物的灌溉用水定额、灌溉用水效率、灌溉用水效益、灌溉农业投入产出等数据都要由灌溉试验站网提供，用于指导全国的节水农业实践活动。这项工作是试验站必须长期坚持开展的工作，规划准备进行如下工作：①采集点的选择，在试验区选择有代表性的点选取 3 个左右。②开展采集点工作，对照灌溉农业年度基础数据调查的要求，开展采集点数据收集工作。③数据的整理及汇总上报。按照要求每年 10~11 月对采集点数据进行整理、汇总上报。

3.2.4　节水高效灌溉制度研究及协作研究

这项工作的开展可为节水农业新技术的创新提供基础，是服务于未来发展的基础性工作。这项工作的目标，一是通过试验积累资料；二是在对获得的研究资料进行深入分析的基础上，形成节水灌溉新技术；三是要通过研究工作，对新的作物(经济作物、生态植被)提供节水高效灌溉技术。

针对许昌市作物种植情况，我站计划主要从事小麦、玉米、棉花、花卉、药材、蔬菜等农作物的节水灌溉制度研究，这项工作将于 2008 年开始，连续进行。同时也要对小杂粮(芝麻、绿豆、红薯等)开展试验研究。对郊区种植的林果、蔬菜选择 1~2 种开展节水高效灌溉制度研究。

3.3　试验站人才建设规划

建设一支高水平的灌溉试验研究与管理队伍，是保证各项工作顺利开展、取得准确可靠的基础数据和高水平的科研成果的根本保证。人才缺乏是影响灌溉试验工作正常开展和取得高水平科研成果的一个重要限制因素。我们在创造条件吸引人才的同时，更要立足于现状，提高现有从业人员的业务水平与工作技能。为此，试验站必须下大工夫加强人才队伍建设，为承担各类协作研究任务、提高研究水平做好人才贮备。

加强人才队伍建设应重点抓好以下几个方面的工作。

3.3.1　积极参加总站的技术培训

水利部灌溉试验总站近期将根据各地灌溉试验站的工作需要，结合全国协作研究工作的实施，开展一些专业性的技术培训工作。我站应有计划地派人去参加培训，力争 1~2

年内把技术人员轮训一遍。

3.3.2　与高校和科研单位合作，借智引智

一方面可以聘请高校和科研单位的专家做顾问，另一方面加强与这些单位的合作，争取共同申请和承担科研项目。通过这些工作，借用或引入外部智力，保证工作的顺利开展。同时还要加强同省水科院和华北水利水电学院进行合作，共同争取科研项目与资金。

3.3.3　加强业务学习

加强业务学习是提高试验站从业人员技术水平的一个重要途径。要根据工作的需要，有针对性地开展理论知识学习和实际操作技能培训。学习是一个长期的过程，要坚持不懈。可以以总站的培训材料为教材，通过自学和集中学习的形式进行。每年要保证有半个月的集中学习时间，还要定期、不定期地请总站和中心站等处的专家讲解有关知识，回答有关试验课题的问题。

3.3.4　引进高水平的人才

随着条件的不断改善，要注意有针对性地引进需要的人才，从应届毕业生中吸收优秀人才充实队伍，或是引进急需的高层次人才。

3.4　成果推广应用规划

示范推广先进的节水灌溉技术，服务于各地当前的节水灌溉发展，这也是全国灌溉试验站网的一项重要的工作内容。因此，我站在加强建设与协作研究工作的同时，还要积极、主动地走出去，示范推广先进的节水灌溉技术，服务于农业生产发展及农民增收活动，在为社会提供服务的同时获得更多的社会认可，体现自身的社会价值，开创自己的发展空间。

当前，示范推广应重点抓好以下几个方面的工作：

(1)积极推广试验站网的最新科研成果。针对许昌市的实际情况，我们引进并推广"人"字闸技术，为我市节约水资源开了个好头。能充分利用天然降雨和泉水资源，为当地农业发展服务；目前已推广至许昌市的3个县、市，建设"人"字闸5座，为解决农村人畜饮水、改善生态环境、补充地下水起到了积极作用。推广了水利部"948"计划项目"水力自升降喷灌技术"。两项目深受当地农民欢迎，取得了明显的经济、社会效益。

(2)推广应用其他的先进节水灌溉技术，服务于当地的农业生产。灌溉试验站要推广喷灌、微灌、滴灌技术，同时在蔬菜、花卉、林果区推广长行程水力自控喷灌技术等。

(3)为了做好这些工作，我们首先要做好自己的科研工作，以先进的科研技术进一步带动示范推广工作。另外，还要加强新技术学习，多交流沟通，了解其他站点研究工作的新进展与新技术，了解国内外最新的研究动态和研究成果，为示范推广工作做好技术贮备。

综上所述，试验站的发展规划包括基本建设、试验研究、人才建设和成果推广四项工作，总计需要投资192.32万元，其中基本建设和仪器设备投资为149.32万元，正常开展工作经费和研究经费投入为43.0万元。基本建设和仪器设备投资为一次性投入；正常工作经费和研究经费为每年投入费用，当然可根据研究内容有所增减。

参考文献

[1] 水利部灌溉试验总站. 全国灌溉试验站网工作方案[B]. 2004.

[2] 中华人民共和国水利行业标准. 灌溉试验规范[S]. 北京：中国水利水电出版社，2004.

[3] 段爱旺，等. 灌溉试验站网建设与试验研究[M]. 郑州：黄河水利出版社，2005.

【作者简介】闫朝阳，男，1964 年出生，高级工程师，工程硕士，许昌市农田水利技术推广站站长。

基于 GIS、GPS 和 GPRS 网络构建

河南省防汛应急指挥系统

黄喜良　　刘念龙

(河南省防汛通信总站)

摘　要：基于先进的 GIS、GPS 和 GPRS 网络构建防汛应急指挥系统为防汛指挥提供信息化技术手段，可有效提高防汛指挥决策的预见性、科学性、快速反应能力。本文对系统各模块的功能分别进行了阐述。

关键词：GIS　GPS　GPRS　防汛指挥

受全球气候变暖的影响，强对流天气频繁发生，局部暴雨频繁、强度大，降雨导致山洪暴发、山体滑坡和泥石流等流域性洪涝灾害，给部分地区造成了较为严重的人员伤亡和经济损失。随着水利信息化建设的提升，有效利用信息技术为抗洪抢险赢取宝贵时间，已经成为各级防汛指挥部门显示综合管理、调度指挥水平的重要标志。

基于 GIS、GPS 和 GPRS 网络技术构建防汛应急指挥系统能够协助防汛指挥部门应对各类突发的紧急事件，实现应急事件事前的监测、预警、防范；应急事件发生时进行快速、准确、科学的决策、协调、调度和指挥，向公众提供紧急救助信息和服务；事后进行事件评估、重建等工作。实现跨地区、跨部门以及不同专业人员之间的统一指挥协调、快速反应、信息共享、应急联动、辅助领导决策分析等。

1　基于 GPRS 网络的信息采集为防汛指挥调度提高时效性

信息采集系统是防汛指挥系统工程的重要组成部分，是防汛决策实时信息的来源，是整个系统的基础。

GPRS (General Packet Radio Service) 通用分组无线业务是一种基于数据包的无线通信服务。理论上它将使得通信速率从 56 kbps 一直上升到 114 kbps，且支持计算机和移动用户的持续连接。GPRS 移动用户可以随时访问自己的虚拟专用网络(VPN)，而不是每次都需要拨号上网，从而为用户提供更加简单的无线上网服务。

2002 年 5 月后，中国移动 GPRS 网络进入了商业化实用阶段，从而为我们提供了利用国家公网传输水情数据的又一种方法。

利用 GPRS 网络全面实现雨水情信息的自动采集、长期自记、固态存储，实时水雨情信息在 20 min 内，能从测站传输到水情分中心，并通过计算机网络 10 min 内传输到国家防办，提高测洪能力，提高洪水预报时效。

如何利用现有的工程措施，了解工程现状，通过非工程措施有效运用防洪工程体系把洪水灾害减小到最小，是一个非常重要的问题，河南省目前各类防洪工程 1 万多个，

利用 GPRS 传输网络能够迅速传输反映工程运行状况、险情、防汛动态的视频、图片、声音，可以直观地了解防洪工程出险现场状况，为防洪决策指挥提供及时有效的信息。

2　基于 webGIS 信息查询分析系统为防汛指挥调度提供直观高效的查询分析手段

地理信息系统(GIS)是近几年发展起来的对地理环境有关问题进行分析和研究的一种空间信息管理系统，它是在计算机硬件和软件支持下对空间信息进行存储、查询、分析和输出，并为用户提供决策支持的综合性技术。利用计算机建立地理数据库，将地理环境的各种要素，包括它们的地理空间分布状况和所具有的属性数据进行数字存储，建立有效的数据管理系统。根据实用、开放、安全、可靠的技术标准，利用计算机技术、网络技术、WebGIS 技术和数据库技术等，在网上建立一个基于 WebGIS 技术和动态网页技术的完整应用网站系统，为用户提供空间数据浏览、查询和分析的功能，已经成为 GIS 发展的必然趋势。以网页的形式向用户提供实时的水文信息，用户可以在网上浏览传统意义上的实时水文信息，并且在网上实现地图的交互式访问，在客户端实现智能化、远程化的地图查询检索。使防汛抗洪的管理、分析形象化、可视化，结合空间数据分析，预测预报使防汛指挥决策科学化、形象化。以河南省防办、地市各级防办已有的软硬件、网络环境及数据资源为基础，建立一个简单实用的数字地图信息服务系统，实现基于数字地图的地图浏览、防汛抗旱形势标绘、图上查询、数据可视化等功能，实现连通省级、地市级防办，支持异地交互和现场数据采集的防汛抗旱标绘信息交换。结合防汛指挥特点 WebGIS 系统(图 1)需实现如下功能：

(1)基本操作：浏览器端可实现对相关地图进行放大、缩小、平移、全图显示、鹰眼等功能。

(2)图层管理：可对各个图层进行可视设置、当前图层设置、图层显示顺序设置等。

(3)图例设置：不同雨量级别的雨情站点可以用不同符号进行渲染显示，超警戒、超汛限等不同水位站点用不同的符号进行显示。

(4)可进行图形、属性的双向查询，结果以报表和直方图(过程线)表示。

(5)可动态显示某一时段的雨量直方图和水位过程线。

(6)对超过警戒水位的水位站点进行报警提示。

(7)对超过某一量级雨量的雨情站点进行报警提示。

(8)可查询各地防汛物资储备情况。

(9)方便查询各类防洪工程信息。

3　GPS 全球定位系统为防汛指挥调度提供准确位置信息

全球定位系统(Global Positioning System, 简称 GPS)简单地说，是一个由覆盖全球的 24 颗卫星组成的卫星系统。这个系统可以保证在任意时刻、地球上任意一点都可以同时观测到 4 颗卫星，以保证卫星可以采集到该观测点的经、纬度和高度，以便实现导航、定位、授时等功能。这项技术可以用来引导飞机、船舶、车辆以及个人，安全、准确地沿着选定的路线准时到达目的地。

GPS 卫星提供准确经、纬度位置信息后通过 GPRS 网络访问 Internet 进行防汛抗旱

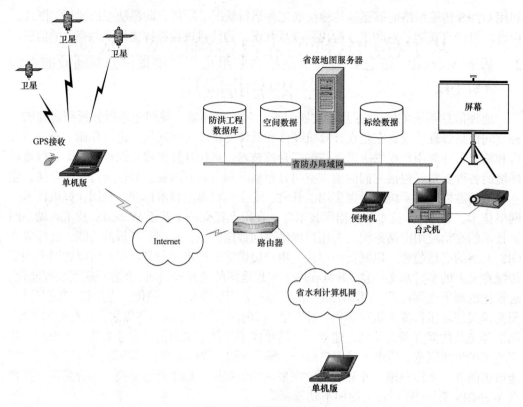

图 1　系统部署示意图

形势图的上报、决策草图的下传，提供了一种方便、快捷、精确、统一的获取信息、辅助决策、指挥、调控的工作模式，从而能够实现从省级到地市各级防办的上下级联动；提供基于 GPS 定位的定位、导航、辅助标绘功能，实现现场标绘和数据采集。可以进行防汛抗旱形势图和抢险决策方案草图标绘，以图形化的方式把防汛抗旱形势展现给决策者。在对防汛抗旱形势进行直观表现的同时，通过标绘图的形式保存、积累历史资料，为日后的决策和研究分析所用。

　　防汛指挥决策属于事前决策、风险决策和群体决策，是一个非常复杂的过程。各级防汛指挥机构需要及时准确地监测、收集所辖区域的雨情、水情、工情和灾情信息，对防汛形势做出正确分析，对其发展趋势做出预测和预报。若发现可能出现灾害性汛情，需要对洪水过程做出预报，根据现有防洪工程情况和调度规则制定调度方案，做出防洪决策，下达防洪调度和指挥抢险命令，并监督命令的执行情况、效果，根据雨情、水情、工情、灾情的发展变化情况，做出下一步决策。在保证工程安全的前提下，充分发挥防洪工程效益，尽可能减少洪灾损失。洪水一旦发生还可以借助防汛指挥系统组织灾中、灾后救援和灾后损失评估。总之，基于 GIS、GPS 和 GPRS 网络构建河南省防汛应急指挥系统能够适应洪水瞬息万变的特征，为防汛指挥提供瞬时数据和决策依据。

【作者简介】黄喜良，1962 年 10 月出生，现任河南省防汛通信总站副站长、工程师。

基于移动代理的入侵检测模型在水利
信息化中的应用

宋　博　张琦建

(河南省防汛通信总站)

摘　要：本文介绍了什么是水利信息化、当前水利信息化存在的安全隐患、入侵检测模型，以及如何对现有的模型进行改进并应用于水利信息化，更好地保证水利信息化的安全性。

关键词：水利信息化　入侵检测模型　移动代理

水利行业作为一个有着悠久历史，同时也是信息十分密集的行业，其信息化工作开始于"七五"期间。水利系统作为国民经济的基础设施，是一个信息密集型行业，水利信息包括水雨情信息、汛旱灾情信息、水量水质信息、水环境信息、水工程信息等。水利信息化的基本涵义是指信息及知识越来越成为水利生产活动的基本资源和发展动力，信息和技术咨询服务业越来越成为整个水利结构的基础产业之一，以及信息和智力活动对水利的增长的贡献越来越大的过程。通俗地讲，也即水利信息化是计算机技术、微电子技术、通信技术、光电技术、遥感技术等多项信息技术在水利上普遍而系统应用的过程。

随着时代的发展，需要开发的水利信息资源越来越多，对信息的准确性和实时性要求越来越高，水利信息化的安全和可靠性就显得更加重要，全面提升水利信息网络的安全性就成为制约水利信息化的重要条件，也是水利现代化的基础和重要标志。

目前的水利网络中，存在着流量过大、病毒木马攻击、ARP欺骗等多种问题，大大影响了汛情、旱情、水量、水质等信息的传送和正常办公。现有的防护措施在针对用户节点多且分散，不易集中管理，网络整体易受个体攻击而瘫痪等问题存在很多的不足。正是由于目前存在的安全问题，我们需要一种新的安全防护模型，这种模型要集防护、检测、响应和恢复于一体，能够更好地适应现代水利信息安全的要求。

入侵检测系统 IDS (Intrusion Detection System)是一种动态的攻击检测技术，通过对系统的运行状态进行检测，发现各种攻击企图、攻击行为或攻击结果，以保证系统资源的机密性、完整性和可用性。入侵检测系统有三种分类：基于主机的入侵检测系统、基于网络的入侵检测系统和基于智能代理的入侵检测系统。现有的基于移动代理的入侵检测模型，利用了移动代理的特点。将数据收集的任务分布进行，分担了传统的仅有单一的一个系统来收集数据的压力，移动代理管理器从代理库中指定移动代理，分派到控制台中，经过控制台代理被发放到网络当中，完成入侵检测数据收集的任务。但在整个系统运行过程中存在一些不安全的隐患，比如移动代理被攻击、短时间的大数据处理导致的系统崩溃等。为了改进这些不足，我们通过对现有的入侵检测系统的研究，提出了以下的改进方案：①每一个移动代理在派发前，由系统为之分配唯一的 ID 号码，并建立相关的 ID 号码表项。控制台加入访问控制机制，对经过的代理只有在认证符合后，才允许通过。这样就保证了入侵检测系统自身的安全。②建立入侵检测子系统，有效地应对分布入侵行为。移动代理完成可疑数据的收集任务，入侵检测子系统完成可疑行为的分析和响应任务，主系统只是起到协调和提供基础入侵行为日志的作用。这样就能够更好地利用网络计算资源，应对分布式入侵行为。

改进后的模型整体结构(图 1)由控制台、用户界面、入侵行为数据库、移动代理管理部分和若干个位于整个移动通信网络中的入侵检测子系统组成。

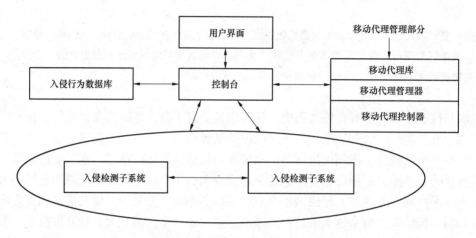

图 1　改进后的基于移动代理的入侵检测模型

总的来说，移动代理管理器的存在，在很大程度上也减少了控制台的工作负担，经过管理器的分配和派发，移动代理已经能够方便地在网络中运行，但是这时的代理只是空的，不含任何检测信息的代理，还要经过控制台为各个不同的代理分配不同的入侵检测信息后，才能够真正地被派发到网络当中，执行自己的收集异常行为的工作。这种代理和所携带的信息动态添加的方法，能够在很大程度上减少资源的重复利用，系统能够根据一段时间内或是一段网域内不同入侵行为的需求，动态地改变代理所携带的检测信息，更好地满足入侵检测的要求。新的入侵检测模型是建立在多个子系统协作运行之上的，这样的结构设计是为了能够检测每个网段中的任何主机和更好地应对分布式的入侵行为。

需要特别说明的一点是，入侵检测子系统的存在对于主系统而言有着十分积极和重要的意义，这种相互依存而又能够独立工作的体系，正是移动代理的优点。在整个模型的配置初期，入侵检测主系统，从代理数据库中选定不同的代理，经过控制台以后，每一个代理具备了独有的检测能力，并被分派到整个网络当中去。子系统在建立初期，功能十分单一，可以说并不具备任何的检测能力。当有了移动代理的帮助后，子系统开始实施入侵检测的真正任务，这样整个模型才算开始运行。因为子系统有自己的数据库，这样便于入侵数据的及时更新和反馈，通过和主系统的连接，一方面为主系统提供了新的入侵行为的特性，加快了主系统动态更新的的速度；另一方面，主系统可以及时采用一定的策略，帮助子系统解决现有的困难。基于以上的工作特点，整个模型能够更好地实现对于主机和网络的双重检测。作为整个系统的最重要部分的移动代理本身也是一个应用程序，自身也存在着安全问题。移动代理系统通常存在四种类型的安全问题：保护主机免受恶意代理；保护代理免受其他代理攻击；保护代理免受恶意主机的破坏；保护底层网络环境。基于以上的考虑，整个入侵检测系统要想安全可靠的运行，就必须首先解决移动代理的安全问题，也就是解决移动代理系统的安全问题，尽量保证移动代理在运行过程中不受到以上攻击行为的影响。为了解决移动代理的安全，我们采用了在控制台和移动代理自身两方面应用不同的策略，来改进整个模型的基础层上的安全问题。一方面，在前面的移动代理管理器中，我们为每个代理设定唯一的 ID 号码，每一个代理在系统运行中都保持自己的独立性。当系统中发现了两个相同编号的代理时，就认为发生了安全入侵，其中的一个代理即为非法用户采用的入侵。同时在控制台内对通过的代理设定严格的过滤，仅允许系统标识的代理通过。也就是每一个代理在从外部网络返回入侵行为数据库时，控制台会首先检测改代理的 ID 号码是否和 ID 号码表项中的一致，如果不相同，则禁止该代理的进入。另一方面，我们对代理的权限也有明确的限定，代理能够在主机间自由的移动，收集和发现有可能的入侵行为，但是代理没有对经过主机的使用权限。这样就防止了那些非法用户企图通过移动代理非法使用其他主机资源的行为，保证了代理的运行过程中主机的完整性。

在了解了系统的移动代理安全性问题之后，我们再来对系统的入侵检测机制作简单介绍。为了能够更加快捷和全面地进行数据的检测，我们对检测的任务具体的分类实现，采用不同的机制检测不同位置。具体分为用户层、系统层和数据包层(图 2)，三个层次是并行的关系，共同为分析代理提供数据，为入侵检测机制服务。

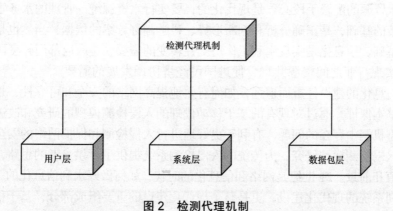

图 2　检测代理机制

这三个层次各自有着不同的用途，通过他们的共同协作来完成不同的功能。用户层主要检测用户的行为、登录信息等。系统层检测主机行为，收集主机上的数据，综合判断一段时间内，整个主机的运行是否正常，有没有受到非法用户的攻击。数据包层用来收集网络数据包，检测网络行为，通过对数据完整性的检测，判断数据包在移动过程中有没有受到非法的拦截和修改。通过这三个层次的协同合作，检测机制实现了数据包、用户和系统的全面检测，能够更好地满足现有的信息安全的要求。同时这种检测方法实现了对主机和网络的双重检测，提高了入侵检测的效率和整个安全模型的可靠性。

　　通过对现有的基于移动代理的入侵检测系统的改进，利用移动代理在网络当中建立多个入侵检测子系统，就是为了更好地应对分布式的入侵行为。这种设计也是出于分布式入侵的攻击原理，入侵检测子系统就是分布式检测的应用。每一个入侵检测子系统对网段内的可疑行为进行检测，利用各自的入侵检测资源，对入侵行为作出判断。这种分布的检测机制和对数据收集的分层进行，减少了整个入侵检测系统的压力，使数据收集和分析的压力分担在每一个子系统当中，避免了数据的聚集而导致整个入侵检测系统的失效。在应对 ARP 欺骗攻击和木马篡改 IP 信息时，能够有效地避免影响整个分层交换机的正常运行。这种层次分明的结构设计，就是为了能够更好地应对分布式的入侵行为。这样的部署不仅有利于利用分布的网络运算资源，提高入侵检测的准确度和减少入侵检测的反应时间，而且子系统分担了入侵检测的主要任务，避免了单点失效影响整个系统。

　　这种安全检测的模型对于水利系统这种分散而又要在汛期水文水情等信息瞬时处理量较大的行业更是体现出其安全和高效的优点，通过移动代理的监测及时发现可疑网段和病毒入侵的机器，并修正其 IP，在不影响网络安全通信的情况下最快地作出反应，这一点在应对暴雨期间的水位监控和远程视频会商时显得更加重要。入侵检测子系统可以部署于各地市和河道的具体水文站，通过分散的监测入侵行为，更好地保证厅中心网段的调度的监控以及整个水利系统信息网的安全运行，以及办公自动化、政府上网与电子政务。

　　信息化是水利现代化的基础，是实现水利现代化的需要。实现水利现代化的五大目标是：防洪安全问题得到保障；水污染防治要达到较高水平，能够有效控制和减少水污染，创造与经济发展和人民生活水平提高相适应的水环境；水资源利用必须是合理的、科学的；水资源的配置手段必须是现代化的；要实行水资源统一管理的水务管理体制。信息是决策的基础，是正确分析和判断形势、科学制订方案的依据，当然也是实现这五大目标的基础。信息化是实现水利工作历史性转变的需要，是政府部门转变职能的必然选择，是实现行业之间资源共享、促进国民经济协调发展的需要。

　　水利信息化的建设任重而道远，如何有效地提高网络的安全和可靠性，是水利系统信息化的基本保证。通过对现有的基于移动代理的入侵检测模型的研究和改进，解决了现有的模型机制中存在的问题，有利于更好地进行入侵检测和保护网络的安全。基于移动代理的入侵检测模型研究，为传统的入侵检测系统提供了可供参考的思路，有着自身的研究价值和前景。21 世纪是网络和信息化的时代，如何做好水利信息化的工作，不仅关系到水利系统的现代化建设，更是整个现代化建设的重要组成部分，基于移动代理的入侵检测模型正是对现有网络安全的重要补充。通过不断地加强和改进网络安全防护系统，我们相信水利系统信息化一定会更加完善。

参考文献

[1] 蔡皖东. 网络与信息安全[M]. 西安: 西北工业大学出版社, 2004.

[2] 吴杰宏. 移动代理(MA)综述[J]. 沈阳航空工业学院学报, 2004(5).

[3] 唐正军. 入侵检测技术导论[M]. 北京:机械工业出版社, 2004.

[4] Noria Foukia， Jarle G. Hulaas and Jurgen Harms.Intrusion Detection with Mobile Agents. University of Geneva.

【作者简介】宋博，1981 年 12 月出生，2005 年毕业于华北水利水电学院计算机科学与技术专业，河南省防汛通信总站助理工程师。

居安思危厉行节约用水
真抓实干建设节约型社会

王东旗

(濮阳市节约用水办公室)

摘　要：结合国家大政方针要求，本文通过对当前水资源及用水、节水方面的现状、原因进行分析，提出有针对性的改进建议，倡导建设节水型社会的必要性、可行性。

关键词：节水型社会　节约用水　水资源　现状　原因　突破

1　前言

从科学发展观到构建和谐社会，从开展资源节约活动到建设资源节约型社会，党的执政理念围绕可持续发展不断调整定位，充分彰显了我党在执政为民，制定政策中的科学态度、务实作风、创新思维。当前水资源短缺的因素已开始制约经济的发展，搞好节约用水已是当务之急，也是建设节水型社会活动中的重要一环。

2　存在问题

当前面临的水资源和人们用水有以下几个特征：一是人均数量少。当前我国水资源总量为 2.8 万亿 m^3，占世界人均的 1/4，我市人均仅为全国的 1/10。目前，全国 600 个城市中有 400 多个供水不足；华北地区人均水资源量小于 400 m^3，已进入严重缺水地区行列。二是节约水平低。当前家庭生活节水空间很大，养成良好的用水习惯，在洗衣、洗菜、洗浴等主要环节上留心可节约用水 70%；普遍采用节水器具，取消包费制，实行分户装表计量收费，可节水 20%~60%。农业用水中，灌溉效率普遍低于 50%，远远低于世界的 95%。改善落后的大水漫灌，采用现代喷灌、滴灌等技术，可减少用水 1/10。工业方面，我国工业用水重复利用率仅有 40%，而发达国家已达 90%；工业万元产值取水量 78 m^3，是发达国家的 5~10 倍。城市中生活和工业污水不分，造成极大的水源浪费，增加了污水处理量。今后可实行分类收集处理，中水回用、变废为宝。三是水污染严重。目前，我国 80% 的污水未经处理直接排入江河湖海，1/3 以上的河段受到污染，90% 的城市水域污染严重，70% 的城市河段不适宜作饮水水源。由于集中取水和集中排污，使北方地区"有河皆干，有水皆污"，北方城市普遍缺水的综合性征中除了工程性、资源性缺水外，更为突显的水质性缺水性征，更是雪上加霜。南方富有水源，但几年因河湖严重污染，也逐步显现水质型缺水态势，守着水受干旱，让人触目惊心。四是用水浪费。由于水价格倒挂，用水机制不科学，工业、农业在改善落后的用水工艺、浇灌方式等方面动力不足，用水浪费在延续；城市供水设施更新步伐慢，管网漏失率居高不下，平均达到 21%，有的达 30%～40%，仅此造成年漏水量达 100 多亿 t。更有一些缺水城市热衷建设大草坪、水景观，把低水价做为招商引资条件；日常生活中，城市居民用水方式陈旧，国家花巨资调水，居民却用自来水浇花、冲马桶；用水道德消极，对公共场所水长流，麻木不仁；对违法盗、采、用水熟视无睹等。不自律实际上助长了用水紧张。

3　原因分析

　　造成当前用水诸种问题的原因：一是用水观念陈旧。主要表现在：①错误的节水观。认为节水是不让或限制用水。专家提出，运用今天的技术和方法，农业节水 10%～50%，工业节水 40%～90%，城市减少 30% 用水，丝毫不会影响经济和生活水平。②无为的用水观。认为自己花钱买水，想用多少用多少，不应受约束。③被动的节水观，对新的节水技术和器具，不能主动及时跟进，新的技术成果不能及时转化为社会、经济效益。④狭隘的用水观。特别是在富水区认为守着大江大河谈节水很可笑。水资源属于国家，不是哪个地区和个人的；全国水资源利用是一盘棋，最终要统一规划、统一利用；浪费水，势必造成更多污染，造成更大社会危害。因此，要彻底更新观念，才能实现长久、持续科学用水。

　　二是节水投入不足，节水技术和工艺有待提高。专家指出，任何一个产品、一道工序、一种设备都可以设计、制造得更节水，这离不开技术支持。从前面的数字已看出我国在用水、节水方面与先进国家的差距，实质是技术方面的差距。家庭中，西方国家普遍采用了 6 L 马桶，有的还立了法，新加坡全面推行了 4 L 马桶，而国内却还在用 9 L 马桶。为防止管道漏水，西方国家采用了橡胶柔性接口。日本以不锈铜替代铸铁管道，从根本上杜绝漏水现象。在工业节水上，节水量越大，重复利用率越高，对技术要求愈高。目前我国从上到下，节水没有形成固定投资渠道，节水工程是争取一个上一个。投入不足、技术滞后使我国节水水平与国际差距拉大。

　　三是水价格与水价值背离。水价偏低是我国解决福利水之后突显的一个体制性问题。水价低带来一系列问题。首先是人们不珍惜水，造成大量浪费。其次是给用水效益提升造成很大阻碍。人们节水的动力是讲求效益，尤其是经济效益，当水价过于偏低使产出小于投入，节水就没有积极性。如建设 1 亩喷灌田投入 1 000 元，年可实现节水 400 m³，这时水价仅为 0.08 元／m³，照此计算一年可节省水费 32 元，30 年才可收回成本，这样推广农业新技术的难度就会很大。节水要按经济规律办事，只有不断加大水价的比重，提高节水的投入产出比，才能最终调动社会参与节水的积极性。

　　四是用水管理体制低效。水资源是在水源地、供水、排水、治污、中水回用这样一个封闭的系统内循环的，只有实施统筹规划、统一管理，才能实现优化配置，达到最佳效果。我国的现实是长期处于分割状态，上游的不管下游的，供水的不考虑排水的，排水的也不考虑治污的，这样的管理方式与水的战略性地位已不相适应。近一个时期以来，人们有一个共同的观点就是，石油危机之后就是水危机。当前在某些地区，污水已被视为一种资源加以珍视和利用，对于岌岌可危的水形势，我们没有理由再死报着僵化的条条框框，为本位主义和部门利益去做无谓的争论。理顺水务统一管理体制，提高用水综合效益，已是大势所趋，势在必行。

4　措施建议

　　结合当前水资源形势和用水、节水实际，笔者认为建设节水型社会已是当务之急，应从以下几个方面取得突破。

　　第一，强化水危机意识，提高全民节水积极性。采取立体轰炸手段，树立长期持久思想，发挥诸种媒介的综合效应。一是利用各种媒体宣传水知识，增进公众对水形势的了解，增加水危机意识，帮助人们树立正确的用水观念。二是将人们业已证明的、科学的用水、节水好方法、经验，及时组织传播出去，以期形成生产力，策助人们养成良好的用水节水方式，提高用水效率。三是强化用水道德宣传，树立好典型，建立激励机制，调动人们参与节水的热情；加强用水监督，对浪费水、污染水的行为进行曝光；利用法律武器对违法用水的现象进行严惩，多营齐下，使节水成为人们的高尚的追求。四是树立长远战略，从娃娃抓起，使节约用水进书本、进课堂；倡导建设节水城市、节水型社会活动，通过行政的、法制的、经济的、宣教的手段，使节水成为全民的自觉行动。持之以恒，领导干部身体力行，全社会节水的良好氛围必将形成。

　　第二，搞好统筹规划，提高水资源利用效率。一个地区要实施水资源科学利用战略，必须认真细致地做好统调工作，摸清当地水资源情况、水环境容量，据此制定切合实际的水源保护、供水、节水、污水回用规划。然后按照可持续发展的方针，依照过境水、地表水、地下水的开发秩序，按照先生活后工业的原则，优质水用于生活，做好污水回用，积极探索雨水、微咸水等非传统水资源开发利用。使水质要求不高的水用于工业、市政绿化、景观，不断拓宽本地区用水途径，提高水资源的开发利用效率。同时还要居安思危，防止水体的过度开发、污染，开展地下水回灌，将水资源的保护工作与开发利用同步进行，把可持续的目标推行到底。

　　第三，调整产业结构，发展节水型经济。在搞城市建设和布局工农业生产时都要充分考虑当地的水资源状况。城市是个综合性社会，也是高耗水、高污染区，城市发展的规模要依规划和功能确定，不能盲目扩张；城市景观和绿化都要优先考虑耐旱物种；编制规划要预期考虑污水回用和中水利用等。在工业及其他产业布局上，要采取行政的、法律的、经济的手段综合治理，尤其是充分发挥市场机制作用，不断压缩耗水量大、用水效率低、水污染严重的产业，逐步使其退出舞台。积极发展节水型的产业和企业，并通过技术革新改造等手段，提高节约水平，促进各类企业向节水型自转变。在农业上要树立全国一盘棋思想，丰水区也要抓好节水，在缺水区逐步减少粮食作物种植面积，改传统的调水为调粮，以物流代替水流，意义深远。

　　第四，强力推广应用节水器具和技术。在当前人们节水观念、节水法规尚不到位的情况下，把好这个环节是倡导节水最现实的一步。管理部门要按照国家有关节水技术政策和技术标准，结合本地区实际，制定中长期规划和方案。同时配套出台限制高耗水项目目录及淘汰落后工艺设备目录，通过媒体扩大宣传，规范程序严格执行。对新、扩、改建企业，公共及民用建筑等要把是否采用节水技术、节水型器具作为竣工条件，对老的企业、建筑加强监督管理。对居民家庭要大力倡导、鼓励，督促更换节水型器具，限期改进。运用先进科技，降低自来水管网的漏失率，对管网运行年限长、严重老化、跑冒滴漏严重的管网，加快更新改造步伐。循序建立起具有本地特色的节水技术推广和节水应用体系。

第五，加快市场运作，深化价格改革。对于城市用水遵照合理盈利、公平负担的原则确立基本水价，居民用水按照用水性质，实行阶梯式计量水价；对非居民用水实行计划用水和定额管理及超计划、超定额累进加价办法；合理确定回用水价格，加快城市污水处理设施建设。对农村用水要充分考虑农民承担能力，实行定额管理、阶梯式水价和季节性浮动水价相结合，减少中间环节，提高透明度。以严谨务实的态度和稳步推进的方法，建立起容量水价与计量水价结合的机制，改变水价格背离水价值情况。通过水价杠杆调节供求关系，运用经济手段调整各方面的利益关系，引导人们自觉调整用水数量、用水结构和产业结构，提高节水意识，优化水资源配置，提高用水效率。

第六，加快立法，依法治水。按照《水法》和《水污染防治法》等基本法的要义，加快建立城市供水、节水、水污染防治法律法规体系。按照建设项目水资源论证制度和用水、节水评估制度，对办理取水许可的建设项目严格进行水资源论证。对城市新、改、扩建的工程项目，完善充实用水、节水评估内容。还要严格执行工程建设项目环境影响评价制度、污染物排放总量控制和排污许可制度，不断减少污水排放，逐步实现零排放。各有关部门要进一步加大执法力度，严格依法行政，查处违法违纪行为，把城市供水、节水和水污染防治工作纳入法制化、规范化轨道。

【作者简介】 王东旗，男，36岁，濮阳市节约用水办公室高级经济师。

开封市引黄灌区节水发展对策

董楠　马静

(开封市引黄管理处)

摘　要： 开封市是一个水资源短缺的地区，供需矛盾异常尖锐，大量的农业用水和极低的农业水利用率，更加剧了矛盾的扩大，发展节水灌溉是缓解开封市水资源短缺的唯一出路。本文通过对开封市引黄灌区工程、管理和现状的分析，对灌区如何发展节水提出了几点对策。

关键词： 灌区　节水　对策

1　灌区节水的必要性

1.1　水资源短缺

开封市是一个水资源短缺的地区，全市地表水多年平均径流量为 4.577 亿 m^3，很不好利用，浅层地下水资源量多年平均为 10.376 亿 m^3，扣除重复计算量 2.751 亿 m^3，平均多年水资源量为 12.2 亿 m^3，全市人均、单位耕地平均水资源量分别为全国的 11.5% 和 12%，水资源比较短缺。黄河水是唯一的外来水源，但是黄河也是一条水资源短缺的河流，特别是随着沿黄地区工农业生产的发展，对黄河水的需求量越来越大，供需矛盾越来越突出，为了缓解这个矛盾，黄河水利委员会加强了对黄河水资源的统一调度和管理，对各个引黄口门实行限时限量供水，估计黄河水利委员会每年分配给开封市的引黄指标不会超过 15 亿 m^3。根据《开封市水资源现状分布及开发利用规划》，75%灌溉保证率，中等干旱年，2010 年全市需引水 38.9 亿 m^3，本地资源量加上分配到我市的引黄指标仍有 12 亿 m^3 的缺口。所以，发展节水灌溉是缓解开封市水资源短缺的唯一出路。

1.2　农业用水量大

农业是开封市经济中最大的用水户，农业灌溉用水占总用水量的 70% 以上，农业生产在很大程度上依赖于灌溉条件。灌区的好坏对我国农业的可持续发展起着举足轻重的作用，直接影响开封市经济的发展。

1.3　灌溉水浪费严重

开封市四个引黄灌区由于工程老化、配套差，渠道大部分为土渠，管理粗放，灌水技术落后等，农业用水的严重浪费，灌溉水的利用率只有 0.35 左右，急需对灌区进行改造，发展节水灌溉，迅速提高灌区灌溉用水效率。

2　引黄灌区灌溉节水发展对策

2.1　加强宣传力度，营造节水环境

能不能搞好灌区节水灌溉，关键是全市干群是否具有节水意识，目前，开封部分干部和群众，对水资源紧缺的严峻形势没有一个清醒认识，缺乏紧迫感。我们要加强这方

面的宣传，通过节水宣传树立人们的忧患意识，教育广大人民群众树立科学的发展观，使节水成为自觉行为。营造"节水光荣"的良好社会风尚，促进水资源的可持续利用和社会经济的可持续发展。

2.2 抓住投资机遇，发展节水改造

开封市引黄灌区始建于 20 世纪五六十年代，因当时条件所限，工程因陋就简，设计标准低，工程"先天不足"。由于供水收入长期背离成本等多种原因，缺乏正常的运行管理和工程维修费，工程老化、失修、损坏严重"后天失调"。灌区框架虽已形成，但支渠及面上配套很差，扒渠引水、大水漫灌现象屡禁不止，由于缺乏必要的节制、配水建筑物，不能对黄河水进行有效调节，使大量引水退入排水河道。由于大部分为土渠，输水损失严重，造成了水量浪费。灌区灌溉水利用系数很低，一般在 0.3～0.35 之间。要提高水的利用率，就必须加快灌区的续建配套和节水技术改造步伐。这是灌区发展节水灌溉的重点和主攻方向，也是节水潜力之所在。目前，国家计划投入 17.8 亿元对赵口引黄灌区进行续建配套与节水改造，抓住这次良机，通过对赵口灌区的续建配套与节水改造，使灌区的效益及灌溉水利用率大大提高，做出一个样板工程，争取其他三个大型灌区也得到国家的投资。

2.3 搞好"三水"联合，合理开发利用

合理开发地表水、地下水和黄河水(包括灌区退水)，要根据其特点，采取针对性的措施。开封市地表水多年平均径流量 4 577 亿 m^3，目前利用率很低，有很大的开发潜力，黄河水的引用受到限时限量控制，同时灌区还有引黄水的 20%左右变成了灌区退水，目前也没有得到充分利用，对于地下水，灌区上游开发很不平衡。

针对上述情况，要对灌区上下游采用以下不同的措施：处在灌区上游的郊区、开封县、兰考西部，有着便利的引黄条件，多年用渠不用井，由于黄河侧渗和灌溉渗漏补给，地下水埋藏很浅，地下水资源丰富，且水质较好，适合农业灌溉，具有很大的开发潜力。合理开采地下水不仅可以提高水资源的利用率，大大减少引黄水量，把节约的黄河水输送到灌区下游，扩大灌区效益面积，减少上下游用水矛盾。所以，应采取有效措施鼓励临黄地区一带适当增打机井，发展井灌，进一步开发地下水资源，实行井渠结合，以渠灌为主，井灌作为调节地下水位的手段。

处在灌区下游的通许、杞县、尉氏、兰考东部这些地区引黄较晚，纯井灌区地下水利用率高，有些地方已形成降落漏斗，这些地区应采用灌排合一模式，进行引黄补源，提高地下水位，灌溉以井灌为主、渠灌为辅。同时，在不妨碍区域性河道防洪排涝要求前提下，在骨干排水河道上增建节制闸，利用天然河道拦蓄地表径流和灌区退水，通过节制闸抬高水位，利用现有的排水沟网把水送到面上的沟(渠)、坑塘。非灌溉季节利用沟塘存蓄黄河水、地表水，同时，利用沟(渠)坑塘自渗补源，逐步提高地下水位，利用地下水库存蓄黄河水和地表水，灌溉季节利用沟(渠)、井、塘相结合提水灌溉。

2.4 加强渠道防渗，提高输水效率

目前，开封市灌区渠系水利用系数还不足 0.5，有一大半的水在渠道输水过程中就损失掉了。渠系节水的潜力非常大，灌区节水改造必须抓住这一主要的节水环节，通过采取渠道防渗和管道输水等措施，建设高效的渠系工程。

渠道衬砌防渗是灌区应用最广泛的一种防渗措施，采用防渗措施后，渠道渗漏损失可以减少50%~90%。混凝土衬砌是灌区较普遍的渠道防渗形式，防渗防冲效果好、耐久，但投资较大，可在流速小的渠道上用造价低的塑料薄膜防渗，以降低整体成本。在井灌区积极推广地埋管道输水，管道输水成本低、节水明显、管理运行方便，不仅可以大大减少渗漏损失，而且可节约占地，在节水改造中必须予以重视。

2.5 加强田间配套，引进先进技术

开封市目前的农田灌溉存在主要问题是：田间工程配套差，土地不平整，灌水方法落后。旱作大畦灌溉，水稻淹灌，甚至还存在着大水漫灌。灌溉效率低，用水浪费严重。目前田间节水灌溉的重点应放在：坚决取消大水漫灌，搞好田间工程配套，加强土地平整，在此基础上发展小畦灌。在自流灌区大力发展"U"形混凝土渠道节水灌溉，在远离水源以井灌为主的补源区，发展低压管道输水、喷灌、微灌、渗灌等。破除沿袭千百年的"灌溉就是浇地，灌溉就要灌饱灌足"的陈旧观念，宣传和大力推广新的灌水技术，在旱作区实施如"膜上灌"、"作物控制性分根交替灌溉"、波涌灌溉等先进灌水技术，在引黄种稻区实施"浅湿晒"增产、节水灌溉等非充分灌溉技术。

2.6 提高管理水平，完善水价体系

农民缺乏节水意识，灌溉用水浪费严重，一方面原因是水价低，另一方面原因是灌区用水管理水平低，没有开展测水工作，没有达到按方计征水费。农民浇地吃的还是"大锅水"，用水多少，甚至用不用水，每亩耕地上交的水费都一样，节约用水与农民没有直接利益关系。所以，在灌溉中大引、大灌、大量退水，不但浪费水量，还有潜在土壤次生盐碱化的威胁，引黄退水也造成了排水河道淤积。因此，在搞好灌区续建配套和节水改造的基础上完善灌区测水、量水设施，提高灌区用水管理水平，开展测水工作，实行按方收费，才能切实把节约用水与农民切身利益挂起钩来，让农民自觉节约用水。

目前，开封市引黄灌区用水管理还比较粗放，要搞好节水灌溉，提高灌区用水管理水平非常重要。要对灌区水资源采用先进技术进行科学的优化，克服经验供水的弊端，实行计划供水，科学供水，精确供水，严格控制灌区退水。

农业水价体系对灌区的可持续发展起着十分重要的经济杠杆作用，灌区节水改造中必须在改革灌区管理单位体制、精减机构、提高灌溉管理水平的基础上核实供水成本，在结合灌区灌溉效益和农民的承受能力前提下，确定合理的水价，将节水工程成本合理分摊到国家、集体和群众身上，保证灌区和农民发展节水灌溉的积极性，保证灌区管理单位的良性循环。

2.7 建立统管机构，优化调度配置

建立以水资源权属管理为核心，能有效对我市的地下水、地表水、黄河水的规划、开发、利用进行动态调控的管理机构，加强对水资源的优化调度与配置，合理开发利用水资源。彻底扭转"以需定供"的传统观念，对水量配置实行，"以供定需"。开发利用水资源要全面规划，统筹兼顾，综合利用，讲求效益，发挥水资源的多种功能。不但要管全市地下水、地表水，还要管黄河水；不但要对开采总量进行控制，还要对各个时段、各类水资源的开发量实行动态控制，把我市水资源管理提高一个新水平，以达到科学用水节约用水的目的。

3 总结

总之，要搞好开封市灌区节水就要结合全市经济和农业发展现状及各种节水灌溉技术特点，以灌区续建配套与节水改造为中心，并积极推行节水灌溉新技术，完善灌区管理机制，深化灌区体制改革，建立合理的农业水价体系。这样才能对黄河水资源和当地水资源进行合理开发、利用、治理、配置、节约和保护，减少因水资源短缺给开封市农业生产带来的不利影响。

参考文献

[1] 王汉祯. 节水型社会建设概论[M]. 北京：中国水利水电出版社，2007.

[2] 开封市水利局. 河南省开封市水资源综合规划[R]. 2007.

[3] 汪志农. 灌区管理体制改革与监测评价[M]. 郑州：黄河水利出版社，2006.

【作者简介】 董楠，1981 年 11 月出生，2003 年毕业于西北农林科技大学，开封市引黄管理处助理工程师。

开封市水资源可持续利用存在的问题及对策

马 静 董 楠

(开封市引黄管理处)

摘 要： 由于开封市社会经济的发展，开封市出现引黄工程供水能力不足、水污染严重、超采严重等问题，解决的方法是依法治水、节流为先、治污为本、提高水资源利用率、改革水资源管理体制。同时必须提高节水意识，建立健全完善的水资源法律法规，加快水资源体制改革，建立良性水价形成机制，以实现水资源可持续利用。

关键词： 开封市 水资源 可持续利用 对策

1 开封市水资源现状

开封市位于豫东平原，黄河南岸，总土地面积 6 444 km²，总人口 467 万人。开封市地处半干旱半湿润大陆性季风气候，四季分明。多年平均降水量 659 mm，年降水总量为 46.221 0 亿 m³，降水量年内、年际变化很大，7、8、9 三个月降雨占全年降水量的 65%以上，多年平均水面蒸发量 1 350 mm，干旱指数 1.8。

全市水资源总量为 12.37 亿 m³，其中：地表水资源量为 4.5 亿 m³，地下水资源量为 10.62 亿 m³，扣除地表水和地下水之间重复计算 2.75 亿 m³。全市水资源可利用总量为 10.56 亿 m³，地表水可利用量 1.17 万 m³，地下水可利用量 9.39 亿 m³。人均水资源年占有量 272.92 m³，仅占全国的 10.9%，每亩耕地地下水资源年占有量为 228.62 m³，仅为全国平均水平 11.15%，开封市是全国水资源严重缺乏的城市之一。

2 开封市水资源存在的问题

2.1 现有引黄工程的供水能力下降

从 1999 年过境黄河水实行调配以来，计划分配给开封市的水量不足，不能满足开封市社会经济发展的需要。另外，引黄工程闲置、老化速度加快和严重失修等，使引黄工程的供水能力呈现不断下降的趋势，同时也存在因工程使用引发的管理不力和维修费用不足等引起供水能力下降。

2.2 水资源利用率普遍降低

由于资金缺乏，我市赵口、黑岗口、柳园口、三义寨灌区水利工程建设速度进展缓慢，工程配套较差，而已建工程标准偏低，且已老化；灌区土壤大部分为砂壤土和沙土，结构松软，透水性强，输水渠道均未护砌，渠道跑水、漏水、渗水十分严重，渠系水利用系数仅为 0.4 左右，输水效率很低，田间灌水技术落后，大水漫灌，灌溉定额高达 300 ~ 1 000 m³，水的浪费十分惊人。工业水重复利用率较低，主要工业产品单位取用水量较高，不少企业存在冷却水直接排放的情况。生活用水浪费较大，市政及公共设施普遍用水未计量。

2.3　地下水普遍超采

随着经济发展，城市用水快速增长，地下水开采量逐年加大。目前仅城市建成区不到 60 km² 范围内就有深水井 64 眼。密度最大的开发区在不到 12 km² 范围内已有深水井 35 眼，而西开发区最多允许布设深水井 11 眼，是正常布局井位 3 倍多，井距过密集同层开采，造成市西部开发区开采量过大。用户的竞争开发和掠夺性开采，使深层地下水水位迅速下降，西开发区深层地下水水位年平均下降 2.5 m。现在除开封县、兰考外，开封市所辖区域地下水普遍超采，其中市区、杞县、通许、尉氏县地下水超采分别高达 61%、36%、33% 和 30%。地下水超采引起一系列生态环境问题：地下水位普遍大幅度下降，导致机电井出水能力下降，在各县区形成大面积漏斗区。

2.4　水污染严重

随着工业的发展，人口的增加，污水排放量迅速增加，这些污水有部分不经处理或处理未达标就直接排入河道，污染地表水和地下水，造成水环境恶化。据统计，2005 年城市污水排放量 14 821 万 t，达标排放率为 43.2%。据 2005 年地下水质监测资料，开封市五条主要河流中：黄河水质符合Ⅲ类标准，适合作为集中式生活饮用水；涡河、黄汴河达到Ⅳ类标准，能满足工农业及景观娱乐用水；贾鲁河、惠济河遭受严重污染(超Ⅴ类)，已失去了供水功能。老城区、县城附近、沿河两岸浅层地下水也已受到不同程度污染，超过生活饮用水标准，严重危及城乡人民的身心健康，应当引起重视。

2.5　水价问题

水价目前存在问题，一是水价形成机制不合理，价格体系不完整，没有建立根据市场供求关系和成本变化及时调整水价的机制；二是水价标准低，不利于节水，用户节水意识差，造成水资源浪费现象严重；三是水费、水资源费征收使用管理制度不完善，对拒交和拖欠水费的用水户缺乏有效的制约机制。

2.6　水资源统一管理和实时监控力度不能适应经济社会发展要求

目前，开封市城乡涉水还未实现一体化管理，水资源管理权属分割、管理责任不清，未形成合力，不利于水资源的优化配置和高效利用，在水利工程的管理和运用上尚未建立适应社会主义市场经济体制要求的水利工程管理体制和水价形成机制，在水资源管理方法和技术上，管理手段较为传统，现代管理方法和技术应用较少。

3　水资源可持续利用对策与建议

3.1　依法治水，强化管理

水资源保护与持续利用是全社会的事情，必须进一步唤起全社会更加珍惜水、爱护水、保护水的意识。要认真深入宣传贯彻《中华人民共和国水法》、《中华人民共和国水污染防治法》、《河南省取水许可制度和水资源征收管理办法》等法律法规，坚定不移走依法治水的道路，依法加强水资源统一管理，实施统一规划，统一取水许可，统一管理水质水量，统一管理地表水和地下水，统一征收水资源费。

3.2　加强水污染的监控和治理

污水处理既能保护生态环境，更能节约用水、增加水资源的可利用量。所以，应该关停一些污染严重、经济规模小、没有污水处理能力的企业，提高企业内部的废污水处理重复利用率和废污水达标排放率，封停已污染的水井，尽快建成城市东区综合污水处理厂和各县城污水处理厂及深度处理厂，加大中水回用力度，增加可供水量。

3.3 依靠科技进步推进节水，提高水资源利用率

狠抓以节水为中心的续建配套技术改造，采取以渠道衬砌为主要内容的工程节水技术，提高水利用率，从实际出发因地制宜地搞好赵口、柳园口、三义寨三处大型引黄灌区的节水改造规划。农业应加大推广各种先进的节水灌溉模式，调整农业种植结构，种植耗水量较小的作物，大力推广农业节水灌溉，发展大田固定喷灌、滴灌、微灌、渗灌技术。调整工业经济结构，淘汰落后工业设备，制定工业用水定额和节水标准，加快节水技术和节水设备、器具及污水处理设备的研究开发，优化企业的产品结构，提高工业用水利用率。在城市全面推广节水型生活用水设施，杜绝"跑、冒、滴、漏"等浪费现象，提高居民节水意识，改变用水习惯。居民生活用水实行分户安装，计量收费。

3.4 严格控制地下水超采

对开封市地下水超采区实施综合治理，一方面严格控制科学论证新增水井审批手续，另一方面，对现有的水井要严格控制开采量，封闭一些不合理的开采井。在有条件的地区，加大引黄补源力度，限制中深井的审批与现有水井的开采量，实现地下水采补平衡。

3.5 适时调整水价，建立合理的水价形成机制

合理的水价不仅有利于促进节约用水，有利于促进地表水与地下水的优化配置，同时对水资源的开源与节流也有重要作用，是解决地下水超采、保护地下水资源、缓解水资源供需矛盾的重要措施。适时调整水价，在调整水价过程中，采取分类水价、季节水价等措施，充分考虑用水户的承受能力，分段实施，逐步到位。严格实行用水计划的总量控制和定额管理，对超计划或超定额用水实行超额累进加价制。

3.6 利用中水资源

适时建立中水供水系统，充分利用中水资源。污水经处理达标后，可作为环境、河湖观赏、公共洗涤、农田灌溉和部分工业用水，提高水的利用程度。

3.7 改革水资源管理体制，加强水资源统一管理

水资源管理体制改革就是实行水务管理一体化——集城乡供水、排水、污水处理、河道整治、防汛抗旱、城乡水利等职能于一体，形成"水利与水害防治、水资源产业、水环境保护治理"三位一体的治水管水格局，实现由工程水利向资源水利根本转变。水务一体化管理，是实施水资源优化配置和可持续利用的前提，为水资源合理开发、高效利用和有效保护提供了体制保障。水资源统一管理后，取水许可制度和水资源费征收制度才能得以更好的贯彻实施，计划用水、节约用水才能逐步实现制度化、规范化，将会有效缓解城乡供水不足问题，水行政主管部门对水资源进行优化配置和调度。同时，筹措资金，大力开展水源工程和节水工程、污水处理回用工程、水资源保护工程建设，切实保障全市的供水安全、水环境安全。

参考文献

[1] 林洪孝. 用水管理理论与实践[M]. 北京：中国水利水电出版社，2003.

[2] 索丽生. 我国水利科技发展战略[J]. 中国水利，2001(11).

[3] 汪恕诚. 水权和水市场[J]. 中国水利，2000(11).

[4] 开封市水利局. 开封市水资源公报 2000–2005 [R].

[5] 开封市统计局. 开封市统计年鉴 2000–2005[G].

[6] 开封市节水办. 开封市地下水开发利用和保护规划 1991–2005[G].

【作者简介】马静，女，1972 年 10 月出生，2007 年毕业于郑州大学，开封市引黄管理处工程师。

利用 IPSTAR 卫星建立防汛应急通信体系

张琦建　宋　博

(河南省防汛通信总站)

摘　要：防汛卫星应急通信网建设应集图像、高速数据、语音、数据采集于一体，具有资源丰富、主站功能强大、综合业务、覆盖面积大的特点，能够快速连接因特网访问防汛信息平台，IPSTAR 卫星宽带接入系统能够很好地发挥卫星通信的优势，有效解决我省境内地面网络覆盖不到的盲点地区以及环境条件差、建设通信线路施工难度大的农村和边远地区防汛应急通信难题。

关键词：防汛通信　IPSTAR　卫星

1　防汛卫星专网的业务种类

防汛卫星网大致可分为卫星高速数据骨干网、防汛卫星数据网、水利卫星数据采集业务、防汛异地会商图像传输网、防汛专用卫星语音网等。

1.1　卫星高速数据骨干网

主要提供中央到各大流域机构和各重点防洪单位和部门之间的 Internet 和 Intranet 的服务业务的接入。这种卫星数据网的接入按信息量来安排，数据通道的速率 64～384 kbps。有些业务是非平衡的(如 Internet 业务)，我们在信道上给予了合理安排，提供单路单载波(SCPC)的专用通道。这种永久性电路连接方式，适合于大数据量、不间断业务，如 Internet、Intranet 和办公自动化的应用等。

1.2　防汛卫星数据网

防汛卫星数据网是指各地、市的水情分中心到各省(市)、自治区、各流域和国家防汛指挥部的水情中心之间的数据传输网。卫星数据网是建立在 ISBN 数据网基础上。同时利用邮电公网，形成"天地一体"，互为备用的通信体制。ISBN 采用 TDM／TDMA 的传输体制，全网为星形结构，适合包数据流和小信息量的数据传输。ISBN 支持多种通信规程，包括 LAN 口和路由器的连接。

1.3　卫星数据采集业务

卫星数据采集业务指测站的水情数据经过卫星通信传输到地、市水情分中心的业务。

1.4　异地防汛会商卫星通信网

每个会场所处状态均由图像通信网管中心实时控制。分别可作为主会场、双向传送，或单向接收会场参加会议。卫星图像通信网支持 384 kbps 到 6 Mbps 的信道速率，以便将来接入动感较强的防汛抢险现场的实况图像。根据卫星通信的特点和现有资源情况，水利卫星图像通信网采用双向和广播相结合的混合模式方式进行通信，主会场和其中一个分会场为双向，其他分会场为单向接收。

1.5 防汛专用卫星话音网

防汛专用卫星话音网将水利部机关、各流域机构、重点工程管理局、重点防洪省(市)、大中型水库等水利部门相互之间构成话音通信网，为防汛抢险、水库调度、水资源综合利用等服务，同时为偏远地区提供基本的通信手段。

2 IPSTAR 卫星网组成及技术特点

因为受交通不便、人口分散、经济落后以及电力供应差等客观条件限制，利用公网将很难将防汛应急通信网络敷设到深山荒漠中的居民点，考虑到卫星通信有着覆盖范围大、建站方便、灵活快捷以及建设和通信成本均与通信距离无关等优点，卫星通信具有得天独厚的优势，可以作为地面通信方式的延伸和补充。

IPSTAR 卫星为泰国 Shin 卫星公司的一颗新概念宽带通信卫星。卫星定点于东经119.5°轨位，覆盖亚太地区十多个国家。星上共有 114 个转发器，提供 Ku 频段 84 个点波束、3 个成型波束和 7 个区域广播波束，以及 18 个 Ka 频段关口站点波束。卫星采用多点波束的空分复用技术，使有限的频率资源得到更充分和有效的利用。卫星拥有高达45 Gbps、十倍于传统通信卫星的通信容量，从而能大幅度降低单位带宽的使用成本，得以更经济地为用户提供宽带接入和通信服务。

IPSTAR 与传统通信卫星和 VSAT 网络相比，采用小口径终端和多点波束覆盖、并且以星网一体方式构成卫星通信网的 IPSTAR 系统，可能在降低建站和通信成本以及提供更大通信容量等方面更具优势。IPSTAR 卫星专门设置了 23 个覆盖中国中东部地区的双向点波束、1 个覆盖中国西部地区的双向成型波束以及 1 个重叠覆盖中国中东部地区的单向广播波束。这些波束都工作在 Ku 频段，可以为中国用户提供大约 12 Gbps 的通信容量。IPSATR 卫星在中国的波束覆盖大致如图 1 所示。

图 1　IPSTAR 卫星中国覆盖图

IPSTAR 系统由 IPSTAR 卫星、业务关口站和小口径天线用户终端组成，是一个完全基于 IP 技术的宽带卫星通信广播系统。IPSTAR 系统采用星状拓扑结构。在从关口站到低成本用户终端的前向链路中，宽带数据流量通过基于一个或多个正交频分复用

(OFDM)信道之上的时分复用(TDM)平台进行发送。为了提升性能，前向信道还使用了 Turbo 编码和高阶调制(8PAH)等高效传输方式。在小站到关口站方向的返向链路方面，使用同样有效传输方式的窄带信道，以基于不同应用条件的 ALOHA、时隙 ALOHA 或 TDMA 等多种多址方式进行时分复用。IPSTAR 卫星宽带系统的信道结构见图 2。

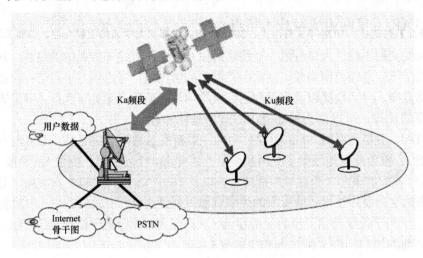

图 2　IPSTAR 系统的信道结构

3　IPSTAR 卫星网防汛应急通信基本应用

3.1　宽带接入应用

IPSTAR 是通过 IP 平台实现双向宽带通信的卫星系统，能够完全支持 Internet 连接和通过 IP 平台的多种宽带应用，如网上冲浪、视频、音频流媒体、电子邮件和下载(FTP)等。MDU(多住户单元)应用是为了将 Internet 接入到室内。每个室内的用户通过注册登录 Internet。

IPSTAR 基本宽带接入的特点如下：使用 IPSTAR 可以始终保持与 Internet 的连接；IPSTAR 终端具有非常高的接入 Internet 速度，根据可选的服务等级，每个终端下行最大可以达到 8 Mbps 的速率。

3.2　语音应用

IPSTAR 语音应用是在基本的因特网/企业内部网服务上叠加的附加语音应用。可用于防汛部门报汛电话，也可用于提供边远地区公众服务的农村电话。

3.3　视频会议

系统通过 Internet 协议进行实时的视频与音频的通信。可在防汛紧急状况下进行视频会商，完成防汛异地会商图像传输业务。

4　卫星通信在防汛应用中的展望

卫星通信是适合水利防汛的一种较好的通信方式，通信覆盖面积大，建站不受地理位置和地面距离以及地形地貌的限制。卫星站建设只需要一次性投入，总投资少，建成后长期使用，收效大。与微波站建设相比投资小，见效快，经济技术效果明显。卫星通信不受距离条件的限制，卫星地面小站通过卫星主站控制直接与对方连接构成链路进行通信。防汛应急通信系统可以利用卫星通信网建立一个集图像、高速数据、语音、数据采集于一体的综合业务网。

【作者简介】张琦建，1978 年 8 月出生，2003 年毕业于郑州大学通信工程专业，助理工程师。

漯河市双龙污水提排站工程
穿澧河倒虹吸管道安装施工技术

朱寅生　周卫军　冀联群

(驻马店市水利工程局)

摘　要： 本文通过工程实例阐述了穿河道倒虹吸施工的特点、施工时所采取的施工方法、特定环境下施工技术难点的处理措施等；成功地解决了管道穿河流施工中众多的技术性难题。

关键词： 管道　穿河流　倒虹吸　安装　技术

漯河市双龙污水提排站工程位于漯河市嵩山路澧河斜拉桥西侧 34 m 处。该项目管道安装主要有同沟铺设了 DN1200 预应力混凝土雨水管道，DN500 球墨铸铁污水管道，DN600 球墨铸铁给水管道，DN300 燃气钢管等管道穿越澧河。其中雨污水管道、给水管道为承插式胶圈接口，燃气钢管为焊接接口。施工中涉及预应力混凝土管、球墨铸铁管、燃气钢管等多种管道安装技术且需利用倒虹吸工作原理穿越澧河河堤及河床底部，施工技术难度较大。现就其中的安装技术问题归纳总结，以供大家参考。

1　管道工程的特点

1.1　管道需穿越澧河河堤及澧河底部

工程建设地段澧河断面情况为：两岸堤顶距离 233 m，左堤顶高程 63.5 m，右堤顶高程 64.5 m，河槽右岸基本无滩地，左岸滩地宽 112 m。河槽口宽 100 m，施工时水面宽度 70 m，水深 3.4 m，河底高程 50.0 m 左右。

1.2　管道布置形式特殊

各种管道在穿越河槽时为倒虹吸式，倒虹管底部长度 69 m，倒虹管高差 7.5 m，采用 1：3 坡度连接倒虹管顶，底管道。

1.3　管道基槽地质条件复杂

地质勘察报告中澧河河床部地质情况为：50~48 m 高程为细砂层，47~48 m 高程为中砂层，砂层厚度自右岸向左岸逐渐加厚，左岸斜坡段也有部分细砂层。河底管道基槽标高为 47.6 m，恰好埋在砂层中。

1.4　工程施工时间紧迫

管道工程施工大部分在河床内，必须在一个枯水期内完成施工任务。

1.5　管道安装完毕后必须保证一次试压成功

雨污水管河底部分工作压力为 0.13 MPa，给水管河底部分工作压力为 0.43 MPa。受施工时间的限制及特殊的施工环境，河堤内管道采取安装回填后一次试压的方法施工。一旦试压不成功，重新筑堰开挖在时间上不允许，同时在施工费用上也造成极大的损失，且污水渗漏会造成下游水厂水源的污染。

2 主要施工方法及控制措施

2.1 土方工程施工

合理布置施工场地,科学安排土方挖填调运对保证工程顺利施工尤为重要。根据施工现场地形情况,利用左岸滩地段的平整场地,管道沟槽以东到嵩山路作为管道运输道路及施工区,管道沟槽以西作为堆土区。土方开挖的顺序为:左岸滩地段沟槽开挖→修筑一期草袋围堰→河底围堰内土方开挖→右岸沟槽土方开挖→修筑二期草袋围堰。

2.2 施工导流措施

管道工程的技术关键,是如何解决好河槽施工导流,而施工导流的关键在于围堰施工。管道所处的澧河段汛期冲刷河道,枯水期基本不冲不淤,且枯水期流量为 10 m³/s,河槽内水面宽度 70 m。根据以上情况,采用分段围堰交替导流的方法施工。围堰筑成后周围内侧采取轻型井点降水加明排网沟的方式降低堰内地下水位,并采用打桩、安竹挡土板、沉草袋的方法控制堰底管涌翻砂的形成,有效降低了地下水位并保证了围堰的整体稳定性。

2.3 管道场内运输

河槽以外的管道可在进场后利用吊车直接吊放在已开挖好的沟槽内,并按照承插口方向及排列顺序就位。运输的难点在于河槽内的管道。DN1200 预应力混凝土管每根长 5 m,重 4.5 t;球墨铸铁管每根长 6 m,重 900 kg;DN300 燃气钢管每节长 12 m,加上外围 DN400 的套管重 600 kg。滩地边沿距河底管道基础高差 12 m,围堰周围打有木桩支撑、井点,不能直接吊装就位。施工中我们采取轻轨钢板车加上卷扬机牵引运输的方法解决了这一难题,使该段管道安全、平稳、快速地运送到河内。在倒虹吸的底部及斜坡段管道垫层浇筑完毕后,铺设小型工字钢道轨两根,并在道轨下部铺设 120 mm × 120 mm 枕木,用专门加工的 L 形扒钉固定道轨。运输用的钢板小车采用工字钢梁,下部加工四个带轴承的钢轮。在倒虹吸上部沟槽加设一部 3 t 砺磁卷扬机穿动滑轮牵引小车匀速运送。

2.4 管道安装

预应力混凝土管道安装按照逆水流方向的顺序先把一根管就位,然后用两个小型龙门架吊起第二根管子,把插口戴上胶圈,使用两个 5 t 手拉葫芦从管子两侧对称连接两根管子,拉动手拉葫芦使插口端匀速插入承口端管子,胶圈均匀滚入插口内止胶台。为了避免胶圈回弹,应在第三根管子安装完毕且第一根管子支撑稳定后松动一、二根管之间的手拉葫芦。这样依次安装其余管子,待安装完一期围堰内管子后即可浇筑混凝土管道基础。对球墨铸铁管的安装,其胶圈为齿槽式不会出现反弹现象,安装前在插口周围涂上润滑剂,相邻两根管子完毕后即可卸下两边的手拉葫芦。

为了保证管道试压一次成功,保证河槽管道的稳定性,采取以下技术措施:

(1)管道出厂前在已有出厂合格证、厂方试压合格的前提下,由建筑施工单位监督在厂内用高于试验压力的压力进行试压,试压合格后才能进驻施工场地。

(2)加强管道及胶圈外观要逐个检查,测量检查保证设计尺寸,对管道有缺棱掉角及胶圈有破损、气泡、飞边等外观缺陷的严禁使用。

(3)采取固定第一根管道的措施切实控制管道安装后胶圈反弹现象。

(4)对河底以下管道采用混凝土满包管并把各种管道连接为整体的方法保证管道的稳定性。

(5)在管件与混凝土管接口内侧采用干硬性水泥加石棉粉打口，保证接口的严密性。

3 结论

通过对漯河市双龙提排站管道安装工程的实践，按照以上技术措施施工，在管道试压时 DN500 球墨铸铁管工作压力 0.13 MPa，试验压力 0.43 MPa，允许渗水量 2.2 L/(min·km)，实测渗水量 0.04 L/(min·km)，DN600 球墨铸铁管工作压力 0.3 MPa，试验压力 0.75 MPa，允许渗水量 3.1 L/(min·km)，实测渗水量 0.06 L/(min·km)；DN1200 预应力混凝土管工作压力 0.13 MPa，试验压力 0.33 MPa，允许渗水量 4.71 L/(min·km)，实测渗水量 0.70 L/(min·km)，10 min 压力降仅为 0.01 MPa，且两小时稳压实测渗水量均远小于施工规范规定的渗水量，成功地解决了管道穿越河流施工中众多的技术性难题。

参考文献

[1] 给水排水管道工程施工及验收规范 (GB 50268—97) [S] .北京: 中国建筑工业出版社, 1997.

【作者简介】朱寅生，1963 年出生，2005 年 7 月毕业于河南大学，驻马店市水利工程局第二工程处主任、工程师。

浅析灌溉节水的途径

李金虎

(驻马店市水利工程局)

摘　要：因地制宜地发展各项节水技术，最大限度地减少农田灌溉各个环节水的损失，提高水资源的总体利用效率，实现真正意义上的全方位节水，是解决我国农业节水问题的根本途径。

关键词：灌溉　节水　途径

1　农业用水现状

农业是我国的用水大户，约占全国总用水量的70%，但有效性很差，水资源浪费十分严重，渠灌区水的有效利用率只有40%左右，井灌区也只有60%左右，每立方米水生产粮食不足1 kg。而一些发达国家水的有效利用率可达80%以上，每立方米水生产粮食大体都在2 kg以上，其中以色列已达2.32 kg。由此说明，我国农业节水技术的综合应用程度还十分低下，与发达国家相比还存在着很大的差距。同时，这也使我们看到了我国发展节水农业的巨大潜力和广阔前景。

2　农田灌溉节水环节分析

农田供水从水源到作物形成产量要经过多个环节。首先是从水源取水，通过输水、配水等一系列工程设施把水送到所需灌溉的作物地块；其次是通过田间灌水技术将水源来水转化为土壤水；第三是通过作物根系吸水，由土壤水转化为生物水；最后是通过作物的一系列生理过程在作物水分的参与下形成作物产量。每一环节都会有水的损失，提高水的利用率和利用效率的关键在于探讨各个环节的节水途径、技术措施及其潜力，尽可能地减少每一环节中的水的无效损耗。前两个环节涉及如何将作物所需水量从水源送到田间并转化为土壤水，与作物的生理过程不直接相关，靠减少输水损失、提高灌水均匀度和减少田间深层渗漏等工程技术措施以及合理用水的节水灌溉制度措施，设法提高土壤储水量与水源取水量的比率和作物耗水量与土壤储水量的比例来提高水的利用率，这两个环节存在着很大的节水潜力，是当前节水灌溉发展的主要方面。后两个环节是如何高效利用土壤储水的问题，属农业技术措施下来提高水的利用效率的问题。

3　灌溉节水措施分析

3.1　输配水系统节水措施

由于经济条件的限制，目前我国农田灌溉仍以传统的地面灌溉为主，其中明渠输水的灌溉面积占总灌溉面积的75%以上，约300多万 km 的输水渠道中只有1/5左右进行了防渗处理，渠系水的利用系数很低。据统计，我国灌溉水损失总量中 3/4 发生在从水源到田间的输水过程，包括蒸发、渗漏和废泄 3 部分，其中大部分消耗于渠系渗漏。输配水系统节水，就是采取一定的渠道工程措施，包括渠系配套、渠道防渗技术、改土渠为低压管道输水等，减少输水损失量，提高灌水效率和供水质量，扩大灌溉面积，减少提水灌区(井灌或地面扬水灌溉)的燃料、电能消耗等。

3.1.1 渠系配套

从 20 世纪 60 年代就强调渠系配套，但至今依然是薄弱环节。长期以来，我国灌区干支两级渠道基本上由国家投资，斗及斗以下渠道建筑多以群众自筹为主，斗以下工程配套差，质量也难以保证，且普遍存在着重建轻管现象，渠系工程老化失修，这是造成渠系水利用率较低的主要原因之一。根据许多灌区灌溉系统的现状，如果对渠系进行改造和配套，把现有的渠系水利用系数平均提高 0.1，全国每年可节约近 400 亿 m^3 的供水。因此，必须将渠系配套技术作为节水灌溉的一项重要任务，使现有工程的效益得到充分发挥，常抓不懈。

3.1.2 渠道防渗技术

渠道防渗，是减少输水损失、控制地下水位、提高渠道水利用系数的工程措施，在节水灌溉中占有十分重要的地位。目前，防渗衬砌的材料主要有灰土、砌石、水泥土、沥青混凝土、混凝土、复合土工膜料等，其中混凝土材料占有很大的比重。与防渗材料的研究相配合，一些新型衬砌形式和相应的施工工艺如现浇混凝土 U 形防渗渠和机械化施工技术等得到了推广应用，季节性冻土区抗冻胀方面的研究和推广应用取得了显著效果。根据国内外的实测结果，一般渠灌区的干、支、斗、农渠采用黏土夯实能减少渗漏损失量45%左右，采用混凝土衬砌能减少渗漏损失量 70%～75%，采用塑料薄膜衬砌能减少渗漏损失量 80%左右；对大型灌区渠道防渗可使渠系水利用系数提高 0.2～0.4，减少渠道渗漏损失 50%～90%。因此，积极推进渠系防渗，是减少输水损失的主要技术措施，仍为今后节水灌溉发展的主攻方向。

3.1.3 低压管道输水技术

灌溉输水管道化是减少输水损失的另一途径，是国际上农田灌溉输水方式的发展趋势。采用低压管道输水，以管代渠，可以大大减少输水过程中的渗漏和蒸发损失，使输水效率达95%以上，比土渠、砌石渠道、混凝土板衬砌渠道分别多节水约 30%、15%和7%。对于井灌区，由于减少了水的输送损失，使从井中抽取的水量大大减少，因而可减少能耗 25%以上。另外，以管代渠，可以减少输水渠道占地，使土地利用率提高 2%～3%，且具有管理方便、输水速度快、省工省时、便于机耕和养护等许多优点。因此，对于地下水资源严重超采的北方地区，井灌区应大力推行低压管道输水技术，特别是新建井灌区，要力争实现输水管道化；渠灌区在有条件处亦应逐步试行。

3.2 田间施(灌)水节水措施

田间施(灌)水节水措施包括灌水技术措施和节水灌溉制度措施两大部分，前者包括节水地面灌溉技术(畦灌、沟灌、间歇灌、膜上灌、坐水种)、喷灌技术、微灌技术(滴灌、微喷灌、地下渗灌)等；后者包括合理确定作物灌溉定额、有限水在作物生育期内进行最优分配和实施调亏灌溉等。田间施水节水就是要因地制宜地选择上述灌水技术措施和节水灌溉制度措施，增加土壤储水量与水源取水量的比例和作物耗水量与土壤储水量的比例，减少田间灌水的损失量(包括深层渗漏、地表流失)，提高灌水均匀度，合理利用水资源。

3.2.1 节水地面灌溉技术

地面灌溉，虽然是一种最古老的田间施水技术，但它目前仍是世界上，特别是发展中国家最广泛采用的一种灌水方法。我国有98%以上的灌溉面积采用传统的地面灌水技术。考虑到我国水资源与能源短缺、经济实力不足、技术管理水平较低的现实，估计在今后相当长的一段时期内，我国还不能大面积推广喷、微灌等先进灌水技术，因此节水灌水技术的主攻方向仍须以大力研究和推广节水型地面灌水技术为主。

平整土地是提高地面灌水技术和灌水质量、缩短灌水时间、提高灌水劳动效率和节水增产的一项重要措施。结合土地平整进行田间工程改造，划长畦(沟)为短畦(沟)，改宽畦为窄畦，设计合理的畦沟尺寸和入畦(沟)流量，可提高灌水均匀度和灌水效率。

改进传统的地面灌溉全部湿润方式，进行隔沟(畦)交替灌溉或局部湿润灌溉，不仅减小了棵间土壤蒸发占农田总蒸散量的比例，使田间土壤水的利用效率得以显著提高，而且可以较好地改善作物根区土壤的通透性，促进根系深扎，有利于根系利用深层土壤储水，兼具节水和增产双重优点，值得大力推广。实践证明，春小麦与春玉米套种隔畦灌，棉花、玉米等宽行作物隔沟灌或隔沟交替灌，湿润面积可减少50%，节水高达30%以上，增产幅度5%~10%。玉米坐水种，$1 km^2$可节水$900 m^3$，节电$90 ~ 105 kW \cdot h$，增产幅度约16%，增收幅度约28%。

改进放水方式，把传统的沟、畦一次放水改为间歇放水，进行间歇灌(又称波涌灌)，被称为是20世纪80年代地面灌水技术的一大突破。间歇放水，使水流呈波涌状推进，由于土壤孔隙会自行封闭，在土壤表层形成一薄封闭层，水流推进速度快。在用相同水量灌水时，间歇灌水流前进距离为连续灌的1~3倍，从而大大减少了深层渗漏，提高了灌水均匀度，田间水利用系数可达0.8~0.9。一些试验结果表明，间歇灌比连续沟灌节水38%，省时一半左右；比连续畦灌节水26%，省水1/3左右。推广这项技术的关键是在一定土壤及地面条件下，要有合理的停、放水时间的灌溉制度，有配套的、工作可靠和价格适宜的间歇开关控制阀门，并实现自动控制。然而，我国目前尚无实施间歇灌所需设备的定型产品，因此推广难度较大，今后几年的重点还应是以研究和攻关为主。

膜上灌，是我国在地膜覆盖栽培技术的基础上发展起来的一种新的地面灌溉方法。它是将地膜平铺于畦中或沟中，畦、沟全部被地膜所覆盖，从而实现利用地膜输水，并通过作物的放苗孔和专业灌水孔渗入给作物供水的灌溉方法。由于放苗孔和专业灌水孔只占田间灌溉面积的1%~5%，其他面积主要依靠旁侧渗水湿润，因而膜上灌实际上也是一种局部灌溉。地膜栽培和膜上灌结合后具有节水、保肥、提高地温、抑制杂草生长和促进作物高产、优质、早熟及灌水质量高等特点。生产试验表明，膜上灌与常规沟灌相比，棉花节水40.8%，增产皮棉5.12%，霜前花增加15%；玉米节水58%，增产51.8%；瓜菜节水25%以上。膜上灌作为一种新的具有中国特色的灌水技术，应深入研究使其更加趋于成熟和完善，从而在北方缺水地区能得以大面积推广。

3.2.2 喷灌技术

喷灌有显著的省水、省工、少占耕地、不受地形限制、灌水均匀和增产等效果，属先进的田间灌水技术。与明渠输水的地面灌溉相比，喷灌节水 30%～50%，粮食作物增产 10%～20%，经济作物增产 20%～30%，蔬菜增产 1～2 倍。但喷灌也有一定的局限性，如作业受风影响，高温、大风天气不易喷洒均匀，喷灌过程中的蒸发损失较大等，而且喷灌的投资比一般地面灌水方法投资要高。部分发达国家的农民大量使用喷灌，主要是把它作为农业机械化成套技术的组成部分——机械化灌水技术，而不仅仅是为了节水的目的。我国幅员辽阔，各地经济发展很不平衡，在推广喷灌技术时，应因地制宜，既要稳步发展，做到建好一片、管好一片、用好一片，同时也要避免长官意志的盲目性。

3.2.3　微灌技术

微灌是一种新型的高效用水灌溉技术，包括滴灌、微喷灌、涌泉灌和地下渗灌。它是根据植物的需水要求，通过管道系统与安装在末级管道上的灌水器，将植物生长中所需的水分和养分以较小的流量均匀、准确地直接送到植物根部附近的土壤表面或土层中，相对于地面灌和喷灌而言，微灌属局部灌溉、精细灌溉，水的有效利用程度最高，比地面灌节水 50%～60%，比喷灌省水 15%～20%。但微灌的工程投资也高，在国外被称为昂贵的灌水技术。微灌一般只用于水果、蔬菜、花卉等产值高、收益高的经济作物。严格地说，微灌不太适合大田粮食作物。它属于现代化农业相配套的精细灌溉、自动化灌溉技术。

3.2.4　节水型灌溉制度

节水型灌溉制度是产量、水分利用效率和经济效益三者高水平的有效统一。长期以来，一直认为作物在任何生育时期的水分亏缺都会造成减产，为了获得高产，整个生长期都必须充分供水，追求土地最高生产力水平。然而，近年来随着全球淡水资源变得日趋紧缺，人们在评价农业生产力水平时，除了产量因素外，往往更看重的是灌溉水的有效利用程度，即如何做到在节约用水的同时实现高产。理论研究与生产实践的结果表明，作物产量与灌水量呈抛物线关系，灌水量较少、水分不足时，产量与灌水量或耗水量之间呈显著的线性关系；当灌水量达到一定程度后，随着灌水量的增加，产量增加的幅度开始变小；当产量达到极大值时，灌水量再增加，产量不但不增加反而有所减少，呈现出产出递减的规律。因此，如何确定合理的最佳灌溉定额与产量的关系，是指导节水灌溉、提高水分利用效率和经济效益的理论依据之一。

作物产量不但取决于灌水量，更与分配有关。在水量有限、供水不足的情况下，作物全生长期的总需水量及各生育阶段的需水量不可能得到全部满足，这将不可避免地引起作物不同程度的减产。但减产程度因作物种类、品种及在作物生育期中缺水产生的时段和缺水的程度而异。合理的灌溉，应是在弄清各种作物不同生育时期缺水减产情况的基础上，实行省水灌溉或最优化灌溉，把有限的水量在作物间及作物生育期内进行最优分配，确保各种作物水分敏感期的用水，减少对水分非敏感期的供水，从而设法提高灌溉水的有效性，以获得较高的产出和水分利用效率。

4　结语

节水农业要发展，技术是依托，管理是关键。因此，只有加强农业用水的政策、法规的制定和管理，因地制宜地发展各项节水技术的综合集成，最大限度地减少农田灌溉各个环节水的损失，提高水资源的总体利用效率，才能实现真正意义上的全方位节水。这也是解决节水问题的根本途径。

参考文献

[1] 武汉水利电力学院. 农田水利学[M]. 北京：水利出版社，1980.

[2] 河南省砂姜黑土灌排技术研究课题组. 砂姜黑土区灌排技术研究[R]. 1990.2.

【作者简介】李金虎，1962 年 12 月出生，1997 年毕业于郑州工业大学，驻马店市水利工程局工程处主任、工程师。

浅析水利基础设施建设规划
在农村基础建设整体规划中的重要性

吴小强　刘清河　方　亮　刘　博

(平舆县水利局)

摘　要：分析由于投资渠道、投资规模等不同，在工程实施中存在的问题，简述了水利基础设施建设规划的重要性。

关键词：水利基础　规划

随着社会经济的不断发展，以及党中央提出的以人为本，统筹城乡发展，建设社会主义新农村，坚持可持续发展的社会主义发展战略，各级政府以及各部门、各行业都不断加大了农村基础设施建设的投资力度。近年来，农村基础设施建设取得了可喜成绩。然而由于投资渠道、投资规模等方面因素，在工程项目的实施过程中，往往只追求投资主体项目的当前效益，而忽略了长远的、科学的整体规划，尤其是水环境对工程项目效益的影响，导致工程项目投入运营后不能充分发挥其应有效益，甚至需要重建或改建，造成投资重复，给国家带来不必要的投资浪费。因此，在实施农村基础设施建设时，综合考虑水环境以及交通、通信等方面需要，科学规划、合理安排，具有十分重要的意义。

1　问题及其原因分析

1.1　投资渠道方面

由于项目投资渠道不同，项目实施单位各司其职、各行其事。在项目的规划、申报、实施过程中，不与水利部门沟通，不尊重客观规律，缺少合理规划，随意实施工程项目。如平舆县有一条长度只有 1.6 km，比降为 0 的除涝排水沟上，有关单位以及地方为方便生产、生活修建的 13 座桥涵，分别为 φ80 cm、φ100 cm 的管涵以及净跨为 0.8 m、1.0 m、2.0 m 的砖拱桥，且这些桥涵底部高程不一，最大高差达 2.0 m，这些工程项目的实施虽然解决了当地生产、生活等交通问题，却不能满足防洪除涝要求，甚至成为阻水工程，不得不进行重建或改建。

1.2　投资规模方面

由于农村基础建设普遍存在工程项目分散、规模小等特点，决定了投资规模较小，常常顾此失彼。例如平舆县近几年实施的村村通、扶贫道路等农村道路工程，存在着缺少除涝桥涵配套工程，以及路宽桥窄、路宽桥小等方面的问题，甚至出现堵死排水沟、破坏水系等现象。

1.3　水利执法方面

水行政主管部门执法不严，对相关单位违反水环境、破坏水系等现象不能及时加以制止，也是造成在农村基础设施建设中破坏水环境的原因之一。

2　依法行政，科学规划，充分发挥水利基础设施建设规划在农村基础建设中的作用

(1)政府牵头，成立由各行业、多方面专家参与的农村基础设施建设协调机构，对有关单位申报的农村基础设施建设项目，以立项、规划、实施等环节进行综合论证，评定后再进行上报，每一项工程都要科学规划、合理安排，尤其是在新农村建设规划方面，应综合考虑交通、通信、安全饮水、排水等多方面问题，科学规划，确保工程实施后的综合功能和可持续发展。

(2)水行政主管部门要依法行政，加大执法力度，对违反客观规律、破坏水环境的项目建设坚决予以制止或指导，努力打造一个科学合理的、可持续发展的农村基础设施建设机制。

【作者简介】吴小强，女，1971 年出生，1993 年毕业于郑州水利学校，平舆县水利局工程管理股副股长、助理工程师，驻马店市水利学会会员。

浅议小型水电站二次设备的技术改造

卢祥斌

(信阳市鲇鱼山水库迎新水电站)

摘　要：小型水电站二次设备技改关键是要解决好设备选型与配置问题，通过介绍迎新水电站二次设备技改，探讨在小型水电站二次设备技改过程中应注意的几个问题。

关键词：水电站　二次设备　监控系统　微机保护　技改

1　概述

目前，很多在 20 世纪 60~80 年代期间建成并投入运行的小型水电站基于不同的原因，其二次设备现都不同程度地存在着影响发电安全的故障或缺陷，需要进行技术改造，但很多小型水电站对如何进行二次设备技改都没有经验。现结合迎新水电站迎水寺分站二次设备技改的一些经验，探讨如何更好地进行小型水电站二次设备的技术改造。

2　明确技改的目的，合理配置技改设备

2.1　明确技改目的

水电站二次设备技改的目的主要有三方面：一是解决设备存在的故障或缺陷，提高电站发电运行的安全可靠性；二是提高电站二次设备的整体技术水平和自动化程度，为今后电站实现"无人值班，少人值守"的目标打下基础；三是提高经济效益。

2.2　水电站微机综合自动化系统配置模式

很多小型水电站对二次设备进行技改时，大都选择微机综合自动化系统。因每一个水电站装机容量不同、设备数量不等，所以电站在进行技改工作之前，首先要结合本电站的设备情况，根据技改目的要求，以小型水电站设计与技术改造的规程为依据，经过认真分析论证，精心设计选择合理的微机综合自动化系统模式，并进行合理的硬件配置。

水电站微机综合自动化系统包括微机自动化监控系统和微机保护系统。一般情况下，适应单机容量在 800 kW 以上的高压水轮机组的微机自动化监控系统可分下面 4 种模式：

(1)容量在 800~2 000 kW 之间的水电机组，可采用集中控制方式，用一台工控机或微机与自动装置(微机同期、温度巡检、微机励磁装置、微机调速器等)相组合，组成自动化监控系统，为保证机组在监控系统发生故障时能正常发电，可另设独立的简易手动操作手柄或按钮、辅助继电器、模拟表、指示灯等。

(2)容量在 200~4 000 kW 之间的水电机组，可采用分层分布式控制，但电厂级与现地级均可简化配置。例如，厂级用一台主控机兼服务器与操作员工作站及打印工作站，有通信任务时，需要设通信服务器一台。现地单元可采用 PLC 与自动化装置相结合的方

式，不设工控机。监视参数在厂级计算机上显示。

(3)容量在 4000~8 000 kW 之间的水电机组，可采用分层分布式系统，电厂级计算机配置操作员工作站、工程师工作站、通信服务器等，网络采用以太网。现地单元可采用 PLC 触摸屏与自动化装置相结合的方式，机组现地操作可在触摸屏上进行，还可通过触摸屏显示机组运行状态参数与有关系统的画面。

(4)容量在 8 000 kW 以上的水电机组，可采用分层分布式监控系统，电厂级计算机配置操作员工作站、工程师站、数据服务站，兼作打印机服务器、通信服务器等。现地单元可采用工控机、PLC 与自动化装置相结合的方式，现地单元可以独立完成机组的自动化操作、监视与保护功能，同时具有独立的数据库，可以进行历史数据的保存。

总之，监控系统功能与配置按单机容量的大小选择，容量越大的水电机组，配置越高，功能越强大，价格越高。应避免小机组、高配置，以免造成功能的闲置和资金的浪费。

水电站微机保护系统的模式差别不大。在微机保护系统中，对每种保护功能都有相应独立的保护单元去实现。按规程要求，不同容量的水电机组和相关设备所配置的保护种类也不相同。技改时可根据电站设备过去所具有的和现在需增加的保护种类来选择配置相应的保护单元，不要过分地进行高配置，以免浪费资金。

2.3　迎水寺水电站微机综合自动化系统配置

迎水寺水电站装机容量 2×800 kW，一台主变，2 回 35 kV 出线，2004 年 12 月对二次设备进行了技术改造。选用的是长沙华能自动控制有限公司生产的水电站微机综合自动化系统。微机自动化监控系统采用开放式全分布式控制，分主控制级层和现地控制级层。其主控制级层主要配置有 P4 主机一台、21 寸彩色显示器一台、宽行打印机一台、1 kVA 不间断电源一台、网络设备一套、MTC3 监控系统软件一套。现地控制级层设有三套 LCU，其中每台机组各设置一套 LCU，全站公用设备及开关站设备设置一套 LCU。现地控制单元采用 PLC 与辅助装置进行组屏，PLC 与后台机之间采用 RS485 通信网络交换数据，数据不在现地显示。在现地单元(LCU)屏面上设置有各种指示仪表、光字牌、指示灯等，可显示设备各种运行状态，这是一种适用于小型水电站的经济型配置。另外，在公用屏上还独立设置有一套手动操作开关和按钮及相应的指示仪表等，以保证机组在监控系统发生故障时能正常发电。微机自动化监控系统代替原机组自动化屏和集中控制台的所有功能来对全站的设备及发电生产过程进行控制和管理。

迎水寺水电站微机保护系统采用分布式单元箱结构，由发电机保护系统和主变、线路保护系统组成。其中发电机保护系统配置有差动保护单元，实现发电机差动保护功能；后备保护单元，实现发电机过电流、过电压、过负荷保护功能；失磁保护单元和接地保护单元分别实现发电机失磁保护和接地保护功能。

主变及线路保护系统配置有主变差动保护单元，实现主变差动保护功能；后备保护单元和测控单元，实现主变的过电流、过负荷、瓦斯及温度升高保护等功能；采用 DMP311B 保护测控单元来实现对两回 35 kV 线路的保护，具有速断、过流、过电压、低频减载、过负荷等保护功能。

两台发电机保护单元共组一屏，主变及线路保护单元共组一屏。所有保护单元均可实现软开关及硬件投退。

3　认真分析论证，精心选择设备厂家

目前，国内生产水电站微机综合自动化系统设备的厂家非常多。在选择设备厂家时，要选择那些已具备国家级的资格认证、具有相当的生产规模和能力、信誉度较高、售后服务做的好且能配套生产电站其他设备(如励磁设备、调速器等)的厂家，这样一方面可方便地对技改设备进行整体调试和维护，更主要的是可减少在处理技改设备故障时可能出现的不同生产厂家相互推诿和扯皮现象发生，有利于电站的生产管理。

在设备生产厂家选定后，对系统设备进行配置时，可参照有关规定按标准模式，不要一味地要求厂家配置那些技术最新、功能最强的产品，因这些产品可能刚开发出来，性能并不一定可靠。应选择那些技术成熟、应用广泛、运行性能稳定，并已具有丰富的运行经验、技术较先进，具有较高性能价格比的产品。

4　谨慎签订技改合同

经过充分论证选择好设备生产厂家后，即需与之签订技改合同。技改合同包括两方面内容。一是设备技改的技术方案，一般包括以下几方面内容：系统设计原则与依据、系统设备配置及组屏、微机监控系统配置及功能、微机保护系统配置及功能、系统软件、系统特性、设计制造标准、质量保证及技术服务等。二是合同正本，合同正本内容较少，主要包括合同金额、付款方式、交货时间及地点、违约责任处理及其他等内容。

技术方案一般是设备生产厂家根据电站提出的设计方案和要求制订出来的，在签订合同之前，电站方面应对厂家提交的技术方案进行认真研究，对不妥之处提出修改意见，直到所有项目满足电站方面的要求。

5　设备生产及现场安装

5.1　设备生产及安装前的准备工作

在合同开始生效后，电站方面应要求厂家尽快拿出技改设备图纸，包括原理图和接线图等。电站方面要对厂家第一次提交的图纸进行审核，发现与电站方面的要求或与现场设备接口不符，或与技术方案要求不符的，即要求厂家进行修改，直到符合要求。对所有图纸最终经过电站方的认可后厂家方可按要求进行设备生产。

在厂家进行设备生产和出厂前调试阶段，电站方面应尽可能地派出技术人员到厂家学习并参与其中的一些工作，这样可使电站的技术人员尽快地熟悉技改设备，以利今后的设备管理工作。与此同时，电站方面要做设备安装前的准备工作，一是要根据接线图纸要求购买控制电缆。一般，控制电缆可按以下标准选购：对电流回路，如 CT 二次接线等需要 2.5 mm^2 的软铜芯线；对电压回路如 PT 二次接线和控制回路接线等可选用 1.5 mm^2 软铜芯线；通信电缆采用 0.5 mm^2 软铜芯线，因其用量不大，设备生产厂家可提供。选购控制电缆时，可根据初步计算出的用量分别购买不同数量的 4×2.5 mm^2，4×1.5 mm^2，7×1.5 mm^2 等规格多芯单股铜线。二是要规划好屏体的安装位置，因技改后与过去相比可能会减少一些屏面，可按方便使用、布置美观等原则合理对技改后的屏体安放位置进

行规划。三是要准备好二次设备安装工具。

5.2　技改设备的安装

水电站设备大修或技改大都选择在冬季枯水季节进行，时间一般都较紧张。所以，电站应在未停机期间就应将设备运到现场，一旦停机准备进行设备大修时，就立即组织检修人员进行技改设备的安装工作。安装步骤如下：

第一步：拆除原设备不再使用的电缆和屏体。拆线时对不再使用的电缆可不作标记，但必须对如 CT、PT 等的二次出线端头、断路器、励磁系统、调速器等设备的相应接点出线端作好标记，并作好记录，以方便安装时的接线。

第二步：按规划好的方案安装固定好各个屏体。

第三步：接线。

在设备安装期间，按合同要求设备生产厂家应派人到电站现场作安装技术指导，电站方面应尽量组织自己的人员进行安装。这样，通过亲自安装可使生产人员尽快熟悉设备和接线，以利于今后对技改设备进行故障处理和正常维护。接线顺序一般是先接好屏与屏之间的连接线，再接屏与原设备之间的连线。接线时首先要根据所连接的线路长度和规格截取相应的电缆，再剥开电缆两端头，用万用表仔细核对每芯线两端相对应的端头，并套上写好编号标识的端子头套管，在确认无误后再放置电缆到相应的电缆架(沟)上。第二，对放置到位的电缆对照接线端子图、屏后端子排和电缆端子头三者一致后再进行接线。第三，对接好端子头后的电缆进行整理和固定。第四，按要求接好各设备的接地线。

在全部电缆按要求连接完毕后，再依据接线端子图对照屏后的接线端子排认真进行复核，这是保证调试工作能否顺利进行的关键一步。另对原设备上多余的不再使用的电流互感器的二次出线端子应做好牢固的短接。全部复核工作进行完毕，确认无误后即可进行设备调试。

6　设备调试及试运行

6.1　设备调试

技改设备现场调试工作由厂家派技术人员进行，电站方面派人进行协助并应积极参与。调试工作结束后，即可进行设备整体传试工作。

传试工作进行之前，首先应对励磁系统的灭磁开关、发电机及线路的断路器等进行手动远控操作跳、合闸试验检查，应动作正常。接着可进行微机保护系统的传试工作，因为在调试时已将各种保护的定值参数分别输入各自的保护单元中了，所以在传试时按要求在相关的 CT、PT 等设备上加上电流、电压信号，检验各保护在达到定值时是否按要求动作且在后台及相关的保护单元箱上显示是否正确。

微机自动化系统的传试可通过短接点的方式进行，即人为模拟水机故障或事故，查看微机监控系统反映是否正确。相关的控制操作可在后台微机上进行，观察动作是否正常。

6.2　试运行

在全部传试项目进行完毕，且机组其他设备已检修完毕满足运行要求条件后，即可进行发电试运行工作。在机组各部按备用条件恢复后，按正常的开机程序进行手动开机、发电机递升加压、并网、带负荷操作等，每进行一步都需查看微机综合自动化系统各处指示是否正确，各保护单元参数显示是否正常，如一切反映正常，稳定观察一段时间后，即可进行 72 h 试运行工作。

技改设备的 72 h 试运行是检验系统设备能否投入正常发电运行的比较关键的过程。在进入 72 h 试运行阶段后，应保证试运行的连续性，即在该 72 h 内技改设备应连续运行，即使机组因其他原因间断停机，技改设备也不得停止运行。在此期间可按要求对整个技改设备进行相关的操作，以检验该系统的可靠性，应定时记录有关设备的运行状况，重要参数等，随时记录所有的操作及保护动作情况等。

技改设备 72 h 试运行工作结束后，如未发生任何情况，即可组织电站、厂家及其他有关人员对技改工作进行总结和鉴定，以确定技改设备能否投入正常的发电运行。

7　结语

小型水电站二次设备技改是一个系统工程，与电站其他设备技改一样，对于电站来说是一件比较重要的事情。因为很多工作对于电站来说都是过去未曾经历过的，所以电站方面要高度重视。总结过去各小型水电站二次设备改造的经验和教训，对以下几个方面应引起注意：

(1)应对水电站微机系统的功能、系统类型、设备配置有清楚的了解，在此基础上，根据自己电站的实际情况，选择最适宜的监控系统与设备。

(2)认真规划保护及自动化系统改造的范围与过程，对于老电站来说，哪些设备可以保留下来继续使用，哪些妨碍综合自动化系统的实施，必须明确，提出详细的实施方案，避免出现设备改造后其他设备不配套、不能一次调试成功的状况。

(3)根据微机监控系统自动化操作的要求配备底层自动化元件、必需的传感器、仪表与操作机构。影响自动化开停机的人工操作设备需安装电动或气动自动操作机构。

(4)找有能力有资质的设计单位精心设计监控系统与底层自动化设备，对监控对象、I/O 点及其性质、通信方式与协议、自动化回路等均提出详细的方案，与监控设备生产厂家协商后最终确定实施方案与图纸。

(5)加强电站人员技术培训，包括前期培训、安装调试培训、运行维护培训等，在电站中要有 2 ~ 3 名专门从事计算机系统运行维护人员，这些人员应对监控系统的硬件、软件有充分的了解，可以判断处理一般故障，并能进行简单的二次开发。

(5)对各设备生产厂家认真进行调研，选择功能适当、可靠性高、易操作、售后服务好、信誉高的厂家的设备。最好能选择监控系统、继电保护、励磁等系统均由同一家生产的系列设备，以保证设备间匹配良好，通信畅通。

【作者简介】卢祥斌，1964 年 2 月出生，武汉大学电气工程及自动化专业毕业，迎新水电站站长、电气工程师。

现代通信技术在水利工作中的应用及问题

杨　栓　任建勋　王　晶

(河南省防汛通信总站)

摘　要：通信是防汛工作的"生命线"，是传递信息、传达调度指令的工具。现代通信技术主要包括数字微波通信、卫星通信、光纤通信、短波、超短波通信及移动通信等。它们在全国防汛水情信息传递中起到了至关重要的作用。

关键词：通信　水利　防汛

通信是防汛抗洪工作的"生命线"，是传递信息、传达调度指令的工具。现代通信技术主要包括数字微波通信、卫星通信、光纤通信，短波、超短波通信及移动通信等。它们在全国防汛水情信息传递中起到了至关重要的作用。如果把水情信息比做要运输的重要的货物，那么，现代通信技术则提供了运货的道路。目前，水利系统自建的防汛通信网与公用通信网相结合，组成了四通八达的水情信息传输通信网络。水利部自建的以数字微波、卫星为通道的防汛电话网与公用交换电话网(PSTN)相结合，把全国水利单位连在一起；水情自动测报系统通过计算机广域网，把实测的水情数据实时地传到水利部，供领导决策。在2007年的淮河流域性大洪水期间，现代通信技术更是大展神威，效益显著。淮河水利委员会在沿河大堤上建设的数字微波通信干线，为沿线水利部门的防洪调度提供了专门的通信保障，使之能及时掌握情况，加强防汛抗洪部署。沿线蓄滞洪区信息反馈通信报警系统保证了这些地区人民群众的安全转移。正是因为现代通信技术的运用，国家防汛抗旱总指挥部办公室、水利信息中心，淮河防总才能及时获取时实水文遥测雨量、水位数据，取得了淮河流域抗洪抢险的阶段性胜利。下面本文从几个方面简要介绍一下现代通信技术在水利中的应用及其问题。

1　视频电视电话会议

视频电视电话会议实际上是一种多媒体通信系统，是21世纪多媒体通信领域中一个非常热门的话题。它是融计算机技术、通信网络技术、微电子技术等于一体的产物，它要求将各种媒体信息数字化，利用各种网络进行实时传输并能与用户进行友好的信息交流。在召开电视会议时，处于两地或多个不同地点的与会代表，既可以听到对方的声音，又能看到对方的形象，同时还能看到对方会议室的场景以及在会议中展示的实物、图片、表格、文件等，"缩短"了与会代表的距离，增强了会议的气氛，使大家就像在同一处参加会议，显著提高了工作效率。

我国公众会议电视业务是通过公众会议电视骨干网实现的。公众会议电视骨干网由会议电视终端设备(含编解码器)、数字信道(光缆、卫星)、多点控制设备(MCU)组成。由此可见，会议电视系统由会场和通信传输信道组成。会议电视系统的会场通常分为主会场和分会场，主会场为会议电视系统的控制中心，主要的控制设备、图像或声音的分配及切换设备均配置在主会场。会议电视系统的通信传输信道通常采用光缆(称为地面会议电视系统)、卫星(称为卫星会议电视系统)及光缆和卫星信道并用(称为混合型会议电视系统)。其主要作用是将主会场的实况视频信号、语音信号及用户的数据信号进行采集、压缩编码、多路复用后送到信道上。同时，将从信道接收到的会议电视信号进行多路分解、视音频解码，还原成分会场的视频、音频信号及数据信号。

2　防汛移动通信车

在野外应急条件下，在险情发生的现场、不具备其他通信手段的地段以及当无线通信中的某一个中心站(或附站)发生网络故障时，应急通信车驶至现场，可以实时地将现场的视频、音频信号通过卫星或无线宽带传输到指挥中心，同时现场应急通信车与指挥中心还能通过传真、GSM 手机、集群电话保持联系；另外，现场的工作人员可以通过车载对讲系统保持联络；指挥中心可以通过以上几种方式对现场的险情一目了然，专家和领导们就可以根据现场的实际情况做出高效、准确的决策，特别有利于领导在指挥中心处理突发事件，实时指挥和调度，最大限度地保障人民的生命财产安全，提高防灾减灾的综合能力。

3　应急图文通信技术

应急图文通信技术的核心是基于无线的高清晰图片数据通信技术，它具有实时、便捷、易组建、成本低、通用性强的优势，只要有移动网络的地方就可以使用。在应急应用中，由于事件发生的紧迫性，这种应用显得更加有意义。为了最快地得到第一手的现场高清晰图片，以便做出准确的决策，使用者可以使用该技术配合数码相机和带有移动通信功能的 PDA(或是带有 PDA 功能的手机)而达到此目的，数码相机采用 Wi-Fi 无线模式与 PDA 连接，利用 PTPoverIP 协议(PDA 前端软件上实现该协议栈)实现即拍即传。其工作方式是：PDA 通过专用无线网卡连接到互联网；打开 PDA 上的应用软件，将相机与 PDA 连接(通过 Wi-Fi 无线连接)，按动快门拍摄照片，编辑好现场的文字情报信息，即可通过无线网络发送到后方，而后方的决策者就可以以最快的速度得到现场实景，这种优势在以往传统的应用中是难以想象的。

目前，应急图文通信技术主要是针对图片的通信，这是因为相对于视频，它极大地降低了数据通信带宽要求，因此可以提供更清晰的图片质量。在通常情况下，视频对传输通信带宽有很大的要求，当带宽不够或信道不稳定的时候，都会对视频的清晰度和稳定性产生很大的影响，并且在许多应急场合，决策者需要的是清晰可辨的现场静态场景，动态视频在此意义不大，对这种场合下，使用图片通信将会发挥出比视频通信更加巨大的作用。在防汛应急中，为了对现场进行准确的分析，应急监控设备可以拍摄高清晰现场照片，并且能够在现场使用移动或固定的应急监控设备，如用于对某段河流的长时间的实时监控，可以使用一个或多个固定的设备在固定间隔的时间点拍摄或通过传感器触发拍摄，而当需要了解整个河段某一时刻的汛情时，可以使用移动的设备在不同的位置不同的角度拍摄。由以上对该技术特点的分析可以认识到，基于图文应急技术的设备具有实时、便捷、易组建、成本低、通用性强、可达性、固定移动的灵活使用、高清晰、可扩展、可集成等特性。

4 野外采集信息的传输

测站水情信息(水位、雨量、流量)以前的传输方式有采用有线电话、短波、超短波、卫星等方式，但固定电话线路辅设成本较高；当超过一定距离时，短波、超短波方式需要建设中继站，有些情况还需要增加二级中继站，致使成本增加和传输的保证率降低；短波信道畅通率不高、卫星小站耗电量大、有些设备不能满足农电网电压要求等问题，则要求强调总体技术方案多方案的比选优化工作，要根据实际情况和各种产品设备的性能来进行设计。随着短信收发成功率的提高，利用 GSM、GPRS 短信业务的方式发送、接收测站水情信息，或利用短信以及电话、短波、超短波等通信设备独立或混合组网，实现了报汛通信的"双保险"，实现了 20 分钟内收集齐水情分中心所属测站水情信息，大大提高了水情信息传输的可靠性和时效性。

例如，黄河河南段地处黄河下游上段，临背悬差大、河道宽浅散乱、河势游荡多变、洪水突发性强，历来是黄河防汛的重中之重。目前黄河防汛信息采集的手段和处理技术还较为落后，远不能适应抗洪抢险和"数字黄河"工程建设的要求。为改变这种状况，河南黄河河务局研制开发出信息移动采集车。这种信息移动采集车采用宽带无线接入、数字视频处理、IP 数据通信等先进技术，可实现远程图像、语音及数据的实时采集和传输，具有现场信息采集、固定或移动会商、多媒体网络交互、后台录像等功能，能够与电子政务系统、黄河工情险情会商系统、黄河水情实时查询系统、黄河工程管理系统、黄河水量调度系统等授权的应用系统互联互通。

5 在电子政务中的应用

建设电子政务系统的根本目的就是要提高工作效率和增加政务的透明度，利用计算机网络"点、看、批"公文，通过各种通信手段及时掌握公文待办信息及各种工作信息，减少了公文流转的时间及信息的传送时间，提高工作效率和透明度。

6 防汛信息发布及查询

防汛是水利行业的主要工作之一，通过手机短信，防汛值班人员可以将最新的水情简报、洪水预报等信息及时发送到有关领导的手机上，为防汛决策争取时间；防汛人员还可通过短信方式向系统发送查询命令，系统将查询的水位、流量、雨量等结果发送到查询人员的手机上，让防汛人员及时、准确地掌握防汛形势。

通信技术同样在水资源管理调度配置、水质(水环境)治理、水土保持、灌区信息化、数字黄河、调水调沙、远程闸门监控等方面发挥着重要作用。尽管移动通信方式给防汛抗旱、水资源管理等方面带来了很多应用，但是还存在不少技术难题。主要是：有不少水文测站(包括水位、雨量、流量站等)地处偏僻、山谷，存在架设有线电话成本很高、短波信道畅通率不高、卫星小站耗电量大、有些设备不能满足农电网电压要求等问题，短波、超短波还可能被障碍物遮挡，需要建设中继站甚至二级中继站等，一旦移动基站被洪水等灾害毁坏，防汛信息如何畅通上报等问题；虽然手机短信在防汛、电子政务上应用较广泛，但每条字数太少，很多情况下用起来不方便。

参考文献

[1] 及燕丽，　等. 现代通信系统[M]. 北京: 电子工业出版社，　2001.

[2] 洪福明. 通信系统[M]. 哈尔滨: 黑龙江出版社，　1987.

【作者简介】杨栓，男，1982 年 12 月出生，2005 年 7 月毕业于河南财经学院计算机科学系，河南省防汛通信总站助理工程师。

小清河水资源保护与平舆县城市建设发展关系探讨

刘清河　方　亮　吴小强　薛红岩

(平舆县水利局)

摘　要：水资源的有效保护推动了平舆县城市建设的迅速发展。

关键词：水资源保护　城市建设

平舆县位于驻马店市东部，是典型的平原农业大县，没有资源优势和明显的区位优势，而近年城市建设发展速度远远超过周边县市，并连续获得"国家级卫生县城"、"省级园林城市"、"省级林业生态县"等殊荣。这些成绩和荣誉的取得与小清河水资源的保护及合理开发利用有着密切关系。

小清河属淮河流域小洪河水系，发源于平舆县李屯乡的黄洼坡，自西而东流经平舆县9个乡镇、街道办事处，流域面积300 km²，河道全长56.49 km，其中县城城区段长4.6 km。

平舆县历届县委、县政府都十分重视小清河水资源保护，分别于1992年、2001年对小清河进行了两次综合治理，2004年、2005年完成了小清河城区段河道护岸以及两岸园林绿化工程，2006年筹资300万元在城区段的下游新建一座节制闸，2007年春季又对其主要支流草河进行了清淤疏浚治理。为使小清河水资源长期有效的得到保护，2007年又筹资4 700万元新建了一座污水处理厂，筹资2 200万元新建一座垃圾处理厂。明确规定城区工业企业、居民生活垃圾及废水一律送往、排送到垃圾处理厂和污水处理厂进行处理，从源头上切断了所有污染源。

经过对小清河多方面、全方位的综合治理，提高了其防洪除涝标准，美化了城市。目前的小清河水量充沛，水资源丰富，河水清澈见底，两岸花草茂盛，绿树成阴，为市民及客商创建了一个休闲娱乐的带形花园。

小清河水资源的有效保护及合理开发利用，推动了平舆县社会经济发展和城市建设的迅速发展。

1　优美的居住环境，为城市发展提供了保障

居住环境的改善，促进城市人口迅猛递增，平舆县县城常住人口由2000年年末不足5万人到2006年年末发展到9万多人，5年翻一番。城市人口的增长推动了房地产业、工商业等第三产业的发展。

2　良好的卫生环境，为市民健康提供了保障

过去常见的传染性疾病以及不安全饮水造成的疾病如肠炎、肺炎、胃炎、结石等疾

病得到有效控制。据统计，城区河道两岸 1 km 范围内 6 万多人人均每年可节约 30 元医疗费，仅此一项每年可节约医疗费用 200 万元。

3　丰富安全的水资源为农业增产、农民增收提供了保障

通过调查，小清河节制闸以上沿河两岸 1 km 范围内地下水埋深普遍高于其他地区 1~2 m，据统计沿岸 6 万亩农田每年可比其他地区少浇灌一至二次，每亩浇灌一次按 20 元计，每年可节约抗旱经费 200 余万元，同时每亩耕地自然增收高于其他地区至少 20 元，年累计增收 200 余万元。

4　理想的投资环境为招商引资及工业、企业的发展提供了保障

优美的居住环境，良好的卫生环境加上平舆县委、县政府制订的各种优惠政策，为外来客商提供了宽松的投资环境。两年之内引来了固定资金投资在 500 万元以上的工业企业项目 66 家，项目总投资达 11.6 亿元。同时城东、城西两个工业集中园区的 60 套标准厂房被客商抢购一空。招商引资和项目建设的健康发展，拉动了平舆县社会经济的持续增长和社会事业的全面发展。

小清河水资源的有效保护，推动了平舆县城市建设及社会经济的不断发展。然而，水资源保护及合理开发利用是一项长期而艰巨的德政工程。平舆县委、县政府正在积极酝酿制订一系列长期有效的治理保护措施，在确保小清河水资源保护的同时，逐步实施其他小流域的水环境治理工程，使平舆县的水资源保护及合理开发利用工作逐步迈向持续、稳定、健康的发展轨道。

【作者简介】刘清河，1964 年 5 月出生，1982 年毕业于郑州水利学校，平舆县水利局工程管理股股长、工程师，驻马店市水利学会会员。

大棚西瓜滴灌最佳灌溉制度研究

张佳男[1]　韩献忠[2]　杨志超[3]

(1．河南省农田水利水土保持技术推广站；2．中牟县水利局；
3．河南省水利科学研究院)

摘　要：传统的大水漫灌和畦灌不能调节大棚内作物的空气、土壤和肥料环境，也不能为大棚作物提供最佳的生长发育条件，如采用滴灌后可以解决上述问题。本文对大棚西瓜滴灌的灌溉制度进行了研究，分析出了大棚西瓜生长期对水分、温度、光照、土壤等周围环境条件的要求。

关键词：大棚西瓜　滴灌　研究

大棚作物由于在封闭的环境条件下生长，需要采用不同于传统的方式调节空气、土壤和肥料环境，以便给作物提供最佳的生长发育条件，使作物获得高产，提高经济效益。本研究的总体思想是：用先进的节水灌溉技术(滴灌)取代传统落后的(畦、沟)灌溉方式，以解决空气湿度、气温和地温、营养环境的有利控制方式，使作物在最佳的环境下生长，减轻灌溉劳动强度，提高水的利用率和灌水均匀度。在本项目研究中，我们选择了中牟的西瓜大棚作试验场地，进行滴灌研究。

1　灌溉规划布置

西瓜大棚为塑料薄膜阳光大棚。东西宽 15 m，南北长 60 m，拱顶高 2.0 m，水源在棚的北边，南北向为西瓜种植方向，行距 100 cm，株距 40 cm，采用滴灌方式，选用北京绿源公司生产的外镶式滴灌管，滴头间距 40 cm。每棵瓜苗边 1 个滴头，地表覆膜。

2　棚内温度及湿度的观测

2.1　棚内温度及空气湿度的观测

分别在棚内 3 个代表位置的 1.5～1.8 m 的高度上安装温湿度计，记录每天早 8：00 时和晚上 20：00 时的棚内温度与湿度。

2.2　地温和土壤含水量的观测

在棚内的 3 个代表位置埋设地温表，记录每天早 8：00 时和晚上 20：00 时的地下 20 cm 处的地温；在棚内的代表位置分别埋设土壤湿度计，记录每天早 8：00 时和晚上 20：00 时的地下 20 cm、40 cm、60 cm 的土壤张力，并根据室内试验取得的土壤水分特征曲线换算出相应位置的土壤含水量。

2.3　室内试验取得的土壤水分特征曲线成果

西瓜大棚的土壤特征成果见表 1。

表 1　西瓜大棚的土壤特征成果

次数	观测时间	负压值 (cm 水银柱)	气压值 (10^{-3}GP)	仪器总重 (kg)	湿土重 (kg)	土样湿容重 (g/cm^3)	重量含水率 (%)	备注
		(1)	(2)	(3)	(4)=(3)$-m_{仪}$	(5)=(4)×1 000/$v_{土}$	(6)=[(5)$-r_{干}$]$r_{干}$	(1)放土样前仪器重
1	9.22　9:50	1.20	1.60	2.51	0.975	1.828	32.7	$m_{仪}$为 1.537 kg
2	17:00	2.93	3.91	2.51	0.966	1.812	31.5	(2)土槽中土的体积
3	20:00	4.65	6.20	2.50	0.961	1.802	30.8	$V_{土}$为 533.39 cm^3
4	9.23　10:00	4.65	6.20	2.50	0.956	1.793	30.1	(3)土样干容量 $r_{干}$
5	16:00	6.25	8.33	2.48	0.945	1.772	28.6	为 1.378 g/cm^3
6	22:00	8.27	11.03	2.48	0.936	1.755	27.4	(4)土样取自中牟
7	9.24　10:00	10.60	14.13	2.47	0.936	1.737	26.0	大棚西瓜地
8	16:00	12.90	17.20	2.46	0.921	1.727	25.3	
9	9.25　10:00	20.48	27.30	2.44	0.897	1.682	22.1	
10	9.26　9:00	21.68	28.90	2.42	0.883	1.656	20.2	
11	16:00	22.35	29.80	2.41	0.875	1.641	19.1	
12	19:00	36.60	48.80	2.41	0.871	1.634	18.5	
13	9.27　10:00	48.50	64.66	2.40	0.861	1.615	17.2	
14	15:40	55.60	74.13	2.39	0.855	1.604	16.4	
15	22:20	62.32	83.09	2.39	0.851	1.596	15.8	
16	9.28　10:00	69.50	92.66	2.39	0.846	1.587	15.1	
17	17:30	70.53	94.03	2.38	0.843	1.581	14.7	
18	9.29　10:00	70.60	94.13	2.38	0.836	1.568	13.8	
19	16:10	70.70	94.26	2.37	0.829	1.555	12.8	
20	20:20	70.72	94.29	2.37	0.826	1.549	12.4	

3　棚内温度和湿度的调节研究

3.1　温度调节

主要是提高气温、地温和防寒保温，具体措施是覆盖地膜，扣小拱棚，遇到灾害性天气可以在棚外的薄膜上盖草苫，棚内温度太高时，主要靠放风降低温度。

3.2　湿度调节

温室塑料大棚的湿度包括空气湿度和土壤湿度。

3.2.1　空气湿度

温室塑料大棚气密性强，在不通风的情况下，土壤蒸发和作物蒸腾产生的汽化水分不易逸出室外，室内相对湿度很高，经常在 80%～90%。夜间室内气温低，相对湿度可达 100%，呈饱和状态。温室塑料大棚内空气相对湿度的变化与温度呈负相关，晴天白天随室温升高而湿度降低，夜间和阴雨雪天气随着室内温度降低而升高。相对湿度大时，作物体表面可以结露，同时塑料膜内表面也会严重结露而密布水滴，作物叶片表面有露滴或塑料膜上露滴落到叶面上，作物易发生病害。

3.2.2　土壤湿度

温室塑料大棚内没有天然降雨，土壤水分主要来源于灌溉。在不灌溉的情况下，土壤易干燥缺水；在灌溉条件下，土壤水分条件因灌溉方式、灌溉次数及灌溉量不同而不同。沟灌和畦灌一次灌水量大，土壤湿度大，土壤易板结；采用滴灌的方式，土壤既湿润，湿度也不过大，供水也比较均匀。

4 湿度的调节

4.1 空气湿度的调节

4.1.1 提高空气湿度

提高空气湿度的措施比较简单，灌水、喷水、减小放风量都可以提高室内的空气湿度。提高湿度一般在移苗和定植时进行，为了防止幼苗失水萎蔫，用地膜扣小拱棚可有效地保证较高的湿度。

4.1.2 降低空气湿度

作物在相对湿度较高的环境中，很容易诱发病害，为了防病和获得优质高产，根据作物生育的要求，控制空气湿度是非常必要的。其措施主要有：

(1)通风换气：自然通风换气是排湿放湿的主要措施。低湿季节通风要放天窗风，不要放底脚风，以免进"扫地风"伤苗，并要在中午温度高时放风，以防止室温过低；高温季节要早通风，大通风，晚闭风；不仅晴天要通风，阴天也要利用中午室外温度高时进行短时间通风。

(2)地膜覆盖：畦面用地膜覆盖，防止土壤水分向室内蒸发，可以明显地降低空气湿度。进行地膜覆盖，既能保证土壤湿润、减少灌水，又能降低空气湿度，而且还能提高地温，是冬季温室和早春塑料大棚生产不可缺少的措施。

(3)畦间覆草：畦间供人作业的走道，可覆盖上稻草，既可起到防止土壤水分蒸发的作用，又可吸收空气的水分，从而可明显降低空气湿度。

(4)适当控制灌水：在室内温度较低的时期，特别是不能放风通气时，应尽量控制灌水。最好采用滴灌或膜下沟灌的方式减少水量和蒸发量，降低室内的空气湿度。

(5)每天早晨用布擦除薄膜上附着露滴，减少室内的水分，加温降湿；空气相对湿度与温度呈负相关，温度升高相对湿度可以降低，寒冷时节，温室大棚内出现低温潮湿情况，又不能放风时，就要应用补助加温设备，提高温度，降低空气相对湿度，并能防止植株叶面结露。

4.2 灌溉与土壤湿度调节

温室塑料大棚是封闭的小环境，没有天然降雨，土壤湿度条件主要受灌溉条件控制。运用科学的灌溉技术，合理地调节土壤湿度是保证温室大棚作物优质高产高效的重要措施。

5 灌水时期及灌水量

灌水时期和灌水量，一般根据作物种类、生育阶段、生育状态及土壤水分状况来确定。在移苗和定植后到缓苗前，为了保持地温、促进发根，要以保水为主，尽量不要浇水。缓苗后一般都要浇缓苗水，以促进植株的生长。以后什么时候再浇大水，要根据作物种类来确定。在产品器官生长盛期，这时需水量大，灌水应勤且量要大。经验的方法是根据土壤和植株生长状况来确定是否进行灌水。一般土壤颜色较浅、手握不成团或土表出现裂缝，就表明土壤已经缺水，应进行灌水。早晨观察作物叶片，颜色深绿，没有光泽，植株表现出萎蔫状态，表明植株已缺水，应进行灌水。较为科学的方法是，采用水分张力计测定土壤的水分张力(PF 值)，PF 值在 1.5～2.0 时(不同作物有所不同)，为适宜的灌水时期。

6　西瓜对环境条件的要求与棚室生产

6.1　温度条件

西瓜属于喜温性作物，生长发育的适宜温度为 20～30 ℃，当温度升高到 35～40 ℃时，其同化作用仍然旺盛。不同的生育期对温度的要求也不同，种子发芽最适温度为 25～27 ℃，不低于 16～17 ℃；开花期以 25 ℃左右最合适，低于 12 ℃不能受精；果实膨大和成熟以 30 ℃较为理想，若温度不足会延迟果实成熟，导致种子发育不良，温度为 13 ℃，植株生育停滞，到 10 ℃时则完全停止生长，西瓜苗期生长的最低适宜温度为 15 ℃，果实种子发育最低适宜温度为 23 ℃。在棚室生产过程中，地温应稳定在 15 ℃以上。如果地温低于 14 ℃，会影响根毛的形成。昼夜温差对西瓜果实的发育、糖分的转化和积累有明显的影响，昼夜温差大，植株干物质积累和果实含糖量显著提高，反之则降低。

6.2　光照条件

西瓜对光照要求比较严格，整个生育期都要求有充足的光照，西瓜需要 10～12 h 的日照时间，低于 8 h 的短日照，植株生长不良，在满足光照时间、光照强度的条件下，植株生长健壮，茎较粗，节间较短，叶片肥厚，叶色浓绿，抗病增强。如果光照时数不够或阴天多雨，光照不足，则植株易徒长，茎细弱，叶片大而薄，叶色很淡，且植株易感病。如果育苗期间光照不足，则下胚轴伸长，叶片色淡，根系细弱，定植后缓苗慢，易感病。坐果期光照不足，很难完成授粉受精作用，容易"化瓜"。果实成熟期光照不足，会使采收期延后，含糖量低，品质下降。因此，在棚室栽培过程中，要采取一切措施改善光照条件，以满足西瓜生长发育的需要。

6.3　水分条件

西瓜根系发达，吸水能力强，叶片表面有蜡质、多茸毛，水分蒸腾量小，较抗旱；但因西瓜的茎叶发达，叶片数多，果实含水量大，需要水分较多，从空气湿度上看，适宜相对湿度分别是：空气湿度 45%～55%。土壤湿度 50%～60%，过湿易烂根。所以，应保证土壤中有足够的水分，才能满足西瓜生长发育的需要。如果能在西瓜需水量较多的时期满足供水需要，不但能提高产量，还能增进品质。

西瓜在不同的生育期对水分的要求不同，幼苗期需水量不大，要求土壤相对含水量为 65%；植株伸蔓期枝叶生长迅速，需要有充足的水分，土壤相对含水量为 70%；结果期水分的多少对瓜的大小有很大影响，此期的土壤相对湿度为 75%。因此，在棚室栽培过程中，西瓜植株对水分的要求有两个敏感时期，应引起注意：一是雌花开放时，水分供应不足或空气过于干燥，可导致雌花发育不良，而土壤水分过大，植株徒长易"化瓜"；二是果实膨大期，此期水分供应不足，影响果实膨大，降低产量，易引起裂果和畸形。

6.4　土壤营养

西瓜对土壤要求不严格，砂土、壤土、黏土均可种植。但由于西瓜根系具有好气性，易木质化，所以土层深厚、通透性好，不易积水的砂质壤土最为适宜；西瓜适宜的 pH

值为 5.5～8，不适宜酸性过强的土壤；比较耐盐碱，在土壤含盐量达到 2%时不能生长。西瓜需肥量很大，尤其对钾肥需要较多，对氮、磷、钾需求的比例是 1：1：1.5。营养生长期吸收氮肥最多，钾次之；坐果后吸收钾最多，氮次之。因此，在棚室栽培西瓜时要合理施肥，特别是在砂土上栽培，要特别注意水肥管理，防止脱肥早衰，同时，在施肥时要氮、磷、钾配合施用。另外，西瓜对氯离子敏感，不宜施用氯化氨化钾等含氯化肥。

7 结论

(1)在大棚内采用滴灌规划布置应选择适当的种植方向、行距、株距，在每根瓜苗边设置一个滴头，使水分能够充分地利用。

(2)每天定时对大棚内空气的温度、湿度以及地温和土壤的需水量进行监测，及时的了解大棚内的温湿度，采用通风换气、地膜覆盖、畦间覆草、适当灌水等方法调节温湿度。

(3)空气中湿度大时，作物表面容易形成露滴从而易引发病害。采用滴灌式，土壤即使湿润，湿度也不过大，供水较均匀，因而能避免沟灌和畦灌一次灌水量大、土壤湿度大、土壤易板结的缺点。

(4)西瓜属于喜温性作物，对光照要求比较严格，要采取一切措施改善光照条件，满足生长发育要求。西瓜不同时期对水分要求不同，但过湿易烂根。西瓜需肥量较大，氮、磷、钾应配合施用。

混凝土薄壁防渗墙模板施工技术

周卫军　朱寅生

(驻马店市水利工程局)

摘　要：本方通过工程实例阐述了混凝土薄壁防渗墙模板安装的技术措施和尼龙帽、对拉螺栓在模板安装中配合使用的方法及其优点。

关键词：方案　模板　安装　对拉螺栓　尼龙帽　施工方法

1　工程概况

漯河双龙区污水提拔站工程是漯河市"十五"重点工程，由穿澧河倒虹吸管、提水泵站、配电管理房三部分组成。主要功能是将双龙区的污水经提水泵站提升，由倒虹吸管送过澧河，使污水不再直接排水澧河，污染水源。

提水泵站为钢筋混凝土结构，长 21.5 m，分闸室段，集水池两部分，中间设伸缩缝一道，缝宽 30 mm，安装有 651 止水带；集水池内安装有两台扬程 6.9 m、流量 1 500 m³/h、装机 37 kW 潜水排污泵，两台扬程 6.6 m、流量 2 760 m³/h、装机 45 kW 潜水轴流泵。

2　工程的结构特点和施工要求

本工程为钢筋混凝土结构，混凝土墙宽 40 cm，高 9.5 m，混凝土强度等级为 C30，抗渗等级 P8，墙体模板面积虽不算大，但墙体薄、高，结构复杂，相对稳定性差。

要求模板拼装严密，表面光滑，平整构造简单，装拆方便，用料经济合理。

3　防渗混凝土墙模板安装技术

3.1　模板安装方案

根据本工程的结构特点和施工要求，对墙体模板安装进行了方案选择：

(1)用竹模板、胶木模板，拆模后，混凝土墙面光滑、平整，但一次性投资大，模板周转利用率低。

(2)用普通钢模板，拆模后，混凝土墙面效果不如竹模板、胶木模板，但可以多次周转使用。

结合现有设备，本着有利于施工、经济、适用的原则，决定采用钢模板，对于局部曲线模板和不易采用钢模板施工的异形结构，则用木模板。

3.2　钢模板的安装

钢模板由于周转使用次数多，存在着模板表面不平整、变形、接缝不严密的现象。在施工时，对钢模板进行校正、调直，并对模板表面进行处理。

(1)钢模板的表面处理。本工程混凝土墙属于抗渗混凝土，为保证拆模后，混凝土墙外光内实。在模板安装时，钢模板表面铺一层九厘板，九厘板上贴一层 2 mm 厚 PVC 板，板与板之间的接缝用胶带粘贴。

(2)钢模板的连接和固定。钢模板之间用 U 形卡固定连接，上、下层模板用Φ12 圆钢加工的 L 形插销连接，上下层模板的竖缝相对应，安装时采用内撑外拉的方法。站筋、围檩采用Φ50 钢管，通过对拉螺栓并用Φ50 钢管作支架来保证模板的强度、刚度和稳定性。

3.3　对拉螺栓的使用

每层钢模板布置两排对拉螺栓，根据实际情况计算模板所受的侧压力，来确定对拉螺栓水平和竖向间距。

(1)对拉螺栓：用Φ12 圆钢加工，两头各加工长 10 cm 的螺丝，用尼龙帽和Φ12 带挡板的螺栓配套使用，两挡板之间的距离视墙的厚度而定，尼龙帽外侧至墙外螺栓端部的距离固定为 25 cm。

(2)尼龙帽、带挡板的螺栓：尼龙帽为圆台形，靠近模板一侧内壁有凹槽，可以将带有挡板的螺栓旋进去。使用方便，并且可以多次周转使用，尼龙帽和带挡板的螺栓市场上有售。

(3)木块：用杨木加工成长×宽×高为 200 mm×100 mm×50 mm 的木块，中间钻Φ12 孔，施工时串入螺栓，紧靠站筋或围檩。使用木块可将模板的侧压力均匀地传递。

(4)垫片：用厚 10 mm 的钢板加工成 200 mm×100 mm 垫片，中间钻Φ12 孔串入螺栓，作为活动垫板与木块配套使用。垫片和木块加工简单，可以多次周转使用。

4　效果分析

(1)尼龙帽和带挡板螺栓配合使用的效果。拆模后，用扳手将固定尼龙帽的螺栓卸掉，取出尼龙帽，由于穿墙螺栓和墙外螺栓是螺丝连接，不外露，不需要截螺栓，只需用钢丝刷将内壁刷毛，再用清水冲洗湿润，最后配制与混凝土强度等级相同、颜色一致的细石混凝土填塞，压光收面。既可防止螺栓锈蚀，也可避免因螺栓转动而出现渗水现象。

(2)钢模板表面采用 PVC 板，光滑、平整、拆模后，混凝土墙没有蜂窝、麻面，有效地控制了漏浆现象的发生，并且不用涂刷隔离剂，不会污染钢筋，效果同使用竹模板、胶木模板一样，造价节省 30%~40%。

【作者简介】周卫军，1973 年出生，2005 年 7 月毕业于黄淮学院，驻马店市水利工程局第二工程处副主任，工程师。

浅谈水电站综合自动化系统改造

石爱莲

(河南省信阳市鲇鱼山水库管理局)

摘　要：本文简要介绍了水电站综合自动化系统的重要性和发展趋势，提出了水电站改造的必要性，综合自动化基本概念，并对系统结构、通信方式和能实现的基本功能及水电站自动化的发展前景进行分析

关键词：水电站　综合自动化系统　技术改造

1　概述

随着电力工业的迅速发展，电力系统的规模不断扩大，系统的运行方式越来越复杂，对自动化水平的要求越来越高，从而促进了电力系统自动化技术的不断发展。水电站综合自动化是一项提高水电站安全、可靠稳定运行水平，降低运行维护成本，提高经济效益，向用户提供高质量电能服务的一项措施。目前，微机保护、故障录波器、计算机监控系统、计算机调度自动化等都已成功运用到电力系统中。发展和完善水电站综合自动化系统，是电力发展的新趋势。

2　技术改造的必要性

鲇鱼山水电站位于淮河流域灌河上，属于坝后式水电站。由于建站时间在 20 世纪 70 年代，建站时间比较早，投运久，其机电设备老化、损坏及腐蚀严重，维护更新的工作量及费用逐年增加，且效果不明显。站内二次设备多采用传统的电磁型继电保护。这些设备的老化对水电站的安全、优质、高效运行构成很大威胁，对电网系统的安全、稳定、最优运行也是一大隐患。鉴于每年水电站投入大量人力、物力、财力进行维护整治而效果不理想，因此实施合理的、经济的、先进可行的改造，使其满足无人值班或少人值班的要求，已成当前工作面临的迫切问题。

3　改造目的

(1)实现水电站综合自动化的功能，对水电站所有电气设备的实时监控，提高水电站运行的安全可靠性。要具备常规水电站系统保护及元件保护设备的全部功能，而且要独立于监控系统，即当该系统网各软、硬件发生故障退出运行时，就地控制保护单元仍然正常运行。

(2)达到无人值班或少人值班的要求，改善工作条件，降低运行费用，实现 CRT 实时监控及运行记录自动化，提高水电站的自动化水平和运行效率。

4　改造原则

(1)充分利用原有设备，尽量降低改造成本；合理设计回路，减小改造难度。

(2)保护装置、故障录波器和系统安全自动装置独立设置，保护信号采用双重采集，即微机保护装置的主保护信号以硬接点方式分别接入中央信号和监控系统，数字输出通过串行口或由保护管理机接入以太网与监控系统相连。

(3)微机保护除了具有常规保护功能外，还需具有模拟量的显示功能、故障记录功能、能储存多套定值和修改定值及显示定值、自诊断功能。

(4)改造时应考虑远方与就地控制操作并存的模式。同样，保护单元亦应具有远方、就地投切和在线修改整定值的功能，以远方为主，就地为铺，并应保证同一时间只允许其中一种控制方式有效。

5　自动化系统模式选择和自动化功能介绍

5.1　自动化系统模式选择

小水电站计算机监控系统一般采用分布式结构，所以计算机监控系统的功能主要是指上位机和现地控制单元的功能要求。

上位机的主要功能之一是人机对话，通过屏幕显示与鼠标/键盘操作来实现。水电站计算机监控系统一般基于 Windows 平台，视窗操作，全汉化显示，机组现地控制单元是多微机系统，其中可编程程序控制器、智能交流电参数测量仪、数字温度巡检仪、微机保护装置等均带有自己独立的一个或几个 CPU，因此这些装置单元均能独立运行，从而使机组现地控制单元具有很高的可靠性。

5.2　水电站自动化功能介绍

5.2.1　上位机的功能介绍

上位机的主要功能主要有数据采集、处理、控制和调节、监测、优化运行、数据通信、记录、管理、统计计算、显示、打印等。

(1)数据采集：①自动实时采集水电站各现地控制单元的实时数据；②自动接收各调度级的命令信息；③自动接收水电站监控系统以外的数据信息。

(2)数据处理：对各种数据进行分类定义并处理，包括模拟量数据处理、状态量数据处理、数据滤波、计算与统计处理等。

(3)控制与调节：计算机监控系统按照水电站当前运行控制方式和预设的参数进行控制调节。①机组顺序控制；②断路器、隔离开关、公用设备的控制；③运行模式切换；④机组频率或有功功率调节；⑤机组电压或无功功率调节。

(4)监控功能：①电站实时运行数据监测；②电站实时运行状态监测；③保护动作监测；④控制操作过程监测。

(5)数据通信功能：与电站各现地控制单元通信。

(6)数据记录：①事故、故障的自动处理；②事故、故障的自动报警、记录；③参数越限自动报警、记录；④状态变位自动报警、记录。

(7)数据管理：实时数据查询、历史数据查询、电站运行数据库生成。

(8)显示功能：①实时显示电站主接线及厂用电接线；②实时显示电站各运行参数、状态；③实时显示事故、故障信息；④显示开停机操作流程；⑤各类运行报表；⑥事故处理指导；⑦油、气、水系统图显示。

(9)统计计算功能：统计电站日、月、年累积电量，各机组运行、停机时间，各断路器分、合次数。

(10)打印功能：定时打印报表，召唤打印报表，事故打印。

5.2.2　机组现地控制单元功能

机组现地控制单元主要完成水电站机组和水电站机组附属设备的测量、状态监测、控制、调节、保护、数据通信等功能。

(1)测量功能：测量机组三相电压、三相电流、有功功率、无功功率、机组频率、功率因数、有功电能、无功电能、励磁电压、励磁电流、轴承温度、发电机温度、调速器油压、导叶开度等。

(2)状态监测功能：机组实时运行状态监测，进水阀实时运行状态监测，励磁系统实时运行状态监测，调速器实时运行状态监测，事故状态监测，故障状态监测。

(3)控制功能：自动开停机控制，自动同期并网，断路器分、合控制，机组紧急停机控制，手动控制。

(4)调节功能：按水电站上位机给定的值自动调节机组有功、无功功率，按本现地控制单元给定的值自动调节机组有功、无功功率或功率因数。

(5)保护功能：主要实施发电机保护配置、发电机—变压器组保护和机组机械保护。

(6)数据通信功能：主要是与上位机通信，以及与水电站各辅助设备之间的通信。

6　结论

通过以上分析，可以看到水电站综合自动化对于实现电网调度自动化和现场运行管理现代化，提高电站的安全和经济运行水平起到了很大的促进作用。随着技术的进步和硬件软件环境的改善，它的优越性必将进一步体现出来。

鉴于水电站自动化系统在目前阶段下还缺乏一个统一的国家标准，这就需要电力工作者在实际操作过程中不断总结经验，找到其规律性，不因循守旧，而应根据具体情况，遵循科学精神来建设水电站自动化系统，以保证电网安全经济、高质量的运行。

参考文献

[1] 杨奇逊.变电站综合自动化技术发展趋势[J]. 电力系统自动化，1995，19(10).

[2] 徐锦才.小型水电站计算机监控技术[M]. 南京：河海大学出版社，2005.

[3] 黄林根，吴卫国，熊杰. 电气设备运行与维护[M]. 南京：河海大学出版社，2005.

【作者简介】石爱莲，毕业于中原工学院，大学本科，工学学士，电气工程及其自动化专业。

电站调压室滑模的应用

胡　亮[1]　雷振华[2]　杜晓晓[2]

(1. 河南省水利第二工程局；2. 河南省水利水电工程建设质量监测监督站)

摘　要：根据外露式和围岩内衬式竖井的特点，确定滑模的提升方式，研究压爬式竖井滑模结构设计要领，观测、油路布置及调偏方法，施工管理方法。提出各种方案经济效果及优选。

关键词：竖井　滑模　设计　施工

燕山水库电站调压室位于输水洞桩号 0+253.52 ~ 0+260.52 处，形状为圆筒形，底部与输水洞相贯，高 48.2 m(底部高程 89.017 m，顶部高程 137.22 m)，开挖断面直径 11.4 m，衬砌后断面直径 10 m。混凝土衬砌材料为 C30 混凝土，抗渗等级 W8，抗冻等级 F150。

1　滑模结构设计

滑模体采用液压调平单面压爬式，整个模体设计为钢结构，加工的滑模体不仅要满足强度、刚度及稳定性要求，而且要便于加工和操作。滑模装置主要由模板、围圈、操作盘、提升架、支撑杆液压系统等部分组成，模板、围圈、工作盘、提升架等构件间均为焊接连接。

模板：作为混凝土成型的模具，模板质量的好坏直接影响着脱模后混凝土的成型及表观质量，为了保证混凝土的外观质量，模板采用新 300 mm×1 500 mm 型组合钢模板，用 63×6 角钢作筋肋，为了便于脱模，模板按一定锥度设计，上下口相差 2 mm。与输水洞相贯部位用木模加工，面板用 3 cm 的木板，表面用 2 mm 的合板包装。

围圈及桁架：围圈主要用来支撑和加固模板，使模板形成一个整体，根据参考资料及测压力计算，围圈采用 12 槽钢，上下布置两道将模板连接成钢结构体，上道围圈距模板上口 20 cm，下道围圈距模板下口 10 cm。围圈与模板的连接采用 50×5 角钢焊接。桁架梁主筋采用 80×8 角钢，主肋采用 63×6 角钢，斜肋均采用 50×5 角钢。

提升架：提升架是滑模与混凝土之间的联系构件，主要用于提升滑模体，支撑模板体及滑模工作盘，夹固桁架梁，避免滑模体变形等作用。提升架通过安装在其横梁上的千斤顶支撑在爬杆上，整个滑升荷载通过提升架传递给爬杆，爬杆采用 Φ48×3.5 m 焊管。提升架采用 "F" 形提升架，高 2.5 m，其主梁采用[18a 槽钢，千斤顶底座为 14 mm 钢板，筋板为 10 mm 钢板。

工作盘：工作盘是滑模的主要受力构件之一，也是滑模施工的主要工作场地，工作盘各构件除满足强度要求处，还应有足够的刚度。工作盘支撑在提升架的主体竖杆件上，通过提升架与模板连接成一体，并对模板起着横向支撑作用。工作盘平面设置与上围圈上平面一致，盘面用 δ50 mm 木板铺平，为防止工作盘向下坠物，盘面必须铺筑密实，并保持清洁。

辅助盘：为便于施工人员随时检查脱模后的混凝土质量，及时修补混凝土表面缺陷，以及及时对混凝土表面进行洒水养护，在工作盘下方 2.5 m 处悬挂一辅助盘，辅助盘采用 50×5 角钢组成，宽 0.7 m，用 δ50 mm 木板铺密实，用 Φ16 钢筋悬挂于桁架梁和提升架下。

支撑杆：支撑杆(即爬杆)的下端埋在混凝土内，上端穿过液压千斤顶的通心孔，承受整个滑模荷载，并代替一根竖向钢筋存留在混凝土内。选用 Φ48×3.5 mm 钢管作为支撑杆，经过计算，其承载力及验稳定性符合要求。

液压系统：液压系统由 YKT-36 型液压控制台、HM-100 型液压千斤顶、油管及其他附件组成，千斤顶沿圆周方向均匀布置，该液压系统设置有同步器，可以保证压力传递的同一性。组装前必须检查管路是否通畅，耐压是否符合要求，有无漏油等现象，若有异常，及时排除。

洒水管：为使用脱模后的混凝土及时得到良好养护，在辅助盘上固定一周 Ø50 mm 塑料管，在此管朝向混凝土壁面一侧打若干小孔，高压水管与此管用三通接头相通，向此管供水，对需要养护的混凝土进行洒水养护。

2 滑模制作安装

滑模各部分组件在输水洞出口加工厂加工制作，待调压室底板浇筑后，运到现场组装焊接，组装前，先用全站仪找出调压室的中心，以调压室的中心作为滑模的中心进行组装，组装完成后，组织技术人员检查验收，检查滑模尺寸、缝隙是否符合要求，各个焊接点是否焊接牢固，经检查，各项技术指标均符合水工混凝土模板制作安装施工规范要求，且安全性能可靠的情况下，报请监理单位验收，验收通过后方可使用。

滑模自调压室底部高程 89.017 m 开始起滑，底部与隧洞两端接头处采用加工的木模拼接，拼接接头缝应紧密，接头缝采用双面胶带密封。

3 钢筋绑扎

滑模施工的特点是钢筋绑扎、混凝土浇筑、滑模滑升平行作业，连续进行。模板定位检查完成后，即可进行钢筋的安装，钢筋在加工厂制作好后，用汽车运至调压室顶部，钢筋运至作业面采用 5 t 卷扬机运输，用 10 cm 的槽钢加工一工作盘，工作盘底部及四周用其所长木板铺设，加工好的钢筋放入工作盘后，用卷扬机配合人工运至作业面(底部可直接从平洞运输)，起滑时的钢筋绑扎从模板底部一直绑扎至提升架横梁下部，之后，采用边滑升边绑扎钢筋的作业方式，钢筋绑扎超前混凝土 30 cm 左右，每次绑扎时主筋的绑扎长度为 4.5 m，为减少钢筋作业时间，主筋采用套管连接。钢筋绑扎严格按照《水工混凝土施工规范》及施工图纸要求进行，每根爬杆代替一根竖向主筋，千斤顶下爬杆同环向钢筋焊接加固，焊接时，电焊机放置在工作盘上，绑扎环向钢筋时，将环向钢筋与爬杆点焊在一起，混凝土浇筑中，要保证至少有一层环形筋露出浇筑面。爬杆接头在同一水平面内不超过 1/4。为确保模体安全爬升，要求爬杆平整无锈皮，当千斤顶滑升至距爬杆顶端小于 350 mm 时，应及时接长爬杆，接头对齐焊接，焊接不平处用角磨机磨平，待千斤顶爬过爬杆接头时，再对接头焊接加固，焊接接头按规定进行抽检试验。

4 灌浆管安装

调压室衬砌混凝土中预埋 Ø80 mm 固结灌浆管,每排 12 个(沿圆周 30° 一个)排距 3 m,菱形布置,与水平面成 15° 夹角,各灌浆孔深度符合设计要求。安装前,测量人员在安装部位用红漆作好标记,灌浆管安装时固定在钢筋上,为防止混凝土灌入,两端管口用塑料膜包扎,外端管口紧贴模板台车面板,与混凝土面一致,脱模后,及时对灌浆管逐一进行查找。

5 混凝土浇筑

滑模施工工艺:混凝土下料→平仓→振捣→滑升→钢筋绑扎→下料。

混凝土入仓方式及人员上下工作盘:调压室下部 10 m 采用泵送入仓,上部采用流管入仓。采用泵送入仓时,自调压室底板搭设钢管支撑,泵管固定在钢管支撑上。采用流管入仓时,流管末端用绳索固定在井壁的锚筋上,混凝土罐车运输混凝土至调压室顶部现场,再通过溜槽送入流管入仓,流管固定在调压室孔口上方。流管采用直径为 200 mm 的钢管,为减小混凝土对仓面的冲击力和离析现象,流管下部连接一定数量的锥形漏斗,且距离仓面 4 m 左右设置缓冲器。流管随滑模体滑升而不断拆除。

6 测量控制

滑模的测量控制采用悬挂重垂线的方式进行,在地面上设置控制点,从工作盘面下方吊挂 4 根重垂线,记下初始位置,以检测整个模体的偏移及扭转,滑模每滑升 50 cm 检查一次。模体垂直滑升微调利用千斤顶同步器进行水平控制,利用千斤顶的高差,进行模体微调纠偏,旋转或偏移较大时采用施加外力与调整局部千斤顶的高差进行纠偏。

7 停滑措施及施工缝处理

滑模施工需连续进行,因意外原因长时间间断后,应采取停滑措施,混凝土停止浇筑后,每隔 15 min,滑升 1~2 个行程,直至混凝土与模板不再黏结,下次再自停滑面重新浇筑。由于停滑所需造成的施工缝,按《水工混凝土施工规范》要求处理。

8 滑模施工中出现的问题及处理

滑模的施工中出现的问题有滑模体倾斜、滑模体平移、扭转、模体变形、混凝土表观缺陷、爬杆弯曲等,其产生的根本原因在于千斤顶工作不同步、荷载不均匀、混凝土浇筑不对称、纠编过急等。因此,在施工过程中首先要把好质量关,加强观测检查工作,确保良好运行状态,发现问题及时处理。

纠偏:利用千斤顶高差自身纠偏或施加一定的外力给予纠偏。所有纠偏不能操之过急,以免造成混凝土表面拉裂、死弯、滑模变形、爬杆弯曲等事故发生。

爬杆弯曲:爬杆弯曲时,采用加焊钢筋或斜支撑,弯曲严重时,切断爬杆,重新接长后再与下部爬杆焊接,并加焊"人"字形斜支撑。

模板变形处理：对部分变形较小的模板，采用撑杆加压复原，变形严重时，将模板拆除修复。

9 滑模拆除

滑模滑升至设计位置时，将滑模滑空后，利用起吊设备，在高处拆除。滑模体拆除注意事项如下：

(1)拆除前，必须制定拆除方案，在现场负责人的统一指挥下进行，并预先制定安全措施。

(2)操作人员必须佩戴安全带及安全帽。

(3)拆卸的模体部件要严格检查，捆绑牢固后由起吊设备下放。

10 混凝土养护及雨季混凝土施工

为了保证调压室的浇筑质量，防止裂缝的发生，对已脱模后的混凝土应及时进行养护，采取洒水养护，洒水管设置在辅助盘上，主水管自调压室顶部引入，与辅助盘下的洒水管相接，利用水的压力进行喷洒，洒水时注意只允许对终凝后的混凝土进行洒水，表面未凝结的部位不得洒水，以免淋坏已浇筑的混凝土表面。

11 质量保证措施

为保证调压室混凝土衬砌的质量达到设计要求，应对混凝土的原材料、混凝土拌和及混凝土浇筑过程中的各个环节进行控制与检查。

(1)混凝土原材料的质量控制：配制混凝土的各种原材料必须在抽检合格后，方可使用。运至工地的水泥必须有出厂合格证和质量检查报告，且必须进行复检。在拌合站每班应对砂及小石的含水量、砂的细度模数、骨料的超逊径、针片状、含泥量进行检查，当砂的细度模数超过控制值的 ±0.2 时，应调整配料单的砂率。使用的外加剂必须有出厂合格证，并且必须进行复检。

(2)混凝土拌和及拌合物的质量控制：混凝土的施工配料单必须经校核后签发，严格按照签发的配料单配料，严禁擅自更改。混凝土拌合站的计量器应定期校验，每班称量前，应对称量设备进行零点校验。在混凝土拌和中，定期对混凝土拌合物的均匀性、拌和时间应进行检验。混凝土入混凝土泵的坍落度误差不超过 ±30 mm，每班对坍落度检查至少两次。经常检查混凝土的拌和时间是否符合规定，每班至少检查两次。及时对混凝土进行试件取样，混凝土试件的取样数量必须符合规范要求。混凝土试件应出机口随机取样成型，不得任意挑选。

(3)混凝土浇筑质量控制：混凝土开仓浇筑前，精心组织，精心筹划滑模施工工艺，向监理工程师报送开仓申请报告，经审核批准后方可开始施工。进行详细的技术交底，采取逐级交底制，施工方案和措施传达每一个施工班组、每一个人。认真作好工序交接班制度，严格执行三检制，确保混凝土施工质量。混凝土振捣严格按规范施工，采取二次振捣法，减小混凝土面上的气泡现象，不能漏振、欠振，避免麻面的出现。选择从事过滑模施工的技术工人来从事该工程的施工，对操作人员进行岗前培训。

调压室采取滑模施工，对于等断面混凝土结构，采用滑模浇筑混凝土相对于常规模板浇筑具有连续性好、进度快、无施工缝、表观质量好、无混凝土后期缺陷、大型周转材料消耗少、可节省大量的拉筋和架力筋等诸多优点，同时节省大量架子搭设，因此调压室混凝土衬砌采用滑模浇筑施工是最佳方案。

【作者简介】胡亮，1980年3月出生，大专学历，河南省水利第二工程局技术员。

关于提高桥梁梁(板)安装质量的探讨

李岩玲[1]　赵宪孔[2]

(1. 河南省杞县水利局；2. 河南省水利第二工程局)

摘　要：本文着重阐述了桥梁梁(板)安装过程中应引起高度重视的几个主要问题，并就提高梁(板)安装质量的措施进行了探讨。

关键词：桥梁工程　提高　梁(板)　安装质量

随着公路建设的飞速发展，各种类型的简支梁结构和先简支后连续梁体结构因其便于施工、技术成熟而得到广泛应用；监理工程师和承包商对梁(板)预制质量均高度重视，但对梁(板)安装质量常因为委托专业吊装队伍进行安装等而掉以轻心，因此部分桥梁梁(板)安装质量没有得到有效控制。本文旨在结合工程实际指出梁(板)安装易产生的质量缺陷，并分析原因，有针对性地制订防范措施，确保工程质量。

1　梁(板)安装易产生的质量缺陷

1.1　四支点的箱梁、空心板梁安装

(1)易产生的缺陷：①因梁体预制时梁端底面或墩(台)帽垫石施工控制不到位，导致梁(板)安装就位后支座没有均衡受力，有的支点甚至脱空；有的对支点脱空的处理采用水泥浆、普通砂浆或油毛毡等不规范的方法处理，影响桥梁的使用质量和使用年限。②有的预制时在梁端底面支座处设置楔块的空心板梁调装时调反了，梁底楔块方向与设计相反，导致梁体倾斜，支座局部受力。

(2)对策。①加强梁(板)预制质量和垫石顶面高程控制精度，个别脱空支点宜用厚度适宜的不锈钢板支垫(安装前应预备厚度不一的不锈钢板备用)，确保四支点均衡受力。②加强安装的质量监控，发现问题及时处理。

1.2　板式橡胶支座安装

(1)易产生的缺陷。梁(板)安装基本就位，在板式支座已部分受力状态下，利用撬棍撬动或水平牵引、调整梁(板)安装位置，导致梁(板)就位后支座已产生纵向剪切或横向扭曲变形，影响支座使用寿命。

(2)对策。调整梁(板)安装方位前，应吊起梁板直至梁底脱离与橡胶支座的接触。

1.3　伸缩缝处聚四氟乙烯滑板式支座安装

(1)易产生的缺陷。聚四氟乙烯滑板式支座安装时，有的未配置相应的不锈钢板；有的不锈钢板未安装在四氟乙烯材料滑动面上，而是安装在四氟板支座的底面；有的预埋在梁底的不锈钢板上的水泥砂浆等杂物未清除，导致四氟乙烯滑板式支座失效。

(2)对策。一是严格按设计要求进行安装；二是设计人员编制材料数量表时，不要遗漏聚四氟乙烯滑板式支座相应的不锈钢板。

1.4 垫石坐标误差过大

(1)易产生的缺陷。由于测量或施工人员工作疏忽，垫石坐标严重偏离，导致梁(板)受力支点偏离原设计位置，改变了梁(板)受力状态；有的垫石高程控制不严，精度不够，导致梁(板)就位后，各梁顶面高程高低不一，与原设计偏差较大，影响后续桥面铺装施工。

(2)对策。严格垫石施工质量控制，加强梁(板)安装前的垫石质量检查。

1.5 梁(板)安装纵、横向偏差尺寸大

(1)易产生的缺陷。有的桥梁梁(板)安装就位后，梁、板之间的横向间距大小不一，有的间距很大，有的基本无间隙，影响梁(板)均衡受力；有的桥梁梁(板)安装纵向尺寸偏差大，伸缩缝处间隙过小，有的甚至无间隙顶死，导致伸缩缝部分失效或完全失效。

(2)对策。一是安装前，施工技术人员应熟悉图纸，做好技术交底；二是安装过程施工、监理单位应安排专人检查验收。

1.6 连续梁先简支后结构连续梁体的连续处湿接头混凝土浇筑施工易忽视的几个问题

(1)T形梁、工字梁等湿接缝处翼板以及先简支后连续结构梁体的梁端未凿毛处理或凿毛不彻底，有的梁端在预应力孔灌浆前虽已凿毛，但灌浆后水泥浆重又覆盖梁端端面，必然影响新旧混凝土的黏结，应在梁体吊装前完成相应的凿毛处理工作。

(2)先简支后连续结构梁体连续处混凝土设计强度一般较梁体混凝土强度高，但实际施工时由于施工配合比控制不严上述部位混凝土强度往往等同甚至低于梁体强度，且由于模板安装质量差等，上述部位混凝土漏浆，局部蜂窝等缺陷时有发生。

(3)忽视上述部位混凝土的养护，高温季节养生和低温季节保温措施不到位。先简支后结构连续桥梁，是近期随着桥梁发展应运而生的一种桥梁形式，这种桥梁的结构特点是：由预制梁段与现浇梁段组成；在桥墩支承处由双排临时支座转换成单排永久性支座；在恒载与活载作用下结构的受力特征为连续；桥梁结构转换体系后，现浇湿接头处承受着最大的负弯矩和最大的剪力，是连续梁的关键部位，其质量直接影响到桥梁结构的安全和使用寿命，应高度重视。

2 设置纵坡的桥梁梁(板)安装需注意的几个问题

2.1 先简支后(桥面)连续的桥梁纵坡如大于2%，应从设计方面采取相应的措施

先简支后(桥面)连续的桥梁均存在因上部构造自重作用，导致高温季节梁体热胀向下坡方向的延伸位移量和橡胶支座朝下坡方向剪切变形量，大于低温季节梁体冷缩向上坡方向的回缩位移量和橡胶支座朝上坡方向的回复变形量，这种差值逐年递增，梁体逐年向下坡方向爬行，纵坡越大，爬行速度越快。我省个别大桥存在较严重的上述问题，最终将导致桥台处伸缩缝失效，影响桥梁使用寿命。考虑到上述原因，笔者认为，多跨先简支后(桥面)连续的桥梁纵坡如大于2%，应从设计方面采取相应的措施。

2.2 有纵坡的桥梁梁体底板支座部位应设置"梁靴"

由于存在纵坡，梁(板)底面与橡胶支座顶面必然存在一定的夹角，故应在梁底板支座部位设置"梁靴"改善支座受力状况，使支座均匀承受垂直方向的荷载。有的承包人施工经验不足，在进行梁(板)预制时，未完全按图施工，遗漏了支座部位的"梁靴"设

置。这样一方面影响了支座使用寿命，另一方面将大大增加上款所述梁体的"爬行"速度，影响桥梁使用寿命。

2.3　有纵坡的简支梁结构的桥梁梁(板)安装方案，应充分考虑纵坡因素

有的桥梁施工利用已架好的梁(板)或铺设在已架好的梁(板)上的钢轨作受力支点牵引运输梁(板)的简易车，在运输梁(板)的简易车的反作用力作用下，已架好的所有梁体均朝下坡方向位移，橡胶支座产生无法回复的永久变形，严重影响了桥梁的使用寿命。

3　结语

桥梁梁(板)安装质量直接影响着桥梁质量、营运安全和使用寿命，务必引起各从业单位及从业人员的高度重视，切实抓好每道工序、每个环节的质量控制，确保梁板安装工程质量。

【作者简介】李岩玲，女，河南省杞县水利局助理工程师。

河南省燕山水库输水洞工程施工测量控制网

蔡彦 胡亮

(河南省水利第二工程局)

摘 要：测量是施工的基础，通过燕山水库输水洞施工测量，总结出测量中应该重点控制的要点。

关键词：测量 布点 复测 校核

1 工程概述

燕山水库位于河南省叶县境内，是淮河流域沙颍河上游的一座正在建设中的大型防洪水库。输水洞及电站工程位于燕山水库溢洪道的右侧，整个施工区为山地，地形虽然开阔，但高差大，山顶与山脚高差近 60 m，外围可利用控制点 Y10、Y11、Y14、Y15 全部位于输水洞轴线左侧，控制点间距 500~800 m。输水洞进口只与 Y15 点通视，Y10、Y11 两点可控制输水洞出口。

2 施工控制网技术设计及选点、埋设标志

2.1 施工控制网技术设计

输水洞及电站工程主要建筑物水塔、调压井、电站、工作闸、节制闸及退水闸大部分位于输水洞轴线上或与输水洞轴线平行，因此在输水洞轴线上选取 4 个点，纳入平面控制网内，平面控制网的起始点位于输水洞轴线上，以使最弱点远离输水洞轴线或放样精度要求较高的地区。

2.2 平面控制网网形结构及技术要求

河南省燕山水库工程首级控制网为二级三角网，输水洞平面控制网主要是直接用于施工放样，因此在满足技术条款及施工测量规范要求的前提下，采用四等附合导线网，以 Y14—Y15 为起始边，Y10—Y11 为附合边。首级高程控制网为二等水准网，输水洞施工高程控制主要是为了施工放样，因此根据技术条款及施工测量规范的要求布设成附合路线。

2.3 选点及埋设标志

(1)选点。根据地形及输水洞施工总平面布置图，结合现场踏勘，拟在输水洞轴线 0-123、0+100、0+227.52、0+541 桩号分别布设 T1、T2、T4、T6 号点，T3 及 T5 号点根据通视及网形结构的要求分别布置在山顶及输水洞右侧山腰上。

(2)首先利用外围控制点用极坐标法放出 T1、T2、T4、T6 号点的位置，用木桩钉与地面上，木桩顶部钉铁钉加以标示，T3 点利用山顶上原有的 YS10 点，T5 点利用山腰上裸露的岩石上刻"十"字线用红漆加以标记。T1、T2、T4、T6 点采用木模现场浇筑混凝土的方法，中间预埋 10 mm×150 mm×150 mm 的钢板。高程控制点 Z1~Z3 利用山腰上

裸露的岩石用红漆加以标记，点位旁边用红漆写上点号。

3 控制网的施测

(1)作业仪器有 SOUTH NTS-322 全站仪一台。全站仪及水准仪送解放军测绘学院进行检定，合格后再投入本工程。在作业前，对全站仪再进行长准器、圆水准器、光学对中器对竖直角零基准的检验及校正，水准仪再进行圆水准器及视准轴平行于水准管轴线的检验及校正，以确保无误。

(2)首先对监理部提供的 Y10、Y11、Y14、Y15 等外围控制点进行复核，根据坐标反算法计算出各控制点间的方位角及水平距离，然后现场再进行测量，拿计算值与现场实测值进行比较。经计算及现场实际测量，各控制点间方位角最大误差 0″，水平距离最大误差 1 mm，经复核监理部提供的外围控制点无误。利用外围控制点用极坐标法放出 T1、T2、T4、T6 号点的位置，在钢板上划十字线标记，待进行平差计算后再进行调整。

(3)施工平面控制网附合导线方向为 Y14—Y15—T1—T2—T3—T4—T5—T6—Y10—Y11(见图 1)。

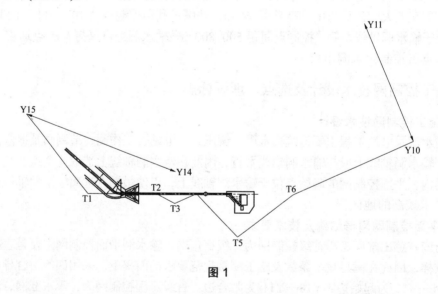

图 1

(4)水平角观测采用方向观测法，观测附合导线前进方向的左角，根据规范要求观测3 个测回；附合导线边长采用测站端观测法观测 3 个测回。在观测过程中，水平角及导线边长一个测回观测完成后，立即计算其各项校差值，与规范要求进行比较，如超限，则按规范要求立即进行重测。

(5)附合导线平差计算采用"工程测量数据处理系统 ESDPS5.0"软件进行计算，角度闭合差 $w=13.45″$，纵坐标差 $f_x=0.010$，横坐标差 $f_y=0.007$，全长闭合差 $f_s=0.012$，相对闭合差 $k=1/122\ 719$，导线全长 151 7.67 m，精度满足规范要求。

(6)施工坐标系的建立及测量坐标与施工坐标的转换。为了方便在今后施工放样中放样点坐标的计算，以输水洞轴线 0+000 桩号为坐标原点，以洞轴线方向为 X 轴，垂直于洞轴线方向为 Y 轴，建立施工坐标系。测量坐标转换为施工坐标的计算公式为：

$$x_p=(X_p-X_o')\cos\alpha+(Y_p-Y_o')\sin\alpha$$
$$y_p=-(X_p-X_o')\sin\alpha+(Y_p-Y_o')\cos\alpha$$

式中：X_o'、Y_o'为施工坐标系原点的坐标；X_p、Y_p为 P 点的测量坐标；x_p、y_p为 P 点的施工坐标；α为施工坐标系 X 轴在测量坐标中的方位角。

(7)轴线控制点点位及坐标的调整固定。T1 点放样时坐标为(-123，0)，T2 点放样时坐标为(100，0)，T4 点放样时坐标为(227.52，0)，T6 点放样时坐标为(541，0)，经平差计算后钢板上实际标记点与拟固定坐标点间均存在偏差，需进行调整后在钢板上再予以固定。

4 高程控制测量

(1)高程系统采用 1985 年国家高程基准，高程系统与监理部提供高程系统一致。

(2)按四等水准测量方法，用两台水准仪同步进行，对 Y15—Y14 点、Y14—Y10 点附合测量两次，对监理部提供外围控制点高程进行复核的同时对输水洞施工控制网各控制点及加密点进行高程测量。

(3)高程控制测量按 $P=1/n$ 进行平差，n 为测站数。

(4)经平差计算，Y15—Y14 间高差闭合差 $f_h=-7$ mm，容许闭合差 $f_{h容}=\pm5\sqrt{n}=\pm5\sqrt{38}=\pm31$ mm；Y14—Y10 间高差闭合差 $f_h=-4$ mm，容许闭合差 $f_{h容}=\pm5\sqrt{n}=\pm5\sqrt{31}=\pm28$ mm，均满足规范要求。

5 结语

(1)各控制点布设基本合理，特别是输水洞轴线用 T1、T2、T4、T6 四个点固定后，能很好地控制各建筑物的主轴线，再结合外围控制点及 T5 点，能很好地控制各建筑物的横向轴线。各控制点间视线良好，埋设牢固，受施工影响小。

(2)主轴线固定后，能很精确地完成建筑物定位测量及金属结构安装测量，特别是保证输水洞的精确贯通具有重要意义。

(3)水平角观测中误差及导线边长测距中误差均能满足《水利水电施工测量规范》要求，从平差计算后的导线相对闭合差及水准测量高差闭合差来看，精度也比较高。

【作者简介】蔡彦，男，河南省水利第二工程局助理工程师。

水利企业安全文化建设探讨

雷振华

(河南省水利水电工程建设质量监测监督站)

摘　要：长时间以来，安全管理问题是困扰国家和企业的一个难题，本文对企业通过建设安全文化来提高安全管理水平进行了探讨，抛砖引玉，以期摸索出有效的模式，从根本上解决困扰国家与企业的安全管理问题，实现个人和社会利益的最大化。

关键词：水利　安全文化

长期以来，在安全生产上我们习惯了"国家监察、群众监督、行业管理、企业负责、劳动者遵章守纪"的管理模式。但随着市场经济的进一步建立，政府由直接管理企业的安全工作变为宏观调控、监督指导；另外，企业在市场经济中成为自主经营、自负盈亏的主体，具有追逐利益最大化的本性，因此重效益轻安全、重生产轻安全、重经营轻安全成了目前国内很多企业的共同点。

在目前水利建设市场为买方市场的形势下，企业的过度或恶性竞争，必然会降低全行业的平均利润。当一个企业要得到行业的平均利润甚至超额利润时，它就会想方设法把那些不能直接带来利润的投入减少甚至干脆不投入，在这方面首当其冲的是减少安全生产方面的投入——安全生产投入被众多企业领导认为是比环保投入都不如的纯投入，能不投就不投，从而也就使得安全生产机构、设备、措施及人员的培训等成为成本控制最优先考虑的对象，被当成最先可被节省的成本。

从经济学的角度来考虑，追求收益的最大化是理性人的本性，但我们应该建立起有效的疏导机制，使人们在规定的范围内，达到个人和社会利益的最大化。无数实践证明，仅靠建立安全管理制度、灌输安全生产知识、安全检查等，只抓制度化管理系统而没有以企业安全文化作为基础的管理手段，对于安全管理的效用十分有限。企业安全文化建设注重以人为本，可以从根本上解决安全问题。因此，应将企业安全文化作为解决水利企业安全建设难题的有效途径进行探索，以期摸索出有效的模式，从根本上解决困扰企业与国家的安全管理问题，达到企业安全管理与经济利益相辅相成的理想境界，实现个人和社会利益的最大化。

1　企业安全文化建设的现实意义

英国保健安全委员会核设施安全咨询委员会(HSCACSAI)认为安全文化定义是：一个单位的安全文化是个人和集体的价值观、态度、想法、能力和行为方式的综合产物，它决定于保健安全管理上的承诺、工作作风和精通程度；具有良好安全文化的单位有如下特征，相互信任基础上的信息交流、共享安全的重要思路、对预防措施效能的信任。

只抓制度化管理系统的建设而不适时地辅以文化观念等"软"因素的培养只是一种

权宜之计，一个没有企业安全文化基础的管理即使当时十分有效，也是暂时的现象，会因管理者的变更或时间的推移而迅速滑坡。这个现象在水利企业十分普遍，水利企业的生产一线大多在工地，经常看到同一家企业，不同工地，不同的管理人员，安全管理的效果迥异，或开工进场时，安全管理工作十分到位，随着工程建设的推进，时间耗磨，容易因安全管理人员的疲惫、麻痹出现问题。

但企业安全文化建设的前提是有一套完整的制度化管理系统，即要建好企业安全文化的规范层次，如法制、标准、规范等，否则，盲目地追求一种新理论和新方法，只会是事倍功半，甚至适得其反。建设企业安全文化，把企业安全文化作为企业管理的一个重要组成部分，使之渗透到企业生产的全过程，从而营造企业良好的安全风气，建立良好的群体安全意识，是企业安全生产的必要途径。水利企业在目前制度化管理系统的基础上，进行安全文化建设更有优势，易于平稳地上升到安全文化建设阶段，稳步提高企业安全管理能力，达到事半功倍的效果。

2 企业安全文化的先进性

企业安全文化从安全原理的角度，在"人因"问题的认识上，具有更深刻的认识和理解，这对于预防事故所采取的"人因工程"，在其内涵的深刻性上有新的突破。过去我们认为人的安全素质仅仅是意识、知识和技能，可以看做"安全智商"(SIQ)，侧重于对自我安全的认识，而安全文化理论则揭示出人的安全素质，还包括伦理、信仰、习惯、情感、态度、价值观和道德水平等，可以看做"安全情商"(SEQ)，它强调了对他人安全的认识以及其他可能影响本人安全意识的外部文化因素。可见，安全文化对人因安全素质内涵的认识具有更深刻的意义。

企业安全文化能够有效地调节和控制职工的行为，制约不安全行为，达到自律的最高境界。根据心理学家的研究，行为受到观念的指导，而人们在共同的活动中，其心理存在一种标准化的倾向，即人们对事物的认识和判断上，存在类比过程，彼此接近，趋于一致。另外，在群体成员的相互作用下，又会产生模仿、顺从心理，产生从众行为。企业安全文化所倡导的价值观念、思维方式和行为规范恰恰是以以上两种心理因素为基础的。在高度的安全文化氛围下，职工往往自觉或不自觉地以相同的价值尺度来衡量和评价某个人，既是批评者，又是被批评者。强大的群体压力使每个职工自觉地认同企业所倡导的安全价值观念，自觉地运用共同的思维方式，自觉地运用行为规范来约束自己的行为。当他的行为符合安全价值观念和行为规范时，就会心理平衡和满足；反之，如果企业职工的行为违反了安全价值观念和行为规范，一方面要受到群体其他成员的批评，另一方面也会促使他产生心理不安而自觉地修正自己的行为。创建企业安全文化的实质就是提高全体职工的安全文化素质，从而促使职工从"要我安全"转化为"我要安全"的自觉行动，使安全生产从领导层的要求变成全体职工的自觉行动。

3 水利企业安全文化建设的重点环节

3.1 统一思想，提高对安全文化建设必要性的认识

在我国现在安定团结、高速发展的社会大背景下，一般水利企业都是想要做强做大，

持续发展的：乙级的想升甲级，单一资质的想拥有多个资质……所以，若想要持续健康发展，就必须正视安全工作在企业整体生产经营活动中的系统风险，认识到企业安全文化建设的必要性。

3.1.1　价值是企业一切活动的核心，企业不仅要谋求总收入最大化，考核总成本最低，更要讲究赢利最大化，价值管理就是全力追求包含利润在内的价值成就

水利企业的价值活动包括五个基本活动和四个辅助活动。五个基本活动是内部后勤、生产作业、外部后勤、市场开拓和其他服务；四个辅助活动有采购、技术创新、人力资源管理和企业基础设施。企业的价值活动不是一些孤立的活动，它们相互依存，形成一个系统，形成一个价值链。例如，采购与设计规格相近的石料，可以使生产工序简化和减少浪费，技术创新将有利于施工成本的降低、施工工期的缩减，有序的仓储、机械调度等内部后勤活动有利于施工作业的正常开展等。企业的效率或者竞争优势来自于价值活动的有效组合，来自于"价值链"的优化，也是企业不同于或者优势于其他企业的特质，企业的竞争成功也产生于合理的"价值链"设计。

"安全链"是贯穿企业整个价值链始终的、至关重要的一部分(本文所提出的安全链主要是针对企业及其企业内部而言)，通过安全这条"红线"把企业各个部门、各个单位以及每个人紧密联系起来，达到全员重视安全，全员参与安全，全员预防与治理安全的目的。企业应认识到"安全"就是"利润"的一部分，是企业生存、发展和壮大的基本条件。

3.1.2　安全能增加企业的经济效益，突出表现在两个方面

一是直接经济效益。即预防和减少事故，减少人员伤亡和事故经济损失；二是间接经济效益，即保障生产经营顺利运行。从表面上看，经济效益与安全无关，而实质上，却正是因为有了安全作保障，才顺利实现了生产的目的，并最终创造了企业的经济效益。

与其他行业比较，水利工程建设存在更多、更大的安全隐患：

(1)工程规模较大，施工单位多，往往现场工地分散，工地之间的距离较大，交通联系多有不便，系统的安全管理难度大。

(2)涉及施工对象纷繁复杂，单项管理形式多变，如有的涉及土石方爆破工程，具有爆破安全问题；有的涉及洪水、潮汐期间的季节施工，必须保证洪水和潮汐侵袭情况下的施工安全；大型机械设施的使用，更应保证架设及使用期间的安全等。

(3)施工难度大，技术复杂，易造成安全隐患。如隧洞洞身钢筋混凝土衬砌，特别是封堵段的混凝土衬砌，采用泵送混凝土，模板系统的安全；高空、悬空大体积混凝土立模、扎筋、混凝土浇筑施工安全问题等。

(4)施工现场均为"敞开式"施工，无法进行有效的封闭隔离，对施工对象、工地设备、材料、人员的安全管理增加了很大的难度。

(5)水利工地施工招用的农民工普遍文化层次较低，素质较低，加之分配工种的多变，使其安全适应应变能力相对较差，增加了安全隐患。如曾发生的民工从脚手架上坠落、钢筋穿过胸腔；在地垄上面扒料，跌入地垄中，慢慢地被地垄漏斗中的黄沙活埋致死等恶性事故，多系民工自身缺乏安全常识所致。

发生安全事故，将带来一系列的损失：①政府对发生重特大事故的企业采取降低资

质等处罚，企业招投标受到影响；②一旦发生事故，牌子被砸，形象受损，市场减少；③发生事故导致的经济赔偿、设备损伤。

因此，水利企业更应该深刻认识到安全文化建设是增加企业的经济效益、降低系统风险的有效途径。从博弈论来看，安全管理与企业效益的理想状态是"双赢"，即随着安全管理水平的提高，企业效益显著增长。而企业安全文化为这个目标的实现提供了保证。

3.2 采用科学管理方式，加强企业安全文化建设

3.2.1 安全管理要以人为本

在现代管理哲学中，人是管理之本。管理的主体是人，客体也是人，管理的动力和最终目标还是人。在安全生产系统中，人的素质(心理与生理、安全能力、文化素质)是占主导地位的，人的行为贯穿工程建设过程的每一个环节。因此，在安全文化建设过程中，企业必须尊重人、关心人，以人为本，采取必要措施保障个人的利益，使大家找到归属感，最终形成安全文化建设"命运共同体"，推动安全文化的完善和提高。

水利工程施工流动，职工长年野外作业，施工现场环境艰苦，业余生活单调、枯燥，容易影响职工情绪，引发心理压力，导致各种安全隐患。施工单位管理人员和项目部应以人为本，努力改善工作环境和待遇，改善农民工业余生活，合理安排工作和休息时间，做好职工心理疏导和心情调节，使每个人经常处于身心愉悦、情绪开朗的状态，虽身处工地却给职工一个"家"的感觉，提高广大职工的向心力、凝聚力。应开展丰富多彩的文化娱乐活动，各类积极向上的竞赛、评比活动，培养职工健康的生活情趣，鼓励职工为工程，也为个人多争荣誉，多创财富，把职工的精力引导到工作岗位上，这也给安全管理带来"人气"。

提高职工安全素质是企业安全文化建设的最终目的。无数的实践证明，单纯靠改善设备并不能保证企业安全、高效、有序运行，还必须有高水平的管理和高素质的职工队伍。而在所有的生产要素中，只有人是唯一具有能动性的要素，无论是机器设备的运行，还是技术和管理工作的实施，都需要人来执行，因此员工的安全素质成为企业安全管理工作的关键所在，这也使得提高职工安全素质成为企业安全文化建设的根本目的所在。

3.2.2 规章制度建设

企业安全文化直接影响企业管理人员和员工的思维方式与行为规范，为企业提供安全生产的价值观和方法论，是企业安全生产管理灵魂的建设，对安全生产管理理论和具体的安全生产管理方法与技术产生十分重要的影响。企业安全文化使员工与企业之间的关系从合同上的契约上升到心理契约，能使职工形成心理上的认同，有利于团队精神和团体凝聚力的形成。其结果可以使全体职工愿意更多地承担安全的责任，使安全生产责任制能够真正得到落实。同时也能使全体职工在思想、感情、行为方面与企业整体联系在一起，从企业的整体利益出发，自觉执行劳动纪律和各项安全生产规章制度。

3.2.3 教育与培训的经常化

要经常对全体员工进行安全教育，使广大员工熟悉和掌握许多安全知识，避免在工作中造成人身和设备事故。定期对员工进行安全常识和操作技能的培训，学习先进的知识和技能，提高全员的整体安全素质，保障人身安全和设备安全。施工时，对于大型、复杂设备的操作人员要进行安全常识和操作技能的再次学习、考核，帮助操作人员复习、

牢记该项工作必须掌握的安全常识和操作技能，尽最大努力将安全事故发生的可能性降到最低。

　　总之，建设水利企业安全文化，包括物质和精神的诸多方面，需要做大量工作，从看得见、摸得着的实实在在的有形事物抓起，进而逼近那无形的精神财富，达到企业安全文化与经济利益相辅相成的理想境界。

【作者简介】雷振华，女，1982 年 1 月出生，大学本科，毕业于郑州航空工业管理学院，助理工程师。

喷射混凝土技术的应用

赵宪孔　　张国锋

(河南省水利第二工程局)

摘　要：本文介绍喷射混凝土施工的作用和机理，喷射混凝土的技术特点、施工技术，喷射混凝土的质量控制和养护。

关键词：喷射混凝土　机理　技术特点　施工技术　质量控制

在水利工程中，喷射混凝土技术主要应用于隧洞和竖井开挖的临时支护、开挖边坡的永久或临时支护，例如燕山水库输水洞工程边坡、平洞、竖井开挖过程中，喷射混凝土技术有广泛的应用。喷射混凝土的施工技术和质量的高低直接影响到工程的安全、质量、进度。

1　喷射混凝土的作用和机理

喷射混凝土主要用于充填裂隙、填补凹穴、加固岩层。岩体开挖后，围岩经常出现许多裂隙和凹穴缺陷，喷射混凝土后，既能将张开的裂隙、节理、层缝充填一部分，并能起到黏结作用，使许多岩块黏结在一起，成为整体，以阻止岩块的松动，而且喷射混凝又能填补凹穴，避免应力集中，从而加固了围岩，提高围岩的抗渗漏性能和岩层自身的稳定性，发挥围岩的承载能力。

喷射混凝土可封闭围岩，防止风化。喷射混凝土后隔绝了岩层与空气的接触，可以阻止岩层节理和节理裂隙的渗水，防止水和空气对围岩的破坏，越易风化的岩层越要及时进行封闭，如泥岩、泥质页岩，遇吸潮后膨胀软化、泥化，应及时进行封闭，可防止风化，减少岩石膨胀变形。

喷射混凝土喷层本身支撑危石作用。当围岩被节理和裂隙所切割形成局部不稳定的危石时，喷层充填了围岩的节理和裂隙，把分离的危石和岩块紧密地黏结在一起，加固了围岩，以便共同承载危石的重量。

2　喷射混凝土的技术特点

喷射混凝土是借助喷射机械利用压缩空气，将按一定比例配合的拌合料，通过管道输送并以高速喷射到岩面上凝结硬化而成的一种混凝土。

喷射混凝土不是依赖振捣来振实混凝土，而是在高速喷射时，由水泥与集料的反复连续撞击而使混凝土压实，同时又可采用较小的水灰比(一般为 0.4～0.5)，因而它具有较高的力学强度和良好的耐久性，特别是喷射混凝土与岩面有很高的黏结强度，可以在结合面上传递拉应力和剪应力，喷射法施工还可在拌合料中加入速凝剂，使混凝土在 10 分钟内获得强度。喷射法施工可将混凝土的运输、浇筑、振捣结合为一道工序；工序简单，机动灵活，具有广泛的适应性。

3　喷射混凝土的施工技术

在喷射混凝土施工前，应先对喷射手进行培训，让喷手全面了解喷射混凝土技术，掌握喷射混凝土的施工方法，掌握技术要点和重点。喷射混凝土时，应先供风后开始开动混凝土喷射机，进行喷射作业；停止喷射混凝土时，应先停止混凝土喷射机后再停止供风。喷射混凝土要自下而上作业，喷嘴的工作风压一般大于 $1.0\ kg/cm^2$，喷嘴与岩面的距离应控制在 $0.8 \sim 1.0\ m$，风压大时，调整喷嘴与岩面距离，喷嘴与岩面太近，回弹量增大，喷嘴与岩面太远，素料到达岩面时，力量小，骨料打不进喷层而大量坠落，也增大回弹量，喷嘴与受喷面的垂线成 $10° \sim 15°$ 的夹角时喷射效果较好；相反，角度太大和太小，都会增加回弹量。

常见的喷射混凝土的喷射方法有两种，一种是螺旋状喷射法：即喷射作业时，喷射手应使喷枪缓慢均匀地呈螺旋状一圈压半圈沿岩面水平前进，圈径控制在 $50\ cm$ 左右，它主要适用于受喷厚度要求在 $5 \sim 10\ cm$ 以内的混凝土喷射作业；另一种是立柱直线法：它是自下向上喷射成 $10 \sim 20\ cm$ 厚、$15 \sim 30\ cm$ 宽的柱体，再在间隔 $40 \sim 50\ cm$ 的位置喷射成 $10 \sim 20\ cm$ 厚、$15 \sim 30\ cm$ 宽的柱体，仅此反复作业，最后在两柱体中间自下而上进行喷射，直至与两侧柱体表面喷平为止。这种喷射方法主要适用于受喷厚度超过 $10\ cm$ 的混凝土喷射作业，可增加喷层厚度，减少因超厚而整段垮落的出现，减少回弹量，增加喷射效果。

喷射厚度的控制：采用标桩法，利用锚杆或用速凝砂浆将铁钉固定在岩面上，铁钉长度比设计厚度大 $1\ cm$，每平方米固定 $1 \sim 2$ 个。

4　喷射混凝土的质量控制

(1)每批材料到达工地后，应进行质量检查与验收。

(2)混合料的配合比及称量偏差，每班至少检查一次，条件变化时，应及时检查。

(3)混合料搅拌的均匀性，每班至少检查两次。

(4)喷射混凝土必须做抗压强度试验；当设计有其他要求时，还应增做相应性能的试验。

(5)检查喷射混凝土抗压强度所需试块应在工程施工中制取。试块数量，每喷射 $50 \sim 100\ m^3$ 混合料或小于 $50\ m^3$ 混合料的独立工程不得少于一组，每组试块不应少于 3 个；当材料或配合比变更时，应另作一组。

(6)喷射混凝土抗压强度系指在一定规格的喷射混凝土板件上，切割制取边长为 $100\ mm$ 的立方体试块，在标准养护条件下养护 28 天，用标准试验方法测得的极限抗压强度乘以 0.95 的系数。

5　喷射混凝土的养护

一般情况下，喷射混凝土终凝后两小时，应开始喷水养护；养护时间一般工程不得少于 7 昼夜，重要工程不得少于 14 昼夜；气温低于 $5\ ℃$ 时，不得喷水养护；每昼夜喷水养护的次数，以经常保持喷射混凝土表面具有足够的潮湿状态为度。

【作者简介】赵宪孔，男，河南省水利第二工程局工程师、工程科科长。

浅谈混凝土工程质量控制及通病防治

苏　航[1]　丁　鑫[2]

(1．河南省水利水电工程建设质量监测监督站；2．河南省水利第二工程局)

摘　要：介绍了混凝土工程质量控制的一般程序，并结合工作体会对混凝土工程质量控制工作中易出现的问题进行分析，并提出了相应的预防措施和解决办法。

关键词：混凝土　质量控制　通病　防治措施

混凝土是由胶凝材料、水和粗、细骨料按适当比例配合、拌制成拌合物，经一定时间硬化而成的人造石材。

普通混凝土(简称为混凝土)是由水泥、砂、石和水所组成，另外还常加入适量的掺合料和外加剂。在混凝土中，砂、石起骨架作用，称为骨料；水泥与水形成水泥浆，水泥浆包裹在骨料表面并填充其空隙。在硬化前，水泥浆起润滑作用，赋予拌合物一定的和易性，便于施工。水泥浆硬化后，则将骨料胶结为一个坚实的整体。

钢筋混凝土(简称RC)，是经由水泥、粒料级配、加水拌和而成混凝土，在其中加入一些抗拉钢筋，再经过一段时间的养护，达到建筑设计所需的强度。它应该是人类最早开发使用的复合型材料之一。

钢筋和混凝土是两种全然不同的建筑材料，钢筋的比重大，不仅可以承受压力，也可以承受张力；然而，它的造价高，保温性能很差。而混凝土的比重比较小，它能承受压力，但不能承受张力；它的价格比较便宜，但是却不坚固。而钢筋混凝土的诞生，解决了这两者的缺陷问题，并且保留了它们原来的优点，使得钢筋混凝土工程无论在工业与民用建筑中都占有极重要的地位。

混凝土工程质量好坏是保证钢筋混凝土能否达到设计强度等级的关键，将直接影响钢筋混凝土的强度和耐久性。由于混凝土是在施工工地现场拌和、浇筑，其原料和施工工艺将对混凝土工程质量有决定性的影响。

1　混凝土工程施工

混凝土工程施工工艺主要包括混凝土配料、拌和、运输、浇筑振捣、养护等。在混凝土浇筑前应严格按照施工规范、设计要求等对各施工工序(备料情况、地基处理、钢筋绑扎、模板支立、细部结构、混凝土拌和系统等)进行检查、做好记录，发现问题及时解决，确保混凝土浇筑工作的顺利进行。

拌制混凝土时，应严格遵守实验室签发的配合比。水泥、砂、石子、混合材料的称重偏差应在规范允许范围之内，校准称重仪器以免造成过大误差，并做好称重记录。在混凝土拌和中根据气候条件定时测定砂、石各骨料的含水率，在降雨情况下相应地增加测定次数，以便随时调整混凝土的加水量。严格控制混凝土拌和时间，以确保混凝土强度并使其具有较好的和易性。

在选用混凝土运输设备时应注意混凝土在运输过程中不致发生分离、漏浆、严重泌水、过多降低坍落度等现象，并应尽量缩短运输时间及减少转运次数。因故停歇过久的应作废料处理。

浇筑混凝土前应详细检查有关准备工作：地基处理情况，模板、钢筋预埋件及止水、各设施等是否符合设计要求做好记录，并确保各施工机械及人员的及时到位。混凝土的浇筑层厚度，应根据拌和能力、运输距离、浇筑速度、气温及振捣设备等因素确定。浇入仓内的混凝土应随时平仓，不得堆积。仓内泌水要及时排除，不能在模板上开孔赶水，带走灰浆。振捣时应按照规范要求保证有次序、无漏振。浇筑时应保持连续性，对超出允许间歇时间的仓面应按工作缝处理。

高温季节施工应注意混凝土的温度控制。缩短混凝土的运输时间，加快混凝土的入仓覆盖速度，缩短混凝土的暴晒时间。混凝土运输工具应有隔热遮阳措施。宜采用喷水雾等方法，以降低仓面周围的气温。混凝土浇筑应尽量安排在早晨和夜间进行。对粗骨料也应采取浸水、洒水、风冷法等措施降温。拌和时也可采用低温水、加冰等降温措施。

低温季节施工期间采用的加热、保温、防冻材料，应事先准备好，并应有防火措施。原材料的加热、输送、储存和混凝土的拌和、运输、浇筑设备及设施，均应根据气候条件，采取适宜的保温措施。提高混凝土拌和物温度首先应考虑加热拌和用水；当加热拌和用水尚不能满足浇筑温度要求时，再加热砂石骨料。加热过的骨料及混凝土，应尽量缩短运距，减少倒运次数。浇筑混凝土前和浇筑过程中，应注意清除钢筋、模板和浇筑设施上附着的冰雪和冻块，严禁将冰雪和冻块带入仓内。应对浇筑时的仓面、骨料及混凝土的出料、入仓温度做详细记录，发现异常及时调整。混凝土浇筑完毕后，外露表面应及时保温。新老混凝土接合处和易受冻的边角部分应加强保温。外挂保温层必须牢靠地固定在模板上。内贴保温层的表面应平整，并有可靠措施保证其固定在混凝土表面，不因拆模而脱落。

浇筑混凝土时应对拌制混凝土、运输到入仓浇注等每个环节实施监督检查，对不符合规范要求的应及时处理。各工区协调配合，落实责任到人，确保混凝土质量。

2 通病及防治措施

2.1 麻面、蜂窝

(1)产生原因：模板表面粗糙或清理不干净；钢模板脱模剂涂刷不均匀或面部漏刷，拆模时混凝土表面黏结模板，引起麻面。模板接缝不严，模板支立不牢固，振捣混凝土时模板移位，浇筑混凝土时漏浆，混凝土中的气泡未排出。混凝土配合比不准确，或材料计量错误，造成砂浆少石子多。混凝土搅拌时间短，没有拌和均匀，混凝土和易性差，混凝土振捣不密实。混凝土一次下料过多，没有分段分层浇筑，因漏振而造成蜂窝。

(2)预防措施：严格控制混凝土配合比，经常检查，保障材料计量准确。混凝土应拌和均匀，其搅拌时间应按规范确定。浇灌混凝土前认真检查模板的牢固性及缝隙是否堵好，模板应清洗干净，脱模剂要涂刷均匀，不得漏刷。混凝土必须按操作规程分段分层浇筑振捣密实。混凝土浇筑高度超过 2 m 时，要采取措施，如用串筒、溜管或振动溜管进行下料。混凝土入模后，必须掌握振捣时间。

2.2　露筋

(1)产生原因：混凝土振捣时钢筋垫块移位或垫块太少，钢筋紧贴模板，致使拆模后露筋。钢筋成型尺寸不准确或钢筋骨架绑扎不当，造成骨架外型尺寸偏大，局部抵触模板。振捣混凝土时振捣器触动钢筋，使钢筋位移或引起绑扣松散。级配选择不当。

(2)预防措施：钢筋混凝土施工时，注意垫足垫块，保证厚度，固定好。混凝土振捣时严禁振动钢筋，防止钢筋变形位移，在钢筋密集处，应选择适当型号的振捣棒进行振捣。绑扎骨架时，要控制好外型尺寸，不得超过允许偏差。选择适当级配混凝土。

2.3　混凝土强度偏低

(1)产生原因：混凝土原材料不符合要求，如水泥过期受潮结块、砂石含泥量太大、袋装水泥重量不足等，造成混凝土强度偏低。混凝土配合比不正确，原材料计量不准确，如砂、石不过磅，加水不准，搅拌时间不够。混凝土养护条件不符合要求，试块不按规定制作和养护，或试模变形。

(2)预防措施：混凝土原材料应试验合格，严格控制配合比，保证计量准确，外加剂要按规定掺加。混凝土应搅拌均匀，拌和程序和拌和时间应通过试验决定。如使用外加剂，应将外加剂溶液均匀配入拌和用水中，外加剂中的水量，应包括在拌和用水之内。搅拌第一盘混凝土时可适当少装一些石子或适当增加水泥和水。健全检查和试验制度，按规定检查坍落度和制作混凝土试块，认真做好试验记录。

2.4　混凝土裂缝

2.4.1　裂缝产生的原因和特征

设计不当产生的裂缝：为追求建筑物的外观样式，建筑物表面存在过多凹凸角，产生的凹角应力集中导致。一些超长建筑物，很易出现伸缩裂缝。此外，因设计的承重板件厚度太小，刚度减弱，板中受拉钢筋和受压混凝土应力增大，致使板件出现穿透性裂缝。

(1)混凝土钢筋保护层较小、混凝土坍落度较大以及混凝土表面收浆不好，易产生沉淀裂缝。外观表现为沿钢筋纵向出现条状规则裂缝，在预埋件正上方以预埋件为中心出现辐射状裂缝，裂缝部位略高于周围混凝土表面。

(2)塑性收缩是由于混凝土浇筑完毕后养护不及时造成的，在混凝土表面形成伸向四面八方的裂缝。塑性收缩所产生的量级很大，可达 1%左右。在骨料下沉过程中若受到钢筋阻挡，便形成沿钢筋方向的裂缝。

(3)干缩裂缝发生在塑性收缩之后。在干缩过程中，混凝土遇到如钢筋或其他预埋件的约束，在混凝土内部产生的拉应力超过混凝土抗拉强度时就会产生裂缝。在配筋率较大(超过 3%)的构件中，钢筋对混凝土收缩的约束比较明显，混凝土表面容易出现龟裂。另外，骨料的大小和级配对干缩也有影响，如使用偏细砂，会使混凝土收缩值增大。一般来说，水泥用量越多、构件尺寸越小或越薄、空气湿度越小，干缩量则越大。干缩的特征是表面开裂，走向为纵横交错，没有一定的规律，裂缝宽度和长度都很小。

(4)由于水泥水化产生的热量不均匀或环境的温度变化，或两者的共同作用，混凝土内外产生温差，导致混凝土体积的变化，当体积变化引起的拉伸应变超过混凝土的极限拉伸时，混凝土将会开裂。

(5)在混凝土内部的一些危害性化学反应也可导致混凝土产生裂缝。如水泥熟料存在较多游离氧化钙，当混凝土已凝结硬化，而其中的氧化钙继续水化产生体积膨胀，就可以导致在混凝土表面出现龟裂等。另外，混凝土集料中的活性材料与水泥中的碱产生化学反应，生成遇水膨胀的凝胶体，也会造成混凝土结构破坏。

(6)由于混凝土保护层受二氧化碳侵蚀炭化至钢筋表面，使钢筋周围混凝土碱度降低，或由于氯化物介入，均可引起钢筋表面氧化膜破坏；钢筋中铁离子与侵入到混凝土中的氧气和水分发生锈蚀反应，从而对周围混凝土产生膨胀应力，导致保护层混凝土开裂、剥离，沿钢筋纵向产生裂缝。

(7)施工方法不规范会导致混凝土产生裂缝。

2.4.2　预防裂缝产生的控制措施

针对上述裂缝产生的原因分析，可采取以下几项措施进行控制：

(1)选用级配良好的粗、细骨料，粗骨料中针片状石子严禁超标，细骨料不能使用细砂，含泥量严格控制在规范要求以内。尽量选用收缩率小的骨料。夏季骨料温度高时，采用洒水等降温措施，减缓混凝土水化反应速度，降低混凝土入模温度。

(2)对于大型工程，施工单位应建立自己的搅拌系统，并严格按照操作规程施工。为改善混凝土的和易性，可加入适量保水剂，保水性越好，混凝土收缩越小。

(3)要严格控制钢筋和模板尺寸，选用小坍落度混凝土(高层以下建筑以坍落度不大于120 mm为宜，高层建筑以坍落度不大于150 mm为宜)，保证保护层厚度达到设计要求。

(4)尽量避开在干旱高温天气浇筑大体积混凝土。对浇筑完毕的混凝土要及时洒水养护或用塑料薄膜对混凝土进行覆盖。

(5)应尽可能采用最小的用水量和最大的集料数量。针对大体积混凝土，可以设置合理的伸缩缝，或在混凝土中掺加适量膨胀剂等。及时洒水覆盖，补充适当水分也可预防干缩裂缝的产生。

(6)在构件内埋置降温管道、选用水化热低的水泥等措施降低混凝土内部温度，避免混凝土内外出现较大温差。夏季及时对混凝土覆盖洒水，冬季施工应及时覆盖保温，控制混凝土与外部环境之间出现较大温差和温度变化。

(7)选用质量稳定、信誉好的水泥厂家及骨料产地，严格按照试验抽检程序对水泥和骨料进行检查，合格后方能投入使用。控制运输车辆的整洁，防止运输工具对原材料的污染。

(8)采用透水性小的混凝土、保证钢筋保护层厚度、在钢筋表层应用阻锈剂等方法都可以有效避免钢筋锈蚀产生的裂缝。

(9)制定切实可行的施工组织设计并严格执行；工人应增强质量意识，熟知操作规程，施工中做到一丝不苟，严谨扎实。

3　结语

"百年大计，质量第一"，这一指导思想要求人们重视工程质量。设计单位、监理单位、施工单位都要重视。施工单位对施工的各个环节进行严格的控制，建立健全质量管理体系和规章制度、质量监督机构，对施工中的主要原材料，诸如钢材、水泥粉煤等都要经过严格的检测，凡不合格品一律不得用于工程，混凝土拌合物不合格一律不得入仓，以确保工程的质量。试验、质控各部门要基本覆盖所有质控点，不但对原材料的生产、进货、存放等各个环节进行了质量检测，且把现场混凝土质量控制作为重点。为保证混凝土质量而运作的所有生产单位和专职职能部门，都是一个有机的统一的整体，实验室通过对每一个质控点的检测分析，及时把各种信息反馈给有关部门，发现一个问题，解决一个问题，使生产过程始终处于控制状态。为了切实解决问题，还要以技术措施和管理制度约束有关部门和人员，保证混凝土的质量。

室内装修产生的有害物质及控制

易祖明[1]　李志峰[1]　林亚一[1]　刘　娜[2]

(1. 河南省水利第二工程局；2. 郑州经贸职业学院)

摘　要：本文针对当前在房屋装修及使用过程中人们关注的有害物质的来源及其危害性进行了分析，并提出了相应的治理措施。

关键词：室内装修　甲醛　绿色建材

近年来，由于我国经济建设的发展和人民生活水平的提高，人民的住房条件得到了积极的改善，房屋进行室内装修越来越普遍，而且装修的规模也越来越扩大，因此带来的室内环境污染问题也越来越突出，有关调查资料显示，目前我国有六成以上新装修的房屋室内环境有害物质浓度超标。因此，装修房屋室内环境污染问题越来越引起人们的广泛关注。

1　室内装修及使用过程中常见的有害污染物

1.1　甲醛

甲醛又称蚁醛，是一种无色易挥发具有强烈刺激性气味的有机化合气体，它对人体健康的影响主要表现为刺激眼睛和呼吸道，造成肺、肝、免疫功能异常，影响神经系统。甲醛对皮肤黏膜具有刺激作用，皮肤直接接触到甲醛可引起过敏性皮炎、色斑及皮肤坏死。甲醛是原浆有害物质，能与蛋白质结合，高浓度吸入时出现呼吸道严重的刺激和水肿，诱发支气管气喘，还会出现眼刺激、头痛；低浓度甲醛对人体的影响表现为皮肤过敏、咳嗽、多痰、失眠、头痛、恶心、抑制汗腺分泌使皮肤干燥。同时，甲醛还是致癌物质。

室内环境中的甲醛主要来源有以下几个方面：

(1)用于室内装修的胶和板、细木工板、中密度纤维板、刨花板和复合地板等人造板材。由于甲醛具有较强的黏合性，具有加强板材硬度、防虫、防腐的功能，价格便宜，故目前生产的人造板材使用的胶黏剂主要是以甲醛主要成分的脲醛树脂，使用这种胶黏剂的人造板材中残留的和未参与反应的甲醛会逐渐向周围环境中释放，从而造成环境污染。

(2)胶黏剂，有机材料、油漆和胶剂制品等含有甲醛成分的装饰装修材料。甲醛或含甲醛的材料用于生产胶黏剂、有机涂料、油漆和塑胶制品或这些材料的溶剂，材料中未反应的游离子及材料分解出来的甲醛在使用的过程中挥发出来，污染室内环境。

(3)用于室内装修的纺织制品。为了使纺织制品能达到防皱、防缩、阻燃等效果，或为了保持印花、染色的耐久性以及改善手感，都需要添加甲醛，同时甲醛还能起到防虫防蛀的效果。这些纺织品中游离的甲醛可挥发到空气中或直接接触对人体健康产生危害。

1.2　苯及苯系化合物(芳香烃)

苯是无色至淡黄色的易挥发液体,具有高折射性和强烈的芳香味,易燃易毒,对皮肤和黏膜有局部的刺激作用,吸入或经皮肤吸收可引起中毒,主要影响人体的造血系统、神经系统功能。大多数苯系化合物有毒,像甲苯和二甲苯能影响中枢神经系统,对呼吸道和皮肤产生刺激作用。苯及苯系化合物还是高致癌物质,同时,能引起妊娠期妇女流产或胎儿致畸。

室内苯及苯系化合物主要来源于溶剂型木器涂料和内墙涂料、胶粘剂等。用于室内装修的溶剂型涂料大部分以有机物作为溶剂。二甲苯系溶剂由于具有溶解能力强、挥发速度适中等特点,是目前涂料业中常用的溶剂。苯及苯系化合物主要是作为生产二甲苯的杂质存在于这些溶液中,同时,这些溶剂在使用过程中还会分解释放出苯及苯系化合物,造成环境污染。

1.3　可溶性铅、镉、铬、汞等重金属

铅、镉、铬、汞是常见的有毒重金属污染物。铅主要损害人的神经系统和生殖系统,尤其对儿童的危害更大,可影响儿童的生长和智力发育,到目前为止我国已发生多起儿童铅中毒事件,已经引起人们的广泛关注。镉主要损害人的肾和肺功能,同时慢性镉中毒还可以引起代谢失调,可导致骨软化和骨质疏松。汞主要影响人的中枢神经系统。皮肤长期接触铬化合物可引起接触性皮炎和湿疹。

室内装修中的重金属主要来源于内墙涂料、油漆、壁纸等装修材料。重金属主要用于着色颜料,像红丹中含汞、铅铬黄中含镉和铬、铅白中含铅。这些有毒重金属主要通过使用过程中与人体接触,如重金属误入儿童口中,其可溶物对人体造成危害。

1.4　放射性元素——氡

氡是一种放射性元素,在其衰变过程中,放射出电离辐射α、β、γ射线,对人体内的造血器官、神经系统、生殖系统和消化系统造成损伤,诱发癌变。另外,空气中悬浮的氡被人吸入肺中,对人的呼吸道造成伤害,诱发肺癌。氡还能引起妊娠期妇女流产或胎儿致畸。

室内装修中的放射性元素氡主要来源于天然石材和陶瓷等装饰制品,像花岗岩、大理石等。

2　对装修产生的有害物质的控制措施

2.1　装修过程中的建筑材料控制

装饰材料的选择对室内环境污染物质的控制起到重大作用,在设计和施工过程中,主要考虑建筑材料的来源鉴定,采用清洁无害的绿色建材,适度装修,慎重装修,保证一次装修到位。

(1)慎重选择装修材料。在购买建筑材料时,一定要选择国家正规生产厂家的产品,不要贪图便宜而购买假冒伪劣产品,同时,要查看产品的检测报告,符合国家标准的才能使用。

(2)推广使用"绿色"建材。绿色建材是指采用清洁生产技术,少用天然能源和资源,大量利用工业或城市固态废弃物而生产的无毒害、无污染、无放射性,有利于环境保护

和人体健康的建筑材料，如液体无溶剂涂料、无毒壁纸、生物颜料等。

(3)注意掌握一些选择建材的方法和标准。例如：对于油漆、涂料、壁纸和人造板材，味道越小越好，有刺激性气味或香味的材料可能含有甲醛、苯和苯系化合物等有害物质，在使用过程中释放出来污染室内环境；石材中的花岗岩、大理石的放射性一般情况下可从颜色上辨别，放射性从高到低依次为红色、绿色、肉红色、灰白色、白色和黑色，花岗岩的放射性一般高于大理石。

2.2　装修后的污染控制处理

(1)加强室内通风及小气候的控制。通风有利于室内有害气体和悬浮于室内空气中的氡的散出和排出，新装修的房屋最好先不要住人，保持良好的通风一段时间后，等房屋内无异味时再入住。室内小气候的控制也可以改善室内空气质量。例如：温度和湿度直接影响甲醛的游离，温度降到了 25～30 ℃可以降低甲醛含量的 50%；相对湿度降低30%～70%，甲醛含量降低 40%，适当增大室内湿度可以降低室内空气中悬浮的有害固体微尘。另外，房屋装修最好在夏季进行，较高的温度有利于材料中游离的甲醛等有害气体的排出，同时也有利于保证装修质量。

(2)运用室内有害物质控制产品处理。随着室内装修产生的有害物质影响人体的健康受到人们的广泛关注，市场上出现了像甲醛消除剂等一些消除有害物质的产品，这些产品中大多是利用与有害物质产生化学反应达到消除有害物质的目的，对治理室内有害物质较为有效，但使用产品前需对室内主要污染物做出鉴定以便明确选择使用何种消除剂。另外，质量低劣的产品有可能在使用后生成新的有毒物质，形成二次污染，购买这些产品时一定要注意。

(3)利用活性炭吸附法消除有害物质。活性炭对多种有机化合物都有很好的吸附能力，可有效吸附有害物质及异味气体，且不会产生二次污染，可用于净化室内空气。但活性炭对有害气体的吸附速度较慢，效果不明显，需要长期使用。

2.3　室内绿化

许多绿色植物对化学复合物的吸附能力很强，进行室内绿化不仅可以吸收有害物质，改善室内环境质量，而且还可以美化室内环境，创造温馨和谐的人文居住条件。

芦荟、吊兰、虎尾兰、一叶兰、龟背竹等是天然的清道夫，可以清除空气中有害物质，有研究表明，虎尾兰和吊兰能吸收室内 80%的有害气体，吊兰能吸收空气中 95%的一氧化碳和 85%的甲醛，吸收甲醛的能力超强；芦荟也是吸收甲醛的好手；天南星能吸收空气中的二氧化碳、氯、乙醚、一氧化碳、过氧化氮等有害物；腊梅、桂花、兰花、红背桂、樱花等是天然的除尘器，其纤毛能截留并吸滞空气中漂浮的微尘和烟尘，能降低空气中的汞含量。另外，还有一些植物能杀死细菌，比如玫瑰、桂花、茉莉、蔷薇、紫薇等芳香花卉产生的挥发性油类具有显著的杀菌作用；金桔、四季桔和朱沙桔这些芸香科植物富含油苞子，可以抑制细菌，有效预防霉变，预防感冒，而且气味清新。

【作者简介】易祖明，河南省水利第二工程局，助理工程师。

燕山水库输水洞洞身混凝土衬砌的施工

张国锋　赵宪孔　李　磊

(河南省水利第二工程局)

摘　要：本文介绍全断面钢模台车的施工、质量控制措施及效果。

关键词：燕山水库　洞身　混凝土　衬砌

1　基本情况

燕山水库输水洞为圆形有压洞，全长 307 m(0+018.50 ~ 0+325.50)，坡度为 1/117。洞身布置在弱 ~ 微风化安山岩内，进口洞底高程为 91 m，出口洞底高程为 88.436 m。桩号 0+018.5 ~ 0+025.5 段为渐变段，断面尺寸由 3.5 m × 3.5 m 矩形断面变为半径为 3.5 m 的圆形断面，桩号 0+025.5 ~ 0+325.5 段断面尺寸为半径为 3.5 m 的圆形断面。洞身混凝土衬砌按围岩性质分两种形式，Ⅲ类围岩及断层破碎带混凝土衬砌厚度为 0.5 m，Ⅱ类围岩地带混凝土衬砌厚度为 0.4 m。洞身混凝土等级为 C30，抗渗等级 W8，抗冻等级 F150。

2　洞身全圆断面混凝土混凝土衬砌

2.1　模板制作

洞身衬砌模板采用全断面液压针梁式模板台车，台车委托铁道部隧道工程局机械加工厂制作，台车面板沿圆周方向由四块 8 mm 厚的钢板加工组成，其制作的尺寸及接缝误差均符合钢模板制作规定。为便于仓面的搭接，保证仓面之间的平顺，减小接头错位(图 1)，加工的模板台车长 9.2 m，比最长仓面长出 20 cm。模板台车面板设计制作见其展开图。台车由行走机构、台车架、钢模板、模板垂直升降和侧向伸缩机构、液压系统、电气控制系统 6 部分组成。

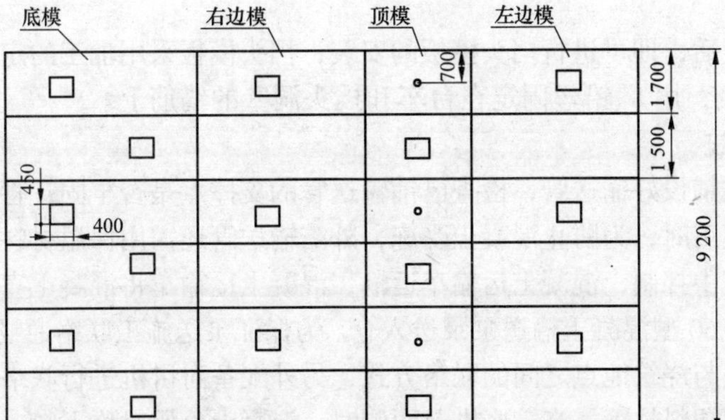

图1

　　模板是直接衬砌混凝土的工作部件，由螺栓联为一体的数块顶模和侧模组成，顶模与侧模采用铰接，侧模可相对顶模绕销轴转动，支模时，顶部液压缸将顶模伸到位，再操纵侧向液压缸，将侧模伸到位，调整顶部、侧部支承丝杠、完成支模；收模时，按上述相反顺序实施。不需拆模板，采用衬砌台车提高了衬砌质量和施工效率，降低了劳动强度，另外在顶模上安装有数台附着式振动器，供混凝土振捣用，每块模板上有工作窗口，用于灌注混凝土。

　　液压系统由电动机、液压泵、手动换向阀、垂直及侧向液压缸、液压锁、油箱及管路组成，其功用是快捷、方便地完成支收模(即顶模升降和支承侧模)。手动换向阀分别控制模板垂直升降和两侧模的侧向伸缩，当液压缸将模板支承到位后，再调整支承丝杠到位，灌注混凝土对模板产生的垂直和侧向载荷主要由液压缸和丝杠承载。

　　用该类衬砌台车时应注意两侧走行轨的铺设高差不大于 1%，否则将造成丝杆千斤和顶升油缸变形。在有坡道的隧道内衬砌时，为了调整衬砌标高，会造成台车前后端的高差、模板端面与门架端面不平行，将使模板与门架之间形成很大的水平分力，造成模板与门架之间的支撑丝杆千斤错位，导致千斤、油缸损坏。因此在设计时，应充分考虑前后高差造成水平分力的约束结构或调整系统。在定位立模时必须安装卡轨器，旋紧基础丝杆千斤、门架顶地千斤和模板顶地千斤，如有必要还可采用其他措施加固下模拱脚位置，使门架受力尽可能小，防止跑模和门架变形。

2.2　模板安装

　　模板台车由厂家分件拉到输水洞出口现场进行组装，组装后利用其自身的行走装置从出口移动至进口。台车未进洞前，面板先涂抹一层无色清漆，以此代替脱模剂(根据以往经验，涂抹一层清漆可保证台车重复利用 10 次)，进洞后再次涂抹清漆时，将台车移至未绑扎钢筋的仓面涂抹。台车就位前，先对仓面的钢筋工序进行验收，钢筋工序验收合格后，将台车移置到待浇筑仓面，根据洞身轴线和仓面两端的腰线，利用台车液压系统来调整台车的上下左右位置，直至台车模板的轴线与洞身轴线重合，然后，通过台车模板本身配置的限位支撑装置与洞身四周洞壁撑紧。台车安装好后，重新对其安装轴线及高程进行检查，发现问题重新调整。为了保证相邻仓面之间连接平顺，避免上下仓之间接头错台，安装台车时，下一仓台车模板要伸入上一仓混凝土面内 20 cm 以上。

　　台车固定好后，即可进行挡头模板的安装，挡头模板采用加工的定型钢模，超挖的部位用木模拼接，用 8# 铅丝固定在台车和挡头洞壁的锚筋上。

2.3　混凝土浇筑

　　浇筑前，先铺设好输送管，检查已铺输送管的支撑点是否牢固，管道接头卡箍处是否紧密，冬季施工时，为防止混凝土受冻，外露输送管还需用保温材料包裹严密。混凝土采用搅拌站集中拌制，混凝土运输车运输，混凝土运输车将混凝土直接卸入混凝土泵集料斗内，采用 60 型混凝土输送泵泵送入仓。为保证泵送施工联络通畅，在泵送处设置电铃作为泵送点与浇筑地点之间的联络方式，另外配备对讲机进行联络。为方便下料，泵管的末端采用塑料软管。浇筑底拱及两侧时，混凝土分层对称下料、均匀上升，混凝土自模板台车上预留的窗门流入，待混凝土浇筑至窗口处再将窗口堵紧。混凝土浇筑每层厚度以 0.3～0.5 m 为宜，上下两层混凝土的间隔时间不得超过混凝土的初凝时间，振捣采用高频插入式振捣器振捣，振捣棒自台车上预留的窗门伸入振捣时，振捣棒插入下一层混凝土 5～10 cm，振捣棒要离模板一定距离，经常观察混凝土的振捣情况，发现不密实的地方及时补振。为减小底拱混凝土表面的气泡集中现象，确保混凝土浇筑的外观质量，采用二次振捣法解决混凝土表面气泡现象，保证混凝土拆模后外表面达到优良标准。

洞身顶拱浇筑时，利用台车上预留的天孔下料，采用高频附着式振捣器振捣。在每一个天孔上事先连接一个下料接头，封顶时泵送软管与下料接头连接，封拱自仓面下游一端向仓面上游一端下料。为保证顶拱浇筑密实，在仓面上游侧挡头模板最上端留一观察孔，时刻观察混凝土的浇筑情况，待混凝土浇筑至观察孔时再将观察孔堵塞，继续泵送混凝土，直到挡头最顶部缝隙流出浆液为止。

仓面顶部注满混凝土后，将下料接头口堵紧，然后拆除混凝土泵送塑料软管，接上辅着式振捣器的电源，将顶拱混凝土振实。

2.4　模板拆除

仓面混凝土浇筑强度达到设计强度的 40%～50%以后，即可进行模板台车拆除，拆除时，利用模板台车上液压装置按顶模、侧模及底模的安装顺序依次进行拆除，拆除后的台车，除灰刷脱模剂后，利用其自身的卷扬机将台车移动到下一仓位，进行下一仓面的安装。为防止台车变形受损，影响混凝土的浇筑质量，严禁敲击、撞击台车，发现问题及时校正。

2.5　混凝土养护

为防止混凝土温度裂缝的发生，提高养护效果，混凝土脱模后及时喷涂混凝土养护剂养护。

2.6　混凝土防裂控制措施

为了防止洞身混凝土浇筑后产生裂缝，施工时，严格按照设计要求施工，在施工工艺方面，从温度控制、原材料选择、施工安排和施工质量等多方面着手，采取综合防范措施，实施的措施如下：

(1)改善地基的约束条件：对底部基岩面用同标号的混凝土找平，浇筑前，先铺筑一层水泥砂浆，以降低地基对洞身混凝土的约束力。

(2)尽量安排在低温季节期间浇筑，加快施工进度，争取在 5 月中旬以前完成洞身衬砌工作。

(3)采用低温井水浇筑，混凝土的入仓温度不得超过 28 ℃，气温较高时，加冰降低水温。

(4)分层对称上料、均匀上升，尽量延长间歇时间，使混凝土的水化热尽早散失。

(5)掺减水剂和粉煤灰，减小单位水泥用量。

(6)在保证泵送正常进行的情况下，尽量降低混凝土的坍落度，坍落度控制在 16～18 cm 之间。

(7)延长混凝土的拌和时间(拌和时间控制在 150 s)，保证混凝土拌和的均匀性，混凝土的离差系数控制在 0.14 以下。

2.7　衬砌效果分析

(1)与传统的隧洞衬砌相比,全断面针梁式钢模板具有施工干挠小、减少施工缝、混凝土外观质量好、资源及劳动力利用率高、加快进度的优点。

(2)台车有足够的刚度和强度,在液压缸和支承丝杠的联合作用下,能抵抗混凝土强大的垂直和侧向压力,台车不发生变形,由于各支点设计布局合理,有效地利用了台车自身的重量和混凝土重量的压力,克服台车的上浮作用。

(3)工作窗口布局合理,两侧浇注混凝土和振捣作业方便,顶部设有注料口和附着式振动器,注入混凝土方便,且不需要人工捣固,减轻了施工人员的劳动强度。

(4)台车钢模接缝严实,混凝土振捣齐备,混凝土密实无蜂窝、斑点、错台现象发生,表面光滑、平整、美观。

【作者简介】张国锋,男,河南省水利第二工程局工程师、项目经理。

移动多媒体通信技术在防汛应急通信中的应用

刘念龙　马广亮

(河南省防汛通信总站)

摘　要：移动多媒体通信技术是当前世界科技领域中最有活力、发展最快的高新技术，本文讨论了移动多媒体通信的一些关键技术，以及其在防汛应急通信工作中的应用。

关键词：移动　多媒体　通信　防汛　应急

1　简介

水利信息化是水利行业走向现代化的措施和手段，同时也是水利现代化的基础设施。现场应急通信系统是水利信息化的重要组成部分，特别是在防汛减灾这样的关键环节，现场信息传输的快速通畅是影响指挥人员或技术支援人员对险情进行全面、准确了解的关键因素，只有提高防汛指挥决策的效率，才能将灾害减小到最低程度。

移动多媒体通信技术是现场应急通信系统的关键技术，也是当前世界科技领域中最有活力、发展最快的高新技术。移动多媒体通信技术是指以数字技术为基础，把通信技术、广播技术和计算机技术融于一体，对文本、图形、语音和视频等信息以任意组合的方式透过宽频的信道传送给移动用户的技术。

2　移动多媒体通信的特点

2.1　多媒体信息存在数据量大、多数据流和数据长度不定等特点

首先，多媒体信息包含图像、声音和视频对象，一般需要很大的存储容量。例如，常见的 5 min 标准质量的 PAL 制式的视频节目未经压缩的话大约需要 6.6 GB 的存储空间。其次，多媒体信息具有多个数据流，表现在包含多种静态和连续媒体的集成和显示。在输入时，每种数据类型都有一个独立的数据流，而在检索或播放时又必须加以合成。尽管各种类型的媒体数据可以单独存储，但必须保证媒体信息的同步。例如，表现一种事物的视频和声音信息在传输和播放时必须严格同步。最后，多媒体数据的数据量大小是可变的，且无法事先预计。

2.2　实时性要求高

多媒体通信往往对实时性的要求比较高，对于双向通话来说，时延保持在 100 ms 至 600 ms 的范围内是可以接受的；对双向卫星通信来说，时延限制的最大允许值是 520 ms。

2.3　无线信道缺乏 QOS(服务质量)保证

无线通信是利用无线电波在空间的传播来传递声音、文字、图像和其他信息的。空间信道具有可移动性、共享性、广播性等特点，同时也具有高干扰、强衰落、窄带宽的缺点。无线信道不稳定的特点容易使通信不可靠，传输速率表现出时变的特点，而且容

易带来连续、突发性的传输错误。

2.4　多媒体业务对终端要求较高

比如音、视频业务，由于要收发、编解码大量的数据，对终端的计算能力和存储容量也有着很高的要求。

3　移动多媒体通信的关键技术

3.1　抗干扰的视频编解码技术

为了能在时变、带宽有限、误码率较高的无线信道上传输视频数据，图像视频编码算法必须满足：高效的视频压缩比；较高的传输实时性；较强的视频传输鲁棒性。目前，图像视频压缩标准有国际标准化组织 ISO 和国际电工委员会 IEC 关于活动图像的编码标准 MPEG-X，国际电信联盟 ITU-T 关于视频电话/视频会议的视频编码标准 H.26X，以及 3GPP 提出的第三代移动通信流媒体传输标准。

3.2　高速信号处理技术

由于多媒体信息数据量比较大，编解码过程也需要巨大的运算量，而且随着清晰度的增加，系统的处理能力也需成倍增加，这就需要高速 DSP 器件的有效处理。此外，在对移动信号进行发射和接收过程中，由于移动信道的传输环境比较恶劣，因此要有高效的纠错编解码技术，这也要求通信设备具有很强的信号处理功能。

3.3　多址方式

多址技术解决的问题是，在移动通信系统中，有许多用户台要同时通过一个基站和其他用户进行通信，因而必须对不同用户台和基站发出的信号赋予不同的特征，使基站能从众多用户台的信号中区分是哪个用户台发出来的，而各用户台又能识别出基站发出的信号中哪个是发给自己的信号。CDMA 是第三代移动通信的代表性多址方式，此外交织多址(IDMA)和交织多址时空码(IDM-ST)等技术也可能应用在系统中。

3.4　调制方式

要实现移动多媒体通信，对现有的各种调制技术而言，正交频分复用(OFDM)是最优的选择，它实际上是 MCM(多载波调制)的一种，其基本思想是将所要传输的数据流分解成多个比特流，每个子数据流具有低得多的传输比特速率，并且用这些数据流去并行调制多个载波。

4　系统构成

移动多媒体通信系统一般由系统中心站、终端站以及现场图像采集系统、计算机数据通信系统、监控显示系统等辅助系统组成。其中移动多媒体通信终端站能够实现多媒体信息的实时采集、处理(编解码)和网络传输，提供信息源、数据打包、协议支持等功能。如图 1 所示，系统一般分为四个部分，微处理器系统、多媒体外设、数据存储设备和无线网络接口。

微处理器系统将采集到的原始多媒体数据经过音视频编码设备根据给定的编码标准如 H.263、MPEG-4 等进行编解码，以备本地播放或通过网络传输。同时，还要提供必要的多媒体外设接口、外部存储器接口和网络接口。多媒体外设主要包括摄像头、显

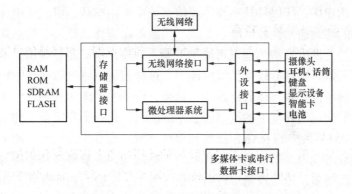

图 1　终端站系统框图

示设备、音视频处理设备，还包括耳机话筒、网络智能卡、天线和电池等。摄像头采集视频信号，显示设备将从本地或网络得到视频数据打开数据包，进行视频解码，并把得到的视频数据显示出来。数据存储设备包括 RAM、ROM、SDRAM 和 FLASH，用来扩展系统存储空间，存储经过编解码的多媒体数据和终端控制程序。无线网络接口模块处理音视频编码流，把音视频数据打包为适合网络传输的数据包，并把它通过无线网络传输出去。

5　移动多媒体通信系统的网络组成

同任何一种通信网络一样，移动多媒体通信系统网络也由传输网、交换网和接入网组成。

5.1　传输网

传输网是指系统内的干线网，由于多媒体信息数据量的巨大以及不同业务的要求，移动多媒体通信网的传输干线要求大容量长距离的可靠传输多种数据信息，其物理传输线路普遍采用光纤最为理想。在传输体制方面，由于 SDH 网具有同步复用，标准光接口和强大的网管网功能，因此 SDH 网应成为多媒体通信网络的基础传输网络。

5.2　交换网

多媒体通信网中的交换部分要求能提供高速大容量交换，同时支持各种业务，目前普遍看好的是基于 ATM 技术的 ISDN 网。

5.3　接入网

接入网是移动多媒体通信与用户相连的最后一段网络，也是移动多媒体通信网的特色所在，它采用移动接入方式连接网络，为用户提供了极大的移动性和方便性。

6　移动多媒体通信技术在防汛应急通信应用探讨

防汛抢险的一个很大的特点是不确定性。首先是时间、地点的不确定性。人们可根据多年的观察分析和检查手段，对将要发生险情的地点作出比较符合实际的大趋势和大致范围的判断，但是一个堤防基层管辖区，少则十几公里，多则上百公里，究竟在何处、何时会发生险情是很难确定的。这样就需要应急通信设备有很强的移动能力，能够在较短的时间内抵达现场，所以移动多媒体通信系统应采用车载、机载或单兵背负形式，并应具有较优异的移动通信性能，能在车载、机载等高速移动环境下的正常工作。其次是地形的不确定性，发生险情的地点可能是平原、丘陵，也可能是城镇，地形的复杂性要求移动多媒体通信系统具有较强的绕射能力，这样就可以越过障碍传输到更远的地方，无线电波的传输特性是频率越低绕射能力越强，应优先考虑 300~400 MHz 的低频设备。此外，系统在复杂地形环境下的抗多径衰落的能力也是一个非常重要的指标，应考虑采用类似宽带 CDMA 系统的 RAKE 接收和单载频域平衡等先进技术，使系统具有更强的多径分集和抗衰落能力。第三是电磁环境的不确定性。随着科技和经济的发展各种无线通信设备也急剧增多，抢险现场多种电磁信号密集、交叠，妨碍移动多媒体通信设备正常工作，因此系统需要具有较强的抗干扰能力，在复杂的电磁环境下仍能保持优良的通信质量，应考虑使用扩展频谱通信技术和 Turbo 系列编码技术的设备。总之，移动多媒体通信技术将在防汛应急通信中发挥重要作用。

参考文献

[1] 高成伟. 移动多媒体技术——标准、理论与实践[M]. 北京：清华大学出版社，2006.

[2] M Tatipamula, B Khasnabish. 多媒体通信网络技术与业务[M]. 聂秀英，杨崑，段世惠，译. 北京：人民邮电出版社，2005.

[3] 王汝言. 多媒体通信技术[M]. 西安：西安电子科技大学出版社，2004.

【作者简介】刘念龙，男，1973 年 9 月出生，1996 年本科毕业于东南大学无线电专业，河南省防汛通信总站工程师。

分体式挖槽机在黄河堤防边埂埋设施工中的应用

张　军　陈明章　郑松涛

(武陟第二黄河河务局)

摘　要：分体式挖槽机在黄河堤防边埂埋置工作中，效果好、速度快，并且在堤防拐弯处的弧度平顺，深度、宽度比较一致，因而埋设的水泥边埂整齐、规范、牢固，该机械在施工操作过程中安全、简单、灵活、可靠。

关键词：分体式挖槽机　黄河堤防　边埂埋设　应用

1　研究思路

实行水管体制改革后，治黄人对黄河堤防工程管理提出了更高的要求，依据工程管理标准，对原有黄河堤防土边埂进行硬化更新，由于堤身强度较高和近年来堤顶的逐年砾化，人工在堤顶上挖槽不仅费工、费时，而且速度慢、效果差，埋设出的边埂有高有低，参差不齐(见图1)。

图1　人工在开挖堤防堤顶边埂槽

为了解决这一难题，武陟第二黄河河务局积极组织人员着手于机械挖槽的研究和开发应用，经改造和多次试验于2006年8月成功研制出了分体式堤防边埂挖槽机。使用该机在堤防埋置水泥边埂的挖槽工作中，效果好、速度快；每工日可挖槽2 500 m左右，是人工挖槽的100倍以上。并且在堤防拐弯处的弧度平顺，深度、宽度比较一致，因而埋设的水泥边埂整齐、规范、牢固(见图2)。

图2　分体式挖槽机在堤防边埂挖槽

2　技术原理

分体式挖槽机是经过农用旋耕机改装而成的,与 50 型拖拉机配套使用。首先将农用旋耕机的耙齿去掉,然后在旋耕机的左端或右端安装一传动装置,固定一个专用锯盘即可。锯盘的大小和宽度可根据挖槽需要的深度和宽度而自由调整;改装材料取材方便、设计简单、费用低,改装后机械使用效率高、效果好。经过更换锯盘,既可挖堤防堤顶边埂槽又可挖排水沟槽,达到一机多用的目的(见图3)。

图3　分体式堤防边埂挖槽机在黄河堤防施工中的应用

3　推广应用

该挖槽机可以一机多用,工作效率高,速度快、效果好。每工日可挖槽 2 500 m 左右，并且在堤防拐弯处的弧度平顺，深度、宽度比较一致；武陟第二黄河河务局在2006年、2007年埋设堤防水泥边埂工作中使用该机，有效地节约了时间和资金。该机不仅可用于堤防工程挖槽又可用于排水沟的开挖，社会效益十分显著。

【作者简介】张军，男，1969年出生，河南省武陟第二黄河河务局工管科助理工程师。

浅淡内地中小城市洪水的成因与防洪措施

马　超[1]　杨新颖[1]　王秀娟[2]　王明旭[3]

(1. 驻马店市水利工程局；2. 驻马店市市政工程管理处；

3. 驻马店市水利勘察设计院)

摘　要：主要介绍内地中小城市洪水的成因与防洪措施。

关键词：内地　中小城市　洪水成因　防洪措施

由于内地中小城市不临近在大的江河湖泊，洪灾相对少，防洪意识淡薄，防洪的工程措施和非工程措施不完善，城市防洪建设缓慢。近几年气候异常，暴雨频繁，排水不畅或无法排水，给内地中小城市带来了不可估计的损失。因此，内地中小城市的防洪工作已十分重要。具体的防洪措施在此浅谈，仅供同仁参考。

1　专管"三通"，使雨水迅速排走

城市道路上的雨水口、排水管道、排水管道出水口，这三个地方有一处不通就会造成洪灾。有些小城市没有专人负责清理雨水口堵塞和管道内的淤积物及管道出水口的杂草和堆积物，造成排水不畅，发生洪灾。这三个地方统称"三通"，"三通"可行，排水也就顺畅了。

2　整治排水管道及配套设施，使雨水速排

随着城市的发展，原道路排水设施落后陈旧，管径小等，不能满足雨水的排量，必须进行管道更换与主排水管道顺接，使雨水速排。

3　加大资金投入，新建排水防讯工程

新建排水防汛工程需要大量的资金，这就需要政府对城市防洪工程建设的投入资金与实际需要相匹配，必要时征收防洪基金，使防洪工程由无偿使用转变为有偿使用。政府必须加大力度进行城市防洪工程设施的建设，确保安全度汛。

4　加强管理，提高防洪意识，超前规划

抓好管理，全民提高防洪意识，抓好城市水利规划工作，应超前进行，不能在出现洪涝灾害、生态环境恶化后亡羊补牢。而应在开展城市建设规划、工矿企业发展规划等方面的工作时同步进行，超前规化防洪排水设施、供水设施以及市区和周边郊区的水环境规划。

5　提高天气预报水平，减少事故风险

改善天气预报设施，提高洪水预报水平，健全通信预警系统，改善防污抢险的技术

装备，提高防汛工作水平，提前采取必要措施，减少事故风险。

总之，内地中小城市的防洪工作不可忽视。它是一件大事，是一项长期艰巨的工作，需要不断总结经验，深入研究，结合内地中小城市各自的特点，制定出切实可行的措施，利国利民，功荫后代。

【作者简介】马超，1975年8月出生，1995年毕业于河南省郑州水利学校，2004年毕业于郑州大学，驻马店市水利工程局工程处主任，工程师。

浅谈白沙水库水资源安全

任夫全　　赵丽鹏　　张爱锋

(河南省白沙水库灌溉工程管理局)

摘　要：本文以白沙水库流域内几十年来水资源的开发利用、保护管理为例，论述了水库水资源管理保护与水库可持续发展的关系，提出了实现水库可持续发展、保障水资源安全的几条途径，并对如何加强水库水资源管理提出了建议与思考。

关键词：水库　水资源　安全

淡水是人类生活和经济建设须臾不可缺少的自然资源，是人类赖以生存和发展的命脉。但是，随着人类的繁衍、城市的膨胀和工农业生产的迅速发展，对淡水资源的需求量日益增多，以致出现了淡水资源严重短缺的局面，严重影响了人们的生活和社会的进步。为解决淡水资源的"瓶颈"制约作用，人们不得不进行积极的探索和深刻的反思，本文就是笔者通过对白沙水库几十年来水资源的开发、利用、管理、保护情况及流域水资源的现状进行分析，由此引发的种种思考。

1　白沙水库的基本情况

白沙水库位于淮河流域沙颍河支流颍河上游，控制流域面积 985 km²，是一座以防洪为主，兼顾灌溉、供水、养殖、旅游等综合利用的大(Ⅱ)型水利枢纽工程，水库于 1951 年兴建，1953 年竣工，1956 年进行了扩建加固，设计标准为百年一遇，千年校核，总库容 2.95 亿 m³，兴利库容 0.81 亿 m³，大坝长 1 330 m，最大坝高 48.4 m，流域内有中小型水库 30 余座，占水库总流域面积的 35%，由于防洪标准较低，且部分工程存在质量缺陷，经过有关部门的积极努力，除险加固工程于 2003 年 6 月开工，2006 年 8 月竣工。

2　白沙水库水资源管理现状及面临的主要问题

2.1　防洪安全形势仍然十分严峻

白沙水库修建于 1951 年，属于典型的"三边工程"，从设计到施工都存在着一定的弊病，加上后期投入管理不足，工程带病运行，虽经过多次加固处理，仍未去掉病险水库的帽子，多年来一直降低标准运用。"98"大洪水后，国家加大了水库除险加固的力度，经各方面的努力，水库除险加固工程已经上马，但白沙水库流域属山丘区且植被较差，一遇暴雨，洪水汇流时间短，峰高量大，加上上游 30 多座中小型水库的影响，给洪水调度带来很大难度，所以说白沙水库的防洪形势仍十分严峻。

2.2　水资源供需矛盾愈演愈烈

目前，白沙水库水资源供需矛盾比较严重，一方面可供水量日益减少，主要表现在以下几个方面：①天然径流量逐步减小，80 年代以前，流域多年平均降水量 1 342 mm，多年平均径流量 1.41 亿 m^3，截至 2003 年，多年平均降水量为 832 mm，多年平均径流量为 0.82 亿 m^3，多年平均径流量减少了近一半。②泥沙淤积减少了兴利库容，建库以来，已累计淤积 0.34 亿 m^3，占兴利库容 0.81 亿 m^3 的 42%。③水质污染，水资源过度、过滥开发加剧了水资源的紧缺。另外，需水量越来越大，建库初期，供水比较单一，仅有农业用水，年灌溉引水量都在 1 亿 m^3 左右。进入 90 年代，随着工业和城市的发展，相继出现了城市生活用水和工业用水。许昌龙岗火电厂，2001 年投入生产，装机容量 120 万 kW，年需水量 0.2 亿 m^3，目前电厂二期供水正在规划设计中，若二期工程上马后，年需水量将升至 0.4 亿 m^3；历史古都许昌是一个严重缺水的城市，为了维护城市的发展，每年需从水库引水 0.05 亿 m^3；尽管灌区发展了部分井灌，但自流灌溉仍占相当大的比重，加上灌区补源用水，年农业用水量需 0.3 亿 m^3 左右。以上各项合计需近 1 亿 m^3。

2.3　水环境恶化及水质污染迅速发展

随着工业的发展，水环境及水质迅速恶化，白沙水库水质已由 20 世纪六七十年代的 I 类降低为目前的 II 类，主要污染源有上游电厂、铝厂、煤矿等工矿企业的废水、废渣、废液；采沙旅游船只排入水库的废油；宾馆、饭店排入水库的生活垃圾及污水；网箱养鱼残剩的鱼饲料等。如不及时治理，后果不堪设想。

2.4　水资源开发混乱

由于水库大坝位于禹州与登封交界(坝以上为郑州市的登封，以下为许昌的禹州)，给水资源管理带来很大难度，水库管理单位曾多次治理，效果仍不理想，目前库区采沙、采矿、开采地下水现象仍比较混乱。

3　实现白沙水库水资源安全的途径

3.1　加强基础设施建设，最大限度发挥防洪减灾效益

防洪工程是抵御洪水的关键措施，要加大对防洪工程的投入。目前，白沙水库正在除险加固，要抓住这个有利时机，加强工程施工管理，确保工程质量，要以优质工程为目标，坚决杜绝"豆腐渣"工程，在搞好工程措施的同时，还要重视非工程措施的建设，因为防洪标准有限度，不可能很高，遇超标准洪水，还需要运用洪水预报、通信等非工程措施。

3.2　科学调度，充分利用洪水资源

白沙水库流域气候异常，来水量年际变化较大，最枯年份 1999 年仅有 0.08 亿 m^3，最丰水年份 1964 年可达 4.34 亿 m^3，且年内分布极其不均，降雨多集中在 6～9 月份，占年降水量的 50%～70%。在丰水年或汛期，来水充沛，但为了防汛需要，库水不得不白白泄掉。所以，在水库的管理中，要认真研究分析洪水规律，优化水库调度方案，适当提高汛限水位，实行风险调度，从而提高兴利库容，最大限度利用洪水资源。

3.3　全方位、多渠道节约用水

农业是用水大户，应是节水的重点。一要改变传统的粗放型灌溉方式，提高水的利用效率。白沙水库灌区，多年来一直是大水漫灌，水的有效利用率仅在 40%左右，灌溉用水量超过作物合理灌溉用水 0.5～1.5 倍，造成了水资源的极大浪费。二要提高灌溉科技含量，大力推行节水灌溉技术。如要渠系配套和渠道防渗，实行管道输水，井渠结合，

喷滴灌等。三要实行节水农业。如优化种植结构，采用优质品种，抗旱保墒，地膜覆盖等。

工业和城市用水浪费现象也很严重，大有潜力可挖。一要改进许昌龙岗火电厂生产工艺和流程，多次重复用水，提高水的重复利用率。二要进行许昌、禹州等城市输配水管网和用水器具的改造和整修。三要多渠道利用本地水资源，包括处理过的污水、雨水等。四要控制采用地下水，不超采，丰水年少用，枯水年多用。

3.4 加大水污染防治力度，实行污水资源化

目前水污染已十分严重，加剧了水资源紧缺，威胁了人民健康，影响了工农业生产，其灾害不亚于洪灾旱灾，不采取防治对策，将会造成严重后果。一要从目前的末端治理逐步改为源头控制，即推行清洁生产，采用先进工艺，减少污水排放量。二要大力治理农田面污染，尽量少用污染性大的化肥、农药，充分利用畜禽养殖业的废水和农村废物。三要实行污水资源化。在污水资源化的问题上，要采用各种措施降低二次水的成本，让二次水的水价与优质水拉开距离，以调动有关方面应用二次水的积极性。

3.5 重视水资源及生态环境的保护

保护生态环境与持续发展水资源密切相关。首先，水土保持和植被建设用水，是水资源利用的组成部分；其次，水土保持和植被建设，能涵养水源，削减小流域洪峰，增加枯水期地下水补给径流，还能减少泥沙入河，对水资源的持续发展是十分有利的。对生态环境及水资源的保护要从源头抓起，使用清洁生产技术，减少废水的排放。对上游工矿企业必须排放的工业废水一定要达到标准后再排入河流。加强对登封等城镇及宾馆、饭店下水道和生活污水处理设施的建设，防止生活污水污染河流和水库中的水体。合理开发旅游资源，规范旅游管理，科学进行水面养殖，防止水库水体的富营养化。建立水源地保护区，在保护区内严禁上污染型的项目。通过采取各种措施，以保护水资源，还山清水秀的本来面貌。

4 建议与思考

4.1 加强水资源及可持续发展教育，提高全民素质

自然界水资源之所以日益短缺，人口资源环境矛盾之所以日趋紧张，主要是人类不规范的经济行为造成的，与人们的素质普遍低下直接相关，是人类知识水平还没达到正确认识自然、认识人类自身所产生的必然错觉。要从根本上扭转这一局面，使可持续发展思想成为全人类自觉的指导意识，就必须从增强知识传授、提高全人类素质入手。因此，我们在加快基础教育的同时，要加强在岗培训，要把可持续发展思想灌输到一切教育、宣传、研讨、学习活动中去。尤其是要层层举办在岗职工、企业管理人员"可持续知识培训班"，不断提高其知识水平。与此同时，还应加强宣传，提高公众节水意识。教育公民改变思维模式，避免盲目攀比，树立节水光荣、浪费可耻的观念。这些对节约水资源都非常重要。

4.2 依法治水，科学治水

以新《水法》的实施为重点，全面推进依法治水。抓好以新《水法》配套法规为主要内容的立法工作。对已颁布的水利政策法规，要全面认真贯彻实施。进一步加强水政

监察队伍的能力建设，不断提高执法队伍的整体素质、执法水平，认真查处违法案件，调处水事纠纷。加强水利科技工作。要继续实施水利科技创新计划，加强水利基础研究和应用基础研究，重视高新技术的研究开发和新技术、新成果的推广转化工作，坚持不懈地用高新技术对水利行业进行技术改造。

4.3 加大各项改革工作力度

一要加快投融资体制改革，稳定水利投资规模。要认真研究政策，多渠道筹集水利建设和管理资金。二要搞好水利工程管理体制改革，强化国有水利资产管理。《水利工程管理体制改革实施意见》是推进水利工程管理体制改革的纲领性文件，要认真贯彻落实。三要改革水价形成机制，充分发挥价格在资源配置中的杠杆作用。

4.4 水资源统一规划和管理

由于部门分割、地区分割、多龙治水，防洪减灾、城乡工农用水、防治污染、生态环境保护等存在许多矛盾，造成巨大损失和浪费。为此，必须建立国家级和各流域的水资源管理委员会和各省、市、县的水务厅(局)，使江河上下游、城乡工农用水、水量和水质、地表水和地下水，以供定需、用水和防污，实行统一规划和管理。由于水资源的防洪、用水、治污、保护生态环境等关系到各部门、各地方、各界人民的切身利益，所以必须进行教育，转变思想，提高认识，要顾全大局，服从整体利益。同时执法要严，违法从严处理。

【作者简介】任夫全，1967 年出生，大学本科，1988 年毕业于周口水利学校，2005 年函授毕业于华北水利水电学院，河南省白沙水库灌溉工程管理局水库管理处副主任、工程师，中国水利学会会员。

浅谈施工电气维修技术

马　超[1]　杨新颖[1]　王秀娟[2]　王明旭[3]

(1. 驻马店市水利工程局；2. 驻马店市市政工程管理处；
3. 驻马店市水利勘察设计院)

摘　要：主要介绍施工电气易出现的常见故障和快速处理故障的方法。

关键词：施工电气　故障　快速处理　方法

建筑施工电气设备，由于经常搬动，拆装频繁，操作人员也常常更换，因而易产生故障。作为一个工地电工，应在短时间内排除故障使其正常运行，这就要求电工积极学习理论，善于总结经验，配带工具齐全，检修就能快得多。

1　闭合启动开关，设备无反应

这类现象主要是电路不通，首先应检查线路保险器。如果保险完好，供电正常，则检查控制线路。从启动按钮开始，用万用表检查两端有无电压，也可用试电笔测其两端(380 V 的控制线路，两端触点都发光；220 V 的控制线路有一触点发光)。常常应检查停止按钮、限位开关，该回路的常闭触点、继电器等处，不是线头松动，就是接触不良或线路中断，问题很快就能查到。

2　电机只能往一方向转动

混凝土搅拌机等设备，若只能下降不能上升或只能上升不能下降，这种故障首先应检查行程开关或限位开关，可能是接触不良或断线所致，这时可顶一下使电机反向转动的那个接触器，一般情况下能一次查清原因。但也可能是接触器线圈断线，停止按钮或常闭接点等处接触不良或线头松动。最常见的故障发生在限位开关上。

3　设备启动后，电机嗡鸣，不能转动

此故障一般有三种可能：一是过载或电压低；二是缺相；三是机械问题或电机本身内部出现的问题。其中缺相最常见，三相线路中必有一相断开或断保险片，检查此故障最简单的方法是启动几下接触器，观察其三相触点是否都有大小相等的火花，如果其中一相触点无火花，肯定那相断电。如果三相都有大小相等的火花，故障就是过载或机械的问题。如混凝土搅拌机上满了料，运行中突然断电，等再送电时有不启动的现象，这时应使料斗动一下电机便能启动。

4　按下停止开关，电机不停转，或者按下启动钮电机启动，手松电机则停止转动

当按上停止开关电机仍转动，多半是交流接触器铁芯上沾有油污，或是三相接触点熔焊不能分开。另一个原因是铁芯剩磁较强，吸住暂时不松，过一段时间就松了，这时

应分离电源，将其铁芯中心柱稍微锉低一点即好。第三种情况是交流接触器的常开辅助接点接触不良或接线松动。

5　当开机后，保险丝立断，或漏电保护器跳闸

这些现象是短路漏电故障。可将电机与线路断开，再合闸试验，如果这时线路正常，可以断定是电机内部短路，多半是电机烧了，可进一步检查电机。另在安装保险丝时，保险丝不得过大，也不能太小，应与电机匹配。

6　运行中电机起热

电机运行中，可用手触摸电机外壳，若能停留 5 s 左右而不感到烫手，则电机仍能继续工作，否则应停机检查。一般起热的原因是负载过重、电压太低、散热不畅、二相运转等，可逐一进行检查。

以上只是常见的施工电气故障，要想减少故障，应接线正确、线头接牢、接地可靠、保险匹配、工具齐全、勤于检查、认真维护。

【作者简介】马超，1975 年 8 月出生，1995 年毕业于河南省郑州水利学校，2004 年毕业于郑州大学，驻马店市水利工程局工程处主任，工程师。

土工合成材料在防汛抢险中的应用

王卫宁

(商丘市水利建筑勘测设计院)

摘　要：在分析土工合成材料特性的基础上，针对汛期最可能出现的险情，提出相应的抢护方法及施工要点，并得出有益的结论。

关键词：土工织物　防汛　抢护

1　前言

目前正值汛期，各地堤坝工程险情迭出。在汛期中如何针对不同的险情应用土工合成材料进行抢险防护是一个急需解决的问题。

土工合成材料是一种新型的岩土工程材料。它以人工合成的聚合物，如塑料、化纤、合成橡胶等为原料，制成各种类型的产品，置于土体内部、表面或各层土体之间，发挥加强或保护土体的作用。土工合成材料可分为土工织物、土工膜、特种土工合成材料和复合型土工合成材料等类型。土工合成材料不仅具有较高的强度，而且具有抗冲、耐磨、耐腐蚀和重量轻等特点。

我国在利用天然纤维材料和织物进行防汛护堤、抢险、堵口方面已有很久的历史，但利用土工合成材料来防汛抢险还是一项新技术。随着我国经济建设的发展和对土工合成材料功能与特点的逐渐认识、研究，土工合成材料将越来越广泛地应用于水利水电工程的抢险等工程中。

2　防汛、抢险的传统材料和土工合成材料的特点

堤防、涵闸等各类建筑物的安全度汛主要采取两个层次的措施：第一是防护，就是避免险情发生；第二是抢险，即一旦险情出现，要迅速采取有效措施消除险情。防汛、抢险最常用的传统材料主要为土料、砂料、石料以及草袋、麻包等，它们作为防汛用材历史悠久，效果良好，仍然是当前防洪、抢险的主要材料。这些材料虽然有来源广、数量多、能就地取材等许多优点，但也存在重量重、体积大、运输困难、施工劳动强度大、施工速度慢、工程质量不易保证等不足。

土工合成材料中的土工织物一般都具有较高的强度、单位质量轻、透水性强、防腐及耐磨性好的特点，同时它还具有以下几方面的功能和作用：

(1)排水功能：土工织物能截断与汇集土体中的渗水，并能将渗水沿垂直织物平面或平行织物平面排出土体。

(2)反滤功能：由于土工织物构造上的水力学特性，在它排出渗水的同时，能拦阻土体颗粒不被带出。

(3)隔离作用：土工织物可把不同性质或不同级配的土石料隔开，以免互相掺杂，从

而可以保证施工质量。

(4)对土体的加筋作用：土工织物有较高的抗拉强度，在土体中可以约束土体的应变，提高土体的综合变形模量，减小土体变形，改善土体的受力状况。

土工织物这些功能和特性可以克服或改善传统材料的缺点或不足。此外，土工织物施工工艺简单，易保证工程质量，施工速度快，工程造价低(与传统反滤材料相比，可节约投资 1/3 ~ 1/2)。因此，对于防汛抢险这种时间性非常紧迫的工程，土工织物将成为一种十分理想的新材料，特别对一些缺土缺砂石料的地区更具有特殊的价值。

3　土工织物在防汛抢险中的应用

汛期江河水位高涨，常居高不下，有时还受到大风大浪侵袭，对于堤防薄弱环节，常容易酿成险情。堤坝工程的主要险情有迎水坡发生大面积塌落，堤坝内出现贯通水流通道和裂缝，下游出现管涌、流土及成片泡泉，下游坡出现大面积散浸，洪水漫顶等。现针对最常见的险情提出抢护方案。

3.1　堤坝坍塌险工的抢护

当堤坝上游有大面积塌落险情时，可采用覆盖软体排防护，如图1和图2所示，这种险情大多要分秒必争地进行抢护。

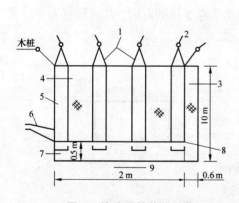

图 1　抢险用软体排结构

1—φ5 mm 纵向拉筋绳；2—φ10 mm 缆绳；
3—纺织布条；4—抢险排体；5—φ60 cm 纵向土枕；
6—φ5 mm 定位引绳；7—横枕；8—φ20 mm，
间距 20 mm；9—水流方向

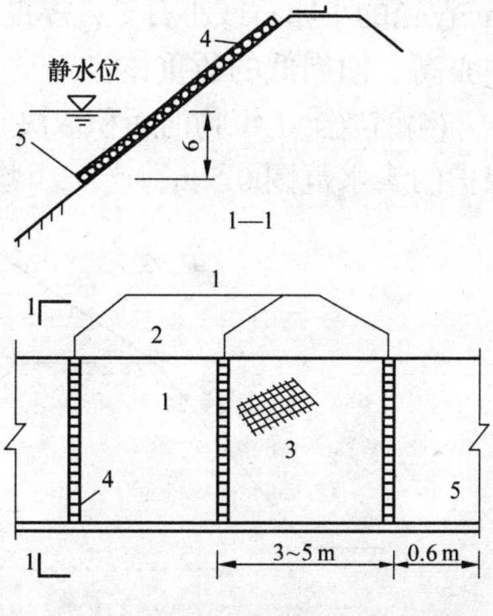

图 2　风浪险工抢护软体排示意图

1—木桩；2—堤顶；3—排体；4—压载纵枕；
5—碎石横枕；6—2 倍波高

沉排抢险施工方法如下：

(1)展排体。将排体运到险工段，放在对应的堤顶上并展开。

(2)横枕装载。抢险队要把装满土的编织袋放在横枕中心线上，折转枕布将对于尼龙绳头捆在一起，就成装土横枕。

(3)滚排成捆。抢险队站在横枕一侧，滚排成捆，后将捆搭到迎水坡堤肩处。

(4)打桩挂排。在纵枕对应的堤顶上打桩 4~6 根，将纵向拉筋绳拴在桩上，松紧要适度，使排体沉好后，上端超出水面为准。

(5)沉排护险。抢险队面向迎水坡，往下推滚排体，使排体沉到预定位置，并在上游侧拉紧横向拉筋绳，固定排体位置，避免移位和翻转。

(6)纵向压载。抢险队分成四组，同时向指定竖袋内投入装土的编织袋，直到装出水面为止。

3.2 管涌险情的抢护

由于渗流的作用，汛期堤坝及地基基础薄弱处往往发生渗透变形，产生管涌、流土、滑坡等险情，如不及时处理，将危及堤坝安全。采用土工织物作为滤层，应对可能出现渗透破坏的堤段取土，进行试验计算，确定土工织物型号，然后选购所需土工织物。但在防汛抢险时，有时来不及试验，只能凭经验处理。

使用土工织物对管涌险情的抢护，其施工方法是：

(1)将泉眼周围或严重散浸的地面整理平整，清除草皮杂物以及尖角石块。

(2)如泉眼较小，可以用整块的土工织物盖住泉眼；如泉眼较大或连片泉眼，则应将土工织物互相搭接并用线缝起来，或采用化学粘合。搭接宽度一般为 15~20 cm。在松软的土基或水下施工时，搭接宽度应取 40~60 cm。

(3)将土工织物盖在泉眼上面，即以重物将其固定，再由周围向中央压易透水的 2~4 cm 粒径的小卵石或小石子，厚度 30~50 cm。石子上面再压块石或混凝土块，最后形成中心高、四周低的压重体。

(4)铺放土工织物的面积取决于泉眼的大小和严重渗水段的范围，其面积应大于需要保护的渗水范围 0.5 m，土工织物施工如图 3 所示。

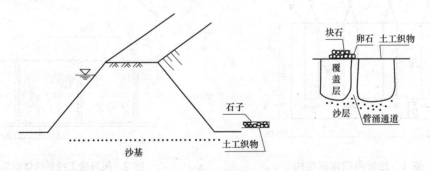

图 3　管涌险情的抢护示意图

施工时应注意以下两点：

第一，当管涌处水压较大时，土工织物覆盖其上后，往往被水柱顶起来，一般来说，这是压重不够，应当继续填压石子，也可以用草袋装石子压上去，直至压平为止。

第二，当有些冒砂孔比较大时，将土工织物盖在上面，加压重后就会凹下去，甚至会将土工织物撕破。遇到这种情况，应当在孔内先用大石子、小石子瓜子片将孔洞填平(可略高于附近地面 3~5 cm)以分散集中的渗流。在瓜子片、石屑上面铺放土工织物并按前述办法加压重。

土工织物铺放以后，开始由于土体中微粒子被渗水挟带出来，水色变浑浊，历经一段时间后，若水质变清，说明此时土体内部颗粒不再流失，土工织物已起导渗作用。

3.3 大面积散浸险情的抢护

有些土堤、坝构筑土料杂乱或施工质量差，挡水以后，随洪水位升高，水压增大，浸润线相应抬高，其渗漏也随之出现，最后水流从背水坡渗出。若渗流量过大，出现浑水，背水坡松软，有滑坡、塌陷等险情，宜用土工织物反滤排水，以稳定坝身。土工织物用于土坝散浸排水方法有两种：一是用土工织物作贴坡排水；二是堤坡开挖导渗沟，沟内放土工织物，上面填塞小石子。

3.3.1 贴坡排水法

使用土工织物作贴坡排水，一般应考虑以下因素：

(1)土工织物的物理特性(开孔大小和分布、厚度、压缩性)；

(2)被保护土的物理力学特性(颗粒大小分布、孔隙率、渗透系数)；

(3)水力条件(渗透方向是单向或往复渗透)；

(4)作用于土工织物上的力及土工织物应具备的抗拉抗压、撕裂强度等。

用土工织物贴坡排水的施工方法是，先整平堤坡，或用砂填平，然后平铺土工织物。土工织物一般铺设在比逸出点高 0.5~1 m。然后在土工织物上铺放石子，石子上面可以放块石。施工时，不穿带钉子的鞋子作业，以免将织物扎破。织物之间搭接用线缝或用化学粘合剂粘合，搭接宽度一般为 15 cm 左右，如图 4 所示。

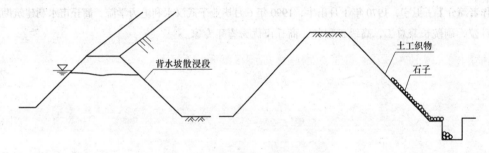

图 4 贴坡排水法示意图

当渗透水通过土工织物排出以后，可以在堤脚开挖一条导渗沟，将集流引出，同时沟内也铺放土工织物。排水沟要开挖平整，土工织物要紧贴排水沟底和两侧，并与堤坡、坝坡的土工织物搭接粘牢，最后在沟内填放石子和片石压重。

3.3.2 开挖导渗法

其施工方法是：从浸润线逸出点沿坡面至堤脚开挖若干横向沟(即垂直于堤身纵向轴线)，沟的间距一般 5 m 左右，沟深 0.3~0.5 m，宽 0.3~0.8 m，沟内必须开挖平整，然后铺放土工织物，在织物上面放小石子。土工织物放入沟内要预留一定宽度的织物在沟外，而且留在沟外的织物需盖上草席，以减少日光照射(如图 5 所示)。

4 结论与建议

(1)塌岸险工抢护、管涌、下游坡散浸、开沟导渗等险情抢护，排体透水编织布效果较好。

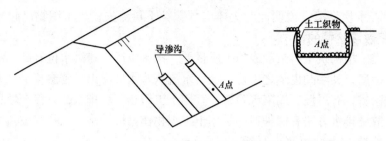

图 5　开挖导渗法示意图

(2)用土工织物防汛抢险，汛前必须缝制好各种抢险排体。根据可能出现的各种险情，相应备好抢险排体，一旦遇险就可立即抢护；否则会贻误时机，造成不必要的损失。

(3)防汛备用土工织物材料，应按险情种类的需要去准备。

(4)土工织物用于防汛抢险新技术，在确保堤坝安全度汛方面有着重要意义。在堤岸多有树木的情况下，必须常规抢险技术与土工织物抢险技术结合使用。汛前要组织快速抢险队，做好培训和实践演习。人员要少而精，一般 30~50 人即可。

总之，土工织物的独特优点越来越被广大水利工作者所认识，用于防汛抢险有着广阔的前景和巨大的潜力。

【作者简介】王卫宁，1970 年 1 月出生，1990 年 6 月毕业于武汉水利电力学院，商丘市水利建筑勘测设计院，副院长兼总工，高级工程师，商丘市优秀青年专家。

虞城县农村饮水安全工程建设与管理探索

展东升　张进宝

(商丘市虞城县水务局)

摘　要：实施农村饮水安全工程是推进社会主义新农村建设和构建社会主义和谐社会的重要内容。近年来，虞城县大力实施农村饮水安全工程，积极探索工程建设机制与管理模式，成立了工程建管局，精心组织，科学规划，坚持创新发展，突出城乡统筹，建成了一大批高质量、高标准的集中式供水工程。采取了拍卖、承包、公司化经营、水务一体化管理的运营管理模式，使工程长期发挥效益，取得了明显成效，改善了农民群众的生产生活条件，促进了经济社会的快速发展，有力地服务了全县新农村建设。

关键词：饮水安全　体制建设与管理　效益

1　基本情况

虞城县地处豫东平原东部，黄河故道南侧，豫、鲁、皖三省结合部。全县辖 26 个乡(镇)，总面积 1 558 km²，耕地面积 138 万亩，总人口 109 万人，其中农村人口 101 万人，占全县总人口的 92.7%。由于受地质结构及污染因素影响，浅层地下水含氟量高，矿化度严重超标。调查显示，截至 2004 年底，全县共有 41.5 万人存在饮水不安全问题，占全县农村人口的 41%，分布在全县的 26 个乡(镇)。2004~2007 年，虞城县抓住国家实施农村饮水安全工程项目建设的机遇，精心组织，科学规划，大力实施农村饮水安全工程，积极探索工程建设与管理模式，走出了一条适合自我发展的新路子。3 年来，全县共投入建设资金 2 420 万元，建设农村饮水安全工程 30 处，使 8.9 万农村人口彻底告别了高氟、高盐、高污染的劣质水，用上了干净、卫生的自来水。

2　主要做法

2.1　创新机制，建管并重

虞城县农村饮水工程点多面广，牵涉部门多，是一项系统工程。为把这项"德政工程"、"民心工程"办好、办实，县委、县政府高度重视，每年都把实施农村饮水安全工程确定为全县要办的十件实事之一。全县成立了以县长为组长，水务、财政、发改委、卫生等部门为成员的农村饮水安全工程领导组，领导组下设农村饮水安全工程建管局，由水务局局长兼任建管局局长，办公地点设在县水务局。工程项目实行县长负责制，层层签订责任状，一级一级落实责任，并严格实行项目法人制、招投标制、工程监理制、政府采购制、项目公示制、项目验收制等"六制"。建管局是县农村饮水安全工程的行业管理部门，负责编制全县农村饮水安全工程的规划、建设、管理和监督，建管局下设工程技术组、质量监督组、财务审计组、宣传组。四个组分工协作，各负其责。项目在实施前，由县农村饮水安全工程建管局、所在乡(镇)政府和受益村的村民委员会三方共同签订农村饮水安全工程建设责任协议书，明确了三方面的义务、责任、权利。县建管局负责做好工程建设的前期工作、设计技术方案，争取国家资金，协调省、市、县配套资金的足额到位，并且合理使用。负责解决水源工程及主管道、支管道的管材供应；乡(镇)政府负责发动宣传群众，按照国家政策组织受益群众自筹部分建设资金、投工抽劳，并协调解决工程建设过程中出现的问题及纠纷；村民委员会负责保证按照国家政策自筹部分建设资金、投工投劳、以劳折资、无偿提供工程建设用地，处理群众内部事物。建立健全工程管理各种规章制度，组建用水协会，确保工程能够良性运行。通过建管局的精心组织、科学施工，近年来，虞城县建成了一大批高质量、高标准的集中式供水工程。

　　为确保饮水安全工程正常运行和长期发挥效益，虞城县农村饮水安全建管局结合农村小型水利体制改革，不断完善农村饮水安全工程管理体制和运行机制，制定了农村饮水安全工程管理、维修、养护、用水、节水、水费、计收、水源保护等各项管理规章制度。对已建成供水站的用水户登记造册，并竖立工程标示牌，设立含有工程投资比例及数量、供水水价等内容的"明白墙"，接受社会和群众监督。对供水站要求达到"六有"标准(有管理房、有管理人员、有相关的财务管理制度和其他管理制度、有运行记录、有水价核定和收缴制度、有相关财务资料和技术档案)。同时，对供水工程实行市场化运作、专业化管理、用水户参与的运营管理模式。对规模较小、多户共建的联户联建工程，则积极引导受益农户民主协商，签订管护协议，组建用水协作小组，按表计费，定额供水，超量加价，共同承担维护管理费；对规模较大、跨村的集中式供水工程，由乡(镇)成立供水公司或农村饮水用水协会，在工程产权属国家所有的前提下，采取租赁、承包、拍卖经营水权等多种管理形式，实行有偿供水，统一管理，经营者接受当地用水协会及上级业务主管部门的监督管理。经营者由县农村饮水安全工程建管局统一颁发使用证书。按照有关规定，结合当地实际，在不断总结经验的基础上形成了规模化管理、公司化经营以及拍卖、租赁和个人承包、公司代管理、水务一体化管理等五种管理模式。如郑集乡的供水工程，由乡成立供水公司，村成立用水协会，乡设立供水总站，负责全乡各供水站的监督与管理。张集镇的臧宏升自筹资金15万元，在本村建自来水供水站，负责该村的生活用水。在水价核定上，根据供水工程的运行费用、管理维修费用和人员工资等收支情况通过物价部门批准确定。在水费征收上实行"有偿供水，计量收费"的原则，同时供水公司实行公示制度，定期对水价、水量、水费收支情况进行公示，接受用水户和社会的监督。

2.2　广泛宣传，全面动员，营造良好的社会氛围

　　为做好全县的农村饮水安全工作，虞城县农村饮水安全工程建管局都在工程开始实施前召开农村饮水安全工程建设动员大会，对工程建设进行全面的动员和部署。充分利用广播、电视、召开座谈会和印发宣传材料等形式，向群众及学校的师生进行广泛深入宣传，每户发放一张"明白纸"，全县共发放宣传资料25 000余份。"明白纸"内容包括目前群众的饮水现状、工程建设的意义、工程怎么建、建设资金如何筹措、建后如何管理、水费如何计收等。通过宣传，激发了农民群众自觉参与和支持工程建设的积极性，增强了广大干部群众解决饮水安全的紧迫感和责任感，营造了全社会关心、支持农

村饮水安全工程建设的浓厚氛围，为工程建设创造了良好的社会环境。

2.3 科学规划，合理布局，规模发展

为摸清全县农村饮水现状，县财政拨付 28 万元专项资金，组织骨干力量深入基层，逐乡排查、逐村建卡、逐级汇总，建立了农村饮水不安全花名册，掌握了全县农村饮水不安全基本情况，编制完成了《虞城县农村饮水安全调查评估报告》。在多次调查、分析、论证的基础上，虞城县按照 "先急后缓、先重后轻、突出重点、分步实施" 的原则，在水源有保证、人口较集中的饮水不安全地区发展集中连片供水工程。工程本着高起点、高标准，先建制、后建设的原则，实行整乡联村联片推进，搞规模化发展。采取打深井取水，安装无塔供水设备，铺设主管道和支管道，实行一户一表，分表出户。为避免工程重复建设，在开展前期工作中，我们精心设计，科学论证，本着 "少打水源井，多做管道铺设" 的原则，科学规划，合理布局，选定水源井位置，多做管道铺设延伸，发展集中供水，尽量做到少花钱多办事，节约资金，提高效率。例如在郑集乡实施农村饮水安全工程中，原计划建水源工程 7 处，通过组织专家论证和实地勘测，最后决定改建水源工程 4 处，仅此一项就节约资金 150 万元。节约的资金全部用于扩大管网辐射延伸上，使该乡 3 万人全部用上了自来水，实现了整乡推进，提高了工程的规模效益和供水效益。

2.4 结合实际，立足长远，以城带乡延伸管网

在解决农村饮水安全问题上，虞城县结合实际，立足长远，将水源地一律选择在远离污染、场面宽阔、位置较好的地方，为项目村及周边村的长远发展留下了空间；同时，打破城与乡、乡与乡分割界限，与城镇建设相结合，对城区周边的乡村，利用城市供水设施，采取 "县建主网，村建支网，民建户网" 的办法，将城市供水网络向城郊农村延伸，实现城乡自来水一体化。如城郊乡的孙尧、杨道楼等村，利用国家补助资金 73.6 万元，省、市、县配套资金 55.28 万元建设供水主管网，群众自筹 36.82 万元建入户管网，将虞城县第二水厂管网延伸到户，使 4 603 人用上了安全的放心水。

3 工程效益

虞城县农村饮水安全工程的实施，使群众饮水困难问题得到稳定解决，群众生产生活条件得到极大改善，促进了经济社会的快速发展，加快了社会主义新农村建设进程。

3.1 解放了农村劳动力

工程实施后，可节省 24 万个工日，从而投入到工农业生产中，每个工日按 30 元计，则每年节省劳动力效益 720 万元。

3.2 减少了疾病的发生，提高了群众的健康水平

饮水问题的解决，不仅直接减少了水介传染病生病率，而且通过促进环境卫生和个人卫生的改善，降低了与卫生条件有关的疾病发病率，据调查，饮用中深层水与含氟水相比，可降低发病率 21%，人均年可减少医疗费用支出 21 元。

3.3 发展庭院经济，促进了脱贫致富

饮水工程的综合利用，为适量发展畜禽养殖、庭院种植业和加工业提供了保障，增加了农民收入，平均每户可增加收入近 1 000 元。

3.4 推动农村精神文明建设，促进了人水和谐

全县农村饮水条件得到改善，争水、抢水等水事纠纷明显减少，干群关系也更加密切，促进了农村稳定和社会和谐，加快了农村基础设施建设，提高了农民群众的生活质量和健康水平，有力地服务了全县新农村建设。

【作者简介】展东升，男，1964 年 10 月出生，在职研究生学历，统计师，虞城县水务局党委书记、局长。

浅谈农村饮水安全工程管理

张伟晓　郭便玲　董会利　李悦锋

(河南省伊川县水利局)

摘　要：适应全面建设小康社会的总体要求，以改善农村饮用水条件、实现饮水安全为目标，以提高农村饮用水质量为重点，统筹规划，分步实施，到2020年基本解决农村饮水安全问题。按照"先急后缓、先重后轻"的原则，优先解决对农民生活和身心健康影响较大的饮用水问题。要加强水源保护，控制工农业和城乡生活对饮用水水源的污染；改造和新建农村饮水工程；加强农村饮水安全问题研究和对饮水安全状况的监督与监测工作。"十一五"期间，重点解决高氟水、高砷水、苦咸水、污染水等饮用水水质不达标问题以及局部地区饮用水严重不足问题，使老百姓早日喝上"安全水"、"放心水"。

关键词：农村　饮水安全　工程　管理

管好用好饮水工程，是工程保证正常供水，充分发挥效益的一项重要工作。人畜饮水工程建成后，并不断完善农村饮水安全工程"建、管、养"的长效机制，确保农村饮水安全工程"建得成、用得起、管得好、长受益"。

1　建立管理责任制

根据工程所有权的明确归属，应建立明确的管理责任制。农村饮水工程应根据工程大小和受益范围，建立管理机构和配备专管或兼管人员，也可承包给有专门技能、工作责任心强的个人进行管理，签订承包合同，明确责、权、利，做到奖惩分明。乡镇供水工程，应由乡镇农业技术服务中心人员管理。管理机构应根据当地的具体情况，制定水源保护、工程维修、用水制度、节水措施及水费征收等规章制度。收费标准可根据工程养护、设备更新以及人员工资等开支情况确定。

2　工程管理

饮水工程在运行过程中，必须进行维修养护，确保正常供水，发挥其效益。

2.1　提水工程的管理

提水工程一般是把地下水提到蓄水池，然后利用管道将水送到用水户。供饮水用的蓄水池，是引水工程的重要建成筑物，应保持不垮不漏，在运行中发现问题，应及时处理。开敞式水池，要经常清理池中的污物，池底每年清淤1~2次，保持水质卫生。

2.2　引水工程的管理

引水工程在整个工程系统中是不可轻视的一部分，为了保持水质良好，过滤池中的砂、碎石填料，每年应清理一次，并按级配要求重新装入新料。沉淀池要经常清淤或冲洗，特别是雨季引水，应防止大量泥沙进入管道，水渠。

2.3　供水设备的管理

供水设备主要包括闸门、水表、水龙头及水泵、电机等。要经常进行检查，发现漏水或螺丝松动要及时维修，防止工作失职，影响正常供水。水泵及电机等重要设备，要严格按规程操作。

3　水质监测管理

集中供水工程应有消毒调设备；分散供水工程应有防污设施。应经常对水质进行化验，对饮用水进行消毒，以确保供水安全。

4　管网的养护管理

管网的经常性养护很重要，管网养护工作的范围很广，如阀门维修、漏水检查、水管接头松动维修、水管防冻等。

5　保护水源，综合治理污染

加强饮用水水源地保护，对集中式饮用水水源地依法划定饮用水水源保护区，按照《中华人民共和国水污染防治法》和《饮用水水源保护区污染防治管理规定》，严格控制饮用水水源保护区内各项开发活动和排污行为。在水源周围 100 m 处内严禁植树、取土，堆放物料、垃圾等，对造成饮水工程水源污染的，按照"谁污染、谁治理"的原则，环保部门要对造成污染的单位实施限期治理，逾期未完成治理任务的，责令其停产治污。要强化地下水管理，在做好地下水资源开发利用规划基础上，划定地下水限采区和禁采区，实行取水许可审批，防止无序开采地下水。

各地要建立农民饮用水监测网络，定时、定点对农村集中式供水水源水质及农民饮用水水质进行监测，及时掌握农民供水安全状况，发现饮水不安全因素，及时采取措施，保障农村群众饮水安全。要加强水质监测和治理，落实工作责任制，严格实行责任监督。要抓紧制定农村饮用水源地突发性水污染事故应急预案，落实工作责任制，建立应急反应体系、信息监测报送和快速反应机制。

6　合理定价

农村饮水安全工程的供水价格，纳入水利工程供水价格管理范畴，根据本地区水利技术人员经计算定水价。供水工程管理单位要建立"明白卡"、上"明白墙"，坚持做到水量、水质、水价"三公开"。要健全财务制度，加强财务管理，接受有关部门对水费收入、使用情况的检查和用水户的监督。

7　加强协调配合

各有关部门要各司其职，密切配合，共同做好农村饮水安全工程建设的各项工作，确保工程建设的顺利实施。水利部门是农村饮水安全工程的主管部门，要组织、指导农村饮水安全建设项目的实施，对农村饮水安全工程的运行和经营管理、维护和服务体系进行监督，对应用于农村饮水安全工程的相关产品进行监管。

8 加强领导，强化组织保障

各级人民政府要加强领导，将农村饮水安全建设摆上重要议事日程，列入考核各级政府及其有关部门和领导干部政绩的重要内容，建立和落实责任制，实行年度考核。要建立完善作风过硬、精通业务、善于管理、运转高效的工作专班，加强督办检查。各地要通过电视、广播、报纸等媒体大力宣传农村饮水安全工程建设的重要意义，通报推广农村饮水安全工程建设的先进经验，营造全社会关心支持的氛围。

9 结语

农村人畜饮水工程建设后管理的总体要求是：以保障农民群众的饮水安全为目标，以提供优质供水服务为宗旨，坚持按经济规律办事，建立适应社会主义市场经济体制要求、符合农村饮水工程特点、产权归属明确、责任主体落实、责权利相统一、有利于调动各方面积极性、有利于工程可持续利用的管理体系；按成本水价供水、计量收费、市场运作，确保农村人畜饮水工程长期发挥效益。

【作者简介】张伟晓，女，1979 年 10 月出生，助理工程师，从事水利工程设计工作。

浅谈伊川县水利工程管理现状及建议

罗莉姣[1]　张君慧[2]　郭便玲[1]　张改利[1]

(1．河南省伊川县水利局；2．南阳市白河橡胶坝管理处)

摘　要：由于经济社会的快速发展，水利工程管理问题日趋突出，分析伊川县小型水利工程质量现状，提出应对措施，供水利工作者们参考。

关键词：质量管理　现状　建议

1　伊川县水利工程管理现状

新中国成立以来，伊川县水利工程建设事业得到蓬勃发展，工程效益显著。据统计，目前伊川县已建成小Ⅱ型以上水库 22 座，其中中型水库 3 座，小Ⅰ型水库 8 座，小Ⅱ型水库 11 座，塘坝 79 座，机电井 885 眼，堤防长度 110 km，堤防工程保护耕地 16 万亩，保护人口 20 万人。这些水利工程对伊川县的经济和社会发展起了很大作用，产生了显著的社会、经济和环境效益。

在 20 世纪五六十年代掀起了群众修建水利工程的高潮，为伊川县水利水电基本建设打下了坚实的基础，改革开放以来，随着国家把水利工作的重点转移到管理上来，伊川县水利工程管理走上了正常运行的轨道，水利工程逐渐从粗放型向集约型转化，从适应计划经济到适应市场经济转化，初步建立了管理体系和运行机制，使伊川县的水利工程管逐步法制化、规范化、科学化和现代化。

改革开放以来伊川县水利工程加强工程管理，讲究经济效益，狠抓水利工程管理工作，促进各项管理工作全面发展，挖掘现有水利工程的内在潜力，狠抓管理，重在实效。伊川县小Ⅰ型以上水库基本上做到了有管理机构、有管理住房、有简易公路、有照明和通信线路、有工程档案。首先在经营管理上进行产权制度改革，对全县的小型水利工程以承包、租赁、股份合作的方式进行产权制度改革。

2　水利工程管理存在的主要问题

经过认真细致的调查，伊川县水利工程管理存在主要问题如下。

2.1　水利工程大多数修建标准偏低，工程质量差，运行时间长，不能满足防洪兴利需要

伊川县水利工程大多数兴建于 20 世纪六七十年代，标准偏低，施工方法不规范，施工质量差，加之工程已运行了多年，出现了老化和损坏，形成病险和隐患工程。如水库工程不同程度地出现渗漏、软基、涵管断裂、堵塞及启闭机损坏等现象，这些病险水库有的需降低水位运行，严重影响了其效益发挥；有的带病运行，这样势必对下游人民的生命财产构成严重威胁，一旦失事，将会造成惨重损失。一些堤防工程存在着堤顶高程偏低、堤身断面单薄、填筑质量差、堤身堤基渗漏严重等问题，加之防汛备料不足，

致使洪水期间不少堤段将产生管涌等渗透破坏，甚至有溃堤的危险。

2.2 资金投入不足，重建轻管，工程效益降低

由于水利工程缺乏维修资金，很多水利工程年久失修，特别是不少病险工程没能及时除险加固，工程效益锐减。如全县近几年安排小农水经费 1995～1998 年每年为 30 万元，1999 年为 40 万元，这个数字低于 20 世纪 80 年代初近 50%，杯水车薪，无法根除病险工程。

2.3 水利工程配套不全，影响了工程效益的发挥

多年来，在水利工程建设中只重视枢纽工程的建设，而忽视了配套工程，致使受益范围窄小，影响了灌溉面积的正常发挥。如一些水库只重视枢纽工程，而忽视了对渠系配套的建设和管理，造成渠道淤积，致使每到放水季节，上游淹死，下游旱死，渠水白白流失，影响了灌溉效益的发挥。

2.4 机械设备流失，老化现象严重

由于缺乏管理，原有的机械设备有的流失，有的老化，还有些零部件已经损坏，无人修理，带病运行。如一些水利工程的排涝站、电灌站平时无人管理，导致变压器、输电线路等被盗，加之设备缺乏必要的维修，每到防汛抗旱季节，机器不能运转或带病运行，制约了工农业的发展。

2.5 工程管理体制不健全，有法不依，执法不严

一些水利工程管理机构不健全，管理人员素质较低，造成了在执法过程中有法不依、执法不严的现象时有发生。如一些小型水库管理人员文化水平低，更换频繁，缺乏水库的管理经验，造成工程管理不善，财务管理混乱。更有一些水库无管理机构，无专管人员，造成水利工程毁损严重，乱扒、乱挖现象时有发生。

3 水利工程管理存在问题的原因

自农村实行联产承包责任制以后，农村水利的管理有所放松，"重建轻管"使水利工程管理行业"不景气"，管理水平落后，技术水平低，制约了水利工程的发展。

3.1 农民的经济意识观念增强，难以集中劳力从事水利工程建设及管理

在 20 世纪五六十年代，伊川县大规模地兴修水利，每年都要抽调数万劳力从事农田水利基本建设。而 90 年代后，农民忙于经营或弃农从商，放松了水利建设，他们讲究经济效益。因些，难以抽调大批劳力兴建水利工程。

3.2 管理不善，群众集体观念差

农村实行联产承包责任制后，特别是近几年以来，农民的个体经济意识较强，集体观念淡薄，从而在水利工程管理上存在只知用水、不愿管水，致使水利工程老化失修、毁损严重。

3.3 自力更生精神不强，伸手向上要思想严重

有些地方无论是建水库、电站、渠道，还是堤防加固甚至管理都依靠上级拨款，无钱不干，等、靠、要思想严重。按照中央要求，农田水利基本建设应以群众自办为主，国家只能在器材方面给予支持。现在群众存在着一种偏向，国家不投资，水利没人干，纯粹依赖国家的思想严重，影响了水利建设及管理。

3.4　管理人员待遇低，无自主权，影响了工程的积极性

如全县小 I 型水库管理人员的工资每月在 200 元左右，水库的一切开支都需由各所在乡镇政府统管，这样势必挫伤管理人员的工程管理积极性，阻碍了水库的发展。

4　加强水利工程管理的几点看法

水利是国民经济的基础产业，做好工程管理，确保工程安全是保证工程正常运行，保持经济持续发展的关键。开展水利综合经营，搞好水费征收是实现以水养水、良性运行的重要途径。建是基础，管是关键，工程管理的好坏直接关系到管理单位的命运。下面就伊川县的水利管理工作谈几点看法。

4.1　解放思想，更新观念

改革开放的实践证明，先进的思想观念是市场经济条件下发展水利事业的强大推动力，谁先解放思想，不等不靠，勇于开拓创新，谁就能抓住机遇，迅速发展。这些年来，伊川县的工程管理单位在解放思想的大道上确实有了些新的起色，但也不可否认，有些单位依然存在着观念陈旧、等、靠、要的懒汉思想，进取争先、自谋发展意识不强，极大地防碍了工程管理，束缚了水利事业的进一步发展。当前，我国的改革开放已进入攻坚阶段和成熟时期，如果我们还抱着那落后、陈腐观念不放，势必错失发展良机。为此，我们务必加快转变六种观念：一是转变水利是单纯的公益事业、福利事业的观念，树立水利是国民经济的基础设施和基础产业的观念；二是转变无偿供水的观念，树立水是商品，征收水费是实现以水养人、自我维持的观念；三是转变水利事业只姓"农"的观念，树立水利为国民经济和社会发展全面服务、积极开展多种经营的观念；四是转变安于现状、守摊子的观念，树立试、闯、冒，依靠自己的观念；六是转变安于贫困、讲义不言利的观念，树立义利并重、脱贫致富的观念。在实行社会主义市场经济体制改革的新形势下，各水管单位要按照有利于水利事业的发展，有利于经济效益的提高，有利于调动广大水利职工的积极性的标准，解放思想，换活脑筋，大胆进入市场，参与竞争，在政策允许范围内，借船出海、借智生财，在注重社会效益的同时，大力提高经济效益，使水利行业早脱贫，水利职工早致富。

4.2　强化对工程管理的认识，切实加强工程管理

水利是农业的命脉，是国民经济和社会发展的基础设施与基础产业。因此，认真管好水利工程是管理人员义不容辞的责任，各管理单位首先必须建立健全管理机构，做到有管理房屋、有办公设备、有规章制度、有经济实体和相对稳定的管理人员；其次加强财务的监管工作，管理单位必须有财务自主权，实行独立核算、自负盈亏，同时县水利行政主管部门定期对财务管理进行审计，对违反财务纪律连年亏损的水管单位负责人给予清退。

4.3　认真学习水法规，进一步落实工程管理措施

伊川县水利工作应在水法规的正确指引下，广泛开展水利工程安全鉴定、大坝注册登记、病险水库除险加固、水利投入政策和水利项目社会经济评价等，使水利工程管理逐步走上法制化和规范化轨道，确保工程安全运行，实现良性循环。

【作者简介】罗莉姣，女，1976 年 10 月出生，助理工程师，主要从事水利工程设计工作。

人民胜利渠灌区信息化建设及近期规划

尚德功　　马喜东

(河南省人民胜利渠管理局)

摘　要："七五"期间人民胜利渠曾利用计算机的远程监控技术，对渠首闸和一号跌水枢纽的17孔闸门进行了适时监控研究；"八五"期间在灌区内实施了土壤墒情和降雨量自动测报技术的试验和研究；"十一五"灌区技术改造项目规划中，对渠首和各跌水枢纽工程的信息化建设进行了完整的规划，各项工作都在计划实施中。

关键词：自动化　监控　信息化　灌区

人民胜利渠灌区是 1952 年在黄河下游开灌的第一个大型引黄灌区，设计灌溉面积 148.84 万亩。它的建成结束了"黄河百害，唯富一套"的历史，并在区域农业生产和城市建设中发挥了不可替代的作用，产生了显著的经济效益和社会效益，是国内外享有盛誉的灌区之一。

为提高灌区管理水平，改变落后的传统管理方式，"六五"期间提出了人民胜利渠实现计算机远方监控自动化管理的设想，"七五"和"八五"期间分别设立了国家和省科技攻关项目进行试验研究。"十一五"灌区技术改造项目规划中，对渠首和各跌水枢纽工程的信息化建设进行了完整的规划，各项工作都在计划实施中。

1　"七五"国家科技攻关项目

"七五"国家科技攻关项目名称为"灌溉系统引配水枢纽工程多微机分布式远方监控系统的研究"。该项目工程在管理局设中心控制室，对渠首和总干一号跌水枢纽两分站的5组闸群共17孔闸门的上下游水位、闸门启高及过闸流量等数据量实施监测和控制。该项目工程 1990 年通过部级鉴定。

项目鉴定后，系统设备几乎处于闲置状态，偶尔有人来参观，也只是看看系统设备和建设情况，至多打开中央机看一下画面设计，整个系统未正式运行过。渠首分站由于维修房子，把机器搬走了；一号跌水分站机器长期不运行，怕水位传感器丢失，全部摘了下来。

该自动化系统不能在生产实践中发挥效益的原因分析如下：

(1)对引进设备消化不够。迫于课题时间安排，从设备引进到仪器安装和鉴定仅有一年时间，在这一年里，既要了解各种仪器的性能，又要对其进行开发和安装，在许多软件和字库都不具备的情况下，只有采取一些补救措施来达到目的。如图形软件不具备，许多图形只得从原始做起，连汉字也要做成图形来调用。工作中难度很大，根本没有足够的时间来消化系统设备。

(2)课题组成员不应做大的变动。课题下达后，就应大胆放手让他们去干，不要过多地去干涉，更不应该无故中途易人。该课题原课题组长因到退休年龄中途退出课题，新任课题组长对情况了解得不够全面，甚至连资料都未来得及全部翻阅。学了的人没有用，用的人却没有学，这样如何能将系统的每一个环节都吃透，做出一个像样的系统呢？

(3)对建成的系统要大胆使用。系统建成后，尽管存在一些问题，还是可以应用的。不能怕出问题就不敢使用，单为应付参观才开机也是不可取的。仪器设备只能在不断地使用和维修中得到进一步的完善，越是闲置越容易出问题。该系统若是建成后一直使用，发现问题及时维修和完善，其结果可能要好点。

2 "八五"科技攻关项目

"八五"期间，在人民胜利渠灌区的翟坡试区搞了一个农作物水环境监测预报系统，该课题由省水科所承担，中心站设在管理局，试区内设3个分站，对试区内的地下水埋深、土壤墒情以及降雨量等数据进行监测，每个分站都设有1个地下水埋深传感器和3个土壤墒情传感器，3个土壤墒情传感器分别埋设在20 cm、50 cm、80 cm深的土壤中，仅在1个分站设置了雨量传感器，整个系统采用无线通信，各分站端机自动采集数据，定时测报。中心站设有数据接收机和数据处理机，负责数据的接收和处理，并运用数学模型对作物灌水时间作出预报，以达到指导为农作物科学灌水之目的。

该项目工程于1996年通过省级验收和鉴定，被鉴定为国内领先技术水平。由于仪器设备缺乏保护，加上周围群众保护意识不强，分站的仪器设备半年左右就被损坏，仪器设备不翼而飞，只留下电线杆上的一个天线，但中心站的仪器设备至今仍运行良好，性能如初。由此可见，要建设现代信息化灌区，除提高科学技术水平、选好设备搞好开发外，周围群众的宣传教育工作也不可忽视。

3 "十一五"信息化建设规划

随着灌区信息化建设技术的不断成熟和发展，新设备新技术在各灌区的相继应用，尤其是远程数据传输技术的不断完善和成本的降低，人民胜利渠灌区改变跌水分水枢纽闸门传统管理方式的要求越来越高。人民胜利渠在申报"十一五"灌区技术改造项目计划中，对灌区信息化建设进行了详细的描述，等待着上级主管部门的审批。

该规划中，计划在管理局建一中心控制站，对人民胜利渠渠首闸和武加渠首闸两组9孔闸门、一号跌水三组7孔闸门、二号跌水三组5孔闸门、三号跌水三组10孔闸门四个分站31孔闸门实施远距离监测控制。

近年来，黄河调水调沙拉低黄河河床，造成枯水期灌区引水困难，随时掌握引水渠口黄河水位高程变化情况是灌区引水工作的必需，靠人徒步在黄河滩里沿引水渠往返观察，达到这一要求确实困难，安装自动观测仪器，实施数据自动测报，是达到这一目的的最佳选择。为此，需在引水渠口设置一个黄河水位自动定时测报装置。

由于引水渠水位监测在灌区管理工作中的迫切性，将作为第一期工程实施，管理局中心站和渠首分站建设作为第二期、三个跌水枢纽分站将作为第三期工程实施。只要项目审批下来，资金到位，三期工程将相继实施。整个项目工程完成后，人民胜利渠总干渠各枢纽工程将完全实施信息化管理，达到提高管理水平、促进灌区经济发展的目的。

灌区现代化、信息化建设，是一项任重道远的工作，要靠一批有志之士的努力开拓。因此，信息化建设和管理人才的引进和培养是其中重要一环，必须从一开始就注重它。后续维修资金的筹措，日常运行的管理维护等这些问题要及早注意，切不可重蹈重建轻管的覆辙，让人民胜利渠灌区信息化建设成为一棵永不衰竭的常青树。

浅谈水库汛前检查在防汛工作中的重要性

李悦锋　郭便玲　张改利　王卷霞

(河南省伊川县水利局)

摘　要：伊川县地形东西高中间低，沟壑纵横，这些特殊的地形使水库分布稠密。目前伊川中小型水库有 22 座，都修建于 20 世纪五六十年代，大坝沉陷较严重，防洪标准低，大坝无任何观测设施，溢洪道消能设施不完善，输水道老损严重，防汛道路差，每到汛前都必须进行新老问题的排查，针对排查出的问题采取一系列问题，保证汛期水库下游人民的生命财产都不受到任何威胁，能安全地度过汛期，所以汛前检查在防汛工作中是十分重要的。

关键词：水库　汛前检查　重要性

伊川县地处豫西丘陵区，河沟泉溪遍布全境，伊河为伊川境内最大的河流，从伊川中部自南向北穿过，境内还有伊河较大支流 13 条，地表水较丰富。伊川总土地面积 1 243 m²，其中 98%的面积属黄河流域伊洛河水系，2%属淮河流域北汝河水系。地形东西两边高，中部偏低，东西两岭沟壑纵横，向中部伊河川区倾斜，特殊的地形条件使得东西两岭水库分布较密集，全县共有中小型水库 22 座，其中中型水库 2 座，小Ⅰ类水库 11 座，这些水库自建成以来使全县 11 个乡(镇)108 个村 20 余万人口、15 万亩耕地受益。但是，由于这些水库均修建于 20 世纪五六十年代，经过几十年的运行，目前均存在着不同程度的险情，若不对这些险情排查处理，水库一旦失事，那么将会对原受益人口土地设施的安全产生极大的威胁。如何确保这些水库不给人民生命财产带来灾难，任务非常艰巨，责任十分重大，所以我们一定要认真做好汛前检查，总结经验教训，正视面临的困难和问题，求实有效地做好工作，千方百计确保水库安全度汛，最大限度地发挥水库效益。

1　中小型水库概况

伊川县有 2 座中型水库，控制流域面积 233.1 km²，总库容 4 746 万 m³，其中兴利库容 1 857 万 m³，设计灌溉面积 8 万亩，有效灌溉面积 3.53 万亩。水产养殖面积 1 837 亩。

20 座小型水库中，小(Ⅰ)型 11 座，小(Ⅱ)型 9 座。总控制流域面积约 220.45 km²，总库容 3 829.2 万 m³，其中兴利库容 1 982.7 万 m³，有效灌溉面积 42 670 亩。

2　中小型水库汛前检查存在的问题

2.1　水库防洪标准

目前，伊川县的 22 座中小型水库全部进行了大坝安全鉴定，达不到省定标准的 10 座，其中防洪标准低于 20 年一遇的 2 座，都被评为三类坝。造成水库防洪标准低的主要原因，一是水库先天不足。伊川县水库都是修建于 20 世纪五六十年代，受当时"大跃进"

与"文革"时期社会情况的制约，大多属于"三边工程"，普遍存在工程标准低、质量差、隐患多、监测管理设施不完善等问题，造成先天不足。二是投入经费少，地方财政比较困难，水费征收也出现了困难，正常管理养护跟不上，一般只在出现严重险情时才应急处理，"头痛医头、脚痛医脚"，只治标、不治本，没有从根本上解除隐患。

2.2 监测管理设施落后，管理条件艰苦

(1)雨量报汛手段落后。目前我县2座中型水库主要靠人工报汛，小型水库没有必要的报汛设施和手段。

(2)大坝安全监测设施不完善。2座中型水库最基本的监测设施(沉陷、位移、渗漏、浸润线、扬压力)都老损严重，不起作用。小型水库无任何大坝安全监测设施。

(3)通信手段落后。特别是小型水库没有专管机构和人员，通信联络可靠度低。

(4)防汛道路状况比较差，无法及时运送抢险人员和物资，很难进行抢险。

2.3 工程设施隐患多

伊川县水库工程经过几十年的运行，工程老化、失修严重，存在坝体渗水、溢洪道不畅通、放水设施损坏严重、坝面无排水设施等。如杨寨水库，从二级平台开始向下有一个长约30 m、深8 m、宽10 m的大坑，并伴有渗水，一遇洪水，随时都有垮坝的危险。

3 通过汛前检查对存在问题采取的措施

为确保水库安澜，必须了解其存在问题，并掌握问题产生的原因，病险情的发展、演变，唯一的途径就是通过汛前检查，只有通过汛前检查，掌握水库现状和存在问题的严重性，才能有计划、有步骤、有针对性地全面部署。所以，汛前检查是安全度汛的坚实基础。目前必须做到以下几点：

(1)完善责任制，强化监督管理。伊川县多年实践证明，落实好以行政首长负责制为核心的中小型水库责任制是保证安全度汛的关键。①县乡政府主要领导对所管辖地区的水库安全负总责。层层鉴订责任卡，将责任落实到人，技术指导落实到人，防汛料物落实到实处，并将责任人名单和职责向社会公布，接受社会监督和检查。②将水库的基本情况和汛前检查出的问题制订成册，发放到水库责任人手中，使水库防汛责任人及时了解水库的情况，对水库存在的新老问题和安全隐患做到心中有数，检查督促管理单位采取措施，管理单位要主动地向防汛责任人汇报水库情况。

(2)做好各个水库的防洪应急预案。要按照市防汛办给伊川县下发的《水库防汛抢险预案编制大纲》，对2座中型水库制定完善的安全度汛预案。预案要以确保人民的群众生命安全为首要目标，体现行政首长负责任、统一调度、全力抢险，力保水库工程安全。对20座小型水库，落实应急度讯措施，做到防汛组织、抢险队伍、防汛料物、通信预警、安全转移"五落实"，对病险问题突出的水库，如杨寨水库，坚决降低汛限水位或空库运行，确保水库安全。

(3)落实好通信畅通和值班安排工作，在汛前检查之后，伊川县防汛指挥部制定出了在汛期通信器械一定要24小时畅通，值班人员要24小时不能断岗。县防汛指挥部每天最少两次电话联络抽查到岗情况和不定期到现场检查情况，制度定出之后，今年汛期通

过抽查验证，每次电话联络都收到很好的效果。

4 结语

对水库汛前检查是防汛工作的基础，汛前检查彻底了，才能采取一系列措施，始终贯彻"安全第一、常备不懈、以防为主、全力抢险"的方针。防汛是一项长期任务，实践证明，大江大河、内湖外海的防汛形势十分严峻，自然灾害频繁发生，防洪任务长期而艰苦，加强汛前检查极为重要。因此在防汛工作中，永远是宁可信其有，不可信其无，防汛抢险做到心中有数，常备不懈、有备无患。

【作者简介】李悦锋，女，1976 年 7 月出生，助理工程师，从事水利工程管理工作。

一种亟待推广的小型挡水坝——人字闸

李孟奇　陈维杰　李重新　张建生　刘冠新

(河南省汝阳县水利水保技术推广站)

摘　要：在山区河道上建造人字闸，既可方便灌溉，又不影响行洪。本文通过设计和试验，对人字闸的结构型式、构造尺寸、止水技术及闸基处理等进行了初步研究，各地在应用中不妨予以借鉴。

关键词：人字闸　结构　设计　技术

　　人字闸是一种半固定式蓄水闸门，属轻型的小型挡水坝，由于其支架为人字状，故称人字闸。它主要由人字架、挡水面板、闸基以及两岸闸墩及翼墙四部分组成，对于大中型人字闸还可考虑增设铺盖、海漫与消力池等辅助工程。这种闸坝的首要特点是人字架固定，闸板为活动式，可装可卸。它具有以下明显优点：一是蓄水期装板蓄水灌溉，汛期卸板泄洪冲淤；二是与固定式蓄水坝相比可以利用洪水冲淤来扩大蓄水容积，从而延长使用寿命；三是适宜山区小泉小水的拦蓄，与水渠、提灌站、流动泵配套使用十分方便；四是造价适中，一般每米坝长投资 2 000 元左右，按立方米库容折算 5~8 元；五是适宜小面积地块使用，一般 1~2 hm² 的地块建一处小型人字闸，配自流渠(管)或流动泵进行灌溉效益极佳；六是运行管理方便，不蓄水时可以将面板拆装运走，而人字架为固定式，不需设专人看管；七是可以梯级开发，有利于水资源的充分利用；八是蓄水后可以狭谷成湖，有利于美化、净化环境，改善流域小气候。

　　人字闸结构可用图 1 来表示。

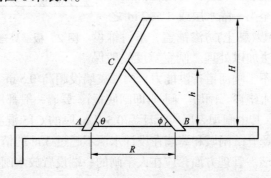

图 1　人字闸结构简图

　　由图 1 可以看出，撑杆的倾角 θ 对工程结构的影响较为突出，当 θ 变小时，迎水面坡长增加，挡水板工程量相应增大；当 θ 过大时，人字闸抗倾覆能力减弱。另外，撑、压杆之间的跨度 R 与闸基的工程量直接相关，R 大时，闸基工程量则大，反之亦然。所以，人字闸结构的一系列尺寸选择应该从 θ、R 起步。

目前，各地对人字闸结构的研究还大都存在着许多假定和试验的成分，缺乏成熟的理论模式。河南省汝阳县、栾川县等地近年建造的人字闸工程可分为两种类型：一种是采用一字钢作支架，挡水面板则采用角钢焊接框架、中间填充钢筋混凝土板，这种型式的 θ 角大多取值为 60°，使三个支撑点 ABC 之间呈等边三角形；再一种就是支架和挡板全部采用钢筋混凝土，这种型式的结构尺寸经计算和试验一般选择为：闸前水深 $H=1.5\sim3$ m，撑杆倾角 $\theta=65.5°$，压杆倾角 $\phi=65.5°$，撑、压杆跨度 $R=0.75H$，撑、压杆结点(视为铰结)高度 $h=0.84\,H$。钢筋混凝土结构的撑、压杆截面一般设计为矩形，其中撑杆按两端 (A、C)固定梁计算配筋、压杆按偏心受力柱计算配筋。一般架高 H 低于 2 m、闸前正常水深低于 1.5 m 的小型人字闸工程，二杆断面均可采用 $h_0 \times b_0 = 25\ cm \times 14\ cm$，撑杆配上部受力筋 $2\phi10$、下部受力筋 $3\phi10$，压杆配构造筋 $4\phi12$、架立筋 $\phi8@25$。

挡水面板考虑装卸能力，一般选取板厚 8~12 cm，单板宽度为 50 cm 左右，板长(即板跨，亦即人字架间距)1.2~2 m，单板重量不超过 300 kg。面板配筋按两端铰支的简支梁计算，对于架高 H 低于 2 m、闸前正常水深低于 1.5 m 的小型人字闸工程，受力筋可配 $\phi8@15$、分布筋配 $\phi6@20$。

挡板应设四周止水，常用的办法是与撑杆及闸基间采用橡皮止水，板缝则采取黄泥、水泥砂浆复合止水，见图 2。

人字架应深入闸基坝面以下 0.8~1.2 m(基础好的可适当减少)，闸底高程一般要高出河床 0.2~0.4 m，过高影响行洪且减少库容，过低则易造成库前淤积，不便闸板拆卸。库底宽度根据河道地质情况、人字架双杆跨度及管理运用情况等因素控制在 3~8 m 之间，厚度(即深入河床的深度)视地区情况而定。若坝基为岩石，则按筑坝要求清至基岩即可砌筑，直至闸底板设计高程；若坝基为软层，则一般挖至第一隔水层或 1.5~2 m 之深度，然后采取上游设(黏土)防渗铺盖，下游铺设(砂砾料)反滤层的办法加以处理。闸室宽度一般保

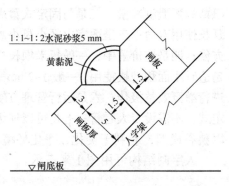

图2　板缝处理示意图　(单位:cm)

持原河道宽度，基本不影响河道行洪能力，两端翼墙设超高 0.5 m 左右，并注意和两岸山体的连接，严防库水绕渗。闸墩、闸坝(即闸底板)、翼墙一般都用 M10 水泥砂浆砌块石。为防渗漏和冲刷，其中闸坝表层应设计为 0.5~1 m 厚的 C15 混凝土作防冲面(即下部为浆砌石，上部为混凝土)，闸墩和翼墙在设计水深不超过 3 m 的情况下可采取迎水面深勾缝或砂浆抹面防渗墙。管理方面，应在人字闸的一端设置放水闸门和阀门，以方便灌溉取用水的拆卸闸门时放空水。

参考文献

[1] 陈维杰. 集雨节灌技术[M]. 郑州：黄河水利出版社，2003.

南水北调中线工程应河渠道倒虹吸岩溶发育规律浅析

张　帆　刘福明　王双锋

(河南省水利勘测有限公司)

摘　要： 本文通过对南水北调中线工程总干渠应河渠道倒虹吸岩溶发育规律分析评价，提出了工程处理措施与建议，对南水北调中线工程总干渠渠线以及建筑物的设计、施工具有一定的指导意义。

关键词： 南水北调中线一期工程　岩溶　分析

1　地质概况

南水北调中线一期工程总干渠应河渠道倒虹吸位于河南省宝丰县杨庄镇大温庄村东南约 400 m 处，为总干渠穿越应河的建筑物。设计建筑物总长 269 m，设计流量 320 m³/s。

应河系沙河水系的一条支流，由西北流向东南，于平顶山市薛庄乡南入白龟山水库。设计建筑物以上集流面积 41.7 km²，百年洪峰流量 1 040 m³/s，相应洪水位 132.93 m。应河为一常年性河流，由西北向东南呈缓"S"形穿过工程场区，河谷形态呈宽浅形，宽度一般 30 m 左右，河底高程一般 127～129 m。

2　工程水文地质条件

2.1　地层岩性

工程区属剥蚀残丘地貌，地形略有起伏，地面高程 131～134 m。工程场区勘探深度范围内，上部为第四系全新统和上更新统地层，与寒武系中统地层呈不整合接触，共分为 5 个岩土体单元。

(1)轻壤土(alQ_4^2)：浅黄色，结构松散，含卵石。分布于漫滩，厚约 0.5 m，结构松散。

(2)重壤土($alplQ_3$)：浅黄—浅灰色，可塑，部分为淤泥质土，底部为厚约 0.4 m 的细砂，含泥质。

(3)重粉质壤土($alplQ_3$)：黄色，稍湿，硬可塑状，含钙质结核，直径一般 1～3 cm。

(4)卵石($dlplQ_2$)：灰色，成分主要为灰岩，少量石英砂岩。卵石直径一般 6～8 cm，大者 13 cm，呈棱角～次棱角状，磨圆度差，砂泥质充填，结构稍密。

(5)灰岩夹泥质灰岩($\in_2$)：灰岩：浅灰—深灰色，细晶结构，层状构造，单层厚 5～40 cm。泥质灰岩：浅黄、紫红及深灰色，泥质结构，薄层状结构，单层厚一般 2～5 cm，局部尖灭。裂隙、岩溶发育：裂隙长一般 10～40 cm，宽 2～5 cm，弱风化带内充填红黏土，微风化带内多被方解石充填；岩溶在地表可见溶沟、溶隙，钻孔中可见溶孔、溶洞等，钻孔揭露最大溶洞直径约 1.6 m。

2.2 地质构造

工程区大地构造分区位于华北准地台黄淮海拗陷西南部，新构造分区位于豫皖隆起-拗陷区的南部。区域构造线的方向以北西向和北东向为主，次为近东西向。工程区周围30 km 范围内的主要断裂为汝河断裂(F76)、九里山断裂(F77)、平顶山断裂(F78)、鲁山-漯河断裂(F79)、宝丰-郏县断裂(F80)等，见表1。

表1 工程区附近断裂构造

断裂名称	断裂编号	产状	特征
汝河断裂	F76	走向北西西，倾向南南西	断裂附近晚第三纪地层和早更新世地层陡倾，汝河断裂控制北汝河的走向和位置
九里山断裂	F77	走向310°，断面近直立	全长约25 km，破碎带宽约20 m，九里山断裂曾多期活动，最近一次活动发生在早更新世
平顶山断裂	F78	走向315°，倾向南西，倾角60°~70°	长度约21 km，垂直断距西段大、东段小，该断裂在晚第三纪活动
鲁山-漯河断裂	F79	走向北西西，倾向南南西，倾角60°左右	长度约120 km，该断裂是一条区域性大断裂，新生界最大断距超过2 000 m，为一正断层。该断层至少在晚第三纪仍有强烈活动，但第四纪以后断层活动不明显
宝丰-郏县断裂	F80	走向45°，倾向北西，倾角45°	总长33 km，断裂左旋错断李口向斜，断裂通过处地貌未显示，推测该断裂为晚第三纪活动断裂

勘察区位于豫皖地震构造区，区域上地震活动强度小、频度低。根据中国地震局分析预报中心2004年编制的《南水北调中线工程沿线设计地震动参数区划报告》，工程区地震动峰值加速度为 0.05 g，相当于地震基本烈度6度。

工程区附近断裂构造见表1。

2.3 水文地质条件

工程场区地下水主要赋存于第四系松散层孔隙中和寒武系灰岩裂隙岩溶中，二者水力联系密切，构成统一含水体，主要为潜水，局部具有承压性，一般汛期河水补给地下水，枯水期地下水补给河水。测得潜水位高程 128.84~130.17 m。

为查明工程区各土、岩体的渗透性，为设计和施工提供可靠的水文地质参数，分别进行了压、注水试验和室内渗透试验。第②层重壤土和第③层重粉质壤土具弱-中等透水性；第④层卵石具中等透水性；寒武系中统灰岩夹泥质灰岩岩体，上部弱风化具中等-强水性；下部微风化具微透水性。

3 岩溶发育规律

工程区中寒武统灰岩夹泥质灰岩具溶蚀现象。因受地形地貌、构造、岩性及水文地质条件等因素的影响，岩溶发育很不均一，其发育高程主要在113 m以上。地表主要为沿裂隙发育的溶沟、溶槽，宽2~10 cm，深1~10 cm。钻孔揭示主要为溶洞、溶孔、溶隙等,多为黏性土、灰岩碎屑充填,揭示溶蚀洞隙最大铅直厚度1.60 m。据统计钻孔岩溶线比率为8.8%~26.7%(见表2)。

表2　钻孔岩溶发育情况

孔号	岩溶发育分布高程(m)	岩溶发育下限高程(m)	岩溶发育厚度(m)	钻孔中岩溶发育总厚度(m)	岩溶线比率(%)	岩溶充填情况	岩溶充填物质
NAH23-1	118.17~117.67, 116.97~116.77, 116.27~114.87, 113.97~113.73	113.73	0.5, 0.2, 1.4, 0.24	2.34	26.7	全充填	黏性土、灰岩碎屑
NAH23-3	127.71~127.41, 120.91~119.31, 117.81~117.51, 116.31~116.01 114.31~114.01	114.01	0.3, 1.6, 0.3, 0.3, 0.3	2.8	18.7	全充填	黏性土、灰岩碎屑
NAH23-4	115.16~113.96	113.96	1.2	1.2	10.4	全充填	黏性土、灰岩碎屑
NAH23-5	118.18~117.38	117.38	0.8	0.8	20.5	全充填	黏性土、灰岩碎屑
NAH23-6	123.08~122.72, 120.13~119.03	119.03	0.36, 1.1	1.46	25.8	全充填	黏性土
NAH23-7	114.22~112.79	112.79	1.43	1.43	8.8	全充填	黏性土

为进一步查明岩溶情况及发育规律,对工程场区 NAH23-2、NAH23-4 两孔进行声波测井,测试曲线见图1。

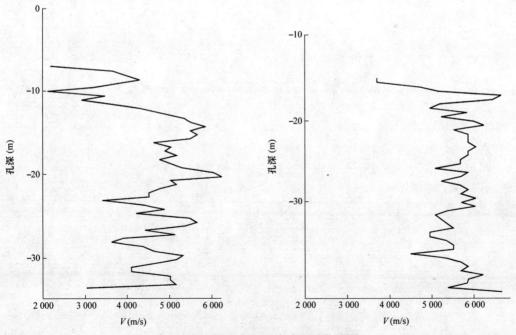

图1　应河渠道倒虹吸声波测试曲线图

由图1可知，应河渠道倒虹吸工程NAH23-2孔孔深9~11 m、22~25 m、27~28 m、31~32 m处岩溶发育；NAH23~4孔18~20 m、25~27 m、31~33.5 m、35 m处岩溶发育。

4　结论

设计倒虹吸水平管段建基面高程 117.8 m，位于弱风化的灰岩夹泥质灰岩中。工程区中寒武统灰岩夹泥质灰岩在该部位岩溶较为发育。因受地形地貌、构造、岩性及水文地质条件等因素的影响，岩溶发育很不均一，其发育高程主要在113 m以上，主要表现为溶洞、溶孔、溶隙等，多为黏性土、灰岩碎屑充填。施工时，应根据岩溶发育程度采取灌浆、充填等相应的处理措施。

参考文献

[1] 水利水电工程地质勘察规范(GB50287—99)[S]. 北京：中国计划出版社，1999.

[2] 水利水电工程地质手册[M]. 北京：水利电力出版社，1985.

[3] 邹成杰. 水利水电岩溶工程地质[M]. 北京：中国水利水电出版社，1994.

[4] 李永乐. 岩土工程勘察[M]. 郑州：黄河水利出版社，2004.

[5] 陈平货，等. 南水北调总干渠Ⅱ渠段上第三系工程地质特征[J]. 西部探矿工程，2006(7).

【作者简介】张帆，男，1974年出生，1999年毕业于河北建筑科技学院资源系水文与工程地质专业，从事工程水文地质勘察与水利工程施工，工程师。

循环冷却技术供水在西霞院反调节电站的应用

孔卫起　李国怀　田武慧

(小浪底水力发电厂)

摘　要： 水电机组的技术供水系统采用循环冷却方式是解决机组对冷却水质要求的一种较好的方式。西霞院反调节电站机组的循环冷却供水系统由循环水泵、循环水池和设在尾水中的冷却器组成。为了保持冷却器的防锈、防蚀和冷却效果，在冷却器表面涂有附着力很强的低热阻的涂料。循环冷却方式最适用于多泥沙或多污物等水质的水电站。西霞院反调节电站的技术供水系统以循环供水为主用，坝前取水为备用。具有较高的供水可靠性。

关键词： 机组技术供水　循环冷却　西霞院反调节电站

1　简介

　　西霞院反调节水库是黄河小浪底水利枢纽的配套工程，也是黄河治理规划的梯级开发项目之一。工程位于小浪底坝址下游 16 km 处的黄河干流上，是一座以反调节为主，结合发电，兼顾灌溉、供水等综合利用的水利枢纽。工程所处河流多年平均含沙量 37.32 kg/m^3，水温 28~0.3℃。电站厂房内安装 4 台单机容量为 35 MW 竖轴轴流转桨式水轮发电机组，电站总装机容量 140 MW，年利用小时数 4 164 h；最大毛水头 13.97 m，最小毛水头 6.13 m，额定水头 11.5 m，电站保证出力 45.6 MW，多年平均发电量 5.83 亿 kWh，首台机组已于 2007 年 7 月投入运行。

　　本电站的技术供水主用水源取自大坝南岸地下水源井，采用循环供水方式，每两台机为一个供水单元，每单元设置 3 台循环水泵，其中 2 台工作，1 台备用。共设 2 个供水单元。循环供水系统主要由供水泵、循环水冷却器、循环水池、机组冷却器、阀门、管路、表计以及控制系统等组成。循环供水系统设一套集中控制水泵的可编程(PLC)电控柜。

　　备用水源取自坝前，设 3 台水泵(离心泵)，其中 2 台工作，一台备用。备用水源仅在非汛期需要的情况下投入使用。备用水源供水设 1 套控制系统，包括 1 面备用水源供水泵及阀门 PLC 屏、3 面备用水源供水泵控制屏。

　　循环冷却水是一种能彻底解决机组冷却水水质要求较高的机组技术供水方式，水泵从循环水池取水，利用尾水冷却器将机组热量带走，机组运行不再受冷却水水质影响。而且由于循环水水质好，也防止了泥沙对机组各冷却器的磨损、淤堵、结垢以及生长水生物，既减轻了检修工作量，又延长了设备寿命。循环冷却水供水方式是一种能较好地解决水电站技术供水水质问题，适合于各种水头、各种型式水电站的成熟可靠的供水方式。

2　循环水系统

　　图 1 为西霞院反调节电站 2$^\#$循环水系统示意图，机组排出的温度较高的冷却水，有

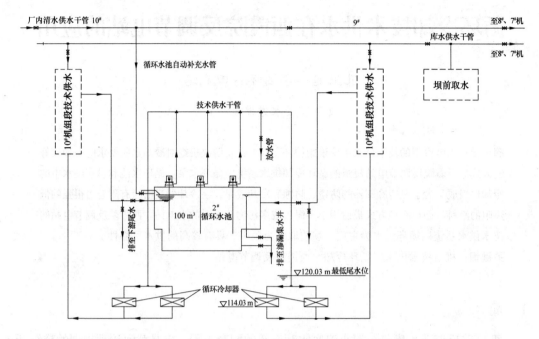

图 1　西霞院反调节电站 2# 循环水系统示意图

压流到循环水池。循环水泵从循环水池抽水至尾水冷却器，尾水冷却器置于尾水中，机组尾水将尾水冷却器冷却水中的热量带走，尾水冷却器出水管的冷却水温降低到机组允许的冷却水温度，重新进入机组，如此循环保证了机组的正常运行。

3　环水泵

每台机组总冷却水量约为 245 m³/h，采用 3 台循环水泵(2 用 1 备)，每台泵设计流量为 300 m³/h。根据管路布置，考虑机组及尾水冷却器水头损失，循环水泵的扬程不小于 45 m。

循环水泵采用深井泵，这种水泵占地面积小，便于布置，由于主轴密封为金属密封、无盘根，因此循环水泵本身不漏水，对于保持循环水池水位有很大好处。

循环水泵的控制采用电控柜，电控柜用 PLC 可编程控制器自动控制，并监测循环水池水位、冷却水流量、冷却水温度，自动化程度较高。

4　循环水池

循环水池的作用是稳定冷却水水压，保持自由水面接触大气，使循环水不变质。在管道及机组各冷却器、尾水冷却器不漏水的情况下，每年只补充少量的循环水池表面蒸发水。

供水水泵设在厂房 114.60 m 层，循环水池设在厂房 109.60 m 层，循环水冷却器放置在尾水出口闸墩之间的横梁上(尾水管扩散段以外)。

单台机组技术供水量约 245 m³/h，机组冷却器进水入口压力 0.2~0.5 MPa。

5　尾水冷却器

5.1　布置

尾水冷却器是布置在水电站最低尾水位以下的热交换器。循环冷却器布置在循环冷却器支撑大梁上,尾水冷却器大梁高于尾水管出口,使尾水冷却器不影响尾水出流和电站水头。

检修时可不用潜水工。尾水冷却器布置在最低尾水位以下,是为了保证任何时刻均能工作,不因尾水位变化而影响热交换。

5.2　设计

尾水冷却器的设计,主要是根据机组的容量、制造厂要求的冷却水进水温度及进水压力、河水温度、厂房尾水部分尺寸、尾水位的高低,进行多方案的优化设计。要求尾水冷却器能带走机组产生的热量,又能合理地安装布置,且要有一定的结构强度,能承受尾水不稳定的波动压力,防止产生共振,确保尾水冷却器使用寿命。

5.3　泥沙影响

西霞院黄河河水多年平均含沙量 37.32 kg/m^3,通过对其他已经实际投入运行的循环水冷却系统电站的了解发现,泥沙含量的多少对冷却器传热基本无影响。另外考虑到枯水期或清水期河水很清,几乎不含泥沙,因此在运行中,尾水的波动无疑对尾水冷却器外表是一种清洗作用,汛期虽然有可能在尾水冷却器上附着一些黏性较重的泥沙,但是经过枯水期肯定可以清除掉绝大部分。但在设计中仍考虑了汛期泥沙对尾水冷却表面的影响,因此确保了循环冷却技术供水的可靠。

5.4　防锈、防蚀

尾水冷却器主要是焊接金属结构,在最低尾水位以下工作,长期不与空气接触,因此不易锈蚀。但是在尾水冷却器运输至安装过程和安装后还未处在尾水淹没时,是暴露在大气中的,且有可能接触雨水,因此有必要采取防锈、防蚀措施。从传热角度不宜涂油漆。如采用镀锌层则与尾水冷却器金属间存在电化学作用,不利于防锈。因此,采用了一种专门的低热阻涂料,且附着力很强,虽然成本高一些,但防腐、防锈蚀效果很好。

5.5　可靠性

为了提高可靠性,作了以下两方面考虑:第一,提高尾水冷却器设计压力;第二,加厚传热管壁,参照水电站压力钢管设计,增加 2 mm 防锈厚度,以保证其使用寿命。

6　西霞院反调节电站采用循环冷却水系统存在的问题。

在西霞院反调节电站首台机投产发电之后,2#循环水池的直径为 57 mm 的自动补水管出现了振动现象,并将管路的焊接部位振裂。循环水池的补水原设计是采用浮球阀来实现的。在循环水池内水位下降到一定程度时,通过浮球阀控制来补水。当补水至规定水位时在浮球阀的控制下停止向循环水池补水。但是现实的情况是在水位至停止补水水位时由于水池内的水位波动导致浮球阀不能完全关闭补水管而出现补水、中断,然后再补水的现象,最终导致补水管路发生较大的振动。经分析,出现此情况的原因可能有两种:第一,补水管在水池的液面以上,而浮球的位置离补水管口较近。在补水时浮球随着水面上下波动，从而导致间断补水造成管路振动；第二，机组技术供水的直径为 268 mm 的回水管回水至循环水池导致水池内浮球波动较大。针对以上的分析拟采用以下解决管路振动的方案。首先，将补水管加长至液面以下，其次为防止噪声及水位波动，出水口应设置消能筒。

7　结语

　　西霞院反调节电站及技术供水系统采用循环水系统作为主用水源，坝前取水作为备用水源的供水方式，经实际运行表明完全满足电站的技术供水要求。这种供水方式已有多个水电站采用并取得了成功，说明机组循环冷却供水方式是一种成熟技术供水方式。该方式运行可靠，是一种适用于各种型式电站、各种设计水头、各种装机容量的技术供水方式。由于这种供水方式彻底地解决了技术供水水质问题，投资也不大，因此是比较适合我国水电站实际的。希望这种供水方式能在新设计的要求防漂浮物、防泥沙、防磨损、防结垢、防水生物、防结露的电站，以及技术供水系统带病运行需要改造的水电站中发挥更大的作用。

【作者简介】孔卫起，1973 年 10 月出生，1996 年 7 月毕业于西安理工大学，小浪底水力发电厂工程师。

小浪底水轮机稳定运行技术措施

张建生　詹奇峰　徐　强

(小浪底水力发电厂)

摘　要：小浪底电站处在黄河中游，多年平均含沙量高，水头变幅大。考虑小浪底枢纽的特点，水轮机在水力设计、机械结构、抗磨蚀、密封等方面采取了一些非常规措施。经过几年的运行，说明小浪底水轮机采取的这些技术措施效果良好，值得借鉴。

关键词：水轮机　裂纹　磨蚀　密封　小浪底

小浪底电站装机总容量 300 MW×6，水轮机为混流式。2001 年底 6 台机组全部投入商业运行。截至目前，经历 5 个汛期浑水运行考验，已运行水头 68~132 m。从运行数据分析及历次停机检查结果表明，小浪底水轮机高/低水头、汛期/非汛期运行稳定、高效。

水轮机设备的有关技术参数如表 1 所示。

1　水轮机设计

为减轻泥沙对水轮机的磨损，将导叶分布圆直径由标准的 7.076 m 增至 7.24 m，而导叶高度由常规的 1 380 mm 提高至 1 500 mm，相对值分别为 D_0/D_1=1.14，b_0/D_1=0.236，这样可以减小通过导叶的水流速度，同时也可降低转轮进口边的相对流速，减小了导叶和转轮的磨损率，理论上分析将比常规设计减轻导叶磨损量 5%左右。适当加大导叶分布圆直径，可以增加转轮进口边到导叶出口的距离，从而减小不均匀水流可能使转轮产生的振动，有利于提高机组运行稳定性。

表 1　机组主要参数

项目	参数
型式	立轴混流式
单机额定出力	306 MW
额定转速	107.1 r/min
转轮公称直径	6.356 m
额定水头	112 m
水头范围	68 ~ 142.0 m
额定流量	296 m³/s
飞逸转速	204 r/min
蜗壳型式	金属蜗壳
尾水管型式	立式弯肘型
机组转动部分总重	1 049 t
转轮装配重	106 t
轴承润滑油系统	L-TSA46 防锈汽轮机油

转轮出口直径设计为 5.6 m($D_2<D_1$)，既保证了良好的空蚀性能，又最大限度地减小了相对流速，从而减小了磨损率，理论分析可降低磨损量 3%~5%。

采用先进技术优化叶型设计，叶片头部粗大，可以在水头变幅很大的范围内运行时，最大限度减小叶面空蚀、叶片进口边脱流和叶片流道内的二次流，从而保证了小浪底水轮机无脱流运行范围较宽。

小浪底水轮机采用上冠不设减压装置的设计，取消减压孔，加上提高主轴密封水压，可减少泥沙对上止漏环、顶盖和上冠的磨损。同时，可提高水轮机效率，减少检修工作量。不设减压装置将增加设计水推力，推力负荷总载荷 35 000 kN，比常规设计大约 10 000 kN，但水轮机效率提高 0.2 %～0.5%。转轮下止漏环则设计成直缝式，其漏水比较容易排除，以减轻下环与座环之间的磨损。

2　转轮叶片裂纹问题

小浪底转轮裂纹在出水边接近上冠处，裂纹长度 100～400 mm 不等，大部分为贯穿(端面)型裂纹，所有裂纹形状相似，起点位于叶片负压侧与出水端面交线上，距上冠约 50 mm 处(如图 1 所示)。裂纹起始端与叶片出水边垂直，后以不规则抛物线型向叶片中心延伸，裂纹尾部扩展为树枝状。

2.1　试验分析

根据试验结果，启动过程中的抖动现象是由于启动时，水流作用在转轮进口的水力弹性脉动与旋转轴系的固有频率(轴向和扭转)共振所形成的。固定在推力轴承摩擦面上的轴系一阶扭转自振频率为 13 Hz。叶片开裂部位的动应力频率为 12.75 Hz，最大幅值达 290 MPa。

机组带负荷后，逐步增加负荷至接近最大值，叶片和顶盖部件发现 210 Hz 的同频率振动。原因为在大流量

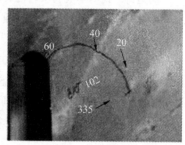

图 1　叶片出水边裂纹

(当流量超过 230 m³/s 时)，叶片出口边卡门涡频率与转轮高阶自振频率共同作用产生较大的交变应力。此交变应力促进了裂纹的快速发展。

在导叶关闭后，机组减速在 60%下降至 20%过程中，振频由 87 Hz 过渡到 55 Hz，经分析，87 Hz 和 55 Hz 的振动与转轮自激振动(一阶弯振 55 Hz，二阶弯振 83 Hz，三阶弯振 98 Hz)相互影响，产生共振，振动的来源是叶片出口边(厚 38～40 mm)与尾水中的反向流作用形成的卡门涡。

2.2　处理措施

根据试验分析结果，转轮叶片裂纹主要原因是在叶片开裂部位存在较大的动应力集中。具体处理措施为：①提高导叶开启速度，经试验采用 15 s 的开启速率；②启动前，在底环处向转轮室补入 0.7 MPa 压缩空气 90 s；③加强叶片根部强度，补焊 300 mm × 300 mm 加强三角体；④避免卡门涡激振，叶片出口边由 38~40 mm 修型为 7 mm。

2.3　对水轮机性能的影响

计算结果显示，加焊补强三角体后对水轮机效率有负面影响，使机组效率下降约 0.1%。削薄转轮叶片出水边将对水轮机效率有正面影响，使水轮机效率提高约 0.1%。加焊补强三角体后对某些工况的空蚀有负面影响，对某些工况则略有改善。但均满足空蚀裕量要求。通过 CFD 计算，加焊补强三角体后对流态没有明显改变。

处理后的水轮机经过 5 年多的运行，没有再发现裂纹出现。

3　抗磨防护涂层

抗磨防护涂层是解决水轮机泥沙磨损问题的重要措施之一。小浪底电厂主要采用碳

化钨涂层和聚氨酯涂层两类抗磨防护涂层。

将碳化钨硬涂层大面积应用于水轮机转轮、导叶等部件，将聚氨酯软涂层应用于水轮机尾水管上部和固定导叶。每台水轮机碳化钨涂层的总面积为 181.46 m²，防护区域如图 2 叶片与活动导叶表面防护区域所示，聚氨酯涂层的总面积为 79.35 m²。

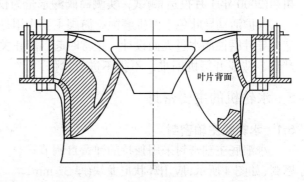

叶片背面

小浪底首台机组自 2000 年投产以来，历经 5 年的运行(包括汛期、高/低水头)，水轮机的碳化钨涂层仅有少部分局部脱落，防护区仅有轻微磨蚀。从小浪底电厂目前的应用情况看，碳化钨涂层抗磨性能较好，脱落面积较小，涂层脱落的主要区域在叶片负压面出口边。从检查情况分析碳化钨

图2 叶片与活动导叶防护区域

涂层抗空蚀和硬物冲击的能力较差，这是碳化钨涂层的一个缺点，考虑主要是黏结强度还不够高，在空蚀和有冲击的情况下，易造成片状脱落。固定导叶聚氨酯涂层相对完整，没有发生脱落现象。尾水管聚氨酯涂层有的较好，有的脱落较多，达总面积的 13.7 %。经检查主要是由于喷涂时未掌握好喷涂工艺，涂层喷得太厚(设计厚度要求 1~2 mm，脱落区域达到 3.2 mm)，或者喷涂表面未按要求认真处理，造成涂层黏结强度降低，导致涂层脱落。

4　筒形阀应用

为减少停机时高泥沙含量水流对导叶的磨蚀，保证设备的安全运行，小浪底电站采用了筒形阀，筒阀结构图如图 3 所示。

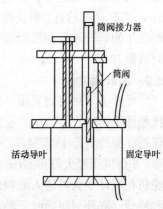

筒阀接力器

筒阀

活动导叶　　固定导叶

小浪底筒阀安装在固定导叶和活动导叶之间(如图 3 所示)。筒形阀是直径 8 100 mm、高 1 710 mm、厚 142 mm 的碳钢筒形环状体，分成二瓣制作，在现场组焊调圆。小浪底筒阀可在检修机组时不用将转轮吊出机坑即可检查顶盖下端面和转轮上冠上表面的情况，顶盖顶起高度最大可达 1.5 m。筒阀采用接力器作为操作执行机构，利用同轴液压马达使 5 个接力器的流量相等，以保证各个接力器的

图3 筒阀结构图

运动速度基本保持同步。同轴液压马达以操作压力油流自动驱动实现均流功能。在电气上通过采集 5 个接力器行程进行比较计算、同步判断进而精确调整达到同步控制的目的。

正常运行停机时，先关闭活动导叶，后关闭筒阀。筒阀关闭时可阻断导水机构和座环之间的水流通路，并在固定导叶和活动导叶之间形成一个封闭的与顶盖组成的阀室。开机时先打开筒阀，再开启活动导叶。紧急停机时，可按一定规律直接进行动水关闭筒阀阻滞机组飞逸。

密封性能良好，减少机组备用时的水量损失。在筒阀的上、下各设不锈钢的环面，

顶盖下端外周的相应接触面安装不锈钢槽，里面安装密封条，作为筒阀上密封，在筒阀关闭时阻止水流绕过筒阀进入转轮室。在底环和座环搭接处设密封槽，安装密封条并固定作为筒阀下密封，阻止水流从下端流入转轮室。2002 年 6 月小浪底在第一台投运的 6# 机组(2000 年 1 月投运)测试，实测筒阀漏水量为仅为 0.001 4 m^3/s(密封条未遭破坏时)。

保护活动导叶免于停机磨蚀。筒阀主要作用是因为小浪底水流泥沙偏大，考虑避免造成导叶磨蚀漏水过大而设计。正常时起到阻止关断阀的作用，避免由于活动导叶磨蚀严重，造成开停机困难，不得不进行检修。

5 水轮机的主要密封

5.1 水轮机主轴密封

小浪底主轴密封采用独特的弹簧自调节式密封，如图 4 所示，应用环状尼龙块(厚 35 mm，宽 70 mm，直径 2.9 m)与转轮相应顶位的不锈钢抗磨板形成密封，动静密封面间通过尼龙块上的孔施以 9 kg 的密封水(汛期切换为清水供水)。正常工作状态，密封面间注入密封水，使尼龙块上抬，密封水分别流向转轮室和顶盖，

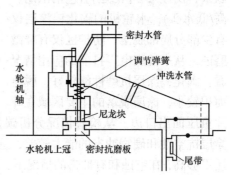

图 4　水轮机主轴密封结构

起到密封转轮室水流作用。密封面间的压力密封水减轻了尼龙和抗磨板的直接接触，尼龙和抗磨板磨损减小，使密封效果良好且经久耐用。设计尼龙块允许最大磨损量为 12 mm，实际运行检查，最长经过 4 个汛期、运行近 20 000 h 的机组密封磨损量不到 1 mm。经几年的运行观察和跟踪检查，这种自调节式主轴密封现场应用基本可达到免维护，密封效果良好。

5.2 导叶轴密封

导叶上下轴密封采用环形橡胶圈密封方式，密封圈截面为 10 mm×5 mm，与导叶轴接触面为楔形，固定在顶盖和底环相应导叶轴密封处，拆装导叶不破坏密封圈(密封圈仍保持在原位置)，按安装顺序安装导叶和顶盖后，形成良好密封。小浪底 6 台机组运行 5 年，6 台机组经大修拆装(未更换导叶密封圈)，运行中密封效果良好。如前所述小浪底水轮机在底环下为可进人的检修廊道，可配合筒阀在不吊转子情况下，更换导叶轴下密封和轴套。底环对应导叶下轴套安装处底部安装放气塞，安装导叶时可旋开放气塞放气，方便导叶安装。

6 结论

小浪底水轮机运行实践表明，在多泥沙河流电站水轮机采取扩大导叶分布圆、加高导叶、不设泄压孔，裂纹处理措施，应用筒阀，喷涂碳化钨涂层和聚氨酯涂层，良好的密封等对水轮机的稳定运行是行之有效的措施，对混流式水轮机尤其是运行于多泥沙河流的机组有一定的借鉴和推广价值。

参考文献

[1] 小浪底水电站水轮机、筒形阀、调速器及其附属设备合同. 技术部分.

[2] 季盛林，刘国柱. 水轮机[M]. 北京：水利电力出版社，1986.

[3] 顾四行. 我国水轮机泥沙磨损问题回顾[C]//水机磨蚀论文集. 2001.

【作者简介】张建生，1972 年出生，1997 年毕业于西安理工大学获工学硕士学位，水利部小浪底水利枢纽建设管理局水力发电厂副厂长、高级工程师。

小浪底水力发电厂通信系统组网应用

徐江平

(水利部小浪底水利枢纽建设管理局)

摘　要：介绍了小浪底水力发电厂通信系统的组网结构、设备组成和功能特点，文中对厂内交换系统进行了着重阐述。

关键词：通信　小浪底水力发电厂

小浪底水利枢纽位于三门峡水利枢纽下游 130 km、河南省洛阳市以北 40 km 的黄河干流上，控制流域面积 69.4 万 km²，占黄河流域面积的 92.3%，是黄河中游最后一段峡谷的出口。小浪底水力发电厂隶属于水利部小浪底建设管理局，电厂安装有 6 台 30 万 kW 混流式发电机组，总装机容量 180 万 kW，设计多年平均发电量 51 亿 kWh，是河南电网理想的调峰调频电站。小浪底水利枢纽战略地位重要，工程规模宏大，水沙条件特殊，运行要求严格。

小浪底水力发电厂通信系统的建设本着满足小浪底水力发电厂防洪、防凌、供水、灌溉、发电和办公需要的原则。系统性能先进、功能齐全、种类繁多，分为：厂内电话交换系统、有线(光纤、载波)数字通信传输系统，同时，结合安装枢纽办公电话和利用中国移动、中国联通的 GSM、CDMA 无线通信系统信号的覆盖共同构成小浪底水力发电厂生产、调度、行政办公通信系统(见图 1)。

1　交换系统

厂内电话交换系统主要由 HARRIS 20-20 MAP 有线数字程控调度交换机、基于 DECT 标准的 ERICSSON MD110 无线数字程控交换机构成，下面分别进行简介。

1.1　有线数字程控调度通信系统

用数字程控交换机 HARRIS 20-20 MAP 覆盖开关站、地面副厂房、地下副厂房、地下主厂房、尾水洞、主变洞、进水塔、溢洪道、排沙洞、孔板洞、防淤闸、灌溉洞。该数字程控交换机由美国 HARRIS 公司生产，配置容量为 256 端口。与河南省调通过光纤传输电路连接，实现河南省电力调度中心对小浪底水力发电厂的电力调度。通过 2 MB 数字中继电路和小浪底水利枢纽数字程控交换机联网，通过 2 MB 数据中继电路与本厂无线数字程控交换机 ERICSSON MD110 连接，实现了与小浪底建管局通信系统的互联互通以及有线、无线通信网络的联网。这些连接透明度好、通信容量大，无需经话务台转接，可靠性高，运行稳定。

HARRIS20-20 技术规范如下：

(1)符合 DL/T598—1996 电力系统通信自动交换网技术规范、DL/T534—93 电力调度

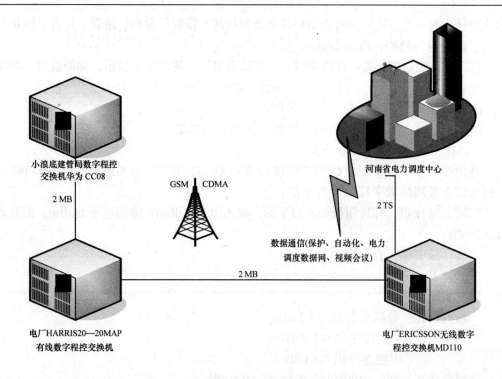

小浪底建管局数字程控
交换机华为 CC08

2 MB

GSM CDMA

河南省电力调度中心

2 TS

数据通信(保护、自动化、电力
调度数据网、视频会议)

2 MB

电厂HARRIS20—20MAP
有线数字程控交换机

电厂ERICSSON无线数字
程控交换机MD110

图1 小浪底水力发电厂通信系统拓扑图

总机技术要求、GB3384—82 模拟载波通信系统网路接口参数、GB7255—87 单边带电力线载波机技术条件、GB7611—87 脉冲编码调制通信系统网络数字接口参数等规范。

(2)设备制式及结构:

控制方式:存储程序控制;控制系统采取冗余配置,两套公共设备同步运行,当主用设备发生故障时能进行自动切换,切换时不丢失数据。

运行方式:时分无阻塞交换。

结构:模块化、插件化、积木化结构。

(3)容量:

直通用户:96

智能调度台:2 席

2M 数字中继接口:2 个

4 线 E&M 接口:24 路

局向:6 个

环路中继:8 路

(4)功能:

用户功能:单键无阻塞直呼调度台、呼出级别限制、呼叫转移、呼叫保持、遇忙回叫、强插、强拆。

智能调度台功能:无阻塞呼叫直通用户、选择应答直通用户、同时无阻塞呼叫多方用户、同时应答多方用户、选呼、组呼、转接、监听、强拆、强插、会议电话、被叫号、缩位拨号、端口状态显示、设置用户等级类型功能、设置局向数、录音、放音、维护与诊断、话务记录处理、夜间服务。

管理、监测功能：端口在线测试、告警信息显示、测试结果显示、功能设置、调度台系统管理、话务统计、参数设置、自诊、自控、程序加载。

(5)信号方式：中国一号、双音多频以及信号间互转。

(6)接口要求：如下接口的电气性能应满足有关规定。

DTMF 应符合 GB33787—82；

2MB/S 数字中继应符合 CCITT 建议 G.703、G.732、G.734 及 GB7611—87 脉冲编码调制通信系统网络数字接口参数规范；

四线 E/M 中继：标称阻抗 600 Ω 平衡，输入电平 0 dBm；输出电平 0 dBm；回波衰减 ≥20 dB；

二线环路中继：直流阻抗 ≤300 Ω；

(7)技术指标：

传输指标：

局内衰耗：分机至分机 ≤1.2 dB

分机至中继 ≤1.2 dB

中继至分机 ≤1.0dB

频率特性：300～400Hz：−0.2——+0.5 dB

400～2 400 Hz：−0.2——+0.3 dB

2400～3 400 Hz：−0.2——+0.5 dB

中音衰减：≥67 dB(测试信号为 800 Hz. 0dBmo)

杂音电平：杂音计功率电平 ≤−60 dB

非杂音计功率电平 ≤−40 dB

平衡衰减：用户端在 300～600 Hz 频带内 ≥40 dB

用户端在 600～3400 Hz 频带内 ≥46 dB

非线性失真：一次接续、在测试信号电平(交接点绝对功率电平)从−40 dB 变至+3.5 dB 时，传输损耗变化应不大于 0.2 dB。

分机用户环路电阻 2 000 Ω(包括话机电阻)

用户线间绝缘电阻 ≥20 kΩ；用户线间电容<0.5 μF。

回波衰减：2 线用户接口 300～3 400 Hz 时>20dB

四线对四线连接：300～600 Hz 频带内 ≥38 dB

600～3 400 Hz 频带内 ≥43 dB

空闲信道噪声：≤75 dBmop

话务量：用户线：0.2Er1/户；

中继线：0.8Er1/中继

呼损：p=0.01，即每一百次试呼中有一次丢失

时钟性能：准确度 $\pm 4 \times 10^{-7}$；频偏 $\pm 2 \times 10^{-10}$

可靠性：MTBF>10 年；MTTR≤30 分钟

输入阻抗：$600\,\Omega \pm 10\%$

1.2　小浪底电厂专用无线移动通信系统

小浪底水力发电厂专用无线移动通信系统使用的是爱立信MD110 BC10数字程控交换机组成无线通信系统。小浪底水力发电厂为地面中央控制室、开关站和地下式发电厂房的结构，通过采用 ERICSSON 基于 DECT 技术标准的微微蜂窝无线基站进行了地下厂房重点部位的密集覆盖和地面电厂控制室、职工主要生活区的无线信号覆盖，使用无线基站 64 个，有线电话安装约 200 部，固定、移动相结合的通信方式，共同形成对电厂运行、维护和电力调度、水情调度的通信保障。

爱立信MD110 BC10程控交换机是有线、无线一体的交换机，它采用叠加式的结构，有很强的组网能力。应用DECT技术的数字商用无绳电话系统(BCT)实现无线信号覆盖。由分散在区域内的多个基站组成微微蜂窝通信网络，向区域内的工作人员提供方便快捷的移动通信服务，实现自动漫游，保证在有效覆盖范围内实现无线移动通信，保证通话质量。

本系统实现了局办公楼、三标生活区和电厂地面副厂房、地下厂房、坝顶控制楼、进水塔等的无线信号覆盖。配置了主局 MD110 LIM1 和远程 MD110 LIM2，主 LIM1 和小浪底枢纽 CC08 数字程控交换机相连，采用中国 1 号信令和环路中继，在 2 个 LIM 之间采用 2 MB 电路连接和双绞线连接同步信号的方式实现了无线终端手机 DECT 手机(俗称电厂小灵通)，可以两地自动漫游、网内自动互拨。与华为 CC08 数字程控交换机通过 2 MB 数字中继连接，实现了小浪底枢纽通信网内电话 2×××、3×××、5×××、6×××、7×××(×代表0~9)电话直拨，同时以 DID+DOD1 方式进入国内、国际电话通信网。

本系统共配置了 67 个基站。其中局办公楼和三标生活区 27 个基站，地面厂房、地下厂房、坝顶控制楼、进水塔 40 个基站。DECT 手机 110 部。

本系统采用 2 MB 接口、中国 1 号信令，实现了 DECT 手机与华为 CC08 数字程控交换机及国内、国际电话网等位编号，全自动直拨，网内可 4 位等位拨号等功能。

(1)BS330 基站的主要技术指标：

工作频段：19 00 ~ 1 920 MHz

调制方式：GFSK

复用方式：TDMA

双工方式：TDD

传输速率：1 152 kbps

信道间隔：1.728 MHz

频率容限：50 kHz

时间精度：$\leqslant 5 \times 10^{-6}$

同频道内时间的抖动：$\pm 1\,\mu S$

输出功率：$\leqslant 250$ MW

占用带宽：$\leqslant 1.728$ MHz

耗电量：3 W

输入电压：21 ~ 56 V、DC

接口类型：RJ45(8 针)

基站区覆盖半径：20 ~ 300 m

(2) DT570：DECT 手机主要技术指标

工作频段：1 900 ~ 1 920 MHz

调制方式：GFSK

复用方式：TDMA

双工方式：TDD

传输速率：1 152 kbps

信道间隔：1.728 MHz

频率容限：50 kHz

时延：±2 μS

同频道抖动：±1 μS

输出功率：≤250 MW

占用带宽：≤1.728 MHz

调量调节：直接调节 7 级

铃声调节：直接调节 9 级

预设电话号码：100 个

电池：待机 40 小时、通话 8 小时、充电 90 分钟

2　有线数字传输通信系统

小浪底水力发电厂有线数字传输通信系统分为普通地埋光缆、地线复合光缆 OPGW、电力载波。在建设电力线路同时，与 220 kV 高压电力线同步建设了两根 8 芯共 16 芯电力线地线复合光缆 OPGW，接入河南省 500 kV 变电站——牡丹变，实现了小浪底水力发电厂与河南电力通信网的连接，把小浪底水力电厂的调度通信系统、保护信号、运动信号和电力调度数据系统、视频会议系统分别接入河南电力调度通信网，满足河南电力调度对小浪底水力发电厂语音和数据通信的需要以及电厂自动化装置联动的保护信号通信需要。

同时，在电厂地面工作区域和地下厂房引入中国移动、中国联通移动通信系统 GSM、CDMA 无线信号覆盖，多种通信手段共存，更好地满足了小浪底水力发电厂语音、数据通信的畅通。

3　结语

小浪底水力发电厂通信系统是伴随着小浪底水利枢纽工程建设而发展起来的，安全可靠、灵活机动、多种手段共存是系统设计和建设的基本原则，在生产中也表现出高效、快捷的通信响应度。随着电力系统自动化水平的提高，小浪底水力发电厂通信系统建设也向着需求多样化和连接设备复杂化的新形势发展，数字化、宽带、多业务是电厂通信发展的共同方向。

参考文献

[1] 胡道元. 计算机网络[M]. 北京：清华大学出版社，2005.

[2] 杜秋莉. 计算机通信和网络技术[M]. 北京：人民邮电出版社，2003.

[3] 中国通信学会. 电信工程设计手册[M]. 北京：人民邮电出版社，1996.

[4] 徐善衍. 中国邮电百科全书[M]. 北京：人民邮电出版社，1995.

[5] 王静. 新编电信小百科[M]. 北京：北京邮电大学出版社，2001.

【作者简介】徐江平，男，1974 年出生，1996 年毕业于河海大学通信工程专业，水利部小浪底枢纽建设管理局工程师、副科长。

水利移民项目质量管理探索

游建京

(水利部小浪底水利枢纽建设管理局)

摘　要：水利移民项目是水利工程建设的一个重要组成部分，不仅涉及移民自身的生产生活，而且与主体工程建设管理的投资、工期、运行、效益等息息相关。由于移民项目涵盖的专业领域广泛、政策性强、各地社会经济的发展不平衡，水利移民项目在地域间、时期间表现出不同的质量效果。研究水利移民项目质量的影响因素，建立和完善项目质量保证体系，对于确保移民项目质量至关重要。论文结合水利移民工作的实际，对水利移民项目质量管理进行了探索和研究，以期通过完善移民项目质量管理措施，进一步加强移民项目质量管理工作，全面保障移民的合法权益。

关键词：水利　移民项目　质量　管理

水利移民项目是指为安置水利工程建设产生的移民而进行的作业活动和管理活动的总和，包括移民安置、基础设施恢复重建、库底清理、文物处理和环境保护等方面的内容。本文论述的移民项目质量包括移民项目过程质量和实施效果两个方面，过程质量指移民项目建设的组织管理水平，实施效果指移民项目能够满足移民生产和生活所需要的使用价值及其属性的程度。移民项目质量与移民群众的社会发展关系密切，也事关社会稳定大局。

移民项目实施是工程技术学、社会学、经济学、考古学以及管理学等多学科综合运用的有机结合，涉及面广、影响因素多、政策性强。移民项目质量管理具有复杂性和不确定性的特点，我国现阶段与移民项目质量管理相关的理论处在起步阶段。论文对移民项目质量管理进行的探索，旨在建立完善移民项目质量管理的保证体系和程序，并对进一步加强移民项目质量管理工作提出了建议。

1　研究移民项目质量管理的必要性

1.1　保护移民根本利益、维护社会稳定的需要

我国已建水库 8 万余座，安置移民 1 000 多万人，但移民项目质量普遍不高。资料显示，目前中央直属大型水库的移民中，1/3 生活在贫困线以下，1/3 勉强维持生活，仅1/3 有可靠的生活来源。低质量的移民项目严重侵害着移民群众的利益，同时一定程度上影响了社会稳定和我国政府的国际声誉。

1.2　改进移民项目管理体制的需要

移民工作的质量管理目标与核心任务是使移民尽快恢复、提高生产生活水平。我国移民项目的管理体制因时因地而异，以各级地方政府"包干"实施为主要形式。一般由设计单位提出规划方案和所需投资，地方政府负责实施，中央政府或流域机构负责监督

检查，形成以完成任务为中心的管理格局，移民生产生活的正常恢复不被足够重视。此管理方式导致移民项目质量不高，项目建设期间的生产开发等推延到后期扶持阶段，演变成移民工作的后遗症。进行移民项目质量管理，要改进和完善管理机构的职责，建立以保证"质量"为准绳的科学的移民项目管理体制。

1.3 提高从业人员素质的需要

移民项目从业人员素质良莠不齐有多方面的原因。提高从业人员的素质，必须狠抓移民项目质量管理，提高质量意识，规范质量要求，用制度激励、培养出大批能够满足移民项目需要的合格人才。

1.4 更好地发挥主体工程效益的需要

国务院《大中型水利水电工程征地补偿和移民安置条例》第 37 条规定，移民安置未经验收或验收不合格的，不得对大中型水利水电工程进行阶段性验收和竣工验收。处理移民项目出现的质量问题所需的资金与主体工程建设资金往往有相关性，项目质量关系主体工程建设进展和运行效益。移民项目质量得到保障是主体工程正常发挥效益的重要条件。

2 移民项目质量管理的内容和方法

移民项目质量管理分为移民项目基础设施建设质量管理和移民搬迁安置质量管理两个方面。

2.1 移民项目基础设施建设质量管理

2.1.1 规划设计阶段的质量管理

移民项目规划设计是对项目的实施进行的全程安排，是工程组织实施的主要依据，也是基础设施建设质量管理的起点。这一阶段的质量管理主要有以下四种方法：一是通过设计招标，择优确定设计单位；二是设计单位要引入"业务流程再造(PCR)"或"全面质量管理(TQM)"等先进的管理方法，提高管理水平；三是委托监理单位对设计进行监理；四是充分发挥咨询专家的技术优势，选择规划设计方案。这四个方面的管理活动，可以为项目建立正确的开发目标，核定科学的建设投资，为项目质量管理打好基础。

2.1.2 实施阶段的质量控制

这一阶段的质量管理主要根据 FIDIC《土木工程施工合同条件》赋予监理工程师的权力，通过监理单位执行。其质量控制分为事前控制、事中控制和事后控制三个阶段(见图 1)。

事前控制指正式开工前所进行的质量控制工作，主要包括：掌握质量控制的技术依据；施工现场的质量检验、验收；对承包商的资质审查；工程所需原材料、构配件及设备的质量控制；审查承包商提交的施工组织设计或施工方案等。事中控制指施工过程中所进行的质量控制工作，主要包括：对施工工艺的质量控制；严格工序交接检查检验；对隐蔽工程的检验；工程变更的处理；质量事故处理；建立质量监理日志等。事后控制指对完成施工过程而形成成品的质量控制，主要包括：审核竣工资料；审核承包商提交的质量检验报告及有关技术性文件；对有关工程项目质量的技术文件进行整理、编目、建档等。

施工阶段质量控制的方法主要有旁站检查、测量、试验、指令性文件的应用、有关技术文件的审核等五种。通过综合运用这些方法，做好基础设施建设的事前、事中、事后质量控制。

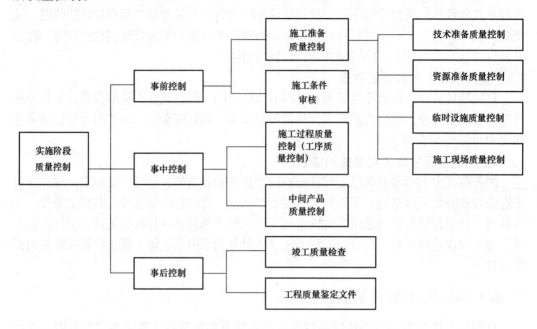

图1　事前、事中、事后控制的内容

2.1.3　验收阶段的质量管理

验收是基本建设程序的组成部分之一，也是质量管理的最后一环，必须认真做好验收阶段的质量管理。

验收阶段的质量管理以审查资料为主，重点查阅单项工程竣工验收鉴定书和主要部位的质检资料。对验收阶段发现的质量问题，验收机构应提出处理措施、实施单位及时间要求，并同时安排复检工作。

单项工程和整体项目的竣工验收鉴定书应载明工程质量的等级。建立了质量管理体系的单项工程的质量等级由质量监督部门评定；整体项目的质量等级由于缺乏法定的评定标准和评定办法，一般在主管部门的指导下由业主负责评定。

2.2　移民搬迁安置质量管理

2.2.1　影响移民搬迁安置质量的主要因素

第一，法律和政策。法律和政策是影响移民搬迁安置的决定性因素。新中国成立以来，我国有关移民项目的法律政策体系经过了从无到有、从片面到完善的发展过程。1953~1982年，国家先后颁发了《国家建设征用土地办法》(1953年颁布，1957年修订)、《国家建设征用土地条例》(1982年)，这些行政法规原则性强，对水利工程移民搬迁安置不能产生全面的指导作用。1986年国家颁布的《中华人民共和国土地管理法》仅指出："大中型水利水电工程建设征用土地的补偿标准和移民安置办法，由国务院另行规定"。1991年国务院颁布《大中型水利水电工程建设征地补偿和移民安置条例》(2006年修订)，诞生了我国第一部移民项目专业法规。在移民工作相关法律的指导下，行业规范和地方政府配套规章也相继出台，对移民项目建设和解决遗留问题起到了决定性作用，使移民搬迁安置工作的质量逐步提高。

第二，规划设计。移民搬迁安置规划设计是后继工作的依据和基础，在移民项目质量的影响因素中占据主导作用。

第三，投资。科学的投资额是开展移民工作的基本条件。投资不足导致移民补偿标准偏低，移民的生产生活将长期难以恢复。

第四，管理。移民管理机构的管理是搬迁安置各项工作的保证。资金管理、优惠政策等涉及移民生产生活的管理措施的实施，直接影响移民搬迁安置的进度和效果。

2.2.2　加强移民搬迁安置质量管理的途径

根据我国水库移民工作的现状和移民搬迁安置质量的主要影响因素，应从以下几个方面进行质量管理工作。

第一，加强政策法律研究，健全规章制度。要认真研究相关的法律、法规和政策，依法实施质量管理。同时勇于实践，针对项目的具体情况，提出科学合理的政策建议，并进一步完善、推广，以改善移民项目质量管理的法律政策环境。还要建立符合具体项目、具体单位实际情况的规章制度，调动当事人的积极性，强化质量管理意识，提高质量管理水平。

第二，确立科学合理的项目开发目标。移民项目开发目标是指项目经开发后所处的状态。制订的目标必须符合特定的社会条件，过低则不能满足社会发展需要、损害移民群众的利益，过高将难以实现。

第三，保证合理投资。尊重经济规律、科学确定投资规模是实现移民项目质量目标的重要保障。建立社会主义市场经济的基本要求是将经济行为置于开放的市场中，不符合市场经济要求的行为应受到严格的限制。移民搬迁安置作为经济行为，要满足市场经济规律的要求，弱化"政府行为"的应用。

第四，建立规范的质量管理体系。质量管理体系规定了建设各方对质量应负的责任，是确保移民项目质量的必要条件。责任方以质量为中心，既分工又相互配合，形成时间上和空间上的有机整体，满足质量目标的要求。

3　案例：小浪底移民项目质量管理体系

小浪底移民项目非常重视质量管理工作，专门制定了《小浪底移民项目质量管理办法》，明确了质量管理体系、质量评价体系及评定标准，对小浪底移民工作的成功实施起到了全面的保障作用。小浪底移民项目的质量得到上级部门和世界银行的高度评价，与建立和实施其质量管理体系息息相关。

小浪底移民项目实行四级管理(见图2)。

第一级：水利部负责项目整体质量的监督检查。

第二级：小浪底水利枢纽建设管理局作为项目业主，负责非省包干项目的质量管理，并请国家职能部门和社会专业机构开展有关工作。由国家审计部门和地方审计部门检查财务管理质量；由水资源管理部门配合管理安置点饮用水质量；由卫生防疫部门协助，采取提高移民身体健康水平的措施；由社会监测评估机构评价移民安置质量。省包干实施项目的质量管理由省移民办总体负责，各级移民部门保证。

第三级：非省属专项工程建立独立的质量管理体系，即社会监督、业主和项目监理单位管理、承包商保证。

第四级：省包干实施项目中，农村移民安置质量，由县移民局(办)和项目监理单位负责管理，实施单位控制；乡镇建设由乡政府或者县移民局(办)与项目监理单位共同负责管理，实施单位控制；工矿企业由所有者自行处理，质量自负；文物处理由文物主管单位自行实施，自我管理质量。

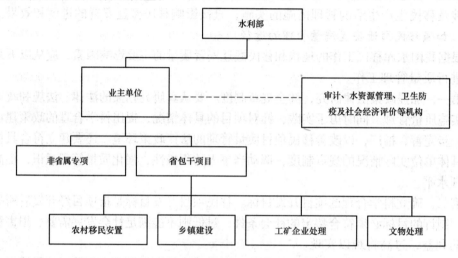

图2　小浪底移民项目质量管理体系

(注：实线表示管理关系，虚线表示协作关系)

4　启示和对进一步工作的建议

(1)移民项目科学的管理体制和成熟的管理经验能够为管理活动提供良好的条件和环境，但高素质的移民项目管理团队始终是提高质量管理水平的根本保证。移民机构应高瞻远瞩，加强人才培训，以高素质的管理人才确保移民项目的高质量。

(2)多行业、多单项的基础设施构成移民安置的恢复重建工作，对于恢复重建的单个基础设施项目的质量，必须切实运行好基建工程质量管理的三个体系，即政府部门的工程质量监督体系、业主和监理工程师的质量控制体系、设计单位和承包商的质量保证体系，才能从总体上保证移民安置基础设施建设的质量。

(3)移民项目专项工程建设按照"原规模、原功能、原标准"的原则进行，有些建设指标与行业设计规范有差距，做好"三原原则"与行业设计规范之间的衔接，满足有限的移民投资与经济社会发展对专项工程建设的双重要求，是完善移民项目质量管理的一项重要工作。

(4)移民搬迁安置质量包含了对移民生产开发、生活条件的恢复发展、移民的满意程度等的综合评价，是一个复杂的系统工程，需要进一步的深层次探索，完善其管理体系。

【作者简介】游建京，1973年4月出生，1996年毕业于河海大学，水利部小浪底水利枢纽建设管理局工程师。

水库生态影响研究和生态调度对策探讨

肖金凤[1,3]　　梁　宏[1,2]　　杨治国[3]

(1. 河海大学；2. 水利部小浪底水利枢纽建设管理局；3. 小浪底工程咨询有限公司)

摘　要：水库蓄水运行，由于改变原有的水文情势和水动力条件，对流域生态产生一系列影响，甚至威胁到下游生态安全。水库生态调度，以减少和消除水库调度生态负效益、改善和维护生态系统为前提，按照生态规律，对水资源进行合理的、科学的人工干预、控制和调配，在充分发挥水库的经济效益和社会效益同时，兼顾生态效益，从而达到水库经济效益、社会效益和生态效益的协调统一，最终取得自然—社会—经济综合高效益。

关键词：水库调度　生态影响　研究　生态调度　对策　探讨

1　水库调度的生态影响研究

传统水库调度，人们对水资源进行时空人为调配时，只考虑人类生存发展对水资源的需求，忽视了生态良性循环的水资源需求和水文情势变化对生态的影响，从而导致生态环境受到严重的破坏。基于宏观空间生态尺度，笔者认为，水库调度对生态环境的影响主要有对水库生态系统的影响、对下游水生态系统影响、对下游湿地生态系统的影响、对河口生态系统的影响。

1.1　对水库生态环境的影响

水库蓄水运行，库水淹没的原有的河流生态模式向湖库生态模式转换，人为地调配水资源，水文、水情及流态模式发生显著的变化，从而影响生态环境：

(1)水生生物种类发生变化。库内水流变缓，流动的水变成相对静止的，透明度提高，有机物和营养盐类将增加，这些条件有利于浮游及底生动植物的生长繁殖，喜缓流水生活和静水生活的鱼类数量将在水库内增加，而对适应于急流中生活的鱼类，如体形细长、善泳或有吸盘等吸附构造的鱼类，将不能在库内生存；库内蓄水，水面骤长，水深增加，库内水体水温结构发生改变，水体水温呈明显垂向分层现象，底层水体常年维持在低温状态，水体水温的明显分层，改变了生物种类分布和数量，使生物种群和类别发生变化，同时影响了水生生物的生命、繁殖周期；库内由于富营养化细泥沙的沉积，使得大型水生植物能够生长繁殖。

(2)库内水质的变化。受水库调度运行的影响，库区河道水流流态及其介质条件发生了变化。蓄水初期，由于泥沙的吸附作用，库区水质有所改善，但随着时间的推移，淹没后植被等有机质的分解、淹没区土壤中有毒有害物质和营养物质的释放及上游污染物在库区中不断累积，库区水质将恶化；水库消落带的利用与水库的调度运行不协调，造成因消落带利用而污染水库。

(3)富营养化趋势增加。水库拦蓄营养物质(氮、磷、钾等)等，从而使入库量氮、磷等营养元素不断增加，出库量不断减少，促进了藻类的生长，可能出现富营养化现象，甚至"水华"现象的发生。

(4)库周土地盐碱化、沼泽化。水库蓄水使其周围地下水水位抬高，从而扩大了水库浸没范围，导致土地的盐碱化和沼泽化。随着库水位的上升和回落变化，两岸地下水位也相应变化，因而出现浸没、湿陷、塌井、沼泽化、盐渍化等。

(5)库岸稳定和地震问题。库岸稳定条件因水库调度运行恶化，库区将出现坍岸、滑坡、地面塌陷等库岸稳定性问题。由于水库的蓄水、调水及侵蚀和堆积作用，将可能导致库区、库岸大面积的塌岸、滑波和新的库岸形成；由于库大水深，受压力变化的影响，库区或库周出现诱发地震的风险可能上升。

(6)泥沙淤积。江河流经地区的土壤和岩石被侵蚀、搬运，大部分泥沙由于水库拦截，在坝前沉积下来，形成回水三角洲，使水库库容大大减少。

1.2　对下游水生生态环境的影响

水库调度对径流的控制调配，使坝下河流水文情势和水体物理特性发生变化，人为调控水资源，改变了水的自然季节流量模式，对水生生物的种类、境地、生命周期及水质会产生不同程度的影响：

(1)水生生物种群变化。由于河流流水条件、水体混蚀度和营养盐等要素的改变，导致一些适应原河流生境的物种数量减少和可能消失，优势种群发生交替。一些适宜流水性环境生存和繁殖的鱼类，因条件恶化或丧失，种群数量下降，个别分布区域狭窄、对环境条件要求苛刻的种类甚至消失。

(2)生物境地的改变或消失。由于大量鹅卵石和砂石被大坝拦截，使得河床底部的无脊椎动物如昆虫、软体动物和贝壳类动物等失去了生存环境。

(3)生物多样性下降。由于大坝的阻隔，使生境片段化，影响水生生物迁移交流，隔断某些逆流产卵鱼类的洄游通道，影响这些鱼的繁殖，使一些重要物种的生态过程受阻，导致种群遗传多样性下降。

(4)导致鱼类"气泡病"。由于水库下泄水流中进入了大量的氮气，使下泄水体中氮气过饱和，导致下游鱼类(尤其是鱼苗)发生"气泡病"。

(5)影响生物繁殖和生命周期。根据既定方案进行的发电调度，引起水位的急剧变化，导致下泄水流对河谷的侵蚀加速，交替地暴露和淹没鱼群在浅水中有利的休息场所，妨碍鱼群产卵等；低温水的下泄，影响幼虫的繁殖、孵化和蜕变等生命周期。

(6)威胁下游水生态安全。由于挤占生态用水，忽视下游河流廊道的生态需求，水库控制的下游河段出现少流、断流，下泄流量无法满足最低生态需水量的要求，导致坝下游水生态环境遭受极大破坏，生物多样性遭受严重破坏，下游生态安全受到严重的威胁。

(7)水质恶化。水库下泄水量的减少和流速的变小，使得水体自净能力减弱，污染物聚集，导致水质恶化。

(8)河道淤积。由于季节性高峰流量的丧失，流量的平稳使得可挟带入海的泥沙淤积在河道，导致河道阻塞淤积。

1.3　对河口生态环境的影响

河口地区是河流与海洋的连接地带，是生态与环境相对脆弱的地带。水文情势变化越大，对河口的影响越明显。水库调节对于河口的影响主要有：

(1)咸潮入侵。由于下泄流量明显减少，可能造成咸潮入侵的时间延长；

(2)河口萎缩。由于水库的拦沙作用，造成水库下泄水流含沙量降低，致使海岸线向陆地蚀退。

(3)河口盐渍化。河流湖库化，导致水文条件发生变化，从而对已经形成的河口地区的水—盐动态平衡关系产生干扰，造成已经脱盐的土壤发生次生盐碱化，或者使原有盐土地区的盐渍化程度进一步加重。

(4)营养物质输移受到阻滞。由于水库的拦蓄，导致大部分营养物质滞留于库区，另外水文情势的变化，也改变原有的营养物质输移变化规律，使河口的营养物质明显减少，对近海鱼类和其他生物生长繁衍产生一定的影响。

1.4 对湿地生态环境的影响

水库调度对湿地的影响产生的根本原因，是水库改变了天然河流水沙特性，造成天然湿地水沙补给规律的改变。由于水文水动力条件人为调控的均一规律性，改变了湿地原有的相对变化性和不稳定性的水文水动力特征，使得湿地生态环境系统遭到破坏。

(1)湿地生态功能退化。人为调控水资源方式，改变原有水资源的水文情势和水循环方式，导致湿地生态环境功能退化，对河川径流的调蓄作用大大降低。

(2)湿地生物多样性减损。动物栖息地环境的改变和河道通路的阻断会使鸟类与哺乳动物的数量发生变化，导致湿地生物多样性减损。越来越多的生物物种因其生存和生活空间的丧失而面临濒危或灭绝，繁殖能力下降，种群数量和质量减少与退化。

(3)湿地景观的消失。水库下泄水量过少，无法及时补充湿地生态需水，导致湿地面积减少甚至消失。

2 水库生态调度对策措施探讨

水库调度对生态会产生影响，这些一系列的影响，归根结底都是由于水量、水位、流速、水温及水动力特征的变化而引发的。因此，笔者认为，改变现行的水库调度模式，按照生态规律，进行科学、合理的生态调度，是减免和消除水库调度生态影响，改善和修复生态的最直接、有效的对策与措施。

2.1 基于下游水生态环境维护与改善的调度对策

考虑到下游水生态系统安全，可以通过水库下泄基本流量及运用适当的水库调度方式，来保障下游水生生物安全，达到减少或消除水库对下游水生态系统的不利影响。

(1)下泄基本流量。为保护和维持河道水生生物正常的生存与繁衍，防止河流断流和河道萎缩，水库应常年下泄基本流量。基本流量应满足河流水生动植物的生存需水要求，基本流量应大于或至少等于河流生态需水量。河流生态需水量，是河流水生态系统安全的关键，由生物体自身的需水量和生物体赖以生存的需水量来确定。

(2)模拟自然水文情势的水库泄流方式(采取人造洪峰调度方式)。根据水文过程与生物生命过程的相关关系，即流量丰枯变化形态、季节性洪水峰谷形态、洪水来水时间和长短等因子对于鱼类和其他生物的产卵、育肥、生长、洄游等生命过程的关系，模拟自然水文情势，为河流重要生物的繁殖、产卵和生长创造适宜的水文学与水力学条件；通过合理控制水库下泄流量和时间，人为制造洪峰过程，为鱼类等重要生物创造产卵繁殖的适宜生态条件。

(3)根据水生生物的生活繁衍习性适宜调度。充分考虑水位涨落频繁，对沿岸带水生维管束植物、底栖动物和着生藻类等繁衍不利，尽量保持水位的稳定。

(4)控制低温水下泄。利用分层取水设施，通过下泄方式的调整，如增加表孔泄流等措施，以提高下泄水的水温，满足下游水生动物产卵、繁殖和生长发育的需求。

(5)控制下泄水体气体过饱和。在保证防洪安全的前提下，适当延长溢流时间，降低下泄的最大流量；采用合理的泄洪设备组合，防止气体过饱和，尽量减轻气体过饱和现象的发生。通过流域干支流的联合调度，降低下泄气体中过饱和水体流量的比重，减轻气体过饱和对下游河段水生生物的影响。

(6)水质保障。通过在一定的时段内加大水库下泄量，破坏河流水体富营养化的形成条件；或采取引水方式，增加河流的流量，消除河流水体的富营养化。

根据来水情况和水质状况，不断调整下泄流量，避免了污染水量的聚集；为防止干流、支流的污水叠加，采取干支流污水错峰调度，以缓解对下游河湖的污染影响。

(7)泥沙输运。可通过"蓄清排浑"、排沙、整泄流流量方式，减少河道淤积；通过"调水调沙"，对水库出流要素进行控制，人工塑造一种适合于下游河道输沙特性的水沙关系，充分发挥使下游河道不淤积或冲刷条件下单位水体的输沙效能。

2.2 基于水库生态环境维护与改善的调度对策

(1)控制水体富营养化。水库局部缓流区域水体富营养化的控制，可通过改变水库调度运行方式，在一定的时段内降低坝前蓄水位，使缓流区域水体的流速加大，缓和对于库岔、库湾水位顶托的压力，使缓流区的水体流速加大，破坏水体富营养化的形成条件；通过在一定的时段内增加水库下泄流量，带动水库水体的流速加大，达到消除水库局部水体富营养化的目的。

(2)控制"水华"爆发。充分运用水动力学原理，改变污染物在水库中的输移和扩散规律以及营养物浓度场的分布，从而影响生物群落的演替和生物自净作用的变化。

(3)考虑泥沙输运问题。可通过"蓄清排浑"、排沙、整泄流流量方式，减少水库淤积。通过水库采取"蓄清排浑"的调度运行，结合调整运行水位，利用底孔排沙等措施，降低泥沙淤积，延长水库寿命。

(4)库岸保护。通过合适的调度方案，稳定水位，减少水位落差和调度频次，保护库岸稳定。

2.3 基于湿地保护对策

(1)下泄湿地补水量。根据湿地的特点，可通过对水库下泄流量调整等措施，满足湿地生态需水要求。

(2)模拟自然补给方式。湿地生态环境系统结构和功能的维系与加强主要受制于洪泛区的相对变化性和不稳定性的水文水动力条件。因此一定时期内，模拟自然水文情势状态，为湿地进行水补给和营养物质补给。

2.4 基于河口生态安全

通过水库下泄水流的调整，满足河口生态需求。进行泥沙输移调度，满足河口生物营养物质需求。

参考文献

[1] 董哲仁. 生态水工学的理论框架[J]. 水利学报，2003(1).

[2] 董哲仁. 筑坝河流的生态补偿[J]. 中国工程科学，2006(1).

[3] 祁继英. 大坝对河流生态系统的环境影响分析[J]. 河海大学学报，2005(1).

[4] 索丽生. 闸坝与生态[J]. 中国水利，2005(16): 5-7.

[5] 董哲仁，孙东亚，赵进勇. 水库多目标生态调度[J]. 水利水电技术，2007，38(1).

【作者简介】肖金凤，女，1968 年出生，水利部小浪底水利枢纽建设管理局高级工程师。

可持续的水资源管理策略探讨

梁　宏[1,2]　肖金凤[1,2]

(1. 河海大学；2. 水利部小浪底水利枢纽建设管理局)

摘　要： 随着我国经济的发展和城市化进程的加速，水资源匮乏和水污染日益严重所构成的水危机已成为我国实施可持续发展战略的制约因素。面对我国水资源短缺和水浪费严重并存的现实，结合我国国情和水资源特点，进行可持续的水资源管理策略研究和探讨，改变用水观念，提高水资源利用效率，开源与节流并举，实现水资源的可持续发展，对保障人民生活水平和进行中国特色的社会主义建设，意义深远而重大。

关键词： 水资源　形势　可持续　策略　探讨

1　前言

水是生命之源。淡水资源，一直以来被人们视为是取之不尽、用之不竭的大自然恩赐。由于人类不加节制地挥霍浪费、肆无忌惮地破坏，作为人类生活和经济命脉的水资源，已在全球范围内拉响了"危机"的"红色警报"。水资源短缺的加剧和水环境质量恶化并重而导致的水资源危机已演变成世界范围内最受关注的资源环境问题之一。有人甚至预言，未来战争将是全球范围的水资源争夺战。

笔者通过对当前我国水资源状况的研究，针对目前存在的水资源开发使用问题，提出了自己的水资源管理的观点和看法，以供商榷。

2　我国水资源形势

我国水资源形势不容乐观，面临多种困扰，主要表现在以下几方面。

2.1　水资源短缺

我国是一个水资源相当匮乏的国家，正常年景，按现状用水，全国年缺水总量为 300 亿 ~ 400 亿 m^3，农业每年缺水 300 亿 m^3 左右，每年受旱农田面积达 700 万 ~ 2 000 万 hm^2；城市缺水 70 亿 m^3 左右，全国 669 座城市中有 400 座供水不足，110 座严重缺水。

因为缺水，我国每年工业总产值损失约有 2 000 亿元，农业损失有 1 500 亿元。

据预测，2010 年，我国水资源供需缺口近 1 000 亿 m^3。

2.2　水利用率低下，水浪费严重

我国是世界上 13 个贫水国之一，同时也是水资源浪费大国，水资源利用效率普遍较低。从工业用水来看，我国同类工业单位耗水量与较发达国家相比要高得多，我国工业水的重复利用率仅为 40% 左右，而发达国家已达 75% ~ 85%。

从农业用水情况来看，我国农业的用水浪费也是严重的。局部区域，水浪费更是惊人，浪费水量超过农作物需水量的数倍，甚至几十倍。

我国现在的农业耕作和农业用水管理方式，使 2/3 的农业灌溉用水发挥不了作用。目前农业有效利用系数只有 0.4 左右，而发达国家为 0.7～0.8。

从生活用水来看，我国水浪费现象也很严重，仅供水管网的跑、冒、滴、漏损失就达 20%以上，有的甚至高达 30%。

2.3　人口增长和经济发展带来的水资源需求增加

2.3.1　人口增长带来的水资源需求增量

由于人口的持续增长，我国水资源人均占有量呈下滑趋势。虽然采取有力措施，我国人口出生率明显下降，但我国每年人口增加的绝对值还是非常可观的。统计资料已表明，我国每年净增的人口数量超过 1 000 万人。仅就新增人口考虑，按目前人均用水指标，每年将增加 41.1 亿 m^3 的水资源总需求量。

2.3.2　农业生产引发的水资源需求增加

我国是农业大国，农业用水所占比例一直居高不下。我国粮食总量的 40%来自灌溉田，农业用水量 90%主要用于进行农业灌溉。为了满足近世界 1/5 人口的粮食需求，我国灌溉面积在过去的 50 年间以平均每年 2.5%的速度增长，以 2002 年的灌溉农田亩均用水指标计算，每年仅农业灌溉，我国将新增用水 70 亿 m^3 左右。

2.3.3　工业建设带来的用水需求增加

我国工业用水一直持稳定增长状态，工业用水量平均每年增加 139.5 亿 m^3，年均增长 7.1%。

2.3.4　现代文明与城市化进程带来的水压力

现代化文明生活和城市化进程也加大水资源供应压力。

现代化的生活已经使水使用的范围越来越广，用量越来越大。汽车、冲水马桶，报纸、装帧精美的资料杂志，这些物品让我们在充分享受现代化舒适生活的同时，我们的水资源也被它们大量地带走了。

目前，我国城市居民人均用水量是农村人口人均用水量的 2.5 倍。当前加快城市化进程，势必带来城市用水量的巨增。

2.4　水污染日益严重

我国水体总体呈恶化趋势，目前，全国 90%以上的城市水环境恶化，全国 80%的主要河流由于严重污染而不适合鱼类生存。湖泊富营养化问题也十分严重。

我国地下水水质也不容乐观。地下水质在基本稳定的基础上有恶化趋势。大部分城市和地区存在一定程度的点状或面状污染。

2.5　地下水位大幅度下降

由于地下水的大量超采，我国地下水位降幅显著，年平均下降 1 m，局部地区还出现了地面沉降。

3　可持续水资源管理策略和措施

面对当前水资源的严峻形势，笔者认为应从以下几方面着手来应对水资源危机，保障水资源的持续发展。

3.1　转变观念

转变观念，是水资源可持续战略的前提。面对水资源面临的严峻形势，我们不仅要转变水认识观念、用水观念，还要转变水管理和经济建设观念。

水是生命之源，是"社会的生命线"，水在维持人类各种产业、自然多样性和人类自身的生存和健康方面，其价值任何物质无法取代。水资源不是取之不尽、用之不竭。不友善、不合理的人类活动，将会破坏水资源的再生能力，导致水资源的枯竭，最终将导致人类的毁灭。因此，作为一个也是依靠水才能存续生命的物种，人类要彻底摒弃自以为是、随心所欲的水使用和管理观念，给予水资源以高度的尊重，同时树立适度开发、适度消费的水观念，依据自然规律，结合水资源的承载力和水资源再生速度，制定出合理、明智的水资源开发使用规划，这不仅是保护水资源、维护水资源可持续的要求，也是人类生存发展的客观要求。

3.2　转变生活经济模式，构建水生态经济建设格局

人类活动会对环境和资源带来一定的影响，人类不合理的活动将导致水资源循环在时间、空间上的滞留和耗竭。因此，构建健康、正确的经济生活模式，是解决水危机的关键。笔者认为现代的生活经济模式是种掠夺资源式的生活经济模式，这种生活经济模式的建立和产生是基于发达资本主义国家对全球资源的占有与使用，是建立在大量耗费资源、尤其是水资源来满足人类高度的物质享受欲的基础上。而我国是一个资源相当匮乏的国家，根本不具备这种生活经济模式的资源基础，当前我国的水危机已经昭示，水资源形势难以支撑这种生活经济模式，盲目地追求效仿发达国家，必将使我国的资源衰竭和耗尽，最终导致我们经济和社会的总体崩溃。因此，必须尽快转变生活经济模式，树立生态经济观念和可持续发展观念，考虑资源间相互约束和制衡关系，考虑人类活动对资源环境的影响关系，以水资源承载为依据，构建出与我国资源相匹配的，适合我国长期稳定发展的健康、持续的水生态经济建设格局，使国家短期总体发展规划以及各行各业的发展目标，与当前国家资源状况相匹配；国家长期的发展策略，要与资源趋势相匹配，彻底扭转以牺牲资源为代价的经济发展局势，确保国民健康生存和国家经济持续健康地发展。

3.3　建立统一的水资源管理保护机构

水资源的分散管理机制，是造成水资源不能有效配置、水利用率低下的原因之一。当前，我国水管理不仅涉及水利部门和环保部门，而且还涉及城建、国土资源等其他多个部门。由于多头管理，使水资源使用和分配不仅缺乏统一性与整体性，而且人为地割裂自然界相互依存的各种水形态关系，破坏了水循环系统，影响了水资源再生能力和速度。因此建立统一水资源管理保护部门，依据全国水资源信息，统筹考虑水资源配置、规划、使用、处理、排放等一系列工作，不仅使水资源从丰枯调度、地表水与地下水联合运用、农田灌溉、城市自来水管理、城市排水与污水处理回用、水资源区域调节、省际调节、上下游调节、行业间分配以及生态用水等各个环节，实现科学调度、有效保护和优化配置；而且易于宏观上有效地调控径流、地下水、湖泊水的开发使用力度，保证水资源的动态平衡和水文循环正常进行，使水资源在时间上、空间上与流域发展、行业发展、区域发展相匹配，与社会经济总体发展相匹配，真正实现水资源高效优化配置和

可持续利用。

3.4 建立健全科学的水管理制度和体系

科学的水管理制度和体系建立是水资源可持续战略的实施保障。笔者认为，对水资源实施可持续管理，不仅要建立健全一整套的科学的、切实可行的管理规章制度，还要建立相应的监控体系和评价指标体系，对水资源从宏观和微观上实行量化管理。从宏观上，首先要建立全国的水资源统一监控体系，及时采集和掌握全国水资源质量和数量的动态信息，为配比决策提供可靠依据。其次还要建立一套水资源管理评价体系，针对不同水系、不同区域的特点，制定出水资源的管理控制指标和评价指标，以便及时掌握流域、区域、全国的水资源管理使用情况。微观上，还要制定科学的用水定额，对不同地区、不同行业、不同部门和单位的用水实施指标控制。

3.5 政府的适当的经济政策调整和税制改革

政府的适当的经济政策调整和税制改革是遏制水资源浪费、提高水资源使用效率、实现水资源优化配置的有效措施。

改革开放以来，为发展经济，我国以减税、免税、补贴等优惠政策来刺激经济发展。在这种低成本、高补贴的优惠政策下，大批的外国企业将一些污染严重、技术设施落后、对本国影响较大的企业纷纷搬至中国；工业用水的低成本与政府补贴，使得国内的化工、铸造、冶炼、织染、造纸等一些高污染行业得到了迅猛发展；农业灌溉的水补贴政策，使得灌溉用水浪费惊人。因此，进行适当的经济政策调整和税制改革，取消补贴，提高水价，是限制污染企业发展、遏制水污染趋势和减少水浪费的重要手段。政府应取消对一些企业和部门的不合理补贴，把原来用于补贴的财政费用，致力于全社会的污水处理和污染防治上来；取消对农业灌溉用水、用电的补贴，把原来用于农业的补贴费用，用于农村节水设施和技术的推广与应用上。制定和出台污染处理强制措施、激励制度及用水定额化制度，以此激发企业和社会的污染防治能力与节水潜力。

压缩弹性水需求，对于生活基本用水量超出部分，实行累积税制或阶梯费制；对产生污染的企业部门增加水污染税，以经济手段来制约人们的不当水资源行为。

3.6 推行先进的水技术设施，节流与开源并举

节流与开源并举是解决水危机、实现水资源可持续发展的根本出路

(1)节水技术和设施的推广。我国的节水潜力是非常大的，据研究，就目前到处存在的水浪费的情况来说，运用今天的技术和方法，农业可减少10%~50%的需水，工业可以减少40%~90%的需水，城市减少30%需水，都丝毫不会影响经济和生活质量的水平。

大力进行以滴灌、微灌技术为中心的农业节水技术的推广和应用。建立统一的输配水管道网络，全面推行水从输送、灌溉、植物吸收全过程的节水，重视管道和渠道输送过程中的防渗防漏技术的应用，以及植物水分需求和减少植物无效蒸腾的节水效果与作用，提高水利用率和水分生产率。

从工业方面讲，采用先进技术和设施，降低单位产品的耗水量，提高水利用率。推行工业产业的生态化系统的建立，加大工业用水的循环利用力度，提高工业用水的回收使用率，鼓励工业用户以低质水替代淡水体系的建立和技术的推广。

生活用水方面，采用先进的城市供水设施和设备，提高供水系统的完好率，降低水

输送损耗；推广先进节水的家庭卫生设施，尤其家庭卫生间的改造与革新；建立家庭用水两套系统分水供应制，对卫生用水，推广采用处理过的生活水等低质水，提高水利用率。

(2)加大污水处理力度，改善水体质量，扭转我国当前水质性缺水局面。

(3)开源。除了地表径流及地下水外，人类可利用的水资源还有：大气水、经处理的污水、淡化海水、土壤水和生物水。这些水的利用价值有待于人类的开发使用，是人类宝贵的后备水源。生活污水回收利用潜力很大，处理后 70%以上可以安全回用，这部分水若返回城市低水质用户，相当于增加一半的城市供水量。雨水、雾水、露水的回收利用效果也非常明显。海水淡化成功，也为水供应提供了新的途径。

3.7　加大生态保护和恢复建设力度

依据资源间相互依存和制约的关系，考虑到森林对水源的涵养作用，加大生态保护和恢复建设力度，保护河流水源地、湿地和森林系统，使水资源维持良性循环。

4　结语

水资源短缺和水污染严重的现实已向我们敲响了水危机的警钟。可持续的用水和管水观念才是我们应对水危机的真正措施与策略，"作为一个物种，人类如果想继续生存下去，就必须保护我们的湖泊、河流、地下水源，人类所有的经济活动都不得与这一原则相悖"。

参考文献

[1] 钱正英. 中国水资源战略研究中几个问题的认识[J]. 河海大学学报(自然科学版), 2001,29(3).

[2] 马军. 中国的水资源问题[EB/OL]. International Rivers Network (Chinese).

[3] 万里鹏. 水资源与水价分析[EB/OL]. 中国水网, 2004–08–02.

[4] Maude Barlow, Tony Clarke. 蓝金[M]. 张岳, 卢莹译. 北京：当代中国出版社, 2004.

[5] 1997～2004年 水资源公报.

【作者简介】梁宏，男，1967 年出生，水利部小浪底水利枢纽建设管理局高级工程师。

气吹法敷缆技术在黄河通信光缆施工中的应用

王小远　　尚德全

(河南黄河河务局信息中心)

摘　要： 本文在阐述气吹法敷缆技术应用背景、工作原理和系统组成、具体应用情况的基础上，指出了气吹法敷缆技术的主要创新点。最后简要概括了应用该技术后在黄河防汛等方面所产生的良好社会效益。

关键词： 气吹法　黄河　通信光缆

1　气吹法敷缆技术的应用背景

黄河通信承担着传递黄河防汛、抗旱、水量统一调度等指令的重要任务。它不仅是各级决策机构指挥黄河防汛抗旱工作，下达各种水量统一调度指令的重要工具，还是各级黄河防汛单位交互传递信息的"千里眼"、"顺风耳"。社会经济不断发展，城市化进程日益加快，长途通信光缆线路出入市区成为一道难题。在多方努力下，克服了重重困难，黄河长途通信光缆敷设圆满成功。

黄河长途通信光缆起点位于河南黄河河务局信息中心二楼机房，终点到花园口通信站三楼机房(简称郑州—花园口通信光缆)。全程 18.75 km。沿途所经之处地形复杂，既有繁华的闹市区如紫荆山立交桥、花园路主干道，又有桥梁横跨、河道沟渠密布交叉的城郊区，两次往返穿越 107 国道，三次曲折穿越北环路和郑花公路。郑州—花园口通信光缆包括架空光缆 1.36 km，管道光缆 17.39 km。其中直径为 30 mm 的硅芯管的管道 2.425 km。气吹法敷缆技术就是应用在这一段，包含 7 个人井 4 个气吹敷设段。气吹敷设光缆区段从横跨 107 国道的 84# 人井开始，从南到北沿途穿越 107 国道辅道、跨越索须河桥、从东向西穿越 107 国道，转而向花园口景区所在的西北方向，最后在花园口新村前的 89# 人井结束。最长区段 731 m，最短区段 407 m，气吹法敷设段落如图 1 所示。

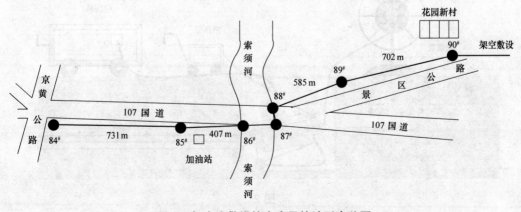

图 1　气吹法敷缆技术应用的地形全貌图

本次敷设的通信光缆由西古光纤光缆有限公司生产，型号有 GYSTS–36B1 型和 GYSTS–48B1 型两种。其中省局信息中心至黄委会综合楼和工程局至花园口机务站两个区间敷设 GYSTS–36B1 型。黄委会综合楼至工程局敷设 GYSTS–48B1 型。气吹敷设的光缆型号为 GYSTS–36B1 型。

2 工作原理和系统组成

2.1 气吹法敷缆技术的原理

气吹敷缆是与硅管配套使用的一种全新的光缆敷设方法。是由吹缆机把空压机产生的高速压缩气流和光缆一起送入管道，高压气流推动气封活塞，这样连接在光缆端部的气封活塞对光缆形成一个可设定的均匀拉力，与此同时，吹缆机液压履带输送机构夹持着光缆向前输送形成一个推力，加上硅管内高压气体的流动，在光缆表皮产生均匀的附着力，这样，拉力、推力、附着力三股力形成合力，使光缆随高速气流一道以悬浮状态在管道内快速穿行。

2.2 系统组成

气吹法敷缆技术需要的成套设备包括吹缆机、液压泵站及空气压缩机等三部分。

(1)吹缆机是气吹敷缆的最主要设备，主要由吹缆头、输送机构、导向机构、控制系统、压缩空气接口及球阀、液压动力接口等部分组成。总体结构呈小车形式，可在施工现场进行方便的移动，主要由上下两部分组成，可打开，便于光缆的装入。

吹缆机一次可吹放 1 ~ 3 km 光缆，和光缆布放的地理环境、管道内径与缆外径之比、光缆的长度重量和材料、施工时的环境温度和湿度等多种因素有关。

(2)液压泵站是专门用于向吹缆机提供液压动力，输出液压油流量、压力可调。小车形式结构方便移动。主要由齿轮泵、液压油箱、汽油机等组成。

(3)空气压缩机: 由柴油机提供动力，流量要求不小于 9 m³/min。排气压力不小于 1 MPa。整机为可移动式。

2.3 吹缆成套设备连接

示意图如图 2 所示。

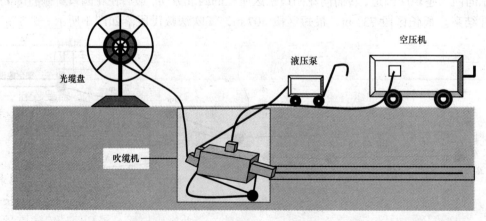

图 2

3　应用的主要创新点

(1)敷缆过程简化,敷缆速度快,可节省大量人力。在郑州—花园口通信光缆施工中,采用气吹法敷缆技术,单机一次吹放1 000 m用时约为30 min;用光缆吹送机敷缆约2.5 km,只需4~6人操作即可完成,人工牵引敷设光缆每千米需要20人左右。

(2)一次性敷缆距离长,大大降低了工程成本。气吹单机一次可吹放1~3 km,从而在管道建设中只需每千米设置一个手孔,光缆接头处设置一个人井,大大节省了工程人井、手孔的建设费用。若采用两台及以上吹缆机进行接力吹放,可以采用盘长较长的光缆,则一次可敷设单缆4 km或6 km(甚至更长),减少了光缆的接头数量,同时降低了中继段的传输衰耗,减少了光缆接头熔接的施工时间及材料费用。

(3)保证了光缆的电气性能指标,大大提高了通信传输质量。相对于人力牵引敷设光缆的拉力不均、转弯摩擦、扭曲弯折等不可预见性损伤,气吹法敷缆技术在敷缆过程中张力均匀而且小得多,不会对光缆造成任何机械性拉伤和摩擦性损伤,光缆敷设后性能指标得到可靠保证,极大提高了工程质量。

4　在黄河通信光缆施工中的应用情况

4.1　前期工作

郑州至花园口通信光缆施工的前期工作主要包括路由测量、光缆配盘、人井抽水、清淤等工作。气吹敷设段落长度2.425 km,包括4个段落,涉及6个人井(84#~89#),其中跨越索须河的86#人井~87#人井之间的199 m需要人工牵引敷设,89#人井向北至花园口机务站采取架空敷设。首先测量各个段落的长度,根据各个段落长度和光缆敷设施工现场的具体情况,进行光缆配盘。

路由测量和光缆配盘结果如表1所示。

表1　路由测量和光缆配盘结果　　　　　　　　　　　　　　(单位:m)

段落长度	人井 84#~85#	人井 85#~86#	索须河桥 南86#~87# (人工敷设)	人井 87#~88#	人井 88#~89# —机务站
	731	407	199	585	702
配盘结果	1 377			2 230	
说明	跨越索须河桥的199 m人工敷设			机务站方向加空敷设	

其次,7个人井抽水、清淤。由于长期不用,人井中积满污泥污水,需要安排一定人工和机械清理,为敷设光缆做好准备工作。最后,准备气吹敷设光缆所需要的设备和材料。如吹缆机、液压泵站、空气压缩机、润滑剂以及各种工具等。

4.2　实施过程

在光缆配盘时,主要考虑了盘长合理、易于施工、充分发挥气吹敷设的优势等因素。由于气吹敷设光缆一次气吹长度达到3 km左右,所以配盘考虑时尽可能单盘长度长一些,这样可以减少接头数量,降低熔接工作量,降低接头损耗,提高信号传输质量。

根据现场路由测量结果和地形特点,选择从位于京黄公路交叉口的84#人井到位于索须河桥北边的 88# 人井总长度 1 377 m 作为第一个配盘段落。从索须河桥北边的 88# 人井到花园口机务站机房总长度 2 230 m 作为第二个配盘段落。从位于污水河边的 90# 人井开始，光缆敷设从管道转为架空，一直到花园口机务站机房。

首先，检查塑料硅芯管道的密封性，确认塑料管道不漏气后方可进行光缆的吹送作业。根据 YD5025—96《长途通信光缆塑料管道工程设计暂行技术规定》的要求，当塑料管内的气压加压到 1 MPa 时，关闭进气阀，若压力减弱的速度小于 0.05 MPa/min，则认为密封是合格的，可以进行气吹作业。

其次，对塑料管道进行预润滑。采用光缆吹缆专用预润滑剂对塑料管道进行预润滑，以期达到最佳的一次吹缆敷设长度。以 0.6 ~ 0.8 L/km 的润滑剂用量注入塑料管道内，装入专门的润滑海绵塞，通过输入压缩空气来推动润滑海绵塞穿越塑料管道，从而达到均匀预润滑塑料管道内壁的目的。

第三，安装光缆。光缆在吹缆机上的安装示意图如图 3 所示。

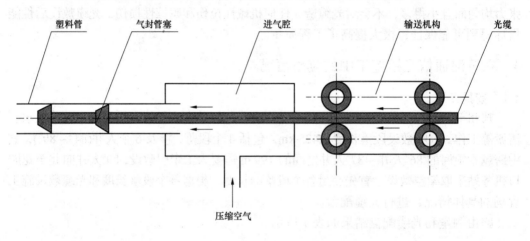

图 3　安装示意图

光缆依次穿过导向机构、测速轮、输送机构、进气腔，光缆头部通过光缆网套与气封活塞连接。调整各部分机构，设定好吹缆机的各控制参数。

控制参数设定见表 2。

表 2　控制参数设定

气吹速度	0 ~ 90 m/min
最大推力	100 ~ 110 kg
最大空气压力	12 bar
气流量	13 m³/min

第四，吹送光缆。当以上各项准备工作完成后，即可开始进行吹缆作业。

(1)缓慢打开压缩空气进气阀门，通过改变阀门开口大小来控制气封活塞对光缆的牵引力。当光缆送进的距离较近时，阀门进气口开启要小，逐渐加大直至完全打开。

(2)用调速手柄控制光缆的敷设速度,当光缆前端的牵引力过大时可以牵制光缆的进给速度,当气压显得不足时又能提供辅助的推力,光缆的输送速度控制在 30 m/min 左右,本次实际气吹敷设速度为 25 m/min 左右。

(3)当光缆到达预定点后,位于管端的观察人员及时提示吹缆机的操作人员停机,即完成一段光缆的气吹敷设作业。

最后,需要注意以下几点:

(1)开机与停机顺序:开机先开吹气阀门,再启动输送机构;停机先停输送机构,再关闭吹气阀门。停止输送机构的输缆工作和关闭进气阀门要及时。

(2)在吹缆过程中,塑料管道的末端必须设专人看护,且看护人不得面对塑料管道的出气孔并与之保持一定的安全距离,人井中不得有人滞留。

(3)管端观察人员须随时保持与光缆吹送端作业人员的通信联系。

应用气吹法敷缆技术,从上午 9 时开始吹送光缆,到 11 时结束,历时 2 个小时,完成全部 2 425 m 光缆的敷设工程量,包括设备搬运组装时间以及跨越索须河桥的 199 m 人工牵引光缆时间。气吹过程中,安排 4 人在气吹端安装操作,2 人在管端观察联络,共计 6 人。和人工牵引法相比,减少了大约 15 人,施工时间大大缩短,施工质量也有了很大程度的提高。

5　结语

郑州—花园口通信光缆建成投入使用后,各项电气性能指标均达到国家标准要求,整体运行状况良好,有效保障了河南黄河防汛指令、水调指令的畅通和小浪底枢纽局各项调度指令的畅通。在 2005、2006 年汛期和 2007 年汛期,该条光缆通信线路以零故障的良好表现,充分保障了河南黄河各级汛情、险情信息和水调信息的可靠传递,发挥了良好的社会效益。

【作者简介】王小远,男,37 岁,河南黄河河务局信息中心工程师,硕士研究生。

河南黄河通信专网的网络管理
建设方案探讨

崔　峰　赵凤高

(河南黄河河务局信息中心)

摘　要：面对复杂的通信设备和传输链路，河南黄河防汛通信专网的综合性网络管理建设显得非常艰难，本文主要结合专网的具体情况和网络管理技术发展趋势，对下一步网络管理的建设提出了解决的方案。

关键词：网络管理　专网通信　"数字黄河"　分布式　智能设备　Intranet

河南黄河河务局通信专网经过近几年的建设和发展，形成了自己的通信网络体系。它已具有微波通信、一点多址微波通信、无线接入通信、程控交换机设备、800 MHZ 移动通信等多种通信手段和通信设备。河南黄河通信网络体系基本上覆盖了河南省、市、县黄河河务局及沿河两岸的重要的险工、险点、涵闸的通信。

随着现代通信设备和通信手段的日益完善与成熟，旧的通信管理体系遇到了新的挑战，旧的管理模式已逐渐被新的管理模式所取代。随着黄河防汛通信专网的建设，同样面临着网络管理的问题，现在我们就来探讨河南黄河通信专网的网络管理建设的方案。

1　当前河南黄河通信网网管系统的特点

当前河南黄河通信网管理系统的特点如下：

(1)网络中通信技术复杂多样，要求网管系统功能全面。河南黄河通信网发展到现在，虽然系统不算庞大，但也是将各种技术综合在一起的网络，并且会随着以后的技术发展及技术更新，复杂性会日趋严重。

(2)河南黄河通信网是一个变化的网络。要保证通信网络的可持续性建设，对网管系统的适应性要求很高。一方面新技术和接入方式还在不断涌现；另一方面，网络中容量系列的范围、传输带宽的范围、地理覆盖的范围、接入业务的种类、环境的要求都是动态变化的。特别是"数字黄河"工程提出后，对整个通信网络系统的传输容量的要求大大提高了。

(3)用户敏感性强。由于河南黄河通信网络承载了河南黄河防汛指挥、调度及自动化办公等重要业务的通信，因而对河南黄河通信网络业务质量的敏感性很强。网络管理为达到保证业务质量的要求，就应对网管系统的实时性和有效性要求比较高。

(4)河南黄河通信网络管理兼容性应当强。根据目前所示使用的通信设备必须是多厂商、多系统、多设备环境下的综合管理。设备包括所有如交换机、通信电源、微波、光缆等，厂商有国内的和国外的。

(5)成本投入也是网络管理系统的核心问题。对于由国家投资的事业性专网通信更是要求资金较少而获得的经济效益较高，通信网网管系统的建立应是技术先进、层次高，但应成本较低。

(6)人机界面开发应本着简单、易懂、便于操作为目的，根据现在专网通信的实际人才结构，基层从事通信的人员技术水平较差，因此操作应越简单越好。

2 河南黄河通信网网管系统目前存在的问题

当前，我国对河南黄河通信网的维护管理仍主要依靠各厂商的网管系统，各厂家的管理系统及其功能都有差异，很难兼容或互通，不能统一管理，管理人员需要通过不同的操作系统管理每一个子网。根本不能形成综合性网管系统。河南黄河通信网管理困难成为河南黄河通信网发展中的一个主要问题，其原因固然与河南黄河通信网及其管理的复杂性有关，也与网管标准和开发应用中存在的一些问题有关。

2.1 网管标准的制定难以满足开发应用的需求

从全球通信发展来看，20世纪90年代末正是河南黄河通信网技术开发和应用的活跃时期，河南黄河通信网新技术飞速发展，使得河南黄河通信网需要管理的功能项目也越来越纷繁复杂，但管理功能和接口标准的制定工作往往滞后于这些技术的发展，使河南黄河通信网网管系统的开发缺乏依据。所有设备厂家主要只能按照 ITU-T 已有的文稿编制自己的管理规范，不能满足开发应用的需求，更不能满足运行维护的需求。

2.2 多厂商设备下的互连、互通和互操作问题

按照过去的管理模式，实现不同厂商设备的互联、互通和互操作要满足 4 个层次的一致性，这 4 个层次是逐步依赖的关系：首先通信协议的一致性是所有一致性的基础，只有通信协议保持一致性，才能实现"互联"；其次，在通信协议保持一致性的前提下，还要满足管理信息模型的一致性，只有管理信息模型保持一致性，才能实现"互通"；再有，在管理信息模型保持一致性的前提下，还要满足管理功能和管理业务的两个一致性，而只有管理功能和管理业务满足一致性，才能实现"互操作"。

现在许多设备厂商都推出了通信产品及其操作管理系统，但不同厂商的设备仍然难以实现统一网管，这正是因为它们只能满足一个层次或某几个层次的一致性，而不是完整的一致性，以致形成河南黄河通信网厂商宣称具备标准接口而运行企业不能实现统一网管的尴尬局面。

2.3 技术难度大，软硬件依赖性强，开发周期长，开发费用高

3 河南黄河通信网网管系统解决方案

传统的网管系统接口复杂，需要基于专用的网管平台，这种专用平台价格昂贵，对网管人员的水平要求高，人员培训和软件更新费用高，开发管理应用和集成新技术较困难。于是人们提出一种要求，要求改变传统的只能在专用平台上进行管理的方式；要求能在一台综合监控终端上监控所有的告警，同时又能对所有设备进行相应的配置和控制。

为了满足这些要求，同时又更大程度地节约运营商的投入成本，我们对网管方式的

实现进行了研究，提出了基于分布式综合管理模式，即充分利用计算机网络技术，建立分布式的、分层的、综合的、灵活的网管体系，以经济合理的方式实现多厂商河南黄河通信网设备环境下的规范化综合网管系统。具体可以分为省、市、县三级网管系统。

4 分布式综合管理模式体系结构

各级管理子站是各个子网的独立管理系统，它们通过各自的管理接口或者直接嵌入在系统/设备内，可管理一个或者多个网元(NE)构成的子网。管理中心通过内联网(Intranet)连接各个管理子站，与管理子站共同构成完整的河南黄河通信网综合管理系统。管理中心与管理子站的信息交互采用标准定义的数据公共接口，无论是管理功能或管理操作均以中间件方式定义。公共接口的协议采用 TCP/IP，通过将要建好的计算机局域网进行传输。

在分布式综合管理模式体系中，管理中心集成了两个管理子站的管理功能，用户可以采用本系统的终端接入管理中心执行各种管理操作。管理中心的这种能力可以保障对整个网络的集中操作和综合管理。管理中心还负责整个管理系统的内部管理，包括 Web 接入操作管理、用户管理、网络安全监视等功能。管理中心和客户端的管理操作在综合管理层中实现。

管理子站还处于分布管理层，一方面向管理中心提供要求的管理信息，另一方面，还可通过终端仿真提供独有的管理功能。这种能力使得网络的管理与网络的建设能够实现同步，解决了旧的管理模式下需要等待管理信息模型的标准化后才能进行集中管理的缺陷。

在分布式综合管理模式体系中，网管系统被看做是担负网管应用的计算机网络，通过适当的规范化，就能够方便地通过 Intranet 内联网实现管理中心与管理子站间管理信息的交互，从而达到对于整个网络综合管理的目的。

任何适合于传输 TCP/IP 协议的低层传输网络都可构建 Intranet，如 LAN、DDN、ATM、FR 等。作为网管应用的 Intranet，应具备满足传送管理信息要求的网络带宽和可靠性。采用 Intranet 的一个重要原因是为了保证其安全性，它与以前的管理系统采用的 DCN 同样是内部专网。

5 分布式综合管理模式的特点分析

基于 Intranet 的分布式综合管理模式的特点主要体现在技术与应用的密切结合，它具有以下一些主要特点。

5.1 基于分布式的 Intranet 技术

Intranet 可以体现 Internet 的众多优点，而 Internet 的缺点，如带宽、安全性等问题，在 Intranet 中则可以很好地解决。通过综合管理系统的管理中心提供的操作管理、用户管理、网络安全监视等功能还能进一步解决网管系统内部安全等管理问题。

5.2 综合性

分布式综合管理模式能够集成标准管理功能和特有管理功能，不仅实现通常管理要求，还能够适应新的系统/设备的及时管理以及原有系统/设备新管理功能的增加，体现不同厂商河南黄河通信设备的特色。

综合性还体现在对于各种网元管理接口的综合。分布式综合管理模式各种管理接口方式，可以是计算机网络常用的 SNMP 管理方式、CORBA 方式，也可以是基于 CMIP 协议的 Q3 接口等。

建立了分布式综合管理模式的河南黄河通信网综合管理系统，可以大大简化与其他管理系统(如业务管理系统、112 测试受理中心)的关联，即通过河南黄河通信网综合管理系统而不是各个厂商系统与这些管理系统连接，降低协商多厂商互联的难度。

5.3 独立性

在网管系统建立时独立性非常重要。以前的管理模式在建立管理系统时，网络运营企业的网管系统与厂商系统间是管理者(Manager)和代理(Agent)之间的关系，是"紧耦合"关系，无论哪一方稍有差异就无法提供管理应用。分布式综合管理模式则采用能紧能松的接口耦合方式，使得管理信息既是分布的，而又有必要的集中。由设备提供商实现的管理子站完成的管理功能和由网络运营企业建立的管理中心完成的管理功能在很大程度上可以独立运行，不易形成接口两侧相互推诿的问题，从而大大降低网管系统建立的难度，能够使网管系统的建立从以前复杂的管理接口的困扰下解脱出来，以更大的精力来关注管理功能的实现和网络的维护。

5.4 节省费用

管理系统工作平台的选择只与应用的需要有关，而不与网管接口的协议栈有关，这样可大大降低网管平台的硬件费用。而相关软件(如通信协议栈和浏览器)往往是通用软件，不需要再为此购置昂贵的协议栈以及专用软件，因此可大大节省软件费用。

5.5 便于开发新的管理应用

分布式综合管理模式所采用的分布式处理及相对独立性易于适应网络规模的扩大和管理功能的增加，例如可以使用多种方法进行编程并集成新的管理应用，管理应用的开发只需作为网管子站的功能接入，就可以实现信息互通。因此在很大程度上也方便了开发，节省了费用。

6 发展应用前景

根据国家对黄河防汛通信专网的投资情况，当前河南黄河通信网络综合管理系统如果按照一步到位的想法则实现困难、投资较大，并且很难保证对以后技术的适应性。采用分布式综合管理模式体系结构的网管系统能够大大减少系统的投资，缩短系统的施工期，并能够与其他的网络管理系统或者其他的网络应用保持良好的互连、互操作性，能够适应网络中的设备和技术的不断增加，是一种切实可行的河南黄河通信网络综合管理系统解决方案。

加快防汛信息化建设　　提高现代防汛水平

郭兆娟　　张红霞　　户晓莉　　王继旺

(长垣黄河河务局)

摘　要：信息是防洪决策的基础，是正确分析和判断防汛形势，科学制定防汛调度方案的依据。采用信息技术建设现代化的防汛抗旱指挥系统，强化信息采集、传输、处理的及时性、准确性，提高决策的科学性、主动性，是防汛抗旱的需要，是减灾防灾的重要非工程措施。

关键词：防汛　信息化　建设

1　引言

"数字黄河"工程是实现黄河治理开发与管理现代化的关键措施和必由之路，在黄河防汛中广泛运用数字化、网络化技术，提高计算机和网络的普及应用程度，加强信息资源的开发和利用，加快信息化步伐，提高防汛决策水平，是管理黄河、治理黄河的重要基础。从防汛的实践来看，信息对防汛指挥具有十分重要的作用。

笔者结合长垣县黄河河务局信息化建设的实践，对防洪工程中信息化建设进行探讨。

2　长垣局信息化建设发展状况

当今社会，科技进步日新月异，特别是信息技术的发展突飞猛进，各种新理念、新技术、新平台、新产品层出不穷，只有利用这些科技发展的优异成果，并将之应用于防汛工作上，才能改变传统防汛手段，提高防汛信息化的水平，实现科学防汛，最大限度地减少台风、洪涝、干旱等自然灾害所带来损失。

目前长垣局计算机网络信息化建设初具规模，县局各部门之间实施了综合布线，配备了网络交换机和网络服务器，建成了基于 Internet 技术构筑而成的办公内部网，不仅能通过专线上联省局防汛抗旱指挥中心内网，而且能通过租用中国移动光纤出口接入互联网。信息化建设初见成效，建成防汛大屏幕投影会商室、电子水情显示屏。功能完善的黄河工情险情会商系统、黄河水情实时查询系统、电子政务系统、查险报险系统、黄河防洪预案系统等都在防汛工作中发挥了重要作用。

2.1　控导工程水位实现了自计

2004 年周营上延、大留寺控导工程自计水尺的建成，可以方便、准确地遥测水位，自计水尺得到了较好的应用，防办人员坐在办公室就可以得到水位读数，提高了水位数据的及时性、准确性和科学性。

2.2　涵闸远程监控系统

杨小寨、石头庄闸安装了远程监控系统。远程监控系统的实现，使引黄涵闸放水流量得到有效控制。利用它可以对引黄涵闸进行实时监控，从而为黄河防汛提供了技术保障，为黄河不断流奠定坚实的基础，有效地控制水资源的合理分配应用。

2.3　水情查询，工情、险情会商系统

使用了黄河全流域实施的"实时水情查询系统"、"黄河下游工情、险情会商系统"软件，极大地缩短水情信息的获取时间，提供良好的决策环境，为防汛减灾赢得了时间，提高了快速反应的能力，为防汛争取了主动。

2.4　网络电视会议系统

网络电视会议系统的开通，实现了上下指挥部之间的异地电视会商；通过该系统，形成会商网络，实现了面对面的沟通。使防汛指挥人员和专家及时直观地了解基层情况，对出现的问题进行分析，讨论制定方案，保证防洪工程安全。

2.5　防汛信息采集传输能力跃上了新的平台

配置的信息采集车和水利数码通，把工情、险情、河势等转化为清晰的视频画面、图片、电子文档并传输到河南黄河河务局防洪厅防汛指挥中心，实现了指挥中心与抢险现场异地会商图像、图片、语音和多媒体信息的实时互动，传说中的"顺风耳"和"千里眼"变成了现实，防汛指挥决策在"面对面"、"键对键"中，可以及时、快速、准确、轻松地完成。

2.6　办公自动化提高了管理水平

黄河防汛办公室是同级防指的参谋部，是黄河防汛的具体办事机构，必须具备全面掌握汛情、快速处理信息和随机应变的能力。黄河防汛系统内部网络逐级互通，外线网络的互通也正在逐步实现。防汛办公室配备了先进的设备，智能化水平不断提高，充分利用计算机网络系统和办公自动化技术，大大提高了管理工作水平。网络和办公自动化的实现，提高了防汛管理人员的业务素质和办事效率，加快了汛情传递的速度，为搞好黄河防汛提供了有力保障。

2.7　防洪工程查险管理系统

在大留寺控导工程应用了防洪工程查险管理系统，彻底改变了传统人工巡查、手工记录、电话报告的查险方式，规范了防洪工程查险管理工作，大大缩短了险情信息的传递时间，提高了查险工作效率，及时准确地获取了防洪工程存在的隐患信息，为管理决策人员提供了第一时间信息资料，实现了防洪工程查险的数字化、信息化管理。

这些先进科技与设施的应用将极大地推进长垣防汛工作的信息化、智能化与科技化水平，并逐渐实现由传统防汛向科学防汛的转变。

2.8　网络传真管理系统

开通了网络传真管理系统，能使每一份传真都有一个清晰的结果，方便管理，提高了工作效率，可通过普通浏览器来收发送传真，再也不用打印。结合了CTI(计算机电话集成)技术，合理使用了互联网资源，省去了打印的过程，节省了纸张、墨粉和宝贵的时间，使传真发送费用只有传统方式的1/2左右，综合成本下降超过60%。

3　长垣防汛信息化建设中存在的问题

3.1　对防汛信息化认识不到位

黄河防汛面临着信息化的问题，"数字黄河"的提出是一个十分重要和紧迫的问题，

但是一些同志认为，这么多年来都是用传统的方法工作，习惯了，不愿意接受这种新的方式。近年来，虽然大家对信息化的重要性有了一定的认识，但还缺乏紧迫感，没有形成统一指挥的建设机制，没有统一的规划和明确的发展目标，缺乏全局建设的有序性。

3.2 资金投入严重不足

现代信息化涉及面广，投资大。长期以来，防汛指挥信息化建设没有正规的、稳定的资金渠道；有钱就建一部分，没有钱就停建。由于缺少运行维护经费，有些系统已不能正常地运行，不能适应和满足现阶段防汛指挥的要求。由于投入不足，信息基础设施十分薄弱，信息采集和传输手段普遍落后，至今尚未形成覆盖全局的信息网络。

3.3 信息化管理人才匮乏

随着计算机技术的迅猛发展，黄河防汛实现现代化管理的要求也逐步提高，但由于知识技能培训不同步，许多从事防汛管理的工作人员，特别是一些基层单位的管理人员的计算机应用水平及相关技能亟待提高。主要表现在：工作人员的计算机应用意识不强，操作技能掌握得不熟练，仍停留在打印报表、统计数据、储存信息等简单的程序应用上，计算机的功能远远没有得到充分的开发利用。专业人员业务水平不高，制约着防汛信息化的发展。

早期对信息技术的忽视，导致了长期以来专业人员水平参差不齐，人才结构不合理，专业人员比重小，知识老化，既无数量，又无质量，严重影响自身业务的开展，难以适应现代防汛指挥信息化建设发展的需要。因此，要改变防汛指挥信息网建设的落后局面，提高专业人员的素质已迫在眉睫。

3.4 信息化设备陈旧

水文测报、通信联络相对薄弱 。基层水位观测仍然采用人工进行，自动水位观测还有两处控导工程没有安装；查险报险有三处控导工程还靠人工每天巡查。

信息设备陈旧，功能落后，运行速度慢；通信设施落后，四处控导工程上报各种数据全部靠一部电话机，如果停电就无法使用，严重影响防汛信息的有效传递。

3.5 信息开发利用缺乏统一协调和规划

实行防汛信息化管理后，尤其是随着"数字黄河"的提出，各单位对防汛信息化、电子化建设的力度有所加大，但缺乏统一的协调和规划。防汛部门和信息管理部门的职能还不十分协调，使得防汛管理软件的开发不系统、不规范，仅局限于处理自身的局部业务，而很难满足整体、特殊和长期的需求，存在与实际工作脱节，甚至碰撞，导致系统无法正常使用的情况，从而不可避免地造成人、财、物的浪费，限制了电子化优越性的充分发挥，也很难达到信息共享的目的。

4 对信息化建设的建议

4.1 提高认识，转变思路

要让有关人员认识到：信息化建设旨在运用先进的水利和信息技术，对传统的黄河治理开发与管理手段进行升级改造，实现"信息技术标准化，信息采集自动化，信息传输网络化，信息管理集成化，业务处理智能化，政务办公电子化"，提升防汛业务的科技含量和管理水平，推动黄河防汛现代化。通过对信息化的大力建设，黄河的防汛工作必将实现管理与决策的信息广泛性、时效性、科学性，政务工作的高效、公开与群众参与以及信息共享。

4.2　加大资金投入

由于战线长、信息量大，相当多的信息源分布在黄河岸边的控导工程和黄河大堤上的涵闸，信息的采集有相当大的难度，因而信息资源的开发要求有足够的资金投入。进一步完善信息化投入机制，充分利用"工程措施与非工程措施相结合"、"防洪保安建设"等途径，加强信息化建设，逐年投入，逐步积累。

4.3　加强领导　落实责任

统一规划、强化管理，通过检查督促，加强领导，落实责任。各级领导应提高认识，从以往众多历史教训中得到启示，以对人民、对社会、对党的事业高度负责的态度对待防汛指挥系统中的信息化建设。

4.4　狠抓规划和管理

规划工作是现代信息化工作的基础，极其重要。要按照上级的统一要求，结合本地实际情况，加强深层次的调查分析研究，综合考虑，长远规划，科学地编制好信息化规划，杜绝低水平开发和重复建设。

4.5　加强技术培训，提高专业水平

人才是信息化工作的关键。要采取多种形式提高信息化队伍的综合素质，加快系统内部专业技术人员的选拔培养，如组织熟悉计算机应用的水利技术人员进行传感微电子技术、"3S"技术、通信网络技术、数字模拟技术、数据库技术、系统集成技术等方面的培训和进修深造。加强培训，提高现有专业人员的技术水平。培养一大批能够跟踪系统内先进水平、掌握信息系统应用开发技术、精通信息系统管理、熟悉水利专业知识的高素质人才，必须建立一支高素质、复合型、实用型的专业人才队伍，以满足防汛信息化和管理的需要。

4.6　确保重点，逐步到位

防汛信息化工程是个庞大、复杂的系统工程，因而当前实施防汛信息化建设只能从实际出发，按照先急后缓、因地制宜的原则，采取"确保重点，逐步到位"的思路，集中力量紧密围绕防汛这个重点领域，率先实现信息化，以进一步提高防汛能力。应重点建设以防汛办公室为中心的防汛指挥系统。该系统包括信息采集子系统、通信子系统、计算机网络子系统和优化决策子系统。防汛指挥系统的建立，可以大大提高雨情、水情、工情、旱情及灾情信息监测与传输的及时性和准确性，有利于对洪涝干旱灾害的发展趋势做出及时、准确的预测和预报，为迅速制定和量化防洪方案、指挥防洪抢险救灾提供依据，为减轻洪水灾害损失、保障人民生命财产安全发挥巨大作用。

参考文献

[1] 李国英. 建设数字黄河工程[M]. 郑州：黄河水利出版社，2002.

[2] 王志坚. 关于数字黄河的思考[M]. 郑州：黄河水利出版社，2002.

【作者简介】郭兆娟，女，42岁，长垣黄河河务局，副高职称，本科学历。

基于 Hopfield 网络的水质综合评价及其 matlab 实现

崔永华

(郑州水利学校)

摘　要：本文运用人工神经网络中的一种反馈网络即 Hopfield 网络建立了水质综合评价模型，用大型工程计算软件 matlab 的工具箱中提供的函数进行计算后得到水质的综合评价结果，并将评价结果和运用 BP 网络法、灰色聚类法及单一污染指数法的评价结果进行了对比，分析结果表明，其评价结果也令人满意。Hopfield 网络模型进行水质综合评价具有简单、直观且容易实现的优点。

关键词：水质综合评价　人工神经网络　Hopfield 网络　matlab

1　引言

　　水质综合评价是根据水的不同用途，根据水质评价标准，运用评价方法，对水资源的质量状况进行定性或定量的评定和分级。水质综合评价是进行水资源评价的重要内容，为水资源的开发、利用和保护提供重要依据[1]。

　　水质评价最早使用的方法有单一污染指数法和多项污染指数法。近些年来，国内外对于水质综合评价方法的研究比较活跃，考虑到水体中污染物的相互作用的复杂关系、水质分级标准难以统一及水质综合评价存在模糊性等特点，引入了不确定性的概念，研究了一些新的综合评价方法，如模糊数学方法[2]、灰色聚类法[3]、灰色关联度法[4]及物元分析法[5]等。

　　这些新的评价方法可以克服单一污染指数法的评价结果不够全面、客观的缺点，可以实现对水质各项指数的综合评价，但是其中的模糊综合评判法需要给定各水质参数的权值，灰色聚类方法需要确定灰色聚类权。这些权值的给出与专家和研究者本人有很大的关系，也就是有较大的主观性，因此这些方法在模型的建立和使用上有一定的困难，其评价结果的客观性和合理性受到了挑战。为了使评价结果更具有客观性，人工神经网络方法已被引入到水质综合评价研究中(李祚泳，邓新民，1996)[6]，这些研究中最常用的是 BP 网络(李正最，1998)[7]。BP 网络克服了上述评价方法不够客观的缺点，评价结果客观、合理，精度也较高，但是 BP 网络具有收敛速度慢、结构设计复杂等缺点。鉴于 BP 网络的这些缺点，龙腾锐等于 2002 年将 Hopfield 网络引进到水质综合评价研究中[8]。

　　本文采用 Hopfield 网络模型来进行水质综合评价，用 matlab 工具箱中提供的函数进行计算，并将评价结果和灰色聚类法、BP 网络法和单一污染指数法进行比较分析，说明运用 Hopfield 网络方法进行水质综合评价的有效性，评定评价结果的合理性。

2　Hopfield 网络及其算法简介

2.1　Hopfield 网络简介

1982 年，美国物理学家 Hopfield 教授提出了一种可模拟人脑联想记忆功能的新的人工神经元模型，后来被称做 Hopfield 网络。这种网络的提出对神经网络的研究有很大影响，使得神经网络的研究又掀起了新的高潮。和 BP 网络一样，Hopfield 网络是迄今人工神经网络模型中得到最广泛应用的一种神经网络之一，它在联想记忆、分类及优化计算等方面得到了成功的应用[9]。

Hopfield 网络是一种单层全反馈网络，研究的是一种复杂的动力学系统，该系统通过神经元的状态变迁，最终稳定于某一稳定状态，获得联想记忆或神经计算的结果。根据激活函数选取的不同，Hopfield 网络可分为离散型和连续型两种，其中的离散型网络的激活函数为二值型，主要用于联想记忆。本文采用二值型 Hopfield 网络进行水质综合评价。

2.2　离散型 Hopfield 网络的结构

图 1 是 Hopfield 网络的结构示意图，图中的 N_1，N_2，…，N_n 表示网络的 n 个神经元，各神经元的激活函数是一个二值型的阈值函数，即{-1, +1}或{0, 1}。Hopfield 网络的结构特点是它的各个神经元都相互连接，即每个神经元都将自己的输出通过权值传给其他的神经元，同时每个神经元又都接受来自其他神经元传来的信息。

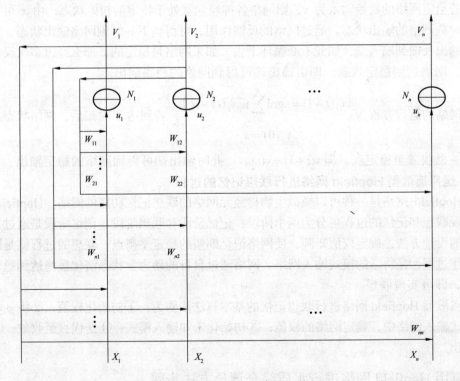

图 1　离散型 Hopfield 网络的结构示意图

设网络的输入向量：$x\{x_1, x_2, \cdots x_n\}^T \in \{-1, +1\}^n$；$u_j(j=1, 2, \cdots, n)$为神经元 j 的输入状态，v_j 为神经元 j 的输出状态，状态变量 $v_j(t)$ 通常指神经元 j 在 t 时刻的输出量(t 为离散的时间变量，$t = 0, 1, 2, \cdots$)。

网络的输入输出关系如下。

神经元 j 的输入加权和：

$$s_j(t) = \sum_{i=1}^{n} w_{ij}v_i - \theta_j \quad (i, j=1, 2, \cdots, n)$$

式中：w_{ij} 为神经元 j 与神经元 i 之间的连接权值；θ_j 为神经元 j 的阈值；v_i 为第 i 个神经元的输出状态

神经元 j 的当前时刻 t 的输入量：

$$u_j(t)=s_j(t)$$

神经元 j 下一时刻 $t+1$ 的输出量：

$$v_j(t+1) = f[u_j(t)] = \mathrm{sgn}[\sum_{i=1}^{n} w_{ij}v_i(t) - \theta_j] \quad (i, j=1, 2, \cdots, n)$$

式中：$v_i(t)$ 为第 i 个神经元 t 时刻的输出量；sgn 为符号函数，取值为 $\mathrm{sgn}(u_j(t)) = \begin{cases} +1, & u_j(t) \geqslant 0 \\ -1, & u_j(t) < 0 \end{cases}$，其中：$j=1, 2, \cdots, n$。

当网络经过适当的训练后，连接权矩阵 $w=(w_{ij})$ 已经确定，可以认为网络处于等待状态。若给定网络的初始输入为 x，则网络各神经元就处于特定的初始状态，由 x 可得到当前时刻网络的输出状态。通过网络的反馈作用，可得到下一时刻网络输出状态，再将这个输出反馈到输入端，如此不断循环下去。如果网络是稳定的，那么经过多次反馈运行后，网络达到稳定状态，即由输出端可得到网络的稳态输出。

网络的运行方程为 $\begin{cases} v_j(t+1) = \mathrm{sgn}[\sum_{i=1}^{n} w_{ij}v_i(t) - \theta_j] \\ v_j(0) = x_j \end{cases}$，若到达 t 时刻后，网络状态不再改变，已收敛至稳定点，即 $v(t+1) = v(t)$，此时输出端可得到网络的稳定输出。

2.3　运用离散型 Hopfield 网络进行联想记忆的过程

Hopfield 网络是一种可以模拟生物神经元网络的联想记忆功能的网络。Hopfield 网络实现联想和记忆的过程可分为两个阶段：记忆阶段和联想阶段。记忆阶段是通过某一确定的设计方法，确定权值矩阵，使网络记忆期望的稳定平衡点；联想的过程就是网络的工作过程，是将新的模式输入网络，网络通过自身的动力学状态演化最终达到稳定平衡点，即可实现联想。

离散型 Hopfield 网络进行联想记忆的基本算法步骤为：①初始化权值；②将 p 个样本模式输入网络中，确定网络的权值；③初始化未知输入模式；④迭代直至收敛；⑤稳态输出。

3　应用 Hopfield 网络进行水质综合评价方法步骤

为便于比较，本文引用文献[3]所举的实例介绍 Hopfield 网络进行水质评价的计算步骤，并进行结果对比和合理性分析。

表 1 是文献[3]所列的某市 2001 年 7 个采样点 8 项指标的水质监测实测值，表 2 列出了地表水水质评价的标准值(为便于和文献[3]进行比较，这里的水质评价标准并非现行的标准)。

表 1　地表水水质监测实测值　　　　　　　　　　　(单位：mg/L)

污染指标	测　点						
	1	2	3	4	5	6	7
DO	5.195	3.195	6.3	5.24	3.95	2.15	6.05
COD_{Mn}	9.175	10.375	0.925	6.12	17.91	19.94	0.81
COD_{Cr}	49.6	47.84	18.68	47.33	99.4	71.31	1.645
BOD_5	7.13	14.24	2.33	9.26	17.58	6.68	0.51
$NH_3–N$	21.21	8.43	0.29	13.78	7.51	12.33	0.324
挥发酚	0.005	0.006 5	0	0.003 5	0.016	0.014 5	0.001
总砷	0.041	0.188	0.005 5	0.017 5	0.057	0.087 5	0.003 5
Cr^{6+}	0.022 5	0.029 5	0.012	0.017 5	0.04	0.033 5	0.017

表 2　地表水水质评价标准　　　　　　　　　　　(单位：mg/L)

污染指标	水质分级				
	I	II	III	IV	V
DO　　≥	9	6	5	3	2
COD_{Mn}≤	2	4	8	10	15
COD_{Cr}	15	16	20	30	40
BOD_5　≤	2	3	4	6	10
$NH_3–N$≤	0.4	0.5	0.6	1	1.5
挥发酚　≤	0.001	0.003	0.005	0.01	0.1
总砷　　≤	0.01	0.05	0.07	0.1	0.11
Cr^{6+}　≤	0.01	0.03	0.05	0.07	0.1

运用 Hopfield 网络进 行水质综合评价的思路是，将水质评价标准作为网络的标准模式使网络记忆它们的特征，得到权值，也就是得到一个 Hopfield 网络的结构；输入采样点水质监测的实测值，利用得到的网络进行联想，最后确定采样点水质属于哪种标准模式，就可以得到综合评价的结果。

运用 Hopfield 网络进行水质评价的步骤如下：

第一步，设定网络的记忆模式，即将预存储的模式进行编码，得到取值为 1 和 –1 的记忆模式。由于水质的分级标准为 5 级，采用了 8 项污染指标来进行评价，所以记忆模式为 $U_k=[u_1^k,u_2^k,\cdots,u_n^k]$，其中 k=1，2，3，4，5；n=40。用"●"来表示达到某一分级标准，用"○"表示未达到某一分级标准，则记忆模式可以用图 2 来表示。

第二步，建立网络，即运用 matlab 工具箱提供的 newhop 函数建立 Hopfield 网络，参数为 U_k，且可得到设计权值矩阵 w 及阈值向量 θ。

第三步，将水质的实测指标值转化为网络的欲识别模式，即转化为二值型的模式，将其设为网络的初始状态，运用 matlab 提供的 sim 函数进行多次迭代使其收敛。测点 1、

2、3、4、5 的网络输入模式如图 3 所示，其余测点的输入模式推求依此类推。

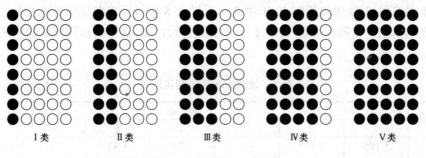

Ⅰ类　　　　　Ⅱ类　　　　　Ⅲ类　　　　　Ⅳ类　　　　　Ⅴ类

图 2　标准模式示意图

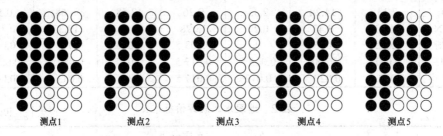

测点1　　　　测点2　　　　测点3　　　　测点4　　　　测点5

图 3　对应于测点 1 到 5 的模式输入状态

　　第四步，输出网络的稳定状态，根据稳定状态可得到各测点水质的综合评价结果。

4　结果比较与合理性分析

　　为便于比较，在运用本文所述 Hopfield 方法进行水质评价后，又运用 BP 网络评价方法进行了水质评价，并将评价结果一起列入表 3。

　　下面是对水质综合评价结果的分析：

　　(1)由表 3 中可以看到，除了测点 4 外，其余 6 个测点运用 Hopfield 网络和 BP 网络及灰色聚类决策方法三种方法得到的结果都比较接近，说明运用 Hopfield 网络来进行水质评价基本可行。

　　(2)把 Hopfield 网络和灰色聚类决策法的评价结果进行比较，发现除了测点 2 和测点 5 有稍微的差别之外，其余的评价结果都是一致的。

　　(3)运用 Hopfield 网络和运用 BP 网络进行评价的结果进行比较，除测点 4 外，其余测点的评价结果都比较接近，说明这两种神经网络做水质综合评价的效果都是比较满意的。

表 3　水质综合评价结果

测点	1	2	3	4	5	6	7
Hopfield 网络法	Ⅲ	Ⅳ	Ⅰ	Ⅱ	Ⅳ	Ⅳ	Ⅰ
BP 网络法	Ⅴ	Ⅳ	Ⅰ	Ⅴ	Ⅴ	Ⅴ	Ⅱ
灰色聚类决策法	Ⅲ	Ⅴ	Ⅰ	Ⅱ	Ⅳ	Ⅳ	Ⅰ
单一污染指数法	Ⅴ	Ⅴ	Ⅲ	Ⅴ	Ⅴ	Ⅴ	Ⅱ

(4)运用单一污染指数法得到的评定分级相对于其他几种方法的结果偏大，这是由单一污染指数法本身所依据的原理决定的。

运用 Hopfield 网络进行水质评价有如下的优点：一是由于进行网络联想时的输入是水质指标值和水质评价标准的比较，所以进行水质评价时评价标准不仅可以包括定量的污染指标，也可以包括定性的污染指标，而且指标越多得到的评价结果就越可靠；二是评价的过程直观、使用方便，网络的联想时间较短，一般经过几次迭代就可得到结果；三是和 BP 网络相比，网络的设计简单，且评价结果和 BP 网络一样具有客观的特点。

5 结语

本文运用人工神经网络中的一种反馈记忆联想网络——Hopfield 网络进行了水质综合评价，并运用 matlab 软件提供的工具箱函数进行了计算，得到了综合评价的结果。经过和 BP 网络法、灰色聚类决策法及地图重叠法的评价结果进行比较得知，运用 Hopfield 网络进行水质综合评价的结果是客观、合理的。

但是也要看到，运用 Hopfield 网络进行水质评价的不足之处在于没有考虑水质是连续变化的这一事实，评价的结果不能给出隶属于某一水质级别的程度，得到的评价级别是最接近的那一类水质级别。然而 Hopfield 网络在进行水质的大致分级时是一种很好的方法，因为它的评价过程简单、方便，评价的结果也比较可靠。

参考文献

[1] 高健磊，吴泽宁，左其亭，等. 水资源保护规划理论方法与实践[M]. 郑州：黄河水利出版社，2002.

[2] 徐大伟，杨扬. 模糊数学法在河流水质综合评价中的应用[J]. 沈阳大学学报(自然科学版)，2000(2)：59-62.

[3] 贺北方，王效宇，等. 基于灰色聚类决策的水质评价方法[J]. 郑州大学学报(工学版)，2002(3)：10-13.

[4] 李如忠. 水质综合评价灰关联模型的建立与应用[J]. 安徽建筑工业学院学报(自然科学版)，2002(1)：46-49.

[5] 冯玉国. 物元分析在水质综合评价中的应用[J]. 华东地质学院学报，1994(9)：281-286.

[6] 李祚泳，邓新民. 人工神经网络在水环境质量评价中的应用[J]. 中国环境监测，1996(12)：36-39.

[7] 李正最. 水质综合评价的 BP 网络模型[J]. 甘肃环境研究与监测，1998(2)：24-27.

[8] 龙腾锐，郭劲松，霍国友. 水质综合评价的 Hopfield 网络模型[J]. 重庆建筑大学学报，2002(4)：57-60.

[9] 陈祥光，裴旭东. 人工神经网络技术及应用[M]. 北京：中国电力出版社，2003.

河南省陆浑灌区水资源平衡分析

何阵营

(河南省陆浑水库灌溉工程管理局)

摘　要：陆浑灌区以陆浑水库为主要水源，涉及郑、平、洛三市的 7 个县(市)，跨越黄、淮两大流域，是河南省大型灌区之一，设计灌溉面积 8.967 万 hm²。本文在调查研究的基础上，分析了陆浑灌区的 4 种供水水源的可供水量；分析了现状年、未来 5 年和未来 10 年三个需水项目在保证率分别为 75%、50% 情况下的需水量；分 6 种情况进行水量平衡研究，得出在不同用水情况下，两种频率下的用水保证程度，为陆浑水库水资源综合开发利用提供可靠依据。

关键词：灌区　水资源　平衡

河南省陆浑灌区位于豫西丘岭山区，灌溉面积涉及洛阳、平顶山、郑州三市的嵩县、伊川、汝阳、偃师、汝州、巩义、荥阳 7 个县市，设计总灌溉面积 8.967 万 hm²。现已建成干渠 4 条：总干渠，东二干渠，东一干渠上、中、下段和部分滩渠。西干渠正在建设中。陆浑灌区基本情况详见表 1。陆浑灌区主要水源为陆浑水库，设计灌溉保证率 78%，复种指数 1.65，渠系利用系数 0.5，次灌水定额 750 m³/hm²，综合总灌溉定额 7 500 m³/hm²。灌区内有 38 座中小型水库可供利用调节灌区用水。

表 1　陆浑灌区基本情况

土地面积 (km²)	耕地面积 (hm²)	人口(万人)		县城工业产值 (万元)	乡镇企业产值 (万元)	大牲畜头数 (万头)	小牲畜头数 (万头)
		农业	非农业				
968.82	65 408	75.537			22 661	9.06	34.00

1　供水量

1.1　陆浑水库供水量

根据《陆浑灌区初步设计》，陆浑水库以 78% 的保证率向全灌区提供 6.8 亿 m³ 的农业灌溉、人畜吃水、乡镇企业用水。其中灌溉用水 6.29 亿 m³，人畜生活用水 0.21 亿 m³，企业用水 0.3 亿 m³。

按全灌区平均分摊：本区灌溉水为 $(79.42/134.24) \times 6.29 = 0.592 \times 6.29 = 3.72(亿\ m^3)$，生活和乡企用水为 $0.66 \times 0.51 = 0.34(亿\ m^3)$，合计为 4.06 亿 m³。

1.2　小型水库供水量

区内有中小型水库 38 座，年可供水量为 0.5 亿 m³。

1.3　当地径流

采用《省陆浑灌区修订规划报告》中的成果，按面积比求得本区 75% 保证率为 5 240

万 m³，50%保证率时为 7 068 万 m³。

1.4 地下水

按《河南省地下水资源》中的开采模数 40 km³/(km²·a)计算为 3 875 万 m³。
陆浑灌区供水量情况详见表 2。

表 2　陆浑灌区水资源可利用量 (单位:万 m³)

| 名　称 | 地　表　水 | | | | 地下水可开采量 |
| | 75% | | 50% | | |
	水库供水	当地径流	水库供水	当地径流	
项目区	45 600	5 240	45 600	7 068	3 875

2 用水量

2.1 农业用水

该灌区以旱作物为主，其代表作物的灌溉定额见表 3。

表 3　陆浑灌区灌溉定额

| 项目水平年 | 作物 | 75% | | | 50% | | |
		灌水次数	灌水定额 (m³/hm²)	灌溉定额 (m³/hm²)	灌水次数	灌水定额 (m³/hm²)	灌溉定额 (m³/hm²)
现状年	小麦	4	730	2 920	3	730	2 190
	玉米	3		2 190	2		1 460
	棉花	3		2 190	2		1 460
	其他	2		1 460	1		730
未来5年	小麦	4	700	2 800	3	700	2 100
	玉米	3		2 100	2		1 400
	棉花	3		2 100	2		1 400
	其他	2		1 400	1		700
未来10年	小麦	4	650	2 600	3	650	1 950
	玉米	3		1 950	2		1 300
	棉花	3		1 950	2		1 300
	其他	2		1 300	1		650

按照表 3 的灌溉定额，不同水平年即现状年、未来 5 年、未来 10 年作物复种指数分别为 1.7、1.8、1.85(1995 年调查为 1.53，因系旱年偏小取为 1.7)，渠系利用系数分别为 0.45、0.55、0.58。以此计算其综合灌溉毛定额(见表 4)，并乘以灌区面积得出不同水平年作物灌溉需水量。

2.2 乡镇企业用水

采用万元产值用水量计算。以 1995 年为现状年，其产值为 22 661 万元，用水定额为 230 m³/万元，用水量 521 万 m³；预测未来 5 年和未来 10 年的产值和用水量，产值年递增率分别为 15.02%和 9.3%，用水定额分别为 120 m³/万元和 70 m³/万元，计算出未来 5 年和未来 10 年的用水量分别为 547 万 m³ 和 777 万 m³。

表 4 陆浑灌区综合毛灌溉定额

项目 水平年	作物	种植比例(%)	75%		50%	
			灌水次数	灌溉定额(m^3/hm^2)	灌水次数	灌溉定额(m^3/hm^2)
现状年	小麦	83	4	3 920	3	2 190
	玉米	82	3	2 190	2	1 460
	棉花	5		2 190	2	1 460
	其他	5	2	1 460	1	730
	综合净灌溉定额			4 402		3 124
	综合毛灌溉定额(n=0.45)			9 782		6 942
未来 5 年	小麦	85	4	2 800	3	2 100
	玉米	83	3	2 100	2	1 400
	棉花	7	3	2 100	2	1 400
	其他	5	2	1 400	1	700
	综合净灌溉定额			4 340		3 080
	综合毛灌溉定额(n=0.55)			7 891		5 600
未来 10 年	小麦	87	4	2 600	3	1 950
	玉米	85	3	1 950	2	1 300
	棉花	8	3	1 950	2	1 300
	其他	5	2	1 300	1	650
	综合净灌溉定额			4 141		2 938
	综合毛灌溉定额(n=0.58)			7 140		5 066

2.3 农村人口生活用水

1995 年现状年有农业人口 75.537 万人，用水定额 50 L/(天·人)，用水量为 1 379 万 m^3；预测 2001 年和未来 10 年的用水量时，人口年递补增率采用–0.68%和–1.45%，用水定额分别采用 60 L/(天·人)，则未来 5 年和未来 10 年的农村人口生活用水量分别为 1 599 万 m^3 和 1 842 万 m^3。

2.4 农村大、小牲畜用水量

据调查，现状年大小牲畜数量计算为 9.06 万、34.0 万头，其用水量分别为 148 万 m^3 和 186 万 m^3，预测未来 5 年和未来 10 年大牲畜的年递补增率为 5%和 4%，小牲畜的年递补增率为 2.3%和 3%，大牲畜的用水定额各水平均年为 50 L/(天·头)，小牲畜的用水定额各水平年为 20 L/(天·头)，则未来 5 年和未来 10 年大牲畜的用水量分别为 210 万 m^3 和 311 万 m^3，小牲畜的用水量分别为 277 万 m^3 和 372 万 m^3。

陆浑灌区工业、生活用水量见表 5。

表 5 陆浑灌区工业、生活用水量

现 状 年							
项目区				需水量(万 m^3)			
人口(万人)	大牲畜(万头)	小牲畜(万头)	企业产值(万元)	人口	大牲畜	小牲畜	乡镇企业
75.537	9.06	34	22 661	1 379	148	186	521
未来 5 年							
73	11.56	38.08	45 619	1 599	210	277	547
未来 10 年							
63.08	17.012	51.18	111 006	1 842	311	372	777

3 水资源平衡计算

在水资源平衡计算中，用水对象包括农业、乡镇企业及农村人、畜生活用水，水资源包括水库供水、当地径流和地下水。

平衡结果：各年份皆有余水，75%保证率时现状年、未来 5 年、未来 10 年三水平年分别余水 688 万 m³、495 万 m³、4 725 万 m³；50%保证率时则分别余水 8 909 万 m³、17 295 万 m³、19746 万 m³。

陆浑灌区水量平衡详见表 6。

表 6 陆浑灌区水量平衡 （单位：万 m³）

项　目	P=75%			P=50%		
	现状年	未来 5 年	未来 10 年	现状年	未来 5 年	未来 10 年
农业用水量	51 793	51 607	46 688	45 400	36 635	33 495
工业企业用水	521	547	777	521	547	777
生活用水	1 713	2 066	2 525	1 713	2 066	2 525
总需水量	54 027	54 220	49 990	47 634	39 248	36 797
地下水可供水量	3 875	3 875	3 875	3 875	3 875	3 875
当地径流可供水量	5 240	5 240	5 240	7 068	7 068	7 068
水库可供水量	45 600	45 600	45 600	45 600	45 600	45 600
总供水量	54 715	54 715	54 715	56 543	56 543	56 543
储余/亏空	688	495	4 725	8 909	17 295	19 746

【作者简介】何阵营，男，42 岁，本科学历，河南省陆浑水库灌溉工程管理局高级工程师。

对大花水水电站水击计算方法的思考

王利卿[1]　　刘云生[2]

(1．郑州水利学校；2．濮阳黄河河务局)

摘　要： 在大花水水电站过渡过程计算中，考虑到调压室直径、阻抗孔面积、阻抗系数等因素对水击压力的影响，分别用常规方法和考虑各种影响两种方法计算水击压力，提出了调压室对水击波不完全反射时的水击压力计算方法；并对两种方法的计算结果进行了对比，说明对阻抗式调压室按不完全反射水击波的水击压力计算方法计算出的水击压力更符合实际情况。

关键词： 水电站　阻抗式调压室　特征线法　水击压强

1　引言

通常对设有调压室的引水管道进行水击计算时，常规计算方法认为调压室能完全反射水击波，如图 1 所示，假定连接处 B 点的水头始终等于调压室初始时的静水头 H_T。事实上，调压室对水击波的反射能力除与调压室的直径有关外，还与其阻抗孔面积、阻抗系数等因素都有密切关系，如不考虑这些因素而直接按常规的方法计算，将使计算出的最大水击压力值偏低，对引水隧洞设计来说也很不安全。

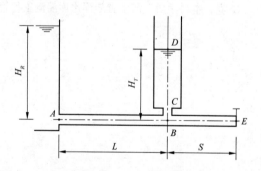

图 1　阻抗式调压室示意图

在实际工程中，如何考虑这些因素，合理计算出压力钢管的水击压力和传入引水隧洞的透射压力，对压力钢管的布置设计，确定隧洞的衬砌标准有重要意义。

本文通过对大花水水电站水击压力的计算，寻找出一种更为合理的方法来计算阻抗式调压室管路的水击压力。

2　工程概况

大花水水电站是一座以发电为主、兼顾防洪及其他效益的综合水利水电枢纽,采用蓄、引相结合的混合式开发方式。大花水水电站水库正常蓄水位为 868 m、死水位为 845 m、总库容为 2.765 亿 m³、调节库容为 1.355 亿 m³，有季调节性能。电站装两台 90MW 混流式立轴发电机，为"一井一洞一管两机"地面厂房布置方式，单机额定流量 78.1 m³/s。引水隧洞长约 5 369 m，洞径 7.0 m；调压室直径 16.0 m，调压室顶部高程约 890 m，调压室绝对高度为 80 m，阻抗孔直径 3.45 m；压力管道主管长 183.8 m，管径 6.0 m，压力管道支管长约 111.4 m，管径 4.0 m；引水系统水头损失 h_f=9.0 m。大花水水电站紧靠贵州负荷中心，以发电为主，在系统中主要承担调峰、调频等任务，启闭比较频繁。

3　考虑各种因素影响时的计算处理方法

3.1　水电站压力引水系统简化

在本文中，为了直观、计算简单和便于结果比较，对大花水水电站的压力引水系统进行了简化，如图 1 所示，整个计算管路共有四部分组成：一是上游有压引水道部分，即 AB 段；二是压力管道部分，即 BE 段；三是阻抗孔口段，即 BC 段，在计算时，认为该段管道为竖向岔管，其长度为阻抗孔口的高度，并将阻抗系数转为该段的达西—威斯巴赫系数 f，具体的转化关系式见式(3)；四是井筒段，即 CD 段，该段的面积为调压室的面积。其中，AB 段、BE 段与 BC 段在 B 点相连接，构成三岔管；BC 与 CD 段因面积和对水流阻力的不同分成两段，在 C 点构成串联管道。

3.2　边界条件的处理

A 点压强始终不变，等于初始时的静水头，B 点处的情况同三岔管，C 点处为变管径情况，D 点处压强始终为零，E 点处在试验阶段为计算方便阀门按直线关闭，并按孔口出流计算流量；在工程实践阶段，后接水轮机时，考虑到水轮机及下游尾水对过渡过程的影响，应进入水轮机模型综合特性曲线，计算出在负荷发生变化过程中每一时刻水轮机的工况，从而计算出每一时刻 E 点处的流量 Q_E 和压强 H_E，将 Q_E 和 H_E 作为边界条件进行过渡过程计算。D 点在引用流量变化时，水位将随时间而发生变化，但 D 点处的水位变化是和上游水库、有压引水道和调压室内的水体波动联系在一起的，通常由于水击压力变化的持续时间远小于调压室水位的波动周期，有时为了简化计算，也可视 D 点的位置不变，CD 段的长度为初始恒定流时 CD 的长度。

3.3　阻抗系数的处理

调压室的阻抗实质上也是一种水头损失，因此可将其转化为特征线法计算中的沿程水头损失达西—威斯巴赫系数 f。

$$h_f = KQ^2 \tag{1}$$

式中：h_f 为阻抗孔口的水头损失；K 为调压室的阻抗系数；Q 为通过调压室阻抗孔口的流量。

另根据达西—威斯巴赫系数的定义，对该阻抗孔段的水头损失有

$$h_f = \frac{f|BC|}{2gD_k A_K^2} Q^2 \tag{2}$$

因此有：

$$f = \frac{2gD_K A_K^2}{|BC|} K \tag{3}$$

式中：f 为达西—威斯巴赫系数；$|BC|$ 为阻抗孔口的高度；g 为重力加速度；D_K 为阻抗孔口的直径；A_K 为阻抗孔口的面积。

4　两种方法计算结果的比较

常规方法(方法一)和本文给出的方法(方法二)均采用特征线法计算引水系统各点的水击压力值，特征线法的基本计算公式为：

沿 c^+

$$H_i^j - H_{i-1}^{j-1} + \frac{g}{c} V_i^j - V_{i-1}^{j-1} \left(\frac{c}{g} - \mathrm{d}t \sin\theta - \frac{\lambda \mathrm{d}x}{2gD} |V_{i-1}^{j-1}| \right) = 0 \tag{4}$$

沿 c^-

$$H_i^j - H_{i+1}^{j-1} - \frac{c}{g} V_i^j + V_{i+1}^{j-1} \left(\frac{c}{g} + \mathrm{d}t \sin\theta - \frac{\lambda \mathrm{d}x}{2gD} |V_{i+1}^{j-1}| \right) = 0 \tag{5}$$

式中：H 和 V 分别是 t 时刻的压强水头和流速；g 为重力加速度；θ 为管道倾斜度；D 为管道直径；c 为水击波的传播速度，它与管壁的物理特性有关；λ 为沿程阻力系数；变量的上标 j 和 $j-1$ 表示时刻；下标 i 或 $i-1$、$i+1$ 表示网格节点对应的断面位置。

在初始恒定流状态下，有压引水道的进口点即图 1 中 A 点水头为 60.917 m，通过管道的流量为 156.2 m³/s，初始时的调压井水头为 52.0 m，阻抗系数 K 为 0.001 190 279 s²/m⁵。取关闭时间为 11 s，关闭规律为直线，并假定管道末端符合孔口出流规律，按常规方法和调压室不完全反射水击波两种不同方法分别进行了计算，计算结果见表 1。

表 1　两种方法计算结果比较

方法	B 点最大水击压力上升值(m)	E 点最大水击压力上升值(m)
方法一		23.711
方法二	25.828	36.152

从表 1 中可以看出，按调压室完全反射和不完全反射两种方法计算结果差异较大，考虑阻抗式调压室不能完全反射水击波更符合实际情况。因此，对于设有阻抗式调压室的管道进行水击计算时应将引水隧洞、调压室、压力管道都考虑在内进行计算。

另外，按不同的计算方法，压力管道末端 E 点水击压力变化过程及最大水击压力出现的时刻差别均较大，如图 2 所示。这在实际工程中可能会影响到水轮机导叶启闭规律的设计。

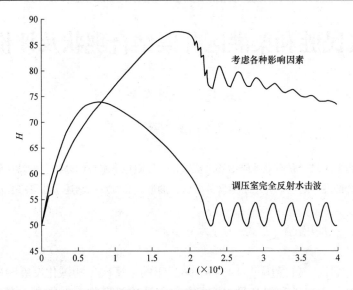

图2　阀门端 E 点的水击压强变化过程

5　结语

　　合理、准确地计算水电站引水系统的水击压力对设计压力钢管和确定有压引水隧洞的衬砌标准至关重要。对于简单式调压室，由于水击波的反射相对较为充分，在计算电站引水系统的水击压力时，可以近似地认为水击波在调压室处为全反射。但对于阻抗式调压室来说，不能完全反射水击波这一特性对最大水击压力上升值的影响是不能忽略的，根据对大花水水电站的两种水击计算结果比较可知，两种计算结果之间的差别还比较大，如果按完全反射的情况进行计算，将会导致工程设计偏于危险，严重时还可能会危及工程的安全。因此，按调压室不完全反射水击波进行计算更符合实际情况，本文提出的方法可供实际的工程设计计算借鉴。

参考文献

[1] 潘家铮，傅华. 水工隧洞和调压室—调压室部分[M]. 北京：水利水电出版社，1992.

[2] 马吉明. 气垫式调压室水击穿室的理论分析[J]. 清华大学学报，1996(4).

[3] 程永光，陈鉴治，杨建东，等. 连接管长度对调压井水位波动和水锤压力的影响[J]. 水利学报，2003(5)：46-51.

[4] 马善定，汪汝泽. 水电站建筑物[M]. 北京：中国水利水电出版社，1996.

[5] 杨琳，赖旭. 结合数值计算与模型试验研究阻抗式调压室阻抗损失系数[J]. 中国农村水利水电，2005(5)：109-111.

[6] 周雪漪. 计算水力学[M]. 北京：清华大学出版社，1995.

【作者简介】王利卿，女，1976 年出生，郑州水利学校讲师。

人民胜利渠灌区井渠结合现状及评价

杨英鸽　　周在美

(河南省人民胜利渠管理局)

摘　要： 实行井渠结合是有效地防治灌区盐碱化、控制地下水位的办法。人民胜利渠是最早实行井渠结合的灌区之一，介绍了灌区井渠结合的形式和特点，阐述了井渠结合对地下水各方面的影响。

关键词： 灌区　井渠结合　形式　地下水

在我国北方灌区，曾经历过 1959~1962 年的土壤次生盐碱化发展阶段。为了恢复灌溉，防治盐碱，人民胜利渠是最早实行井渠结合的灌区之一。因此，调查人民胜利渠灌区井渠结合的现状，开展井渠结合的研究，具有重要的意义。

1　井渠结合的形式和特点

1.1　井渠结合的形式

井渠结合的形式，按工程布局可分两种，一是井渠布局，即在同一地区有井也有渠，两套工程设施齐备。二是井渠分设，即纯井灌在灌区内以片状与渠灌交错分布。

按运用方式可分三种，一是井渠并用，即在一定时期内，有时用渠灌，有时用井灌；或在一次灌水中，这一部分用渠灌，另一部分用井灌。二是渠井汇流，即在一次灌水中，渠水和井水汇合，实行远距离输送或进行田间灌溉。三是井灌渠补，即在灌区内或干支渠末端的纯井灌区，靠渠灌退水或田间渗水补充其他地下水，以维持井灌开采的需要。

目前人民胜利渠灌区井渠结合的形式，除工业及城镇生活用水外，有的用渠，有的井渠并用，在农业方面，主要存在以下 3 种形式。

1.1.1　井渠并用

这是目前灌区井渠结合面积最大的一种形式，在灌区设计灌溉面积 148.8 万亩中，约有 80 万亩属于这种类型。其特征是：在需要灌水时期，渠道有水用渠灌，渠水未到用井浇；水稻泡田用渠灌，育秧及生长期补水用井浇；大面积干旱，渠道放水用渠道，个别地块需水用井浇；在一般情况下，从控制地下水位上升、防止土壤次生盐碱化考虑，汛期及冬灌用井灌，其他时期考虑用渠灌。由于水源田间的不同，同属这一类型的不同地区，井渠用水比例不完全一样，井的密度已有差异。灌渠上游的冯庄、亢村一带，用渠水比较方便，每千亩耕地只有机井 8~9 眼；中游的小吉、七里营一带，是灌区粮棉高产区，农作物对用水的保证程度要求较高，加上受轮灌影响，渠水不能完全满足适时灌水的要求，故井灌的比重大，井的密度每千亩耕地为 11~12 眼；灌区下游，由于采取以井为主，以渠为辅，因此井的密度更大。

1.1.2　井灌渠补

这种类型多分布在灌区的下游及干支渠的末端,如新乡县的刘庄、陈庄、夏庄、南魏庄一带;卫辉市的柳庄、孙杏庄一带;西一干二支渠下游沙窝营一带;西三干四、五支渠下游丁古城、北翟坡一带。这些地区,由于补源条件不尽一致,能维持井灌时间长短也不相同。沙窝营处于灌区腹部地带,四周为渠灌所包围,补源条件较好,所以长期开采地下水仍趋向稳定。卫辉市柳庄、李源屯位于东三干渠下游,在东三干渠未扩建前,补源条件差,长期开采使地下水出现了下降漏斗,因此现在又恢复渠灌,实行井渠并用。

1.1.3　渠井汇流

渠井汇流目前仅限于个别地区的个别时期采用,尚处萌芽阶段,但从合理调度水沙资源来看,是一种有发展前途的结合形式。另外,灌区尚有 10 万余亩没有农用机井的纯渠灌地段,多分布在灌区及干支渠的上游地区。

1.2　不同形式的特点

从 1982 年和 1983 年的调查来看,灌区井渠结合的不同形式,无论从作物种植上,还是在机井的配套上、井渠用水比例上,都有各自的特点。这些特点又与不同地区的水资源状况、农业生产条件等因素紧密相关。

1.2.1　种植上的特点

1983 年,在灌区井灌渠补区调查了 8 个村,井渠并用区调查了 12 个村。从调查的情况来看,在种植上,井灌渠补区的群众多选种需水量较少或一年只收一季的作物。8 个村总耕地面积 18 305 亩,种棉花 7 778 亩、水稻 1 397 亩,分别占耕地的 42.5% 和 7.6%,而 12 个井渠并用灌溉的村,在 32 493 亩耕地中,种棉花只占 28.6%,水稻都达 21.7%。由此可以看出,井灌区补渠与井渠并用区,由于水源条件不同,种植上有明显的特点。

1.2.2　配套上有差别

井灌渠补区,地下水是唯一的调节灌溉水源,因此群众对机井管理保护、配套利用十分重视,调查的 8 个村,平均配套率高达 90%。相反,井渠并用的地区,由于有渠水和井水两个水源,灌水保证率较高,调查的 12 个村平均配套率只有 63.2%,个别村不到 1/3。

1.2.3　用水数量不同

据调查,按耕地面积计算,井灌渠补区平均灌水 6.6 次,井渠并用区只有 4.2 次,这是由于井灌灌水定额小、灌后土壤水分支撑时间短所造成的。从地下水开采强度来看,井灌渠补区每年每平方公里面积开采地下水 39.6 万 ~ 48.8 万 m^3。但单位面积上的总灌水量,还是井渠并用区大于井灌渠补区。

2　井渠灌溉对地下水的影响

2.1　对地下水埋深的影响

由于井渠灌水比例的不同,灌后地下水的埋深也不一样。柳庄属井灌渠补区,195 号观测井地下水埋深,除降雨后有所上升,多数时段均处于下降阶段。而在同一个年份里,属于井渠并用区的陈庄 171 号观测井的地下水埋深变化情况是，渠灌和降雨都引起了地下水位的上升。渠灌区职庄 016 号观测井的地下水埋深变化，与灌区并用区基本一致。从地下水埋深绝对值来说，井灌渠补区大于井渠并用区，井渠并用区又大于渠灌区。从同一个地区来说，由于井区灌水形式的改变，地下水的埋深变化也不同。卫辉市潘杨庄村(216 号观测井)，1981 ~ 1982 年为井灌渠补，多数时段地下水处于下降阶段，年初与年末比较，水位由下降变为上升趋势，年末比年初上升了近 1.0 m。

2.2 对地下水开采量的影响

开采地下水，是井灌渠补区唯一可调节的灌溉水源。据调查，在同一个灌溉年度里，井灌渠补区的地下水开采量是井渠并用区的 2.6 ~ 4.4 倍。在不同的水文年度里，无论井灌渠补区或井渠并用区，地下水开采量都与降雨量呈反比。1982 灌溉年度里，年降水量416 mm，井灌渠补区平均年开采地下水量 48.8 万 m³/km²，井渠并用区为 18.7 万 m³/km²；1983 年降水量 645 mm，井灌渠补区平均年开采地下水量 39.63 万 m³/km²，井渠并用区为 8.92 万 m³/km²。两年比较，降水量增加了 229 mm，两区的地下水开采量减少了 9 万 ~ 10 万 m³/km²。从 1981 年 10 月 ~ 1983 年月的情况来看，井灌渠补区每年比井渠并用区多开采地下水达 30 万 m³/km²。

2.3 井渠灌水比例与地下水位升降的关系

自 1981 年以来，"井渠结合防止土壤次生盐碱化效果的观测研究"课题选择东一干三支一斗渠为水量平衡观测区，通过对 1981 年 2 月 ~ 1982 年 9 月实测资料的相关分析，得出了以下数学模型，即

$$\triangle H = 0.55 - 1.31P$$

式中：$\triangle H$ 为井渠灌水后地下水升降值；P 为井灌水量占总灌水量的比值。

运用这个数学模型，将 1982 ~ 1983 两年灌区井渠结合调查所得的 P 代入计算，结果发现计算的地下水升降值与灌区实测的升降值基本吻合，最大误差为 3 cm。

3 井渠结合方式与水资源利用

(1)井渠汇流。限于目前灌区的井渠灌溉系统缺乏统一规划，因此除少数工业用水和个别缺水地区外，使用这种结合方式的面积较少；但从长远发展看，这种结合方式是大有可为的。

(2)井渠并用。这是目前灌区面积最大的一种，通常所讲的井渠结合也多指此而言。当前这种结合方式，在灌溉调节上还多带有自发的倾向，因此今后应通过加强管理运用，做到有计划、有目的的调度，充分发挥其优越性。

(3)井灌渠补。这是灌区在发展过程中出现的一种自然的结合方式，随着用水管理的加强和地下水源的日益枯竭，最终将为井渠并用所代替。

这三种结合方式的使用条件见表 1。

表 1　不同井渠结合方式的使用条件

井渠结合类别	使 用 条 件
井渠汇流	1.地表水和地下水均较缺乏，每一单项水源均不能满足灌水需要； 2.渠道含沙量很大； 3.井灌地下水矿化度很高
井渠并用	1.井水与渠水都能单独满足灌水的需要； 2.从防止土壤次生盐碱化、减轻内涝灾害等条件，适当安排井渠用水比例
井灌渠补	1.井灌地下水水源不足； 2.渠水补源条件较好； 3.长期开采，仍能维持地下水的平衡

渠井结合合理利用水资源

周万银　　原永兴　　王中涛

(河南省人民胜利渠管理局)

摘　要：本文先介绍了灌区渠井结合的水文地质条件，从地下水埋深与作物产量、涝碱、潜水蒸发等几方面的关系分析了调节地下水埋深是搞好生态平衡的中心环节，阐述了渠井结合在综合防治旱涝碱和合理利用水资源中的作用。

关键词：渠井结合　合理利用　水资源

1　渠井结合的水文地质条件

灌区的水文地质条件好与差，关系到灌区发展渠井结合的可行性问题。据河南省水文地质部门钻探资料和本灌区大量打井资料，说明该灌区水文地质条件良好，大部分地区含水层厚、透水性强、水质好，为开采地下水、实现渠井结合灌溉奠定了良好的基础。

本灌区浅层地下水来源丰富，除降雨和黄河侧渗补给外，每年还有大量引黄灌溉水补给，所以地下水单井水量很大，据灌区机井部分抽水资料，考虑到目前的吸水扬程，按降深 5 m 计，其出水量大体分区如表 1 所示。

表 1　人民胜利渠地下水出水量分区

分布地区	含水层埋深(m)	含水层厚度(m)	含水层岩性	单位降深出水量 $(m^3/(h \cdot m))$	单井出水量 (m^3/h)
总干渠以南的东一、新磁、白马灌区	10 ~ 40	20 ~ 30	粗中砂	>33	>160
总干渠以北和古阳堤以南的东一、东三灌区	12 ~ 40	15 ~ 20	中粗砂	24 ~ 33	120 ~ 160
古阳堤与西孟姜女河间的西一灌区、东一灌区	10 ~ 37	15 ~ 20	中细砂中粗砂	16 ~ 24	80 ~ 120
缓岗地区与卫河淤积低地	10 ~ 45	8 ~ 20	中细砂	8 ~ 16	40 ~ 80

2　农田灌溉效应与生态平衡分析

人民胜利渠灌区属黄海平原的一部分，其生态系统的结构功能和演变规律，必然具备了黄淮海平原的共同特性——易旱、易涝、易碱。在这样的地区，要改善生态环境，必须全面解决旱、涝、碱并从综合治理着眼，才能有所成效。本灌区开灌前在多种灾害交错影响下，农业生产低而不稳。1958 年该灌区粮食平均亩产 88.5 kg，皮棉 14.5 kg。

随着引黄灌溉的发展,产量逐年提高。1958 年该灌区执行"大引、大蓄、大灌"的错误方针,地下水位迅速抬高,盐碱地由原来的 10 万亩发展到 1962 年的 28 万亩,占当时灌区灌溉面积的 50%左右,农田生态环境恶化,作物产量急剧下降。之后,经过整修排水河道,控制引黄等措施,经过三四年的时间,次生盐碱地基本上得到改良和控制,粮食产量恢复到 1958 年前水平。为了综合防治旱、涝、碱,灌区很快掀起打井高潮,并逐步恢复了引黄灌区,在实践中逐步摸索出一套渠、井、沟结合,综合防治旱、涝、碱的水利体系,配合农业技术措施,使作物产量逐年大幅度增长,全灌区粮食平均亩产 1979 年已超过 565 kg,为开灌前的 6 倍。

3 调节地下水埋深是搞好生态平衡的中心环节

从人民胜利渠灌区的灌溉后效与生态平衡的分析得知,在易旱、易涝、易碱的黄淮海平原地区,在水利措施上搞好综合治理的核心问题是调节地下水埋深。下面就从灌区内外观测试验所取得一些实际资料,来阐明地下水埋深与作物产量、涝碱灾害、潜水蒸发的关系。

3.1 地下水埋深与作物产量的关系

最近几年,通过对黄淮海平原不同类型灌区进行作物产量的调查,发现在土壤肥力、施肥数量和作物品种等条件大致相同的情况下,在一定范围内地下水埋深越浅,产量越低。这是因为黄淮海平原土壤质地以壤质土和轻壤质土居多,土壤中毛管孔隙占总孔隙的 90%以上,土壤水中毛管作用很强。据测定,在地下水面 30～50 cm 处,土壤含水量可占总孔隙率的 80%。因此,若地下水埋深太浅,容易引起根系周围土壤湿度过大,通气性差,作物吸收养分少,生长受到抑制,产量下降。

人民胜利渠灌区 20 世纪 50 年代就分别进行过棉花和玉米两种作物在不同地下水埋深条件下的产量对比试验。结果表明,在其他条件相同情况下,在埋深 2 cm 上种植的棉花产量比埋深 1 cm 高近 1 倍。玉米的情况基本上也是一致的(见表 2)。

表 2   不同地下水埋深与玉米产量

方法及处理	产量(kg/亩)	对比(%)
田测高水位(埋深小)	175	100
田测低水位(埋深大)	380	211

3.2 地下水埋深与涝碱的关系

因涝减产是黄淮海平原中东部地区的重要问题之一。除涝的根本途径,在于解决排水出路。但从水资源合理利用和旱涝综合治理角度出发,开发利用地下水,降低地下水位,增大土壤蓄水能力,也是除涝的重要途径之一。人民胜利渠灌区在除涝上所取得的经验表明,采取上述两种措施,双管齐下,效果最好。

开发地下水,降低地下水位,提高除涝能力的实例很多。豫北南乐县永顺沟地区,1955～1963 年,汛期最大 7 天降雨量 106.8～234.5 mm,但因雨前地下水埋深不同,涝灾面积有很大差别(表 3)。

表 3　不同地下水埋深和涝灾面积关系

项　目	年　份								
	1955	1956	1957	1958	1959	1960	1961	1962	1963
最大 7 天降雨量(mm)	113	160.5	108.7	223.7	84.6	851.0	191.0	106.8	234.5
雨前地下水埋深(m)		191	2.53	3.38	2.06	1.16	1.45	2.54	1.92
涝灾面积(万亩)	0.54	4.08	0.40	0.28	0.17	5.91	5.60	2.11	7.94

注：1963 年因马颊河决口影响涝灾面积。

根据灌区调查资料得知，在土质和水质相同条件下，随着地下水埋深的减小，盐碱化程度也越来越重(见表 4)。

表 4　次生盐碱化发生时实际地下水埋深

土壤质地	地下水矿化度 (g/L)	统计分析的 定位点数目(个)	不同程度盐碱化发生时春季地下水埋深 (m)		
			轻度	中度	重度
全剖面轻砂壤和深位 厚层黏土	1 ~ 3	21	1.8 ~ 2.1	1.4 ~ 1.7	1.0 ~ 1.2

3.3　地下水埋深与潜水蒸发的关系

在自然状况下，黄淮海平原地区的地下水水量平衡方程式中，降雨是主要的补给项，而潜水蒸发则是最大的消耗项。本来当地地下水资源就不丰富，地下水却白白消耗与蒸发而得不到控制，其结果首先是浪费了水源，其次是容易引起土壤积盐。

下面就从观测试验所得的地下水埋深与潜水蒸发的关系，来阐述开采地下水、控制埋深、减少潜水蒸发的作用。

人民胜利渠灌区曾做过毛管水流强度(地下水补给量)与地下水埋深关系的试验，在砂壤土中，当地下水埋深 1.8 m 时，地下水补给强度已很微弱，而这个高度正是悬着水的上升高度。随着地下水埋深的减小，地下水蒸发强度上升很快。例如，当埋深 1m 时，地下水补给强度每昼夜为 1.8 mm，而埋深 0.5 m 时，则上升为每昼夜 4.7 mm，即增加 2.5 倍，由此看出控制地下水埋深对减少潜水蒸发消耗，继而减缓表土积盐过程是有重要意义的。

4　渠井结合在综合防治旱涝碱和合理利用水资源中的作用

人民胜利渠灌区在水利建设过程中，经历了渠灌(单纯引黄灌溉)和兴井废渠(1961 年大部分灌区停灌)这两个阶段之后，又走向渠井结合的道路。经过这些年的实践，可以得到以下几方面经验。

4.1　渠井结合可适时地把地下水埋深调节在理想部位上

如上所述，地下水埋深适宜与否，对防止旱涝碱有着重要作用。过去引黄上出现多次反复，引起不少争议，其关键问题不外乎是防止土壤次生盐碱化和泥沙处理两大项，而防次生盐碱化的关键所在，是控制地下水埋深问题。多年经验证明，控制地下水埋深比较有效的办法是实行井渠结合。井渠结合的作用，一是可减少引黄水量，从而减少灌溉对地下水的补给；二是可通过井灌(井排)来控制和降低地下水位。据人民胜利渠灌区调查，井灌一次可使地下水位下降 0.3~0.7 m 或更多，按目前全灌区年均开采地下水 1 亿 m³(未包括灌区外围以井为主的地下水开采量)计算，累计一年可使全灌区地下水位下降 2~3 m，因而对灌区调节地下水位起着重要作用。

过去在人民胜利渠总干渠中段两侧，由于受渠道长期输水侧渗的影响，属于地下水高水位的易涝、易碱区之一。自从新乡县化肥厂在总干渠北侧魏庄建成后，该厂在其周围打 20 眼机井和 2 眼深井，每小时可开采地下水 1 000 m³，每年开采总量为 876 万 m³。由于地下水采量超过干渠侧渗补给量和稻田下渗补给量，使平均地下水位逐年缓慢下降，目前这一带已形成直径 10 余 km 的低水位中心，最大埋深 4.7 m，比外围低 2 m 多，可见开发地下水对降低地下水位起很大作用。

4.2 渠井结合是合理利用水资源的重要途径

随着工农业生产的不断发展，各地水资源的供需矛盾愈来愈大。黄河两岸有黄河水可引，但随着引黄事业的不断发展，上、中游引黄数量逐年增大，下游地区引黄水源必将逐年减少。因此，如何合理利用水资源，大力提高水资源利用率，是今后重要的研究课题。

在黄淮海平原，单纯引河水发展灌溉，从水资源合理利用的角度来衡量，显然是有问题的。因为这一带每年每平方公里降雨渗入补给到地下的水量一般为 13 万~15 万 m³，这些地下水若不抽上来利用，其中大部分将消耗于潜水蒸发，一部分由作物直接利用，一部分从排水沟排走。而发展引黄灌溉后，将有数量大于降雨入渗补给量 1 倍左右的水量入渗地下。同样也要消耗于潜水蒸发和排走，这是很可惜的。从人民胜利渠灌区 20 世纪 80 年代初地下水水量平衡初步来看，正常年降雨入渗量为 13 603 万 m³，灌溉入渗量 26 683 万 m³，仅这两项，总补给量就有 4 亿 m³，其中消耗于潜水蒸发约 1/3，通过机井开采占 1/3，剩下 1/3 通过地下水径流和排水渠排走。由此可以看出地下水资源可利用量还有很大潜力可挖，今后如能把地下水开采量在目前基础上增加 1 倍，把全灌区地下水年平均埋深控制在 2.5~3.0 m 之间，那就很理想了，既可彻底消除涝、碱、渍的威胁，又能使水资源得到更加合理的利用。从过去的渠井结合经验和现有工程基础来看，只要通过一段时间的努力，实现这一目标是完全有可能的。

灌区在控制地下水埋深方面做了很多工作，取得了不少成功经验。据观测资料分析，渠灌一次，一般可提高水位 0.4~0.6 m，全部井灌一次可降低水位 0.5~0.7 m。根据以上情况，并考虑到地下水位的自然消退，一般在春季连续二次引黄灌溉后，做好穿插一次井灌或实行井渠结合灌溉，调节地下水的适宜埋深。以防止在春季繁盐季节地下水位偏高，冬季尽量少引黄灌溉，多用井灌，夏季雨多，地下水位偏高，更应以井灌为主。

20 世纪 80 年代以前，灌区水费是以亩计征，使群众产生重渠轻井偏向，给水资源合理调度带来不少阻力。现在灌区实行计量收费，提高了水资源利用率。据七里营乡 20 世纪 80 年代调查，井灌一次，每亩平均油电费 0.37 元，而渠灌一次需交水费 0.5 元左右，井灌费用比区灌费用还低一些，这样可以扭转重渠轻井的思想。这种新的经济管理措施，必将为水资源合理调度开辟广阔的道路，因而，今后人民胜利渠灌区在渠井结合、合理利用水资源、综合防治旱涝碱方面，一定会做出更好的成绩。

地下水补给量的分析与计算

周万银

(河南省人民胜利渠管理局)

摘　要：人民胜利渠灌区地下水主要受降雨和灌溉入渗两方面补给。本文根据多年来的观测资料，对降雨和灌溉入渗补给系数进行了分析，并通过降雨排频，计算了不同水文年地下水的补给量，从而为灌区水量合理调控提供了科学依据。

关键词：地下水　补给量　计算

人民胜利渠灌区位于平原地区，地下水自然坡降小，约 1/4 000，水平运动微弱，而且进出灌区的水力坡降相当，地下水出入相抵，地下水动态变化主要取决于垂向的补给和排泄，属于入渗—蒸发—开采型。从本区具体情况来看，地下水补给源主要有两个方面：一是降雨入渗补给，二是灌溉入渗补给。

1　降雨入渗补给

一般情况下，灌区在非汛期地下水埋深较大，降雨量也较小，所以地下水入渗补给主要集中在汛期。通过对灌区内降雨入渗观测试验，实际测算值为 0.11。此值由雨后 1 日观测值计算，故偏小。后又根据灌区不同年份降雨后 3 日观测结果计算分析(见表 1)，降雨入渗补给系数为 0.18。

由降雨入渗补给系数和不同水文年的降雨量，计算出各水文年的降雨入渗补给量(见表 2)。

表 1　降雨补给系数

观测地区	观测日期(年·月·日)	降雨量(mm)	补给系数
全灌区	1976.8.1 ~ 8.11	91.0	0.123
灌区西部	1996.6.1 ~ 9.21	610.2	0.208
	1997 雨季	340.5	0.268
试验区	2003.6	80.5	0.110
平均			0.18

表 2　降雨入渗补给量

水文年	湿润年	平均年	中旱年	干旱年
降雨量(mm)	658.2	521.0	447.0	376.4
补给量(亿 m³)	1.40	1.11	0.95	0.80

2 引黄灌溉入渗补给

2.1 灌溉入渗补给系数

根据水量平衡试区资料和全灌区灌水及地下水位资料分析，灌溉入渗补给系数为 0.37(见表3)。

表3　灌溉入渗补给系数

灌水量 (万 m³)	同期降雨		总水量 (万m³)	地下水埋深(m)			土壤给水度	面积 (km²)	入渗系数	说明
	雨量 (mm)	折水量 (万 m³)		灌前	灌后	$\triangle H$				
179.7	1.1	2.3	182.0	3.073	2.516	0.557	0.06	21.016	0.39	试验区
183.5	1.4	2.9	186.4	2.970	2.425	0.542	0.06	21.016	0.37	试验区
6 800.8	12.9	1 244.3	8 045.1	2.93	2.44	0.49	0.06	964.6	0.35	全灌区
平均									0.37	

2.2 灌溉入渗补给量

通过对灌区1980~2000年的灌溉用水量统计，全灌区灌溉水量在3.1亿~5.4亿 m³，另通过排频分析及计算，全灌区灌溉入渗补给量如表4所示。

表4　灌溉入渗补给量　　　　(单位：亿 m³)

项目	湿润年	平均年	中旱年	干旱年
灌溉水量	3.50	3.93	5.14	5.41
补给量	1.30	1.45	1.90	2.00

3 地下水总补给量

由上面的计算结果，可算出全灌区地下水总补给量(见表5)。从表5可以看出，灌溉补给量占总补给量的48%~71%，引黄灌溉不但是灌区的直接灌溉水源，也是本区地下水的主要补给源。地下水总补给量每年高达2.5亿~2.9亿 m³，折合地下水位上升3.5~4.1 m。因此，在加强引黄灌溉的同时，还要重视开采地下水，将节约的地表水用以扩大灌溉面积，增加粮食生产能力。

表5　全灌区典型年地下水补给量

项目	湿润年	平均年	中旱年	干旱年
降雨补给(亿 m³)	1.40	1.11	0.95	0.80
灌溉补给(亿 m³)	1.30	1.45	1.90	2.00
总补给量(亿 m³)	2.70	2.56	2.85	2.80
灌补/总补(%)	48	57	67	71

河南省节水型社会建设探索

张瑞锋　　高啸尘　　赵树坤　　杨红凯　　宋红霞

(濮阳第一河务局)

摘　要：节水型社会建设是各级水行政主管部门面临的新的历史任务。文章从河南省水资源实际情况出发，简要分析了节水型社会建设的紧迫性和面临的障碍，并提出关于节水社会建设的几点建议。

关键词：节水型社会　探索

"节水型社会"是指人们在生活和生产过程中，在水资源开发利用的各个环节，贯穿对水资源的节约和保护意识。以完备的管理体制、运行机制和法制体系为保障，在政府、用水单位和公众的共同参与下，通过法律、行政、经济、技术和工程等措施，结合社会经济结构的调整，实现全社会用水在生产和消费上的高效合理，保持区域经济社会的可持续发展。

1　目前河南省水资源状况

河南省水资源量多年平均值为 413.4 亿 m^3，水资源总量在全国排第 19 位，人均水资源占有量 441 m^3，为我国人均水量的 1/2。因此，河南属于缺水省份。不仅如此，河南省水资源还存在以下特点。

1.1　水资源时空分布不平衡，旱涝时有出现

受季风气候的影响，河南省夏季降水集中，汛期降水量占全年总量的 60%～80%，而且年际变化大，典型年份降水量更悬殊，致使地表径流不能得到很好的开发利用。主要河流都曾出现过连续丰水和连续枯水的现象。河南省水资源空间分布很不均匀，全省水资源总量的 60%集中在淮河流域，形成南部多、北部少的局面。山区水资源量多于平原，但耕地面积、工矿企业、主要城镇又多集中于平原地带，地表径流和用水不协调，有时造成局部地区水资源相对不足。

1.2　水质污染日趋严重

随着城市建设和工矿业的发展，水资源的污染问题越来越严重。据对全省 140 处河段进行监测，污染河段占监测河段的 22.1%，特别是流经城市的河流，由于直接接纳了大量的废水污水而遭受严重污染，如金水河、贾鲁河、白河以及豫北的卫河、安阳河等。就目前情况看，水污染的趋势仍在发展。

1.3　人口增长快

目前，河南省是全国第一人口大省，每年人口增长 100 多万，平均每平方千米有 542 人，人口密度约为全国平均密度的 4.35 倍。人口基数大，增长速度快，水资源的生活消费量多，水资源消费增长快，水资源供求矛盾逐年突出。

2 建设节水型社会还存在的一些问题

解决河南省水资源问题的根本出路在于建设节水型社会。但在目前，节水水平与严峻的水资源形势还很不相称，节水型社会建设的战略地位还有待提高，全民的节水意识还有相当的差距，节水工作仍停留在传统的行政推动层面，节水型社会建设面临诸多障碍。

2.1 认识障碍

节水型社会建设是一项社会工程，良好的节水意识和共同参与是建设节水型社会的基础，但在河南省，认识不到位情况相当普遍，这成为节水型社会建设的首要障碍。

部分人把节水当做权宜之计，认为节水只是近2年的干旱才出来的，对节水工作的长期性和艰巨性认识不足。将节水看成限制用水或者纯粹的减少用水浪费，没有从人水和谐相处、从水资源是支持社会经济可持续发展的战略资源高度、从生态减污的角度来看待节水。在缺水地区对节水工作要重视一些，水资源丰富地区的节水动力不足，制约了节水型社会建设工作更深层次的开展。

2.2 措施障碍

2.2.1 水价保障措施不到位

近几年来，河南省不断加大供水价格改革的力度，但现行的水价还是偏低，水没有真正作为商品来看待，也部分导致了用水户节水意识的淡薄。水资源费的标准仍然偏低，虽然近几年对水资源费作了大幅度的调整，在一定程度上促进了节约用水工作的开展，但新的水资源费标准仍然偏低，未能真实地反映水资源的价值，难以起到经济杠杆的作用。

2.2.2 农业灌溉的硬件建设滞后，先进灌溉方式推广少

农业节水灌溉主要在水价、投入、政策和管理方式上保障不足：①为促使农业增产、农民增收，河南农业灌溉用水水价本身偏低，而且水费基本上采取政府补贴、财政转移支付的方式，存在"大锅水"现象；②农业灌溉管理方式基本上采用大水漫灌的方式，微灌等灌溉方式推广不多，农业用水计量设施基本没有到位。

2.2.3 工业节水强制性措施欠缺

工业节水首先要求从源头进行控制，对工业产业结构进行改进和调整，以适应水资源的承载能力，水行政主管部门可以通过"水资源论证"，对自备水源取水企业的水资源利用进行科学论证把关，但目前很多地方对落后、耗水量高、高污染的工艺、行业限制不强，制约不够，有些地方反而作为"招商引资项目"重点引进，先污染后治理、先浪费水再节水的情况普遍存在。从企业自身来讲，工业节水的主要措施是进行工艺或者用水流程改造，促进水循环利用，但其一次性投资较大，相对来说，水价调节功能却偏低，投资效益难以在短期显现，从管理角度来讲，政府对工业节水的"三同时"制度、水平衡测试制度、超计划(定额)累进加价制度还是没有具体的、强制性的措施，水价偏低，三级计量不到位，导致企业忽视、疏于内部节水考核管理。

3 建设节水型社会的对策建议

节水型社会是水资源集约高效利用、经济社会协调发展、人与水和谐相处的社会。

节水型社会建设要求正确处理人和水的关系，通过水资源的高效利用、合理配置和有效保护，实现生态良好、经济社会可持续发展；从用水的全过程加强制度建设，减少水资源浪费，提高水资源的利用效率和效益，保障水资源有效供给。

3.1 制度建设与工程建设并重，突出节水型社会制度建设

建立节水型社会的核心是建立有效的制度安排。节水型社会的建立需要大规模的制度建设。因此，我们认为，建设节水型社会重在制度建设，通过建立完善的水资源管理制度体系，实现水资源开发利用全过程和全面节水。推进水资源管理体制改革，建立协调、高效的水资源统一管理体制，统筹考虑涉水事务。建立用水总量控制和定额管理制度，在水资源综合规划的基础上，确定地级行政区域取用水总量，落实到县级行政区域取用水总量，市、县(市)两级负责向用水户配置水资源，确定各区域的取水指标。建立和完善区域水资源分配、用水总量控制和定额管理指标体系，实现地表水和地下水总量控制。对非农业用水全面实施定额管理，严格控制高耗水行业用水；开展水权转让试点。在水资源综合规划的基础上，确定各区域和主要供水河道、湖泊、水库控制点的初始水权，初步实施南水北调供水区等重要供水河道、湖泊初始水权分配；建立科学合理的水资源有偿使用制度；严格取水许可审批、水资源论证和环境影响评价制度，建立健全节水评估制度、节水设施和"三同时、四到位"制度，建立和完善节水管理制度。

3.2 控制用水总量，引导社会经济结构调整

在节水型社会建设中，确立以县以上行政区域的地表水用水总量、地下水可采总量和以水功能区为单元的纳污总量，并按照农业用水负增长、工业用水微增长、生活用水适度增长的总体要求，各地区根据水资源承载能力，逐步调整经济结构和产业布局，建立与区域水资源和水环境承载能力相协调的经济结构体系。同时，城市发展要与水资源条件相协调，在水资源不足的地区，应对城市规模加以限制。实行区域农业用水总量控制，减缓农业用水供需矛盾。合理调整农业生产布局、作物种植结构，以及农、林、牧、渔业用水结构。对多级提水的水资源短缺地区严格限制种植高耗水作物，鼓励发展耗水少或附加值高的农作物；生态、灌溉水质条件较好的地区，大力发展创汇农业；充分考虑当地水资源条件，安排商品粮、棉、油、菜等基地建设。缺水地区严格限制新上高耗水项目，禁止引进高耗水、高污染的工业项目，鼓励发展用水效率高的高新技术产业。水资源丰沛地区高用水行业的企业布局和生产规模要与当地水资源、水环境条件相协调。优化企业的产品结构和原料结构。通过增加优质、低耗、高附加值、竞争力强的产品种类和数量，优化工业产品结构。

3.3 以节水防污为重点，提高水环境承载能力

针对河南省水污染日益严重的实际，把节水防污作为重点，在保护中适度开源，提高用水效率和效益，从源头上减少污水排放量，改善水环境。制定和完善水功能区管理办法。实行河流纳污总量控制，核定水功能区的水体纳污能力，提出分流域水系、行政区域和水功能区相结合的限制排污总量意见，完善水功能区管理制度；加强入河排污口监督管理，划定禁止和限制设置入河排污口区域，规范新建入河排污口设置，对已有入河排污口进行整治；强化饮用水源保护，基本解决农村安全饮水问题；严格地下水管理，划定地下水禁采区和限采区，落实地下水开采总量控制计划，严格控制深层地下水利用。

3.4 突出载体建设，有效推进节水型社会建设

节水型社会建设是一个复杂的系统工程，必须抓好载体建设，创建节水型灌区、节水型企业、节水型社区、节水型城市。农业以大中型灌区改造和用水管理为重点，加快大中型灌区节水改造，因地制宜推广不同的节水灌溉模式，推行节水农艺技术，建设灌溉计量工程，加强农业用水管理。工业以高耗水的火电、石化、造纸、冶金、纺织、建材、食品、机械等 8 大行业为重点，按循环经济的理念，建设节水工业园示范区，推广节水技术和节水工艺，建设节水技术示范工程，大力发展节水型产品，加强用水管理，创建节水型企业(单位)。服务业和居民生活以节水器具推广为重点，加强公共用水管理，大力提倡城市雨水、污水回用等非传统水源的开发利用，推广节水型龙头、节水型便器、节水型沐浴设施等节水型器具，对供水管网全面普查，降低输配水损失，建设节水型社区。

3.5 依靠节水科技创新，提高节水的效率和效益

根据《中国节水技术政策大纲》的规定，采取"推广"、"限制"、"淘汰"、"禁止"等措施，重点加强用水效率高、效益好、影响面大的先进适用节水技术的研发与推广，包括减少水损失技术、直接节水技术、间接节水技术、节能技术、清洁生产技术、环保技术和替代常规水资源等技术。农业方面全面推广水稻"浅、湿气控"和"旱育秧"等节水灌溉技术。推广小畦浅灌、膜上灌、细流沟灌、波涌灌等先进技术。工业方面大力发展循环用水和回用水系统和"零排放"技术，提高水的重复利用率，重点推进火力发电、石化、造纸、冶金、纺织、建材、食品、机械等高耗水重点行业节水技术改造。加强节约用水的科学技术研究，组织节水技术交流，建立节水技术跟踪、分类、评价信息系统，建立完善节水技术推广和服务网络。

3.6 着力培养社会节水意识，建设节水文化

必须提高全社会节水意识，从青少年、儿童抓起，将节约用水纳入基础教育。充分发挥新闻媒体的舆论监督作用，宣传节约用水的先进典型，对浪费水源、污染水质的行为公开曝光，营造节水有益的舆论氛围，树立节水光荣的社会风尚。成立用水户协会，鼓励社会公众广泛参与用水权、水价、水量分配的管理和监督。实行水价听证制度，广泛征求公众的意见和建议；建设节水信息网站，提高节水信息公开化程度；建立和完善有奖举报等激励机制，为公众行使知情权、参与权、监督权创造条件。

参考文献

[1] 尹红美，魏永齐. 濮阳市地下水开采引起的环境地质问题及防治措施[J]. 地下水，2005，27(3).

[3] 姜文来. 绿色水利及其与节水型社会关系研究[J]. 中国水利，2005(13).

[4] 黄永基. 区域水资源供需分析[M]. 南京：河海大学出版社，1990.

濮阳市水环境建设初探

孙保庆[1]　酒　涛[2]　郝庆霞[2]　王尚磊[2]　李帅玲[2]

(1.濮阳黄河河务局张庄闸管理处；2.濮阳第一河务局)

摘　要：针对濮阳市存在的水资源短缺、污染等水环境问题，通过对水环境现状的调查分析，从经济社会发展政策失误、水资源管理滞后、资源型缺水三方面分析了水环境恶化的原因，提出了水环境建设和节水措施。

关键词：濮阳　水环境

濮阳市位于河南省的东北部，与山东、河北交界。1983 年 9 月经国务院批准设立省辖市，总人口 356 万，是新兴的石油化工基地、国家卫生城市、国家园林城市。但随着能源、化工建设的发展，城市化率的提高，人口的增长，人民生活质量的提高，生态建设的开展，各行各业对水的需求进入高速增长时期，水资源供需的矛盾日趋突出，水环境破坏严重。因此，水环境对濮阳市的社会经济可持续发展起着至关重要的作用，同时也受到水资源严重短缺、水环境恶化的挑战。

1　水环境现状

1.1　地表水环境现状

濮阳市位于黄河下游北岸，最主要的地表水是黄河，自 1995 年以来，濮阳市共引用黄河水近 73 亿 m³，年引黄用水总量 7 亿 m³，黄河水资源为濮阳的农业增产、工业增值、人民生活改善和创建卫生、园林城市提供了宝贵的不可替代的水利条件。但和许多城市一样，濮阳市水资源面临着短缺、污染、浪费等严峻形势。1995～1998 年间，黄河数次在濮阳断流，直接对工农业生产造成影响，城市生活用水也受到限制，当时深层地下水按照时间段向市民供应。面对水资源的紧缺，农业生产中的大水漫灌，工业生产中大量耗用新鲜水、重复利用率低，加剧了水资源的供需矛盾和水环境的恶化。

目前濮阳境内地表水污染仍很普遍，水环境质量尚未得到根本改善。1999 年，黄河中下游就曾发生过严重污染事件，濮阳和黄河沿岸其他城市全线告急，城市供水形势严峻。2000 年上半年流经濮阳市的马颊河、卫河、金堤河、徒骇河等 6 个检测断面中，所有河段均未达到或优于地表水环境质量 GHZBI—1999Ⅲ类标准，100%的监控断面水质超出Ⅳ类，其中超过Ⅴ类断面的 5 个；城市地面水饮用水源水质受到不同程度的污染，严重的已不能饮用。近几年水污染的情况较以前有所改善，目前濮阳境内的黄河污染源主要是天然文岩渠，该渠将沿途原阳、延津、封丘、长垣等地工业废水和生活污水排入黄河，在渠村引黄闸的上游入黄，直接影响濮阳的取水口水质。为确保濮阳市引黄引水口引水无污染，河南省政府多次召开协调会议研究，河南黄河河务局有关单位、部门积极配合濮阳市政府，在多次实地调研、勘测的基础上，确定了渠村引黄闸工程改建方案。

该工程避开了天然文岩渠排泄的污水,直接从黄河下游三合村控导工程上新建防沙闸、穿天然文岩渠引用黄河水。该工程建成后,将大大改善濮阳市工农业生产和居民生活的用水条件,有效解决濮阳市工业生产和城区 50 万居民生活以及 192 万亩农业灌溉用水,对促进濮阳市工农业生产和国民经济的健康发展将起到积极促进作用。近两年在各方的努力下,濮阳段黄河水资源在水量、水质方面都逐步趋于稳定。"十五"期间,濮阳市构筑了新的城市发展前景,用水量逐步增大。因此,强化黄河水资源的统一管理,合理开发利用水资源显得尤为重要。

1.2 地下水环境现状

目前,由于浅层地下水超量开采,濮阳市区及清丰、南乐地区,浅层地下水开采降落漏斗逐年扩大,地下水位逐年下降。濮阳市区的浅层地下水位降落漏斗,目前其范围已影响到金堤河以北的濮阳市区及濮阳县大部分地区,以农机公司—西白仓—中原油田局基地一带为中心,目前漏斗面积已达 171 km^2,中心水位埋深最大达 27.9 m(市农机公司);据监测资料,自 1990 年以来,漏斗中心水位降约 1.5 m/a,漏斗面积平均扩张 17 km^2,漏斗逐年加深加大。清丰、南乐两县马颊河以西地区,由于农灌开采强度大,形成一南北向槽形漏斗,中心最大水位埋深 23.0 m(南乐县西部集乔崇町村)。据有关资料,自 1983 年以来,该区水位平均下降约 10 m。上述地区地下水的逐年下降,已引起农用浅井吊泵甚至干涸,群众打井浅转深,使打井和取水成本提高。同时更为严重的是带来了地面沉降等问题。不加节制地开采地下水,必将导致地下水资源溃乏,并带来其他更加严重的水环境恶化问题。

2 水环境污染原因

2.1 经济社会发展政策失误

在我国经济发展过程中,由于各种因素的影响,出现了一些政策失误,片面强调经济增长规模和速度,没有充分考虑水资源承载力和重视环境保护工作,以致水污染现象日益严重,水环境恶化加剧。

2.2 水资源管理滞后

新中国成立以来,我国水资源管理呈现"多龙治水,多头管水"局面,没有形成统一的水管理体系,造成了用水、管水和治水的分散,乃至无政府状态,严重妨碍了水资源的高效开发利用和合理配置,加剧了水资源供需失衡、水体污染、水土流失、水环境破坏。

2.3 资源型缺水

水资源分为地表水资源和地下水资源两大部分,濮阳市的地表水资源主要由天然降水和黄河过境水组成。濮阳市的人均水资源总量为 219 m^3,占河南省人均水资源总量 522 m^3 的 43%,占全国人均水资源总量 2 400 m^3 的 9.1%,应该说水资源十分匮乏。

3 水环境建设

面对日益严峻的水环境问题,必须加强水环境建设。根据濮阳市目前水环境状况,应从污水治理和节水两个方面入手,下大力气挖掘节水潜力,努力增加水环境投入,实现濮阳市的经济社会可持续发展。

3.1 污水治理

在建市初期，濮阳市城市污水处理工程建设就严重滞后，虽然在中原油田基地有一座日处理 3 万 t 的污水处理厂，但远远满足不了城市发展的需要。直到 1999 年底濮阳市污水处理厂才开工建设，在将近 15 年间，新市区居民生活污水基本未经任何处理直接排入河道，很不利于经济发展和投资环境的改善。目前濮阳市水污染仍未得到根本治理，可从下面三个方面提高城市污水治理水平。

3.1.1 加大城市污水处理设施建设力度，提高污水处理水平

建立适应社会主义市场经济体制的环境保护政策法规和管理体系，力争环境污染和生态环境破坏状况有所减轻，使流经濮阳市的海河和黄河流域干流省、市控断面水质保持在 2000 年水平上，达到海河流域和黄河流域规划控制目标。根据国家要求，中小城市污水处理率应不低于 60%，这就要求濮阳市日处理污水能力达到 14 万 t，城市饮用水源地全部达到或好于水环境质量 Ⅱ 类标准。

3.1.2 加强工业污染控制，做到增产减污或增产不增污

现有企业通过技术改造、改革生产工艺、资源综合利用等措施，逐步采用清洁生产工艺和技术，提高工业用水重复利用率，减少污染物排放量；加强取水许可和建设项目环境保护管理，从严控制新、改扩建项目的污染物排放。农业生产自身污染得到初步控制，建成一批农业生态示范区，农业生态环境得到改善；工业污染防治要在巩固达标成果的基础上，全面推行污染物总量控制，加大工业固体废物的综合利用率，利用污染控制技术使工业废物向减量化、无害化、资源化推进。

3.1.3 采用中水回用

城市公共用水，如冲厕所、喷洒道路、环境卫生、市政工程等用水占有相当大的比例，可是目前大多用自来水，如对污水处理厂处理过的水达标后，经过中水管网广泛应用于城市绿化、道路清洁、汽车冲洗、居民冲厕所及企业设备冷却用水等领域，一方面有利于减缓城市用水供需矛盾，另一方面有利于减轻对环境的污染，有效提高环境质量。

3.2 节水

3.2.1 工业节水

(1)合理调整工业布局和工业结构，限制高耗水项目，淘汰高耗水工艺和设备。要严格控制用水量大的企业，如电力、造纸等；以水定产，尽量选择低耗水企业，压缩耗水大的企业的生产和用水规模，严禁发展耗水量大的企业，城市工业结构、布局要与水资源量相适应。

(2)对重点行业推广节水工艺、技术、设备。依靠科技进步，改进生产工艺和技术，加快节水设备、器具的研制，是节水、提高水的利用率的又一途径。

(3)用经济手段建立工业节水激励机制，推动节水的发展。合理调整水价有助于城市工业结构向低耗水型发展，据国内一些地区实践经验，水价提高 10%，用水量降低 5%，水价提高 40%，用水量降低 20%，根据水资源条件及工业发展方向，对不同行业采取扶持或约束政策，合理制定水价标准，调整工业结构，通过财政补贴、税收优惠等政策，鼓励和支持工业企业进行节水改造与废水回用。

3.2.2 农业节水

(1)提高灌溉水的有效利用系数,减少渠系和田间的蒸发与渗漏损失。大力推广管灌、喷灌、滴灌、微灌、地膜覆盖等节水新技术,灌溉水的利用率可提高到 0.80~0.95;渠系改造是为了加强渠道的防渗、防漏处理,减少输水过程中的渗漏、蒸发损失,目的就是提高渠系有效利用系数,是一种有效可行的节水措施;积极推广管道灌溉技术,比土渠可节约 10%~40%。

(2)大力推广科学管理。根据不同作物具有不同的需水量这一规律,研究把不同作物优化搭配,使产量和用水量达到最佳,提高单方水效益,并大力推广优化技术与计算机在灌溉用水管理中的应用,提高水管理工作的科学性;利用计算机迅速而准确地进行作物需水量和灌溉预报,有效地处理观测数据,制定灌溉制度和用水计划,优化配水方案,并随时根据灌区水源、气象条件的变化调整、修改用水计划,以达到最佳节水效果,用节约水量扩大灌区周边土地灌溉及生态建设。

(3)理顺农业水费价格。由于目前农业水费标准过低,价格严重偏离了价值,水费收取价格为成本的 1/3~1/2。随着水资源的日益紧缺,必须理顺农业水费价格,做到按供水成本加合理利润核定并收取水费,使农民树立节水的观念。

3.2.3 生活节水

(1)加强用水宣传与提高水价,可有效减少用水的浪费。加强节水宣传,唤醒居民的节水意识,提高节水自觉性,是搞好节水的重要保证。实践表明,通过上述措施,可减少 60%~70%的浪费,节水效果为 3.0%~3.5%。

(2)推广应用节水器具,可有效减少生活用水量。积极推广节水器具是节约用水、减少浪费的重要手段,据测算,节水便器如推广使用 6 L 两档便器系统,则每次至少可减少 3 L;节水型洗衣机可节水 50%~70%,洗 1 次可节水 80~120 L;节水型喷嘴和淋浴器的综合节水效果也很明显。要切实做好节水型洗衣机、淋浴器的推广使用和改造工作。

(3)改造供水体系和改善城市供水管网。目前在城市公共用水中,存在着很多跑、冒、滴、漏等现象,浪费严重,通过改造供水体系和改善城市供水管网可有效减少水的浪费,提高城市的供水效率。

参考文献

[1] 傅治平,李强. 建设节约型社会[M]. 北京:中国社会出版社,2005.

[2] 韩忠卿. 推行节水措施,加大节水型社会建设力度[J]. 中国水利,2003(10).

[3] 刘昌明. 中国 21 世纪水问题方略[M]. 北京:科学出版社,1998.

[4] 崔金星. 节水型社会建立的基础和条件[J]. 水利发展研究,2004(9).

城市防洪与先进防洪技术探讨

孙保庆[1]　酒　涛[2]　宋红霞[2]　曹普君[2]　李震军[2]

(1.濮阳黄河河务局张庄闸管理处；2.濮阳第一河务局)

摘　要：随着城市现代化建设和经济的快速发展，提高城市的防洪能力便成为城市地区社会经济可持续发展的重要保障。探讨了城市防洪与河道防汛的异同，以及一些城市防洪先进技术。

关键词：城市防洪　防洪技术

城市作为我国各地区政治、经济、文化的中心，在区域社会经济可持续发展中起着核心作用。我国是洪涝灾害的多发地区，几乎每年都会发生不同范围、不同程度的洪水灾害。为了抵御洪涝灾害的侵袭，我国投入很多资金和人力，修建了众多的防洪除涝水利工程，提高了流域和城市防洪抗灾能力。但总体说来，城市防洪水利工程建设及管理工作比较薄弱，跟不上城市发展对水利工作的要求。随着我国城市经济的迅速发展，城市洪涝灾害损失也日益增加，城市现代化建设对城市防洪提出了更高的要求。现代城市防洪建设必须充分考虑城市发展对城市防洪的特殊要求，满足城市地区社会经济的可持续发展，并相应采用先进合理的防洪技术，只有这样，才能制定出科学合理的城市防洪减灾对策。

1　城市防洪的意义

城市作为一个区域的政治、经济、文化、金融、科学等方面的中心，人口高度密集；城市的稳定与否，不仅影响着当地各方面的发展，而且也影响着政府的形象。大部分城市由于各种各样的历史原因导致前期规划不够完善，城市基础性设施抗洪能力薄弱，带来一系列影响城市人民群众正常生活的问题。提高城市的防洪能力，不仅是构建以人为本的和谐社会的需要，也是提高城市品质的需要。

2　城市防洪与河道防汛的异同

城市防洪是随着城市的发展而逐步提出来的，在20世纪90年代以前的教科书中还很少提及。与河道防汛不同，城市防洪还处于初步探索阶段，城市防洪预案还相当粗略或根本没有，机构设置还比较随意，指挥决策等方面的工作还缺乏及时、科学的信息，总而言之，城市防洪工作的各个环节还不完善，还需要开展大量的工作来使其科学合理。相反地，河道防洪工作目前已发展得相当成熟。防洪人员对辖区的河道防洪标准、险工地段、流域基本情况等比较了解。降雨之前有气象部门开展天气预报，降雨之后有水文部门传输的雨水情信息和开展的洪水预报，遇到特大洪水有成熟的洪水调度方案来进行决策，最后还有抢险队伍和卫生、民政等部门开展各个阶段的工作，可以说河道防汛的各个环节丝丝相扣、步步相接，并随着科技的发展日趋完善。城市防洪与河道防汛的相同点是在于出现险情时，通过指挥调度将人民群众的生命财产以及国家财产的损失降低到最低限度。与河道防汛相比，城市的集水面积有限，带来的损失范围也有限。因此，城市防洪的重点在"防"，即通过建立科学的预警系统，使易灾区人员和单位能提前做好准备，开展自救，从而可以避免或减少损失。

3 城市防洪先进技术

在城市防洪工作中采用现代科学技术是建立现代化防洪体系的重要手段，现代防洪技术包括以下9个方面。

3.1 遥感遥测技术

在洪水发生时，对洪水的举动、灾情等实行大范围的监测是十分必要的。目前，利用卫星遥感、机载遥感对灾情进行实时监测已取得十分重要的成果，实现了在多云、阴天、夜间的成功监测，监测的画面可从现场直接向观测部门及防汛指挥部门传送，不仅可准确判断淹没范围，还可以判断淹没水深，以及淹没农田的减产幅度等。此外，与地理信息系统相结合，还可以准确地判断洪水灾害所造成的经济损失及受灾人口等。

3.2 现代通信技术

在防洪抢险中，洪水预报、水情及灾情的迅速传达是十分重要的环节。直到20世纪80年代，大部分防洪信息还要靠电话、电报、对讲机来传达。通信速度慢、可靠性差、服务范围小，一遇汛期恶劣天气，常造成通信中断。随着现代通信技术的进步，光缆通信、微波通信、卫星通信、移动通信、追踪通信等广泛在防洪中应用，保证了信息的及时传递。

3.3 信息管理技术

在防洪决策过程中，将会涉及大量水文、气象、工程、社会经济等方面的信息。我国目前已初步形成了与国家防汛抗旱总指挥部办公室联网的信息管理系统，由水利部信息中心负责信息管理。在信息管理中还广泛地应用了地理信息系统、卫星定位系统、多媒体等新技术。各地防汛部门可以及时获得各地的水情、灾情及有关的各类信息。

3.4 防洪决策技术

集通信、信息管理、洪水预报、灾害监测、洪水优化调度等新兴技术为一体的防洪决策支持系统已在各大流域内逐渐形成，黄河、长江、淮河等都已初具规模，并日益发挥着重要的作用。随着计算机及网络通信技术的飞速发展，城市防洪决策支持系统的建立和应用已成为一个必然的趋势。

3.5 洪灾风险分析技术

利用数值模拟技术可以准确地预见各江河遭遇超标准洪水或工程失事情况下可能发生的洪涝灾害，包括可能发生的淹没范围、水深、持续时间、洪水流速等。据此可推断各地域遭遇洪涝灾害的危险程度。以此为依据，可制定各地的土地开发利用规划，确定防洪标准、洪水保险收费标准、堤防保护范围等，对洪涝灾害实行有效的风险管理。

3.6 防洪抢险技术

现代工程建设材料和抢险设备的不断出新，使得城市防洪抢险方法更为有效。近年来我国成功地开发了堤防劈裂灌浆、打设连续混凝土防渗墙等多项技术成果。此外在防洪抢险中应用土工布、模袋混凝土等新材料防冲防渗也都在防洪中发挥了重要作用。在土石坝方面成功地应用了面板堆石坝技术和无纺布防渗土坝施工技术，都达到了国际先进水平。

3.7 现代预报技术

随着雷达测雨、卫星云图、全球气象数值模型等新技术的应用，降雨预报的预见期逐渐加长，精度不断提高。在雨情预报的基础上，由于现代计算机技术的迅速发展，洪水预报以及洪水灾情预报技术都有很大提高。流域产汇流模型、水文学预报模型、水力学预报模型、人工神经网络预报模型等都在不断完善。

3.8 水文计算技术

随着计算机普及应用及众多的计算软件的开发，城市水文计算技术也得到迅速发展，尤其是基于计算机程序的水文数学模型的开发应用，如管道水力模型、河道非恒定流模型、城市雨洪模型等。这些模型有利于更好地模拟城市洪涝灾害的发生、发展、过程及后果，分析各种防洪减灾对策和措施的作用，降低可能洪涝灾害的损失后果。

3.9 生态治理技术

包括在城市建设中铺砌透水地面，增加城市下渗能力;采用生态地面，将不透水面积改变为兼容绿地的地面，有利于地面生态水文效应;建设生态河道，在一定程度上恢复自然河道风貌等。

4 结语

城市防洪既是流域和区域防洪的一个重要组成部分，又是城市建设的一个重要方面，随着经济社会的快速发展，人民生活水平的不断提高，对城市防洪的要求将愈加全面，更为严格。城市防洪建设中采用符合现代城市发展特点的治水思路和防洪技术也就更加具有紧迫性与重要性。

参考文献

[1] 卢承志. 浅议城市防洪规划[J]. 湖南水利，1995(4).

[2] 刘和平. 城市防洪的调研与思考[J]. 北京水利，2002(3).

[3] 韦红敏. 浅谈城市防洪[J]. 治淮，2005(6).

[4] 高学珑. 城市防洪排涝规划的再思考[J]. 城市道桥与防洪，2006(1).

人居和谐的生态城市建设探讨

宗正午[1] 李明星[1] 王俊姣[2] 王志刚[1] 张怀东[3] 高会彩[1]

(1．濮阳第一河务局；2．濮阳河务局；3．濮阳第二河务局)

摘 要：城市走生态化发展之路，为城市发展提出了明确的目标——建设生态城市。生态城市建设是人类文明进步的标志，是城市发展的方向。近年来，我国很多城市都提出了建设生态城市。本文在结合我国国情的基础上，提出了建设生态城市的对策和设想，以期推动我国城市生态化发展和生态城市建设工作的开展。

关键词：人居和谐 生态城市 建设探讨

1 生态城市的内涵和主要特点

1.1 生态城市的内涵

生态城市是联合国教科文组织发起的"人与生物圈(MAB)"计划研究过程中提出的一个概念，是城市生态化发展的结果；是社会和谐、经济高效、生态良性循环的人类居住形式，是自然、城市与人融合为一个有机整体所形成的互惠共生结构。简而言之，生态城市是一类生态健康的城市。

1.2 生态城市的主要特点

生态城市与传统城市比较，主要有以下几大特点。

1.2.1 和谐性

生态城市的和谐性，不仅反映在人与自然的关系、自然与人共生、人回归自然、自然融于城市等方面，更重要的是反映在人与人的关系上。

1.2.2 高效性

生态城市能提高一切资源的利用效率：物尽其用、地尽其利、人尽其才、各施其能、各得其所，使物质、能量得到多层次分级利用，废弃物循环再生，使各行业、各部门之间共生关系得以协调。

1.2.3 可持续性

生态城市是以可持续发展思想为指导的。同时兼顾不同时间、空间，合理配置资源。既满足当代人的需要，又不对后代人满足其需要的能力构成危害，保证其健康、持续、协调的发展。

1.2.4 整体性

生态城市不是单纯追求环境的优美或自身的繁荣，而是兼顾社会、经济和环境三者的整体效益，不仅重视经济发展与生态环境的协调，更注重对人类生活质量的提高，是在整体协调的秩序下寻求发展。

1.2.5　区域性

生态城市作为城乡统一体，其本身即为一区域概念，是建立于区域平衡基础之上的。而城市之间是相互联系、相互制约的，只有平衡协调的区域才有平衡协调的生态城市。

2　中国目前的城市环境状况和生态环境建设的起步

2.1　目前的城市状况

"九五"期间是环境保护大发展的 5 年，集中体现在：党和国家高度重视环境保护、全民族环境意识普遍提高、环保措施力度加大、环保投入大幅增加、环境质量有所改善等方面。但是，环境污染依然严重，生态恶化的趋势没有得到有效遏制。水环境污染相当严重，全国有 36%城市河段的水质为劣 5 类，多数城市地下水受到一定程度的点状和面状污染；大气污染十分突出，受监测的 341 个城市中，有 66.7%的城市空气质量超过国家二级标准；固体废物、城市垃圾、"白色污染"仍然严重；全国城市垃圾真正达到无害化处理的还不到总量的 10%；城市噪音扰民十分普遍，2001 年监测区域 55.7%的城市噪音处于中度以上污染。严重的环境污染导致市民发生多种疾病。

2.2　生态环境建设的起步

我国自 20 世纪 80 年代开始生态环境建设的探索。1999 年海南率先获得国家批准建设生态省，2001 年吉林和黑龙江又获得批准建设生态省，陕西、福建、山东、四川也先后提出建设生态省。许多城市如上海市、长沙市、宜春市、扬州市、威海市、深圳市等都先后提出建设生态城市的奋斗目标。最近几年，中国城市规划学会、中国生态学会以及他们的地方学会举办了多次全国性地方性学术讨论会,将学术研究与交流推到了高潮。第五届国际生态城市大会于 2002 年 8 月 19 日至 23 日在深圳市召开,《生态城市建设的深圳宣言》是这次大会的主要内容，将对世界城市建设与发展以及人居环境的改善起到积极的指导作用。

3　中国如何进行生态城市建设

3.1　生态城市建设的指导思想和目标

笔者认为，生态城市建设的指导思想是：以城市生态学和环境经济学为理论指导，以可持续发展为主题，以城市规划为蓝本，以环境保护为重点，以城市管理为手段，建立政府主导、市场推进、执法监督、公众参与的新机制，建设经济、社会、生态三者保持高度和谐的城市。

生态城市建设的目标是：创建清洁、优美、安静的城市，全面实现可持续发展。建设高效的生态产业和人们的需求与愿望得到满足、和谐的生态文化与功能相整合的生态景观，实现自然、农业和人居环境的有机结合。

3.2　生态城市建设的对策

生态城市建设是人类文明进步的标志，是城市发展的必然方向。它不仅涉及城市物质环境的生态建设、生态恢复，还涉及到价值观念、生活方式、政策法规等方面。我国是发展中国家，综合国力、科技水平、人口素质、意识观念与发达国家相比差距较大。针对环境差、底子薄、人口多的国情，提出以下生态城市建设的对策。

3.2.1　转变思想，提高环保和生态意识

从不可持续发展思想向可持续发展思想转变。其内涵包括：从追求近期的直接经济效果转向追求长期的间接经济效果；从追求单一的经济高效率转向追求经济、生态合并的高效率。这是生态城市建设的思想基础。没有这个转变就不可能有忧患意识、危机感和责任感。这对决策者和企业家尤为重要。因为决策者的思想影响一片，企业家影响一个企业，企业往往是环境污染大户。我国目前的干部制度是任期制，任期内的绩效考核主要还是经济绩效，这很容易使干部产生急功近利的思想。要完成这种思想转变必须把干部任期内对环境和生态保护的功与过作为绩效考核内容之一。

提高公众的生态意识，就是使人们认识到自己在自然中所处的位置和应负的环境责任，尊重历史文化，改变传统的消费方式，增强自我调节能力，维持城市生态系统的高质量运行。提高公众的生态意识除了用各种形式加强宣传和教育外，还应：①让市民亲身感受到环境和生态保护带来的好处；②使市民形成"向自然资源索取是有代价的，污染是要付费的"的概念；③营造社会公德大环境，规范那些不规范的环境行为。

3.2.2　加快理论研究，制定生态城市指标体系

现在可持续发展到处都在讲。但是，如果没有能够指导可持续发展实践的经济理论和具体的评价指标，又如何知道决策和实践是有利于可持续发展的呢？长期以来，城市建设的理论和政策都是重资源开发，以发展国民经济为主线兼顾市民的基本生活要求。因此，必须针对我国国情建立一套适用于生态城市建设的科学理论和指标体系。

(1)生态城市应采用整体的系统理论和方法全面系统地理解城市环境、经济、政治、社会与文化间的相互作用关系。环境经济学的研究内容已经包括经济活动的环境效应和生态效应。也有较好的社会基础，为不少人所接受。政府应积极支持和组织环境经济学家与相关领域的专家学者探讨、研究，使环境经济学研究的领域扩大，发展成为包括"新财富理论"的多科学、多层次、多分支、交叉性综合性学科。其领域包括工业经济学、农业经济学、森林经济学、海洋经济学等以及这些领域的生态经济学理论。以环境经济学和城市生态学指导生态城市建设，同时指导国民经济发展。这是一个机遇，中国应该走在世界前列。

(2)生态城市建设的目标是多元化的。分解为人口、经济、社会、环境、生态目标、结构优化目标以及效率公平目标。这些目标又应按生态城市建设的阶段(初级、过渡、高级阶段)分解为阶段性的目标，形成评价指标体系。用它在建设的各个阶段来衡量城市生态化速度与变化态势、能力和协调度。设计的指标应灵敏度高、综合性强，既有持续性指标、协调性指标，又有监测预警指标。选择指标的原则应注意因子的综合性、代表性、层次性、合理性、现实性。在生态城市评价指标体系的指导下来编制城市规划条例、城市建设条例和城市管理条例。

3.2.3　建立生态城市环境保护新机制

环境质量是生态城市建设的基础和条件。环境保护是城市生态建设、生态恢复和生态平衡维持的重要而直接的手段。建立政府主导、市场推进、执法监督、公众参与的环境保护新机制是生态城市建设的保障。

城市政府的主要职责是规划好、建设好、管理好城市。应该集中力量做好城市的规

划、建设和管理。加强各种公用设施的建设、进行环境的综合治理。从社会主体角度看，社会行为可分为政府行为、企业行为与公众行为。这三种行为决定着人类社会的发展状况。而不可持续发展或可持续发展都决定于这三种行为。在过去的发展模式中政府、企业、公众的行为都没有考虑到自然环境的有限性及其对经济活动的制约，没有把自然环境纳入到经济系统中，致使人类对生态环境的影响深度与广度不断增大。

政府应成为生态城市建设的主导力量，应加大力度、有效地引导、规定、维护、激励整个社会保护和建设生态环境的行为：①国家应提升国家环保主管部门的职能和地位，实质性地参与国民经济决策活动，重大项目从初步方案拟订就应征求国家环保总局的意见；②加强生态环境保护监督队伍的建设，完善体系、加强力量、提高人员素质和敬业精神；③在国家、省、市各级政府中设置生态城市建设和管理的协调机构，负责政府各部门间管理职能的协调和监控，以推动生态城市建设计划的实施；④强调城市政府在生态环境保护的社会行为中的地位和责任，制订和实施生态城市建设的相关政策。

市场推进就是环境保护引入价值观念，建立和推广市场机制。通过税、费和环境产权的手段明确人与自然的关系、企业与自然的关系，配合宣传教育提高公众和企业的环保意识和契约意识，以达到遏止环境滥用，促进公众和企业认识环境的使用价值、自然的生态价值和生命支持功能，降低资源消耗和减少污染的目的。但政府应通过政策调控市场价格，既要达到环境保护的目的，又要照顾到公众的承受力。

在公众环境意识普遍不高、企业急功近利的思想还普遍存在的情况下，只依靠宣传教育难以遏制"边建设、边破坏"、"边治理、边污染"的情况发生，政府应该强化执法监督。有效执法监督的前提是：有一套完整、严密、可操作的适应城市生态化发展的法律综合体系，使城市生态化发展法律化、制度化；有一支素质高、责任心强、公正廉洁的执法队伍。

公众参与环境保护和生态化建设是法律赋予公民的权利，这在西方国家法律上有明确规定。而且公民环境权的内容随着社会的发展不断充实，现已包括环境知情权、环境议政权和环境索赔权。《中华人民共和国环境保护法》第六条规定"一切单位和个人都有保护环境的义务，并有权对污染和破坏环境的单位和个人进行检举和控告"。随着环境法学理论的不断完善和公众环境意识的不断提高，公众参与环境保护和生态建设将既有理论依据，又有法律依据，更有群众基础。这是历史的必然趋势。

公众参与，应体现在环境决策参与、环境监督参与、环境投资参与和个人环境行为等方面。要真正做到公众参与，必须：①修订法律，明确公民的环境权，使公民明白自己的法律权利和法律义务；②修改决策程序，使公众在决策过程中有参与环节；③培育与生态城市建设相适应的社会机制。

3.2.4　把握关键环节——生态城市建设规划

生态城市总体规划应全面地从城市的经济、社会、生态环境各方面进行综合研究。以人为本制定战略性的、能指导和控制生态城市建设与发展的蓝图及计划。它必须具备科学性、综合性、预见性和可操作性。生态城市总体规划应把生态建设、生态恢复、生态平衡作为强制性内容。生态城市建设规划一旦批准，必须具有法律的权威性，任何改变都必须严格地按照程序进行。

为搞好生态城市规划应采取以下对策：①修改现行的《城市规划条例》。充分体现城市可持续发展的思想。②改进城市规划管理机制，改变建设项目提出者、计划者、决定者、运作者同属一个体系的状况，使每个环节都能有效地得到控制。③建立新的城市规划过程程序，做到真正意义上的综合全局的观点。④强调专家论证的科学性和独立性，以避免"拍脑袋工程"、"政绩工程"和"长官意志"。⑤建立公众参与的正常渠道，以提高公共决策的正确性。代表市民的最大利益和生态建设的社会公平。

生态城市规划除了常规内容外，还应重点考虑以下问题：

(1)建设生态城市首先应确定城市人口承载力，人口承载力不是指城市最大容量，而是指在满足人们健康发育及生态良性循环的前提下人口的最大限量。既要考虑人口未来增长的可能性，又要考虑满足一定生活质量的人口规模合理性；既要考虑固定静态人口的分布规律，又要考虑周期性往返于城市—乡村—城市之间和城市商业区与居住区之间动态人口分布及涨落规律。

(2)景观格局是景观元素空间布局，是城市生态系统的一个重要组成部分。城市景观规划应遵循以下原则：①整体优化原则；②功能分区原则；③景观稳定性原则；④可持续发展原则；⑤活化边缘原则。

(3)城市的产业结构决定了城市的职能和性质以及城市的基本活动方向、内容、形式及空间分布。因地制宜地按照生态学中的"共生"原理，通过企业之间以及工业、居民与生态亚系统之间的物质、能源的输入和输出进行产业结构优化，实现物质、能量的综合平衡。

(4)提高资源合理利用效率，加快资源开发及再生利用的研究和推广，在城市区域内建立高效和谐的物流、能源供应网，实现物流的"闭路再循环"，重新确定"废物"的价值，减少污染产生。

3.2.5 突出城市个性特点，树立城市生态风尚

每个城市都有自己特有的地理环境、历史文化和建设条件，要尊重、研究、发扬自身的特点，根据自己的特点因地制宜、扬长避短，从一个或几个侧面，抓住优势，体现个性。制定实际的、具有自己特色的生态城市建设方案。融"山水城市"、"园林城市"、"花园城市"、"田园城市"、"森林城市"、"卫生城市"、"健康城市"、"绿色城市"等于一体。既体现生态城市建设的优势，又给人们一个醒目的形象。

为有利于生态城市的建设及其成果的保护，管理者应建立制度，提倡良好的公众环境行为，形成生态城市的规矩和风尚。如：①限制甚至拒绝摩托车进城；②限制汽车数量增长、提倡公交车、使用环保车；③提倡以自行车作为上、下班交通工具，或者以步代车；④提倡使用布袋子、菜篮子、饭盒子，拒绝"白色污染"；⑤提倡"绿色旅馆"、"绿色饭店"，禁止旅馆业提供一次性用品；⑥提倡商店与厂家结合对商品实行全程绿色服务；⑦提倡绿色生活、绿色消费、绿色家庭；⑧有条件的城市应限制建筑高度，提倡使用洁净能源。

3.2.6 重视城市间、区域间的合作

城市和区域是密不可分的。城市是区域的核心，区域是城市的基础。两者相互依存、互相促进。城市间、区域间不断地在进行着物质、能量、信息的交换。城市越发展，这

种交换就越频繁，相互作用就越强。生态城市的建设特别要强调城市间、区域间的分工协作、协调发展。不仅要注重自身的繁荣，还要确保城市自身的活动不损害其他城市的利益。

4　结语

如果我们逐步实现了思想的转变、意识提高、观念更新、理论深化、标准统一，就有了扎实的思想基础和理论基础；再通过实施明确目标、科学规划、完善体系、协调监控、推进市场、公众参与、营造风尚、城区合作等有力措施，生态城市建设将会稳健有序地进行。尽管任重而道远，面对挑战，只要我们坚持不懈的努力，一个个繁荣和谐的生态城市将会在中国出现。

节水型社会建设是缓解人类
生存环境危机的战略选择

张瑞锋[1] 贺素娟[1] 宋红霞[1] 梁东波[2] 郭利敏[2] 冯慧平[1]

(1. 濮阳第一河务局；2. 濮阳河务局)

摘 要：由于人类活动影响，以水资源问题为主的第四次人类生存环境危机发生和发展，节水型社会建设不仅是解决水资源问题而且是缓解人类生存环境危机的战略选择。必须以"水资源—社会经济—生态环境"复合系统的观念和战略管理的理念来认识及解决这些问题。特别要注重建立有效的节水型社会建设组织结构、机制和制度。

关键词：节水型社会建设 人类活动 水资源 生存环境危机

水孕育了人类。人类诞生及其人类社会形成和发展以来，通过生产劳动改造自然环境，开发和利用资源，满足人类繁衍、物质生产和社会进步等不断增加的各类需求。然而，不断发展的人类社会与有限的自然生存环境不断冲突，引发一次又一次生存危机，直到当今以生活、生产、生态所需水资源短缺为特征的第四次生存环境危机发生和发展。因此，分析人类社会活动与生存环境相互影响的规律和特征，揭示其中的科学问题，透析节水型社会建设是解决人类生存环境危机的战略选择，具有重要意义。

1 人类活动与第四次生存环境危机的递进过程

人具有自然属性和社会属性，每一个人都是这两种属性的对立统一。人类的自然属性和社会属性影响着人类活动的内容、方式，外在表现为人类活动的作用及其效果。

人类活动作用表现为两个方面：一是对自然环境的作用。人类诞生以来，利用自然，改造自然，不断争取生存条件，扩大生存空间，提高生存质量，人类活动从一开始就带有改造自然的意义，正是人类对自然逐步的改造，才使洪荒原野上出现了城镇、道路、农田、水库、大坝、矿山、工厂等人类社会的标志，所以人类活动对自然的作用表现为自然环境的改变。二是对社会经济形态的作用。社会的基本要素包括自然环境、人口因素、经济因素、政治因素以及思想文化因素等五大类基本要素。人类活动推动社会由低级向高级不断发展，其社会经济形态的变化主要表现在人口数量和质量不断增加、社会规范愈来愈完善、社会文化不断繁荣、物质生产愈来愈丰富、技术进步不断加快。

由于人类活动的作用，人类赖以生存的自然环境和社会环境不断发生变化，时而发生冲突，历史上已引发四次大规模的生存环境危机。

由于不断新陈代谢，人口数量不断扩大，人类为了生存，早期是依赖于周围的自然环境，并逐渐使用天然火来改变进食方式，烧熟的食物提高了食品的可消化性，减少了食物中毒危害，促进了原始人类的发展和人口数量的增长。这就普遍引起原始部落原有生存环境内的食物资源相对不足，原始人类解决这一问题的方式是迁徙。当地球人口密度很小时，迁徙是恢复生存环境活力的有效方式，但随着人口的进一步增加，高频率的迁徙就变得越来越没有价值，这就出现了人类历史上真正的第一次生存环境危机，从而迫使人类寻找新的生存途径，原始工具的使用为人类解决第一次生存环境危机做出了巨大贡献。

随着原始工具的使用和采猎能力的不断增强，人类的食物供应有了进一步保障，这就促进了人类的交流和人口数量的进一步增长，大约在距今 1 万年前后，地球上人口数量已由 100 万年前的 12.5 万人增加至 500 万人，旧的采猎方法已无法获得更多的食物，于是出现了人类历史上第二次生存环境危机，这次生存环境危机的解决得益于农业的诞生。

在农业诞生后的最初 5 000 余年时间里，农业经营方式主要停留在游耕农业阶段。随着医药和农业技术的进步，人口数量迅速增加，这时可供游耕的土地不断减少，不同部落和部落联盟之间争夺土地资源的矛盾日趋尖锐，不断引发大规模冲突。大约在距今 5 000 余年前后进入第三次生存环境危机时期，这次生存环境危机的最终解决得益于金属工具的发明。人类逐步结束居无定所的生活方式，开始从事定居生活的传统农业生产。随着金属工具——特别是机械的使用和逐步完善，工业化进程加快。约在公元 1763 年，结束了长达 8 000 多年的农业社会时期。

工业社会自 17 ~ 19 世纪的工业革命产生和发展，随着蒸汽机、电力等机械动力代替人力、自然力之后，大规模的工业体系开始形成，工业社会的发展依赖于资源(特别是不可再生资源和化石能源)的大规模消耗。在短短的 200 多年时间内，经济总量大幅度增加，世界人口不断膨胀，人类不仅只需解决生存问题，还努力提高生存水平，因此加大向自然界的索取和改造，其范围从生物资源到矿产资源扩展到生态资源；同时人工合成物和其他生产的废弃物引发大气、水、土壤等污染加剧，致使能源、水资源等基本生活物质和生产资料短缺问题日趋严重，水土流失、荒漠化等生态问题日趋恶化，引发第四次生存环境危机。

2　水资源与第四次生存环境危机关系

水圈是仅次于大气圈的广阔的生命维持系统。有机体本身大部分是由水构成的。植物和动物，包括人类的有机体在内，其组成至少有 60%甚至高达 90%以上都是水，水也是多种生物的栖息地。

水资源问题成为第四次生存环境危机的关键与水资源属性相关。由自然资源分类系统可知，水虽是非耗竭性资源，但是易误用、易污染的资源。自从地球相继产生水和诞生人类以后，水发挥着生命资源、生活资源、生产资源和生态资源等作用，当生产力不发达、人口规模较小时，水足以维持人们正常的生产和生活，其"不可替代性"、"有限性"、"稀缺性"等资源属性呈"隐形"状态，而未被人们所关注。笔者认为水源和水资源是有区别的，地球上所有的气态、液态和固态天然水应称为水源，具有"量"与"质"并可被人类利用的水源称为水资源。

一部分在时间或空间上不可以被利用的水源在经过适当的物质和知识资本作用后可转变为水资源，水源具有非耗竭之特性。但水资源在时空尺度和质与量等方面都是有限定性的。地球上陆地水量为 0.48 亿 km³，占地球总储存水量的 3.5%，就是在陆面这样有限的水体也并不全是淡水，淡水量仅有 0.35 亿 km³，占陆地水储存量的 73%，其中的 0.24 亿 km³ 分布于冰川、多年积雪、两极和多年冻土中，在现有技术条件下很难利用。便于人类利用的水只有 0.106 5 亿 km³，占淡水总量的 30.4%，仅占地球总储存水量的 0.77%。水资源在时空分布上也有很大差异。巴西、俄罗斯、中国、加拿大、美国、印尼、印度、哥伦比亚和扎伊尔等 9 个国家就占去了水资源总量的 60%，在中东、南非等地区水资源贫乏。在时间分配上，降水主要集中于少数丰水月份，而长时间的枯水期是少雨或无降水，这种集中降水又往往集中在几次比较大的暴雨中，极易造成洪涝灾害，给水资源的充分利用带来不便。

一方面由于人口的增加、生活水平的提高、经济和社会的发展，水资源需要量增加；另一方面，由于生活、生产污染水源加剧，水资源可用量减少；另外，浪费水资源现象严重，水资源无效使用量增加。现代工业生产以大量消耗能源和水为其特征，每生产 1 t 合成纤维需要 2 500 ~ 5 000 t 水，生产 1 t 铝比生产 1 t 钢需要多 15 倍以上的能源和 10 倍以上的水。目前全世界每年在生产和生活方面对水的需求达 3 500 km³，几乎占世界径流量的 1/10。这是以工业社会为背景，以生活、生产、生态所需水资源短缺成为第四次生存环境危机主要特征的根本原因。

当代水资源问题的形成是由于自然和人类社会活动共同作用的结果，人类活动在现代水问题中起着主导性作用。正如环保科学家保拉·迪萨多所言，"地质时期也曾发生过长期的干旱，但是自然界中的各种力量相互作用最终使生态达到了平衡。由此可以证明，我们现在遇到的问题是人为造成的后果，自然界本身没有错误"。

人类活动改造自然环境和改变社会经济形态之作用，对水资源造成影响，从 20 世纪特别是 20 世纪下半叶以来这类活动愈来愈普遍，规模愈来愈巨大，影响愈来愈严重。

透析现实中的水资源问题及其成因，我们可以得出两点重要启示。①水资源与社会经济发展和生存环境状况有着密切的关系。古代人们依水而生、择高而居，近代以来人类兴修水利工程，只能一时或局部地解决水灾害及其水资源问题，现代经济社会高速发展，需要把水资源问题放在与水相关即"水资源—社会经济—生态环境"复合系统之中，采取各种技术、经济、行政、法律等综合措施才能解决长期和根本性水资源问题。②水资源复合系统实际是"天—地—人—水"互相耦合的复杂巨系统。水资源的自然补给来源主要由气候环境中的降雨、蒸发等因素决定，相对于某一地区其变化幅度小且时间尺度长，地表水资源和地下水资源的产生及循环与地理环境(下垫面和地层结构)密切相关；人类活动一方面作用于水资源形成和循环过程，表现为影响水资源的产水量，另一方面人类活动又在不断地"供、用、耗、排"水资源，表现为影响水资源的用水量和质量。

3 节水是协调人类活动与水资源关系的重要途径

依据水资源复合系统中"天—地—人—水"互相耦合关系，可以分析某一区域或流域内形成水资源问题的主要方面。①在一定区域和时间尺度内降雨量和蒸发量变化幅度较小；②由于人类活动改变下垫面条件引起产流量的变化有增加和减少两种情况，例如：太湖流域人类活动剧烈，流域下垫面变化较大，根据太湖流域 1956 ~ 2000 年降水系列，采用"水资源产水量模型"计算得出，2000 年太湖流域水资源产水量为 161.4 亿 m^3，新中国成立以来该流域水资源产水量增长 10.2 亿 m^3，增长了 6.7%，水资源产水量增加不多，这是南方水网地区的普遍情况，我国北方地区，由于下垫面改变，同样降雨条件下水资源产水量减少，例如海河、黄河流域产水量近 20 年来减少 10%~20%；③社会经济发展使用水量大幅度增加，例如：太湖流域 2003 年水资源总用水量达到 306.3 亿 m^3，其中生活和生产用水量共 298.3 亿 m^3，占总用水量的 97.4%，2003 年总用水量比 1980年的 234.6 亿 m^3 增加 71.7 亿 m^3，增长了 30.6%，其中生产用水量减少 33.8 亿 m^3，二产用水量增加 77.8 亿 m^3，三产用水量增加 7.7 亿 m^3，生活用水量增加 12.7 亿 m^3。由此可见，在社会经济发展过程中，经济增长、生活水平提高是必然趋势，生产和生活用水量将随之增加，但必须有效控制。这是形成水资源问题的重要方面，也是人类社会可以自我调控的最主要途径。

我国一方面供水量不足，另一方面用水浪费，用水效益低下，使水资源供需矛盾更显突出。与一些发达国家相比，中国单位 GDP 产值的用水量高于英国、日本的数倍，1997年，中国平均每万元 GDP 用水量为 726 m^3。1990 年，美国平均每万元(折成人民币)GDP用水量为 177 m^3，日本每万元(折成人民币)GDP 用水量仅为 60 m^3，分别是中国当前水平的 1/4 和 1/12。中国不同时期用水指标见表 1。

表 1　全国不同时期用水指标

年份	年人均用水量 (m^3)	单位 GDP 用水量 (m^3/万元)	农田平均灌溉定额 (m^3/hm^2)	工业万元产值用水量 (m^3/万元)	人均生活用水量 (L/人·d)	
					城镇	农村
1980	450	3 208	8 745	365	117	71
1993	443	1 017	8 085	190	178	73
1997	458	726	7 740	136	220	84

注：资料源于参考文献。

农业用水方面：在我国的灌区，由于灌溉农田不平整，习惯于传统漫灌方法，使灌溉定额居高不下。缺水与浪费水的矛盾在中国农业用水中十分严重，全国农业灌溉水的利用系数平均在 0.45，与先进国家的 0.7~0.8 相比，中国灌区的用水落后了 30~50 年。北方是非常缺水的地区，但其灌溉定额每公顷达 7 500~12 000 m^3，高出农作物实际需求 2~5 倍，据估计，农业浪费水每年就超过 1 000 亿 m^3。

工业用水方面：我国工业用水浪费现象十分严重。主要表现在两个方面：一是工艺、设备比较落后，单位产品耗水量大。以钢铁工业为例，国外发达国家早在 20 世纪 70 年代末 80 年代初，吨钢耗水量先进指标为 6 m^3。在我国，钢铁工业吨钢耗水量全行业平均为 30 m^3 左右。二是工业用水重复利用率低。据统计，我国工业用水重复利用率仅30%~40%，实际可能更低，而发达国家为 75%~85%。我国工业万元产值水量是发达国家 5~10 倍。

城市生活用水：1997 年我国城市人均生活用水 220 L/d，县镇人均日用水量更低，只有 50~60 L。但仍存在严重浪费现象，尤其是公共用水部门，如宾馆、学校和商业等部门。居民生活也同样存在浪费用水问题。城市生活用水具有较大的节约潜力。

综合以上分析，节水是解决水资源紧缺的关键。而我国人均水资源量少，仅为世界人均水平的 1/4，因此水污染形成快、程度严重。工业废水处理率低，废污水排放量大，节约生产和生活用水同时可以减少污染。所以节水是协调人类活动与水资源关系，缓解人类第四次生存环境危机的重要途径。

4　节水型社会建设战略管理

战略管理是管理的进一步发展，自 20 世纪 60 年代由美国著名管理学家钱德勒首开研究之先河，目前已普遍应用于企业、非营利组织、行业、区域和政府及其事物的各项管理中，战略管理是某一组织形式(事物)高层管理者为了该组织长期的生存和发展，在充分分析组织外部环境和内部条件的基础上，确定和选择达到目标的有效战略，并将战略付诸实施和对战略实施的过程进行控制与评价的动态管理过程。

节水型社会建设，是我国政府以缓解人类第四次生存环境危机，解决水资源问题，确保社会经济可持续发展为战略目标，在充分分析水资源及生态与环境危机的外部因素和内部条件基础上，选择和确定的有效战略。

确定节水型社会建设是缓解水资源危机战略选择的理念十分重要，这方面我们有深刻的教训。例如：水资源问题不是单一的技术问题，而是系统管理问题，在以往的水管理中，管理中心和重点在于技术与工程管理，而战略管理思想较为缺乏。也就是说，水是与社会经济、生态环境互相耦合，客观存在"天—地—人—水"循环与互动关系的战略性资源没有给予足够重视，因此在管理水资源的过程中，没有建立科学系统的观念，没有从战略高度建立复合管理系统。

选择节水型社会建设战略，实现战略目标，重要的是将战略付诸实施并对战略实施过程进行控制和评价。在这方面政府与学术界已有很多成果。例如水利部部长汪恕诚提出节水型社会工作十大重点，并指出节水型社会的本质特征是建立以水权、水市场理念为基础的水资源管理体制，是对生产关系的变革，是制度建设的一场革命。胡鞍钢教授等提出节水型社会建设最能够反映对治水模式转型的要求，是一个强制性制度变迁为主、诱致性制度变迁为辅的过程，需要水管理职能部门和各级政府共同发挥作用，实现微观上资源利用的选择，中观上资源配置的高效益，宏观上水资源利用的可持续。

依据战略管理理论，管理有效的硬性要素是战略和策略、组织结构、机制和制度，软性要素是人员、作风、技巧、最高目标(共同价值观)。节水型社会建设战略管理也是如此，特别要注重组织结构、机制和制度这两类要素。

节水型社会建设战略实施组织是全社会，不仅仅是水利职能管理部门和各级政府。各级政府发挥主导作用，职能管理部门发挥具体策略、监督、管理及其推进作用，全社会成员和多样组织参与，是节水型社会建设有效组织形式。亚里士多德曾经说过：大凡涉及多数人的公共事物，常常也是很少有人关心的事物，对于公共河流及水资源来说也是如此。由于公共资源属于自由进入、不能排他的物品，追求个人最大化的行为也就驱使个人只管使用，而不愿管理，以免支付一定的成本。国家以授权的方式允许各种性质的组织和个人介入资源管理,让多种类型的组织来履行和实现国家对集体资源的控制权，改变资源管理的单一结构，建立集体规范，使政府与个人之间的沟通、监督和管理更加方便，使公众在节约用水、合理用水、保护资源等方面实现合作，实现自利与互利的协调。

机制和制度是节水型社会建设的根本保证。在公共资源的提取和使用方面，自利和互利的一致性常常并不明显，在公共领域，以自利原则为基础的自发合作行为，局限于一定的层次、范围和条件。自利与互利、短期利益与长远利益的协调一致，需要建立特定的机制才能实现。另一方面在涉及公共的、长远的利益方面，自发合作机制并不一定能确保所有人都遵守合约，因为在别人都遵守合约，进行合作的时候，自己如违背合约则可能受益最大，所以公共领域的组织制度不能只依靠自发合作的契约机制，而需要依赖于伦理、法律、制度性的控制和强制。

目前，世界各国在公共水资源、灌溉系统、公共渔场、公共草场、森林资源等公共资源的管理中，积极探索着各种各样的既具有管理效率又能促进节约的管理组织体系，针对不同特征的公共资源、不同的资源消费集体，通过不同的组织方式和组织结构以及不同的制度设置，来调节和控制公共领域中的个体行动，促使个体行动选择的方向趋于对公共利益有利。

由于人类社会活动的影响，以水资源问题为主的第四次人类生存环境危机发生和发展，节水型社会建设不仅是解决水资源问题而且是缓解人类生存环境危机的战略选择。必须以"水资源—社会经济—生态环境"复合系统观念和战略管理理念来认识与解决这些问题，特别要注重建立有效的节水型社会建设组织结构、机制和制度。

实时移动采集系统在河南黄河防汛中的应用

崔 峰

(河南黄河河务局信息中心)

摘 要：本文较为详细地介绍了具有黄河特色的实时移动采集系统的建设及在河南黄河防汛中的应用，完善了黄河防汛抢险信息采集、传输手段。

关键词：实时移动采集系统 数字黄河 应急移动通信 IP电话 视频 防汛抢险 数据传输 无线宽带传输

1 概述

1.1 系统建设背景

随着"数字黄河"工程建设的不断深入和完善，河南黄河河务部门县局以上计算机网络已经基本建成，县局以下无线宽带接入系统正在建设中，信息、网络技术的发展为河南黄河防汛移动会商系统建设奠定了基础。

在"数字黄河"工程的总体框架下，根据黄河防汛、抢险的需要和"数字黄河"工程的建设要求，采用宽带无线接入、数字视频处理、IP数据通信等先进技术和现代治河理念，建立快捷可靠的河南黄河防汛实时移动采集会商系统，完善黄河下游工情采集体系，适应黄河险情突发性强的特点，保证信息高效、快捷、准确的传输，为防汛决策提供工情实时信息，争取防汛工作的主动，提高防汛实时决策水平，为维持黄河健康生命提供更好的信息保障。

2004年黄河第三次调水调沙实验中，在濮阳李桥设立了人工扰沙点，配合调水调沙实验。为了能将现场实况实时地传到省局指挥中心，河南河务局防办和省局信息中心抽调主要技术骨干在极短时间内，研发出一套实时移动图像、语音采集传输系统，赶赴调水调沙实验现场，完成了实验现场图像的实况转播任务。

在调水调沙实验结束后，由于图像的实况转播效果良好，紧接着又被派到小北干流放淤实验现场承担现场图像的采集和传输。该系统在黄河突发事件或抢险实施过程中，能在很短时间内赶赴现场，进行现场信息的采集和传输，具有很强的机动性。

1.2 系统建设的必要性

在黄河防汛遇到突发事件或险情时，依照常规通信方式已无法将突发事件现场和抢险现场的图像实时地传送到各级防汛指挥中心，

我们根据河南黄河防汛通信的实际情况，研发出适合河南黄河防汛抢险所需的应急的、具有综合信息传输能力的、稳定的、可靠的，并能与黄河通信专网融为一体的应急移动通信系统。

应急移动通信系统在黄河防汛抢险时，可随时在防汛抢险一线快捷、方便地临时建

立一个现场信息采集中心和现场通信指挥中心。

现场通信指挥中心能迅速与就近的宽带无线接入中心站连接，沟通与黄河专网的连接。为抢险现场提供语音、数字和图像传输服务，保持信息的畅通传输。使上级领导在指挥中心就能看到现场实况，还可以方便地与现场指挥人员进行语音通信，并实现信息资源的共享。

2 国内外研究概况、水平及趋势

应急移动通信，就是在原有通信系统遭到严重破坏、性能下降或发生紧急情况时，如：抢险救灾、防洪、突发事件、重大国事活动、国内及国际通信援助、大型运动会、大型音乐会以及国防战备等。在出现以上紧急情况或原有通信系统遭到严重破坏时，或异常高的话务量时，为保障通信联络，启用应急移动通信系统在现场迅速组网，沟通国际、国家、地区或本地通信的联系。也可用于通信网的延伸及通信盲点和通信热点地区的补充。应急移动通信系统具有机动灵活、不受地面条件限制的空中优势，及时快捷地提供语音、图像等全方位的信息服务。

目前，一些有能力的国家都建有自己的应急移动通信系统。我国作为世界上一个重要的大国，经过多年的发展，不仅建立了世界上最大和最完备的通信网络，也建立了完备的应急移动通信系统和一支强有力的专业应急通信队伍。

近几年来，我国许多省份也相继建立起自己的应急移动通信系统，在抗洪、救灾和突发事件中都发挥了巨大的作用。2003 年 2 月新疆发生地震后，新疆电信公司首次启用应急移动通信系统，迅速形成一个方便快捷的通信系统，保障了灾区 250 km^2 范围内语音、数据传输、图像传输、传真等业务的开展。

上述应急移动通信系统，价格都在几百万元以上，价格不仅昂贵，而且不符合黄河防汛通信的实际情况，很难直接应用到黄河防汛通信上。我们根据黄河防汛的实际情况，开发研制的具有黄河特色的河南黄河防汛实时移动采集会商系统共建设有 17 个无线基站和 6 辆移动车载通信设备，只需 150 多万元的成本。成本低、功能齐全、使用方便，满足河南黄河防汛信息采集实际需求，具有推广使用的价值。

3 系统的技术原理

系统适用于黄河防汛抢险及其他非固定点的信息采集和异地视频会商，发挥了"千里眼"、"顺风耳"的作用，使上级领导能及时了解掌握河势、工情、险情的实际情况，有利于在会商中做出正确的判断和决策。

系统采用了目前最先进的 H.264(MPEG-4/part10)视频压缩算法和 G.729 的音频压缩技术，拥有强大的视频压缩引擎，在同等图像质量的前提下，其压缩比提高将近 30%以上，带宽限制在 1～800 KB 之间。同时 G.729 的音频压缩技术使音质更加流畅和动听，采用了完全硬件的技术实现视音频实时编码、活动视频预览、音频预览、运动检测，目前支持 Windows NT/2000/XP 和 Linux 操作系统。图像与语音始终保持稳定同步，预览图像分辨率为 4CIF，可达到 VCD 画质。支持移动侦测、时间发生器、水印，可动态设置帧率和图像质量、局域网延时不超过 1 s(无 B 帧延时更短)。而国内外同类型的产品中，大部分还是采用的 H.263 或者 mpeg4 的视频压缩算法，H.263 虽然也可提供高质量的视频质量，但是需要的网络带宽很大，一般在 1~2 MB 之间，这就给网络带来了限制，mpeg4 方面虽然采用了低带宽的压缩技术，但是却不能提供高质量的图像，而 H.264 却正好是取了两者的长处。这就确保了系统的先进性。

系统还在采集车上采用了天线自动定位单元，采用天线自动定位系统，可以使得现场采集车上的定向天线在 30 s 以内完成自动概略定向，且定向精度在 1 度以内，这种方法比国内外同类型产品定位速度快精度高，保证了正常的通信距离。

另外，通过移动转播车可将现场采集车现场的图像实时动态地传回会商中心，并保持语音通信。配合相关软件，移动转播车就是一个移动分会场，不管现场采集车在任何微波信号能够覆盖的地方，本系统都可保持与会商中心的实时图像和语音通信。

4　系统结构及功能

4.1　系统总体结构

河南黄河防汛移动会商系统主要由无线宽带接入系统、现场采集车和移动采集点等三部分组成，并为视频会议系统提供网络接口。

信息采集主要是指河势、工情、险情、灾情等实时动态图像、语音、静态图片、文本信息的采集。

信息的传输途径主要有两部分：一是黄河下游无线宽带接入系统或现有市局接入网，再就是移动采集无线网桥传输系统。采集车上安装无线网桥传输系统，并组建一套自成体系的无线网络，作为移动会商的主要传输手段；然后可利用黄河下游无线宽带接入系统或现有市局接入网接入到就近的基站。目前无线宽带接入系统一期采用 5.8G 的 LP5850 无线宽带接入系统已建成完毕，可以非常方便地接入到黄河专网，系统具有移动方便、运行安全可靠等特点。实时工情移动采集传输系统如图 1 所示。

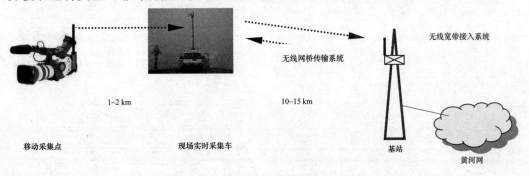

图 1　河南黄河防汛移动采集系统

4.2　系统功能

本系统是以移动会商决策为核心，以信息采集、通信和计算机网络为依托。系统的信息采集方式包括现场采集车、移动采集点、笔记本电脑。根据系统的总体功能要求，系统主要由信息采集模块、移动会商系统、车载局域网、供电系统、控制系统等五大部分组成。

应急移动通信系统可提供图像、IP 电话及宽带服务等功能，信息采集车采集的各种数据通过无线设备链路与干线网络相连传送到各市局或省局指挥中心。应急移动通信系统是音视频转播、宽带及电话交换网络的移动延伸。各个信息采集车采用了 GPS 全球定位系统和电子罗盘等先进技术，能够准确地对信息采集车进行定位和方向的辨别。天线系统具有自动升降、左右转动及俯仰调整的功能。多媒体系统具有将两路视频和两路音频的 IP 压缩功能，同时还能提供两路 IP 电话和两个宽带接口，硬盘刻录机能对多媒体系统的两路音视频数据进行自动备份，用于对音视频数据的备忘和回放。电源系统具有外市电、UPS 和逆变器三种供电方式可供选择，以满足在不同情况下使用。整个系统具有架设简便、易操作、维护方便等特点。

5 系统的应用

河南黄河防汛实时移动采集会商系统的建成，完善了黄河下游工情采集体系。在建成后的两年内该系统在黄河出现突发事件或抢险实施过程中，能在很短时间内赶赴现场，进行现场图像和语音信息的采集和传输，具有很强的机动性和灵活性。在水利部组织的黄河防汛演习中保证了多个重要闸门的实时数据传输，在焦作市局、开封市局、新乡市局、濮阳市局的多处抢险现场保障了通信的畅通。实践证明，该系统适应黄河险情突发性强的特点，保证信息高效、快捷、准确的传输，为防汛决策提供现场实时信息，争取防汛工作的主动，提高防汛实时决策水平，具有较大的经济效益和社会效益。

【作者简介】崔峰，男，大学本科学历，河南黄河河务局局信息中心工程师。

安阳市城市水系环境建设及水资源配置探讨

孟红军

(安阳市水利局)

摘　要：本文分析了安阳市城市水系的现状，找出了存在的突出问题，提出了城市水系环境建设规划目标，指出了规划应体现城市防洪排涝、生态、景观三大功能与突出地方特色，结合实际探讨了城市水系水资源优化配置的原则、方案和具体实施的工程措施。

关键词：水系　环境　水资源　配置

1　安阳市城市水系现状及存在问题

1.1　城市水系现状

安阳市区辖北关区、文峰区(开发区)、殷都区和龙安区，面积 543.6 km²，现状人口100 余万人。市区主要水源工程有彰武水库、小南海水库、岳城水库，分别通过万金渠、第五水厂引水管道、漳南干渠、胜利渠等水利工程向城市供水。

目前安阳城市水系可概括为"两河"、"一渠"、"十一沟"及诸多坑塘。"两河"是指市区北侧的洹河和南侧的洪水河，"一渠"是指市区中部的万金渠，万金渠在老城大西门北侧与环城河连通，在北关和老城东南角分流为北万金渠和南万金渠。"十一沟"是指流经城市内的 11 条沟，包括殷都区的铁西排洪沟，洹河以北的安丰沟、御路沟、漳涧沟，市区东部的聂村沟、婴儿沟、邱家沟、瓦亭沟、茶店坡沟及市区东南部的胡官屯沟、北沟。坑塘主要指老城 12 座坑塘及城市内现有的一些人工湖和池塘。

历史给我们留下了一个比较完整的水系网，这些水系年复一年地发挥着农业灌溉、工业供水、市民生活排水、城市防洪排涝等服务功能，促进了经济社会的发展。近几年来，安阳市加大了对城市环境的投入，城市一些水系环境已着手整治并初见成效，城市防洪排涝能力有所加强，特别是安阳河市区段经过综合治理，已形成水绿景美的城市景观。

1.2　城市水系存在的问题

1.2.1　现有城市水系工程不能满足城市防洪排涝需要

安阳市现有的城市河流、沟渠存在防洪标准不够、年久失修、堤防不全、河渠淤积堵塞等问题，需要进行相应治理。洹河已治理的市区东段河道还有部分建筑物阻水，不能满足 50 年一遇的过流要求，需要改建；洪水河市区段河道年久失修，河堤残缺，淤积严重，存在极大安全隐患；市区大多数排水沟渠堤岸毁坏严重，存在暗渠和"瓶颈"段，造成汛期排水不畅，严重影响城市发展及群众生活，急需进行改善。

1.2.2　城市水系污染严重，严重影响生态环境

大量的工业和生活污水未经过处理，直接排入水系，严重超出现有河道的纳污能力，

致使市区水系几乎全部被污染，水质指标均大于地表水 V 类水，造成河水浑浊、渠水乌黑、湖水龌龊、蚊蝇滋生，臭不可闻，使得原本体现城市"灵性"的水系，变成了制约城市发展的"毒瘤"。

1.2.3　未能充分利用现有水系为城市营造优美空间

安阳市水系具有丰富的自然景观资源和历史人文景观资源，现不但没有很好的利用，反而周边环境十分恶劣，严重影响人民的生产生活，制约了城市现代化发展进程。采取必要措施治理水系环境，提高人民群众生活质量，已到了刻不容缓的地步。

2　城市水系环境规划目标

针对当前水系环境存在的问题，结合安阳市特点，充分利用现有资源和条件，对城市水系环境规划和治理，通过来源节流、水资源保护、水资源优化配置等工程和非工程措施，努力打造北方水城，提高城市水系环境质量，并建立安全合理的水系生态格局，改善人民生活和工作空间，美化城市面貌，提高城市品位，塑造安阳新的地域空间特色及城市文化，实现市政府提出的建设宜居城市、建设豫北区域性中心强市的目标。

2006～2010 年：立足于现有水资源节水挖潜、优化配置，在保证城市人民生活用水和工业生产用水需求的前提下，配合城市水系环境治理改善，增加生态环境用水，水环境质量得到改善。2011～2020 年：安阳市要建成节水型城市，在实施产业结构、产品结构调整，节水治污的基础上，合理调配南水北调水和当地水资源，保证安阳市社会经济可持续发展，为城市水系环境提供可靠水量。通过逐年实施建设，将安阳市水系结构塑造为一环(环城河)、两带(指洹河历史文化风光带与洪水河自然生态景观带)、四廊(南水北调干渠绿廊、洹河分洪渠绿廊、西区截流渠绿廊、万金渠绿廊)、八线(安丰沟、御路沟、邱家沟、婴儿沟、聂村沟、茶店坡沟、胡官屯北沟、胡官屯南沟)、九园、二十四湖的水系景观体系。

安阳市城市水系环境建设规划应体现三个功能、一个特色。

2.1　城市防洪排涝功能

以城市防洪排涝为前提,对市内水系滨水区域进行相应的规划建设与治理,使河湖沟渠满足城市防洪排涝标准(洹河、洪水河满足 50 年一遇防洪标准；排水沟满足 2 年一遇排涝标准)。同时优化和完善排水管网体系，最终构建"拦、排、分、蓄"的安阳市防洪工程体系。

2.2　城市生态功能

通过采取系统的截污、治污、清淤、综合调水和岸域整治等措施，有效遏制水环境污染，使河道消除黑臭，全面改善水系水质，加速生态恢复工程的实施，促进水生生物资源的生态恢复，使水体得到大幅度的改善，确保城市用水的水质水量，建设完善的水环境体系。

2.3　城市景观功能

结合城市防洪除涝工程建设，河、沟渠疏挖治理时部分地段将结合景观需要，局部放大为人工湖；根据城市规划，傍依城市水系，恢复、扩大现有坑塘湖泊水面，建造新的人工湖，塑造城市水系景观体系。突出城市滨水空间作为城市重要的生活岸线的功能，强调城市滨水空间对于城市景观的重要作用，创造优美、休闲的城市滨水景观。

2.4　突出地方特色

以城市水系悠悠泽润古都为特色，体现自然及地域悠久文化，构建以水为纽带的历史文化风光带，重塑古都新面貌，实现"城水相依、水系相连、人水和谐、水清园绿"的美好景象，创造出高质量的城市滨水景观和优美的人际交往空间。

3　城市水系环境水资源配置方案及措施

针对安阳市水资源特点，统筹考虑城市规划区生活、工业、农业、生态和环境用水，对当地水、漳河水、长江水合理配置，有计划地兴建一批开发、调配水资源的骨干工程，建立水资源供给保障体系和水环境与生态保护保障体系，为安阳市城市水系环境提供可靠的水源。通过对城市水系环境水资源合理调配，预测城市水系生态环境需水与可供水量分析，在南水北调通水之前，现有水资源在保证城市生活、工业用水的条件下，经过深度开发、挖潜近期可增加河湖水面积，可基本满足城市水系环境规划用水。南水北调通水后，城市水资源量得到大大补充，在预留 2020～2030 年城市经济发展用水后，远期河湖水面积扩大，可充分满足宜居城市和城市水系环境建设的需求。

3.1　城市水资源配置原则

安阳城市水资源优化配置的原则是：丰水年应优先安排地表水，其次安排利用地下水，后安排南水北调水。为用户供水的调配原则是：首先保证生活用水、副食品生产用水，其次安排工业用水，城市环境用水和农业用水兼顾。水库的供水原则是：一水多用，发挥最大效益。

3.2　城市水资源配置方案

根据安阳市水利工程现状及布局，提出以下配置方案。

3.2.1　用足用好岳城水库水量

利用五水厂供水管道、引岳工业供水管道，供市区生活、工业用水。利用漳南总干渠引岳城水库弃水，通过安阳河、万金渠向城市水系输送生态环境用水。

3.2.2　彰武水库一水多用

利用万金渠、永兴供水管道，供工业用水。安阳河、万金渠引彰武水库蓄水和弃水向城市输送生态环境用水。

3.2.3　地下水实行控制开采

地下水主要用于城市生活、城区蔬菜基地和部分企业生产用水。地下水在控制不超采的情况下，改集中开采为分散开采，漏斗中心为强行节制开采段，使地下水漏斗面积减小，漏斗中心水位快速回升。

3.2.4　城市污水、中水回用

城市中上游建设的污水处理厂处理过的污水可就近排入河道，补充河湖生态环境用水，城市下游建设的污水处理场处理过的污水除部分反抽就近供景观用水外，其余排入河道供下游农业用水。

3.2.5　南水北调供水

利用南水北调水补充城市发展工业、生活和生态环境用水，将南水北调水输入城市水系或另开输水明渠，向城市规划区东、南组团区沿途企业和新建自来水厂供水，达到一水多用。

3.2.6 河湖景观蓄水与下游农业用水有效结合

根据需水预测，城市河湖景观需水量较大，但消耗水量仅为蒸发、渗漏，大部分水量作为城市退水排入城市下游河道。安阳市漳南灌区是国家大型灌区，设计灌溉面积 120 万亩，灌区灌溉面积大部分分布在城市规划区下游，应充分利用这一有利条件，将河道蓄水和城市水系河湖蓄水容积与彰武水库、岳城水库库容联合调度运用，在非灌溉期将水蓄在城市水系中作为生态环境用水，灌溉期补充下游农业用水，变农业灌溉短期集中用水为长期均衡用水，使河道生态用水和农业灌溉有效结合，促进农业水资源长期良性循环。

3.3 城市水资源配置工程措施

3.3.1 实施彰武水库扩容迁安工程

彰武水库 1994 年除险加固后，水库正常蓄水位可由原来的 128.7 m 提高到 131.0 m，兴利库容由原来的 2 710 万 m^3 提高到 4 155 万 m^3，但由于当时财力限制，库区淹没处理问题至今未能解决，目前水库的正常蓄水位仅能蓄到 128.7 m 高程。彰武水库多年平均来水量为 2.45 亿 m^3，水库有水难蓄，造成水资源浪费。彰武水库扩容迁安工程实施后，兴利库容可增加 1 445 万 m^3，可大大提高安阳市工农业及水系生态用水保证率。

3.3.2 加快漳南灌区续建配套和节水改造工程建设

漳南灌区是在古代灌区基础上改建、扩建、完善配套建成的大型灌区，由幸福、万金、洹南、洹东、汤河五个灌区组成。漳南灌区续建配套与节水改造工程项目已被水利部和国家发改委批复实施。工程计划以节水为中心，将安排漳南总干渠渠首至入万金渠口 28.7 km 的渠道清淤、防渗工程及东风闸、红旗闸、辛正闸等建筑物的配套、维修，20 座交通桥维修，环山干渠 3.58 km 的渠道防渗及节制闸工程等。技改工程完成后，漳南总干渠引水量可达到 36 m^3/s，灌溉保证率达到 50%，渠系水利用系数由现在的 0.4 提高到 0.694，可改善灌溉面积 109.3 万亩，节约水量 5 027 万 m^3。通过改造后的漳南总干渠，要尽可能地多引岳城水库弃水，用于城市生态环境和兼顾农业用水。

3.3.3 尽快开展洪水河综合治理工程

洪水河是安阳市区南部一条重要的河流，现状河道过水断面小，堤防残缺，防洪标准不足 5 年一遇，交叉建筑物标准低，严重阻水，水质污染严重，生态环境恶化，急需进行综合治理。洪水河综合治理工程现已列为市政府为全市人民承诺办好的重要实事，即将开工建设。综合治理工程主要建设任务：河道治理长度 17.4 km，新建蓄水橡胶坝 7 座，重建桥梁 11 座、拦河闸 1 座，新建及重建防洪排涝闸 7 座，改建排水口 18 个，新建排涝泵站 5 座，沿河污水截流 8.36 km，应急引水工程管道 2.3 km，建设两岸景观绿化面积 61.5 万 m^2。工程实施后，不仅可以解决安阳市南部城区的防洪安全问题，而且可以改善两岸的生态环境，营造水面景观，构建区域城市水系，为建设宜居城市、打造豫北区域性中心强市夯实基础。

3.3.4 实施拆迁、截污、清淤工程

实施万金干渠王绍村以下段拆迁、截污、清淤工程，铁西排洪沟拆迁、截污、清淤护砌工程，完善环城河综合治理工程，保证洪水河、环城河水源和水质。

3.3.5 实施污水处理厂及配套管网工程

规划建设西区污水处理厂、宗村污水处理厂、开发区污水处理厂、洹北污水处理厂及配套管网，对污水进行处理，改善水系水质。

3.3.6 建设南水北调中线工程

南水北调中线工程安阳段南起汤阴宜沟，北至漳河南，总长 65.01 km，穿越境内 2 县(汤阴县、安阳县)、4 区(开发区、文峰区、龙安区、殷都区)、10 个乡镇、4 个办事处、80 个行政村，穿越大小河流(沟)35 条，穿越铁路 3 条，设计年供水 3.34 亿 m^3，估算静态总投资约 35 亿元。2006 年 9 月 28 日，南水北调安阳段一期工程正式开工建设，目前进展顺利。一期工程总干渠安阳羑河北至漳河南段全长 40.32 km，渠道设计流量 235～245 m^3/s，设计水位 94.045～92.19 m，设计水深 7 m，渠道采用现浇混凝土衬砌；设计底宽 18.5～12 m；设计边坡 1：2～1：3，设计堤顶宽 5 m；堤外两侧各设 4～8 m 宽的绿化带及口宽 4 m 的截流沟，截流沟外 1 m 设保护围栏，渠道水面口宽 50～60 m，渠道永久占地宽度为 85～135 m。沿渠道共布置各类交叉建筑物 71 座，概算静态总投资约 20 亿元。南水北调工程的建设将有力地拉动全市经济的快速增长,工程建成后市区可分配水量 2.352 亿 m^3，缺水问题将得到根本缓解。工程建成后，安阳段总干渠将形成 65 km 长、面积近 6 000 亩的水面和 1 600 亩的绿化带，其中市区段 20 km 总干渠将形成水面近 2 000 亩，相当于市区现有全部水面的 2/3，沿线的小气候和空气质量将得到进一步改善，生态环境得到显著改善。届时总干渠由南向北，犹如一条晶莹剔透的玉带围绕在城市周围，市区内将初步形成三横(安阳河、洪水河和环城河)一纵(南水北调总干渠)的城市景观水系，为古城增添一条亮丽的水上风景线。如果将西南部丘陵进行绿化，并与南水北调总干渠的水面、绿化带结合起来建设生态主题公园，对总干渠沿线进行旅游综合开发，形成独具特色的山水风光旅游带，使之成为安阳市的后花园、大氧吧，成为群众休闲、娱乐的好去处，必将进一步美化城市面貌，提升城市品位，带动沿线地区旅游产业的发展。

【作者简介】孟红军，男，1969 年 7 月出生，本科学历，安阳市水利局科技宣传教育科科长兼市水利学会副秘书长，工程师。

从 2000 年洪汝河洪水论滞洪区工程建设的必要性

付战武　高　尚

(驻马店市水利勘测设计研究院)

摘　要：洪汝河是淮河北岸主要支流，流域上游为山丘区，中下游是淮北平原，由于下游河道纵坡变缓，河道狭窄，排洪能力低，极易形成洪涝灾害。滞洪区的联合运用对减轻下游洪涝灾害发挥着巨大的作用，因此尽快完善滞洪区工程建设都是合理的、必要的。

关键词：滞洪区　工程建设

1　洪汝河流域概况

洪汝河是淮河北岸主要支流，发源于河南西部伏牛山脉，流经河南、安徽二省、13县(市)，在王家坝附近注入淮河，流域面积 12 380 km²。洪汝河在班台以上分为两支：南支为汝河，北支为小洪河，两支在班台汇合后称大洪河。流域上游为山丘区，面积占40%；中下游多为平原，面积占 60%。洪汝河流域处于南北气候过渡地带，受季风影响明显，年平均降水量 950 mm，降雨时空分布不均，6~9 月份降水集中，约占全年降水量的 70%，且常以暴雨的形式出现。流域上游为山丘区，中下游是淮北平原，由于地形和河道都是上陡下缓，每遇暴雨山水及地表径流迅速汇流到上游河道形成洪水，洪水在陡纵的上游河道迅速推移到下游平原，由于下游河道纵坡变缓，河道狭窄，排洪能力低，极易形成洪涝灾害。

根据"蓄泄兼筹"的治淮方针，在汝河上游修建了板桥、薄山和宿鸭湖三座大型水库，并在汝河下游修建了蛟停湖滞洪区，洪水经过调蓄，使汝河的防洪能力达到 20 年一遇；在小洪河上游修建了石漫滩水库、杨庄滞洪区、老王坡滞洪区，小洪河的防洪能力也有很大提高。小洪河上游是本区的暴雨中心，小洪河干流排洪能力很低，位于小洪河上游的杨庄滞洪区和老王坡滞洪区的联合运用对减轻下游洪涝灾害发挥着巨大的作用。

2　2000 年洪水

2000 年 7 月 12~14 日，小洪河上游发生了大面积强降雨过程，杨庄以上平均降雨量 360 mm，石漫滩以上降雨量 394 mm，本次暴雨使小洪河上游发生了仅次于"75·8"的第二大洪水。为保证下游安全，省防汛指挥部命令同时启用杨庄和老王坡两个滞洪区。杨庄落闸蓄洪，最高滞洪水位 70.51 m，超 20 年一遇洪水位 0.83 m，蓄洪量 1.25 亿 m³，最大入库量 2 110 m³/s，经杨庄调蓄后，最大泄洪量 500 m³/s，削减洪峰 3/4。老王坡滞洪区蓄洪水位达 57.28 m，接近设计水位，滞洪量 1.47 亿 m³，下泄流量仅 320 m³/s。两滞洪区留滞洪水总量达 2.72 亿 m³。在省市防汛指挥部的统一领导下，通过科学合理的洪水调度，全体水利职工及广大军民的努力，确保了两滞洪区和河道工程安全，无一发生堤防决口,确保了西平县城、京广铁路和下游地区广大人民群众的安全,取得了抗洪抢险的全面胜利。杨庄滞洪区和老王坡滞洪区在此次洪水中发挥了巨大的防洪减灾作用。但通过此次洪水也暴露了滞洪区工程和安全建设方面存在的一些需要解决的问题。

3 滞洪区现状和存在问题

老王坡滞洪区,1951 年建成,1969 年改建,设计滞洪水位 57.5 m,滞洪面积 121.3 km,滞洪量 1.71 亿 m^3,滞洪区运用机遇低于 3 年一遇,即桂李以上小洪河流量超过 350 m^3/s,桂李水位达 63.0 m 时就要开闸进洪。此滞洪区是新中国初期建成,工程和区内安全建设标准偏低,虽经多次改进完善,尤其经近几年对滞洪区安全设施进行建设和完善,从而提高了区内安全设施的标准,对保证人民群众的生命财产安全、保证工程安全运用、改善区内生产生活条件起到了重要作用,然而由于积累的问题较多,投资有限,仍然存在着以下问题:避洪设施不足,就地避洪困难;撤退道路少,人员物资撤退困难;通信报警设施不配套、不完善等。

杨庄滞洪区是经国家计委批准于 1992 年开始兴建的重点工程,工程于 1998 年竣工,主体工程按 50 年一遇洪水设计,300 年一遇洪水校核,设计洪水位 71.54 m,相应滞洪量 2.03 亿 m^3,淹没面积 82 km^2,库区迁安工程按 20 年一遇洪水设计,安置移民 2.7 万人。工程控制运用办法是:3 年一遇以下洪水,控泄 400 m^3/s,自然滞洪,3～50 年一遇洪水,控泄 650 m^3/s,超过 50 年设计水位 71.54 m,敞泄 1 500 m^3/s。滞洪区存在的主要问题是:主体工程按 50 年一遇洪水设计,300 年一遇洪水校核,而库区迁安工程按 20 年一遇洪水设计,即只对 20 年洪水位以下群众进行了安置。由于主体工程设计标准高于迁安工程,如果进行 50 年一遇设计洪水,已经安置的 20 年洪水位以下的 2.7 万人安全无保证,20 年至 50 年洪水位之间的 1.5 万人更无安全保证可言。

蛟停湖滞洪区位于汝河下游,初建于 1951 年,1972 年改建,修建了进水闸和退水闸,进水闸设计流量 300 m^3/s,退水闸设计流量 200 m^3/s。设计滞洪水位 41.48 m,相应滞洪量 0.58 亿 m^3,淹没面积 43.2 km^2。滞洪区运用机遇为 20 年一遇,当汝河流量超过 1 500 m^3/s,闸前水位达到 44.21 m 时,开进洪闸进洪,最大进洪量 300 m^3/s。滞洪区存在的问题是:进水闸前一段汝河未经治理,过洪能力仅 1 500 m^3/s,超流量的水根本无法行进到闸前,而且进水闸后没有开挖行洪道,区内基本没有安全设施,群众没有得到安置,因此 30 多年来滞洪区根本没有启用。

4 完善滞洪区建设势在必行

杨庄滞洪区和老王坡滞洪区是小洪河重要的防洪工程,两滞洪的联合调度运用,可有效地控制洪水,使杨庄至五沟营河道防洪标准由 3 年一遇提高到 20 年一遇,老王坡滞洪区的安全标准由 10 年一遇提高到 50 年一遇,五沟营以下小洪河防洪标准由不足 5 年一遇提高到 10 年一遇,防洪减灾功能十分明显。然而,由于两滞洪区仍然存在一些问题,运用起来难免有顾此失彼的情况,如要照顾滞洪区内群众免受过大损失,而不敢让两滞洪区按设计标准满负荷运用,从而减小了下游防洪效益,如要充分利用两滞洪区的设计滞洪能力,势必造成滞洪区内过大的损失,甚至威胁了群众生命财产的安全。滞洪区内安全设施标准偏低，势必造成国家对滞洪区淹没损失赔偿费用加大。2000 年大水过后，根据国家新颁布的《滞洪区淹没损失赔偿办法》，对两滞洪区支付赔偿费用 1.3 亿多元人民币。如果两滞洪区的存在问题得到解决，安全设施标准提高，工程完善，就可以按设计进行运用，发挥最大的防洪效益，滞洪区内的损失就会尽可能的减小，国家的赔偿费用也会相应减小，这在经济上也是划算的。

对蛟停湖滞洪区，国家已数次投资修建了进、退水闸工程，但由于工程不配套，滞洪区内无安全设施，所以根本无法运用，这在经济上是很大的浪费。汝河防洪标准为 20 年一遇，设计过流量 1 800 m³/s，滞洪区设计进洪流量 300 m³/s。进洪闸以下汝河的排洪能力仅 1 500 m³/s，由于滞洪区无法运用，实际上汝河的排洪能力也就只有 1 500 m³/s，防洪标准大大降低。洪汝河下游河道整治的洪水计算是按照有蛟停湖滞洪区的情况下进行的，因此无论从经济角度还是技术角度，尽快完善滞洪区工程建设都是合理的、必要的。

数字化测图之浅见

高　尚　付战武　冯煜民

(驻马店市水利勘测设计研究院)

摘　要：近年来，随着 GPS 和全站仪的普及，以及计算机技术和测绘软件应用的不断提高，数字化测图技术逐步占领了主导地位，广泛应用于各个测绘领域。由于数字地图具有更规范、精度高、综合应用性强等特点，是测绘发展的技术前沿。

关键词：数字化测图

1　前言

　　数字化测图是近几年随着计算机、地面测量仪器、数字化测图软件的应用而迅速发展起来的全新内容，广泛用于测绘生产、水利水电工程、土地管理、城市规划、环境保护和军事工程等部门。数字化测图作为一种全解析机助测图技术，与模拟测图相比具有显著优势和发展前景，是测绘发展的技术前沿。目前许多测绘部门已经形成了数字图的规模生产。作为反映测绘技术现代化水平的标志之一，数字测图技术将逐步取代人工模拟测图，成为地形测图的主流。数字测图技术的应用发展，极大地促进了测绘行业的自动化和现代化进程。使测量的成果不仅有绘在纸上的地形图，还有方便传输、处理、共享的基础信息，即数字地图。是 GIS 的子系统，它将为信息时代地理信息的应用发展提供最可靠的保障。

2　数字化测图概念

　　广义的数字化测图又称为计算机成图，主要包括地面数字测图、地图数字化成图、航测数字测图、计算机地图制图等。在实际工作中，大比例尺数字化测图主要指野外实地测量即地面数字测图，也称野外数字化测图。

　　数字测图系统主要由数据采集、数据处理和数据输出三部分组成，其流程如图 1 所示。

3　数字化测图的特点

3.1　点位精度高

　　传统的经纬仪配合平板、量角器的图解测图方法，其地物点的平面位置误差主要受展绘误差和测定误差、测定地物点的视距误差和方向误差、地形图上地物点的刺点误差等影响。实际的图上误差可达 ±0.5 mm，经纬仪视距法测定地形点高程时，即使在较平坦地区(0°~6°)视距为 150 m，地形点高程测定误差也达 ±0.06 m，而且随着倾斜角的增大高程测定误差会急剧增加。普及了红外测距仪和电子速测仪后，虽然测距和测角的精

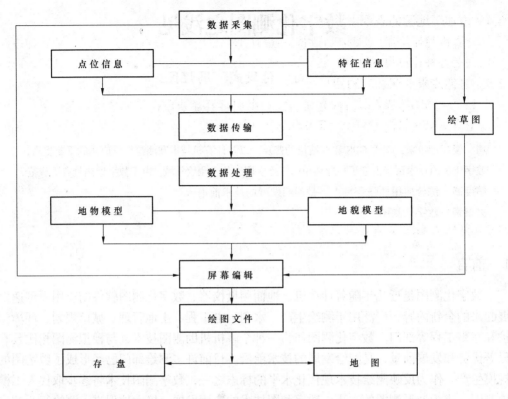

图 1　数字测图系统流程

度大大提高，但是沿用白纸测图的方法绘制的地形图却体现不出仪器精度的提高。也就是说无论怎样提高测距和测角的精度，图解地形图的精度变化不大，浪费了应有的精度，这就是白纸测图致命的弱点。而数字化测图则不同，若距离在 300 m 以内时测定地物点误差约为 ±15 mm，测定地形点差约为 ±18 mm。电子速测仪的测量数据作为电子信息可以自动传输、记录、存储、处理和成图。在全过程中原始数据的精度毫无损失，从而获得高精度(与仪器测量同精度)的测量成果。数字地形图能最好地反映外业测量的高精度，最好地体现了仪器发展更新、精度提高的高科技进步的价值。

3.2　改进了作业方式

传统的方式主要是通过手工操作、外业人工记录、人工绘制地形图，并且在图上人工量算坐标、距离和面积等。数字测图则使野外测量达到自动记录、自动解算处理、自动成图，并且提供了方便使用的数字地图软盘，数字测图自动化的程度高，出错(读错、记错、展错)的概率小，能自动提取坐标、距离、方位和面积等，绘图的地形图精确、规范、美观。

3.3　便于图件的更新

城镇的发展加速了城镇建筑物和结构的变化，采用地面数字测图能克服大比例尺白纸测图连续更新的困难，当实地房屋的改建扩建、变更地籍或房产时，只须输入有关的信息，经过数据处理就能方便地做到更新和修改，始终保持图面整体的可靠性和现势性。

3.4 增加了地图的表现力

计算机与显示器、打印机联机，可以显示或打印各种资料信息，与绘图机联机时，可以绘制各种比例尺的地图，也可以分层输出各类专题地图，满足不同的用户的需要。

3.5 方便成果的深加工利用

数字化测图的成果是分层存放，不受图面负载量的限制，从而便于成果的加工利用。比如南方 CASS 软件定义 28 层(用户还可以根据需要定义新层)，房屋、电力线、铁路、道路、水系地貌等存于不同的层中，通过打开或关闭不同的层得到所需的各类专题图，如管线图、水系图、道路图、房屋图等。还能综合相关的内容补充加工成城市规划图、城市建设图、房地产图以及各类管理用图等。还可以在数字图上进行各类工程设计(CAD 计算机辅助设计)。

3.6 可作为 GIS 的重要信息源

地理信息系统(GIS)具有方便的信息查询检索功能、空间分析功能，以及辅助决策功能，在国民经济、办公自动化及人们日常生活中都有广泛的应用。要建立起地理信息系统，数据采集的工作是重要的一环。数字化测图作为 GIS 的信息源，能及时准确地提供各类基础数据更新 GIS 的数据库，保证地理信息的可靠性和现势性，为 GIS 的辅助决策和空间分析发挥作用。

参考文献

[1] 杨得麟. 大比例尺数字测图的原理、方法、应用[M]. 北京：清华大学出版社，1998.

正确处理业主与参建方的关系是
搞好质量控制的关键

陈维杰　常延斌　李孟奇　李中玉　徐光恩

(汝阳县玉马水库除险加固工程建设管理局)

摘　要：随着建设领域改革的不断深化及发展，尤其是"四制"(即项目法人制、招标投标制、监理制、合同制)的广泛推行，使业主(即项目法人)在建设过程中的核心地位更加突出，同时建筑市场的不断变换也对业主的管理技术、管理方式与管理模式提出了新的、更高的要求。本文结合实例，对业主就质量控制问题与设计、监理、施工等主要参建方如何协调关系进行了初步探讨。

关键词：业主　参建方　关系　质量控制

2006 年 12 月 30 日，河南省水利厅与洛阳市发改委、洛阳市水利局共同对汝阳县玉马水库除险加固工程进行了初步验收，确认工程质量达到优良等级。之前，河南水利水电工程建设质量监测监督站对该工程进行了质量评定，认定 5 个单位工程全部合格，其中 4 个达到优良等级，单位工程优良率占到 80%；河南省水利基本建设工程质量检测中心站对该工程进行了质量检测，表明各测位混凝土强度均大于设计值，坝坡平整度测点合格率达到 85%以上。

玉马水库位于淮河流域北汝河支流马兰河中段，总库容 5 470 万 m³。该工程于 2003 年 9 月被国家发改委、水利部批准列入第三批除险加固计划，2004 年 3 月动工，2006 年 10 月基本完工。在建设过程中，汝阳县政府组建玉马水库除险加固工程建设管理局作为项目法人，确立主导地位，强化质量管理，从而实现业主对工程质量负总责、其他参建单位各负其责以共同保障工程质量的最终目标。

1　业主对项目设计的质量控制

设计工作是工程建设的基础，其成果优劣直接关系着工程造价和业主需求功能、质量目标满足程度。国外统计资料表明，在设计阶段节约投资的可能性为 88%；我国工程质量事故统计资料表明，由于设计方面原因引起质量事故的占 40.1%。玉马水库除险加固工程在实施过程中曾经历了三次重大或较大设计变更:第一次是 2005 年 4 月对原设计坝体防洪墙方案进行了优化变更，节约投资达 816 万元；第二次是 2005 年 11 月对背水坡干砌块石护砌方案进行了优化变更，预计可缩短工期 1 个月左右；第三次是 2006 年 6 月对输水洞进口钢闸门除锈方案进行了优化改进，直接节约投资 25.1 万元。通过以上经历，我们再次深刻认识到了设计工作对工程质量的是多么的重要，并总结出以下体会与建议。

1.1　重视优选方案

项目实施前，业主要根据项目建设要求和有关批文、资料编制设计大纲，组织设计招标，吸引较多的设计单位参加设计投标，通过设计方案竞争，最后确定最佳设计方案。

1.2　优选设计单位

重视勘察、设计单位的资质审查、设计评标及合同谈判，最后与符合项目设计资质、信誉良好、费用合理、服务到位的勘察设计单位签订合同，并督促中标单位全面履行合同义务，尤其是合同质量条款。

1.3　做好设计方案审查

对技术复杂或重要、重大的工程项目可组织专家、咨询机构进行专题论证。玉马水库除险加固工程在前期立项及后期实施过程中共进行了9次专家咨询论证，从而最大限度地保证了设计成果既能符合设计大纲要求，又能符合国家有关方针政策及现行的规范、规程、标准，还有利于因地制宜、就地取材，尽可能地做到布局最科学、结构最合理、技术最先进，以充分发挥工程项目的社会效益、经济效益、环境效益。

1.4　认真审核设计图纸

设计图纸既是设计工作成果又是施工直接依据，业主应组织或委托专门设计、咨询机构对图纸进行以下方面审核：①图纸基本内容审查，包括资料是否齐全，图文(即图与说明)是否一致全面，标注有无遗漏，总平面图与详图的几何尺寸、位置、标高等是否一致；②几个设计单位或个人共同设计的图纸之间有无矛盾，专业图纸之间、平面与剖面图之间有无矛盾；③设计深度能否满足施工或招标要求；④施工图中所列各种标准图册施工单位是否具备；⑤设计的建筑材料来源有无保证、能否代换(玉马水库工程第二次设计变更即是因为原设计护坡块石料源不足而改以混凝土预制块代换之)，图中所要求的施工条件能否满足，新材料、新技术应用有无问题；⑥大坝防渗或基础处理方案是否可行，是否存在不必要或不能够、不便于施工的技术问题，或容易导致质量、安全、工程费用增加等方面的问题(玉马水库第一次设计变更即是因为原设计坝坡铺设土工布加基础设置混凝土防渗墙方案不可行且容易导致出现坝体质量、安全事故而取消之)；⑦是否便于采取施工安全措施。

1.5　建立设计代表进驻工地制度

业主组织设计单位配合施工，一般应要求设计单位派出代表常驻工地，一方面负责解决施工过程中出现的技术问题及主业主提出的质量问题；再一方面是及时处理设计变更与修改预算。竣工验收既是对施工质量的最终检查，也是对设计质量的最后审定。对验收期间发现的设计质量问题，应限定设计单位在规定期限内予以完善。

2　业主/监理的质量控制

监理工作实际上就是项目法人委托监理单位对工程建设项目实施监督管理，因此监理队伍的素质、监理手段的科学与否直接关系到工程质量的优劣。在玉马水库除险加固工程实施过程中，业主支持、帮助、督促监理单位采取的监理手段及主要做法有以下几个方面。

2.1　优选监理单位

即通过资质、业绩、信誉度的考核审查和招标，择优确定监理单位。

2.2　规范监理制度

即通过委托监理合同，充分下放工地管理的相关权力，例如施工组织设计的审批权、设计变更现场的处置权、组织协调参建各方关系的主持权、对全部工程的所有部位及其任何单件材料或设备的检查检验权、对全部工程的施工质量和工程使用的材料或设备的检验确认权、安全生产和文明施工的监督权、工程施工进度的检查监督权和工程建设合同工期的签认权、工程款支付的审核和签认权、工程结算的复核确认和否认权等，全力支持监理工程师管理好工地事务。

2.3　监督监理工程师正确行使监理权力

主要措施包括：出席监理工程师主持的工地会议，随时听取和掌握工地动态，发现异常情况，及时与监理工程师和施工方共同协商并督促及早解决；经常调阅监理质量月报，对月报所述一切质量缺陷及质量隐患，及时督促有关参建方研究补救方案，争取及早解决，以防事故发展和升级。

2.4　采取科学严格的监理手段

一是严格工序管理。要求所有的隐蔽部位及重要建筑物关键部位一律作为"待检点"对待，其他作为"见证点"对待，全部工程区先后确定"待检点"69个、"见证点"83个，做到了上道工序不经签验合格不进入下道工序施工。二是严格检验检查。关键工序、隐蔽工程采取全数检验、一般混凝土工程采取随机抽检、石料填筑碾压层采取每层至少取样一组、表层外观尺寸在施工阶段采取按进度校验(验收阶段为随机抽检)，全部工程在施工阶段共检验 20 722 次，获取有效监测检验数据 20 722 个，其中合格率达 91.6%。对出现不合格的部位或工序即限返工或修补，各施工单位共累计返工 17 次，并在返工中吸取了教训，提高了质量意识。三是注重研究和改进传统的施工工艺措施。依据原设计方案，迎水坡的全部及背水坡的一级坝坡均是在原干砌块石坝面不拆除的情况下直接铺设碎石垫层而后再铺砌混凝土预制块的。考虑到可能出现的稳定问题，业主/监理方共同提出在迎水坡沿坝面每隔 14 m 设置一条横向混凝土固结带(即预制块铺砌在现浇混凝土上而非碎石上)、在背水坡设置 B(横宽)$\times L$(纵长)$=7$ m $\times 7$ m 的现浇混凝土梁网格(格内碎石找平而后填铺预制块)，实践证明这种改进的施工工艺措施对保证坝面护砌质量十分有效、非常重要。

3　业主对项目施工的质量控制

业主应根据项目特点通过竞争性招标确定与工程建设相适应的施工单位，在授标和签订施工合同以后，业主一般就要委托给监理单位对施工过程进行具体的质量控制。但在实际工作中，有些问题单靠监理和施工单位是难以解决的，仍然需要业主做大量的工作，业主在施工阶段往往还需要帮助施工单位做好以下的质量控制工作。

3.1　严格施工合同管理

限制承包商以任何形式转让或分包合同，对施工单位不经业主批准擅自进行合同分包(劳务除外)的要按照合同规定进行严厉处罚。

3.2 监督、督促施工单位制定目标考核标准

监督、督促施工单位制定目标考核标准，是推动工程质量、进度、安全目标如期实现的有效保障。玉马水库除险加固工程在 2006 年 5~8 月份的施工关键时期，建管局和 4 个施工单位共筹措 3.5 万元设立"质量—进度—安全"奖励基金，实行一周一评比、现场兑奖罚，有效地激励和调动了施工人员积极性，促使工地形成了比质量、保安全、赛进度热潮。整个施工期间，全部工地未发生一起安全事故，工程质量全部达到合格以上设计标准，工期也比预计的要短，投资控制在预算以内，整个施工阶段的目标管理取得了预期的良好效果。

3.3 建立、落实施工质量保证体系

质量是做出来的，不是检查、验收出来的，施工质量好坏的直接责任者是施工单位。因此，建管局在要求并督促施工单位设立内部质量管理机构、固定专职质量管理人员的同时，还要着重指导、帮助施工单位建立健全一系列的质量管理制度，主要包括：原材料、半成品和各种加工预制品的检查检验制度，生产班组交接制度，"三检制"(初检、复检、终检)，隐蔽工程验收制度，重要工程部位基准线检查制度，基础工程和主体工程检查及验收制度，竣工检查及验收制度等。

3.4 建立、完善质量情报工作

主要内容包括两个方面：一是建立质量记录档案。即要求按照统一的规定和格式，将所有的质量检验数据、原始记录、验收记录、业主意见、监理工程师指令等信息资料全部记录归档。这些资料不仅是工程质量的真实反映，而且在以后的竣工总结以及可能出现的施工索赔等工作中还极具参考价值；二是建立质量信息反馈制度。及时准确的质量信息反馈，可以使质检部门和项目经理及时掌握工程各个部位的质量动态，便于做到及早发现质量问题，积极主动地采取应对和补救措施，从而避免或者把可能出现的损失压缩到最低限度。

4 结语

影响工程质量的因素较多，在项目实施过程中，保证工程质量是业主、监理方和承包商共同关心的问题，也是工程参与各方的共同利益所在。工程质量优劣关系到工程效益发挥乃至人民生命财产的安全，因此工程参与各方在关注自身经济效益的同时，尤其是更加重视自身工作质量，做到在具体工程的质量控制中始终坚持质量第一的观点、坚持预防为主的观点、坚持下道工序是用户的观点、坚持一切用数据说话的观点，从而以一流的工作质量确保工程质量控制目标的全面实现。

参考文献

[1] 丰景春，王卓甫. 建设项目质量控制[M]. 北京：中国水利水电出版社，1998.
[2] 樊晋生. 浅谈业主对工程参与方质量控制[C]//水利水电工程科研与实践. 郑州：黄河水利出版社，2002.

【作者简介】陈维杰，1964 年 5 月出生，华北水利水电学院毕业，汝阳县玉马水库除险加固工程建设管理局副局长、工程师。

安阳城市防汛现状分析及对策的探讨

李洪斌　　李红兵　　王福现

(安阳市洹河管理处)

摘　要：随着城市现代化建设和经济的快速发展，城市人口、城市硬化面积日益增长，同时增大了城市洪涝灾害损失，城市防洪已成为许多城市汛期工作的一项内容并日渐受到重视。近些年来，许多城市将由城建部门负责的城市防汛机构划归水利部门管理，使得城市防汛工作更直接、更规范、更专业化，也对现代城市防洪工作提出了更高的要求，体现了城市防洪的重要性。

关键词：防汛　现状分析　探讨

1　城市概况

安阳市位于河南省北端，地处晋、冀、鲁、豫四省交界处。安阳市为省辖市，辖一市(林州市)、四县(安阳、汤阴、滑县、内黄)、四区(文峰、北关、殷都、龙安)。辖区总面积 7 355 km²，其中市区面积 247 km²，城市建成区面积 69 km²。人口 525 万人，其中城市人口 101.2 万人。国内生产总值 280.2 亿元。

2　洪涝灾害

历史资料表明，安阳市经常发生旱、涝、洪、风、雹等灾害。由于降雨过程在时空上分布不均衡，造成年度内旱涝交错时有发生。安阳市的洪水主要为来自洹河、洪水河、金线河的洪水。

安阳属于北温带大陆性季风气候，雨量集中，降水季节性明显，极易形成洪涝灾害。1963 年、1982 年、1996 年发生了三个大水年，造成了重大损失。此外，1995 年、1998 年局部地区也发生了极其严重的洪涝灾害。

2.1　1963 年特大洪涝

1963 年受 9 号台风的影响，安阳市自 7 月 31 日～8 月 8 日 9 天阴雨不断，其中有 3～4 日、8 日两大降雨过程，以 8 日最大。8 月 2～3 日我区诸河相继涨水，以 6～11 日最大，全部水库溢洪，河道多处漫溢、决口，所有蓄滞洪区滞洪，使京广铁路两侧及以东广大平原地区一片汪洋，80% 耕地遭受洪涝灾害，直接经济损失 6.16 亿元。

2.2　1982 年特大洪涝

1982 年 7 月 29 日至 8 月 4 日，受 9 号台风影响，安阳市西部山丘区连降大到特大暴雨，8 月 2 日安阳河水暴涨，安阳站出现新中国成立以来最大洪峰流量 2 060 m³/s，致使京广铁路安阳河大桥被冲毁，中断运输 17 h。市区段左岸漫溢，郭家湾段右岸路闸无闸门，洪水涌入市区，直接经济损失 4 900 万元。安阳河下游大大超过行洪能力，堤防决口 46 处，使我市遭受了严重的灾害，直接经济总损失 1.28 亿元。

2.3 1996 年特大洪涝

1996 年 8 月 3~4 日，受 8 号台风影响，我市中西部地区普降特大暴雨，造成水库溢洪，河水陡长，护岸坍塌，山体滑坡，河堤决口，大面积农田受淹，民房倒塌，水利设施损坏严重。崔家桥、广润坡滞洪区滞洪，红旗渠部分渠段被山洪冲毁或被泥石流淤满，林州市后峪村被山洪冲得面目全非。洪灾涉及 58 个乡(镇)972 个村，79 万人受灾。水利设施损坏护岸 2 041 处、水闸 64 座、桥涵 278 座、管理设施 44 处、机电泵站 81 处(总装机 2.578 万 kW)，直接经济损失 14.4 亿元。

2.4 其他洪涝

除以上大面积洪涝灾害外，局部的暴雨、风雹突发也会造成很大损失。1995 年 8 月 2 日 17 时 50 分，安阳县西部马家、善应一带突降暴雨，致使善应镇交口沟山洪暴发，沟内水深 2 m 有余，水流湍急，行驶于沟内的大小车辆计 28 部被冲毁，死亡 22 人，造成直接经济损失 600 余万元。

1998 年 6 月 21 日 23 时 30 分，一场罕见的狂风暴雨裹夹着冰雹袭击我市，市区最大降雨 160 mm。市区、龙安区、安阳县、汤阴县遭受严重损失，全市耕地受灾面积 71.55 万亩；受灾人口 70.11 万人；损坏房屋 36 790 间、倒塌 17 030 间；84 条输电线路中断；造成 14 人死亡，直接经济损失 7.18 亿元。

3 城市防洪现状和存在问题

(1)小南海、彰武水库：小南海水库位于安阳市西南 35 km 的后驼村，控制流域面积 850 km^2，按 100 年一遇洪水标准设计；彰武水库坝址在小南海水库下游 10 km 的北彰武村，控制流域面积 970 km^2，按 50 年一遇标准设计。小南海、彰武水库已于 1993 年按上述标准完成除险加固，对削减安阳市洪峰将起到很好的作用。

(2)双全水库：双全水库位于安阳县蒋村乡双全村北，洹河主要支流粉红江上，距安阳市 23 km，流域面积 171 km^2，总库容 1 820 万 m^3。

水库存在的问题主要是工程质量差且年久失修，险情日益严重；兴利库容太小，水资源不能充分利用。

(3)龙泉水库：龙泉水库位于安阳市郊区龙泉乡金线河上，距安阳市 18 km，控制面积 32 km^2。水库主体工程质量好，防洪标准设计达到 30 年一遇，校核达到 500 年一遇。

水库存在的问题：主坝迎水坡干砌石护面松动，有不均匀沉陷。已处理过 2/3 面积，尚有 3 200 m^2 面积未处理，如遇洪水，将导致坝体淘刷，危及大坝安全。

(4)洹河：洹河是海河水系卫河的一条主要支流。其干流自林州市姚村镇西北清泉寺至内黄县范阳口入卫河，全长 164 km。安阳市防洪设防标准为 100 年一遇，洹河市区段经过治理仅达 50 年一遇的标准，急需采取相应工程措施。同时应加快洹河下游段治理进程。

(5)洪水河：洪水河是汤河流域内羑河的一条支流，发源于马投涧乡的郭家村，到安阳县高庄乡的汪流屯入羑河，全长约 32 km，流域面积 231.9 km^2。市区河段堤距 40~50 m，河中子槽口宽 3~5 m，水深 1.2~1.8 m，河槽的泄量只有 130~140 m^3/s，仅能满足除涝标准，且堤防残缺不全，流域上游兴建 10 座小型水库，标准低，一遇超标准洪水，水库即漫顶或垮坝，洪水河较大支流张北河、郭里沟、曲沟沟，在规划的南水北调总干渠以西尚有沟形，总干渠以东都是顺地面漫流，一遇较大洪水，洪水就沿街道穿流，急需采取工程防护措施。

(6)金线河：金线河位于安阳市区西部，是洹河的一条支流，流域面积 68 km²，龙泉水库以下全长 13.02 km。河道标准低、年久失修、淤积严重、群众沿河滩种地建房等因素，大大束窄了原有河道。

4　城市防洪规划原则

根据安阳市的洪涝成灾及洪水特点，城市防洪重点是防御安阳河、洪水河、金线河的洪水，规划原则是：因地制宜、综合治理、以防为主、防治结合。以城市总体规划为基础，结合防洪的实际情况，充分利用现有的防洪工程措施，在有条件地段，堤防与规划的城市道路相结合，采取工程防御措施和非工程防御措施相结合的办法综合治理，既要保证标准洪水以下洪水时城市的防洪安全，又要在发生超标准洪水时有措施、有对策，最大程度地降低城市的洪灾损失。

5　城市防洪工程措施

5.1　洹河

1991 年至今，洹河分别完成了洹河市区段治理工程、洹河殷都桥段治理工程、洹河市区东段治理工程，市区段河道治理后过流能力达到 2 300 m³/s，防洪标准达到 50 年一遇，确保了安阳市区、京广铁路、107 国道、殷商文化遗址和京珠高速公路的防洪安全，减少了洪水灾害带来的损失，保证市区经济的发展。工程完成后，增加了绿化面积和水面面积，补充水源，改善空气质量，绿化美化环境，促进生态平衡，改善人民群众的生产和生活条件。根据城市防洪远期规划，还要开设洹河分洪道，使安阳市防洪标准达百年一遇，超 50 年一遇洪水由分洪道沿市区北边缘下泄至市区下游入滞洪区。

5.2　洪水河

洪水河从安阳市自行车厂西南 500 m 的大弯道处向西为丘陵河道，以东至羑河口为平原河道。洪水河龙安区段自行车厂大弯道处，1963 年被山洪从此段破堤冲出，顺文明大道进入安阳市，整个鼓楼以南一片汪洋。1999 年在原护砌的基础上又对其进行了加固，但该处堤防单薄，加之下游段有红旗村漫水桥、宗村漫水桥及河道建筑垃圾严重阻水，如遇大的洪水对大弯道处形成威胁，直接危及市区安全。2001 年洪水河上游河段治理、改线工程开始实施，按 50 年一遇洪水标准扩挖河槽。由于洪水河市区段未进行治理，河道防洪标准不足 5 年一遇，为确保安阳城市防洪安全，2007 年将开始洪水河综合整治工程，工程实施后，将使河道防洪标准提高到 50 年一遇，确保了安阳市、京广铁路、京珠高速和 107 国道的防洪安全，同时将增加水面面积 70 万 m²，新增绿地面积 62 万 m²，改善了河道周围环境，提高了沿河居民群众的生产生活水平，带动两岸土地开发升值，必将创造巨大的社会效益、生态效益和经济效益。

6　城市防洪非工程措施

有了防洪工程体系，还必须建立一个可靠畅通的防汛信息、防汛通信、防洪调度指挥系统，以达到及时掌握洪水形势，拟定防洪方案，下达调度指令，继而有效运用防洪工程体系实现防洪目标。

6.1 防汛信息系统

(1)建立雨量遥测系统，利用遥测技术实时取得安阳河和洪水河干支流、上中游及市区降雨数据。在较大支沟(张北河、粉红江、金线河)干流入口处建水文、水位站，在彰武水库、双全水库、龙泉水库建坝上水位站收取数据，分析洪水势态，预测洪水流量。

(2)在城市防汛指挥部建设区域计算网，配上网络软件、大屏幕显示系统及必需的系统软件，完成防汛信息收集、处理、显示和预报调度工作。

6.2 防汛通信网

充分利用市区邮电通信系统发展比较快的优势，建立防汛指挥部与重要工程管理单位之间的热线电话；建立一个覆盖全市区的无线通信网，配套车载电话和手持电话，成为一个机动灵活、覆盖面大的防汛通信网。

6.3 预警系统的建设

根据安阳市防汛的特点，洪水来得急、预见期短，应建立预警系统，利用现有的农村、市区有线、无线广播电视和警报器等向市区人民做各种汛情报告。

7 结语

城市防洪既是流域和区域防洪的一个重要组成部分，又是城市建设的一个重要方面。随着经济社会的快速发展，人民生活水平的不断提高，对城市防洪的要求将愈加全面、更为严格。城市防洪建设中采用符合现代城市发展特色的治水思路及防洪技术也就更加具有紧迫性和重要性。

城市居民生活节水的技术与方法

韩建秀　周朝鑫　白乐宁

(南阳市节水办公室)

摘　要：城市居民生活节水已成为城市节水工作的重点。公众节水意识淡薄、节水型生活用水器具普及率低、漏损等隐性浪费严重是目前我国城市居民生活节水存在的主要问题，其原因是公众节水意识淡薄和水价较低。文章把城市居民生活节水的技术与方法归纳为良好的用水习惯、普及应用节水器具、防止超压出流等隐性浪费和中水回用等，提出了提高城市居民生活用水效率和效益，合理用水、节约用水的应对措施。

关键词：城市居民　生活节水　技术与方法

水是人类赖以生存的基本条件，是支撑和保障经济社会可持续发展的重要战略资源、稀缺的基础性自然资源和不可再生的社会公共资源。我国人均水资源占有量只有世界平均水平的 1/4，水资源短缺，地域分布不均，年内、年际变化较大，污染严重，北方地区缺水问题极为突出。在全国 670 多座城市中，有 400 多座不同程度缺水，其中严重缺水的城市有 110 多座。水资源短缺已成为影响城市承载力提升和制约城市发展的突出因素。但在缺水的同时，公众节水意识淡薄，水资源浪费现象普遍存在，水资源利用率也大大低于发达国家。加强城市节水工作、提高用水效率已迫在眉睫。

城市用水需求主要包括工业用水和生活用水两个方面，随着经济结构调整步伐的加快和产业技术进步，工业用水量在不断下降；而随着城市化进程的加快和城市居民生活水平提高，近期城市生活用水量还将继续增长，在城市用水中的比重增大。因此，分析城市居民生活节水存在的问题，研究其节水的技术与方法具有重要的现实意义。

1　城市居民生活用水及存在问题

1.1　城市居民生活用水

城市居民生活用水是指由公共供水设施或自建供水设施供给，城市居民家庭日常生活使用的自来水，包括饮用、烹调、洗涤、冲厕、洗澡等用水，一般占城市总用水量的 30% ~ 70%。

在城市居民家庭用水中，冲厕占 29% ~ 35%，洗浴占 25% ~ 30%，厨用(含饮用)占 23% ~ 27%，洗衣占 10%左右。

1.2　存在问题

1.2.1　节水意识淡薄

公众节水意识不强，浪费用水的现象普遍存在，如洗衣、淘米长流水，洗澡水自始至终常开等。多年的城市节水宣传活动，还没有从根本上解决城市居民的节水认识问题，没有形成全社会人人惜水、人人节水的良好风气。

1.2.2 节水型生活用水器具普及率低

目前，国家早已明令淘汰的螺旋升降式铸铁水嘴、一次冲洗水量 9 L 以上(含 9 L)的便器、上导向直落式便器水箱配件，以及其他国家明令淘汰、不符合节水标准的用水器具仍在居民家庭使用或在市场上销售，分析其原因：一是居民对节水器具的节水意义认识不足。主要原因是宣传不够和水价偏低，水价的节水功能不充分；二是市场缺乏一套行之有效的监督管理机制。对于违反规定生产、销售、使用非节水型生活用水器具的单位和个人，缺乏有效的管理约束手段；三是一些节水产品的质量达不到《节水型生活用水器具标准》要求，形成负面影响。如一些"节水型"便器水量达不到"冲洗卫生"要求，需要反复冲洗，反而用水更多；四是节水器具在价格上缺乏竞争力，城市低收入家庭有购买意愿，但缺乏支付能力。

1.2.3 漏损等隐性浪费

(1)热水系统的无效冷水。家用燃气热水器或太阳能热水器的设置点与卫生间相距较远时，每次洗浴都要放掉管内滞留的大量冷水。若热水管未采取保温措施，管中水流散热较快，在洗浴过程中，再次开启关闭淋浴器时，又可能要放掉一些低温水。这部分水量未产生使用效益，为无效冷水。热水管线越长，水量浪费越大。解决办法：尽量减少热水管线长度；热水管采取保温措施。

(2)超压出流水量。当给水系统中给水配件前的静水压力大于流出水头时，配水点的实际流量大于其额定流量。对于定时性的用水器具来说，超压出流量未产生使用效益，为无效用水量。在我国现有建筑中，这种"隐形水量"浪费普遍存在。

(3)供水管网漏损。对 2002 年全国 408 个城市的统计显示，公共供水系统的管网漏损率平均达到 21.5%。笔者对南阳市部分居民小区用水进行调查发现，不计量水量(总表与分户水表计量差值)达 15% ~ 55%。

1.2.4 水价偏低

水价过低，是我国城市居民浪费用水的原因之一。目前，我国城市多数居民家庭的水费支出占家庭收入的比例不到 1%，按照国际标准衡量，水费支出占家庭支出的比例处于较低水平。但是经过水价的连续调高，现阶段用水需求已经开始对水价敏感。中低收入家庭已开始采取节水措施，重视水的二次利用(用洗菜、洗衣、洗浴的水冲厕等)。

研究城市居民生活需水量与水价和居民收入三者之间的关系发现，在相同水价时，低收入家庭用水需求收入弹性大于高收入家庭，水价提高对低收入家庭影响大于高收入家庭。这就是"不少高素质、高收入的人节水意识淡薄，有的甚至在生活中用水无节制"，出现"节水意识与文化水平负相关"现象的原因。

上调水价将促使城市居民节约用水，科学的办法是实行阶梯式水价，根据家庭收入水平的差异，在保障中低收入家庭基本用水需求量的前提下，采取累进水价模式，用经济杠杆抑制高收入群体的过度消费。

2 城市居民生活节水的技术与方法

2.1 养成良好的用水习惯

浪费用水是人们在日常生活中长期养成的恶习，要短时期内彻底改变不太可能。所以当个人浪费用水的时候，家庭成员要及时地提醒、劝阻，并长期坚持，逐步养成良好的用水习惯：

(1)水龙头随开随关，防止遗忘；

(2)口杯接水刷牙；

(3)洗涤手巾、小件衣物、瓜果等，用盆子盛水而不是开水龙头放水冲洗；

(4)尽可能控制水龙头流量，改不间断冲洗为间断冲洗；

(5)土豆、胡萝卜先削皮后清洗；

(6)用淘米水来洗菜，再用清水冲净，用淘米水、洗菜水、茶叶水浇灌花卉，洗手和洗过衣服的水接在容器里留着擦地、冲厕所使用；

(7)衣物集中洗涤，适量投放洗涤剂；

(8)洗浴采用间断放水淋浴方式，搓洗时及时关水；

(9)设备漏水及时维修等。

2.2　节水型生活用水器具

节水型生活用水器具主要包括节水龙头、节水型便器及配套系统、节水型淋浴器和节水型洗衣机等，其推广应用是生活节水的重要技术保障。

(1)陶瓷阀芯节水龙头。陶瓷阀芯水龙头以精密陶瓷磨片为密封元件，密封性能好，耐磨、耐腐蚀，不漏水，使用寿命长。90度启闭，开关快速，使用方便，无用用水时间短，与普通水龙头相比，节水量一般可达 20%～30%，与其他类型节水龙头相比，价格较便宜。

(2)减压节流水龙头。在水龙头中加装节水阀芯、节流塞、节流短管、减压片和滤网后，能增加水流阻力，起到降低水压的作用，以适用于不同的供水压力。

(3)节水型便器及配套系统。在保证卫生要求、使用功能和排水管道输送能力的条件下，不泄漏，一次冲洗水量不大于 6 L 水的便器；采用大、小便分档冲洗结构时小便冲洗用水量不大于 4.5 L。

以 6 L 水系统和大、小便两档便器(6 L、4.5 L 冲水量)代替一次冲水量为 9 L 的便器，若每人每天大便 1 次、小便 4 次计，可分别节水 33%和 46%。

另外，还可以对传统的便器水箱进行改造，其方法有：①在家中使用的大容积便器水箱里竖放 1～2 只装满水的塑料瓶，以减少便器水箱的容积；②调低水箱的浮球高度，减少冲水量；③更换水箱配件，对传统便器水箱进行改造，以实现大、小便分档功能或减少冲水量。

(4)节水型淋浴器。采用接触或非接触控制方式启闭，并有水温调节和流量限制功能的淋浴器产品。节水型淋浴器比普通淋浴器节水 30%以上。

(5)节水型洗衣机。节水型洗衣机能根据衣物量、脏净程度自动或手动调整用水量，满足洗净功能且耗水量低。节水型洗衣机将传统洗衣机的漂洗和脱水两个过程合为一体，边脱水边漂洗，能更有效地排污去沫，节约用水。如节水型滚筒洗衣机比普通洗衣机节水 30%～50%。

(6)减压阀。减压阀是一种自动降低管路工作压力的专门装置。它可将阀前管路较高的水压减少至所需水平，以保证给水系统中各用水点获得适当的服务水压和流量。

2.3 中水回用

"中水"是指各种排水经处理后，达到规定的水质标准，可在一定范围内重复使用的非饮用水，其水质介于清洁水(上水)与污水(下水)之间。在民用建筑物或建筑小区内"中水"可用于厕所冲洗、园林灌溉、道路保洁、小区喷泉或水景补水等。20 世纪 80 年代以来，我国北京、大连、青岛、太原、天津等缺水城市相继建设了一些中水回用的示范工程，但是，由于人们从心理上接受"中水"有一个过程，对中水回用技术和经济效益缺乏足够的认识，加上自来水水价较低，中水回用系统在我国发展缓慢，在居民生活中的应用更是不多。

2.4 防止超压出流造成的隐性水量浪费

2.4.1 超压出流的形成

(1)设定的供水压力过高；

(2)供水管道延长以及楼房的高度存在差异，根据最不利配水点所需的流出水头确定给水始端压力，使大量供水区域处于超压状态；

(3)变频调速恒压变量供水系统在低峰用水时，管道的流量减小，水头损失降低，配水点的压力大于所需的流出水头，配水点处于超压出流状态。

2.4.2 防止超压出流的措施

(1)合理确定给水系统最不利配水点的压力，合理设定居民小区的供水始端压力，以尽可能降低其他配水点的压力；

(2)采取分区供水；

(3)在给水系统中配置减压阀、减压孔板、节流塞和具有减压功能的节水龙头等减压装置或用水器具；

(4)将变频调速恒压变量供水改为变频调速变压变量供水。

2.5 降低管网漏损

(1)开展水量平衡测试，进行用水合理性分析；

(2)加大管网检漏力度，加强输配水管网的维护管理；

(3)对运行时间长的供水管网进行改造。

3 城市居民生活节水措施

3.1 节水宣传

提高城市居民的节水意识，养成良好的用水习惯，必须对我国的水资源短缺现状有一个清醒的认识。因此，必须加大宣传力度，宣传我国和当地水资源缺乏的严峻形势，普及生活节水知识，通过多种渠道和方式的宣传教育活动，使城市居民转变用水观念，使节水成为全民的共识，形成"节约用水光荣"的社会道德风尚。使广大市民在日常生活中逐步养成良好的用水习惯，科学用水、合理用水，促进人与水的和谐发展。

3.2 实行阶梯式水价

城市居民生活用水需求可以分为基本用水需求和非基本用水需求。基本用水需求是指为了维持正常生命、保障基本生活的日常生活用水，水价相对于这部分需求呈严格的刚性；非基本需求用水包括淋浴、景观、浇灌等家庭性享受用水，弹性相对较大。

　　阶梯式水价是指城市居民生活用水按用水量不同执行不同价格的一项节水制度，其实质是计划用水、定额管理的一种特殊形式。根据有关法规规定，目前我国已实行阶梯式水价的城市把阶梯式水价水量基数分为居民基本生活用水量、改善和提高居民生活质量用水量和满足像家庭泳池、花园等特殊需要用水量三级。在阶梯式水价下，如果用水户的用水量超过一定的数量，就必须支付高额的边际成本，这种高价是消费者偏好选择的结果；如果用水户不愿支付高价，必将节约用水。阶梯式水价增大了对非基本用水需求的调节，能够有效抑制非基本需求用水，从而达到节约用水的目的。因此，各地市要尽快落实城市居民生活用水阶梯式计量水价制度。

3.3　建立节水器具推广应用的保障机制

　　(1)建立节水器具认证制度和市场准入制度。对节水器具实施产品质量认证，并定期公布国家《节水认证产品目录》，保证产品质量。技术监督、工商行政和城市节水管理部门定期开展检查，加强市场监管，严禁生产、销售和使用不符合国家标准的用水器具。

　　(2)全面落实建设项目节水评估制度。根据国家"建立建设项目水资源论证制度和节水评估制度"的要求，将建设项目节水评估设定为项目立项的前置条件，节水评估审查进入建设项目基本审批程序。要求新建的建设项目包括居民住宅及附属设施都要进行节水评估。城市节水管理部门从项目立项、规划设计、施工到竣工验收全过程参与管理，确保新建城市居民住宅全部采用符合国家应用技术标准的节水型用水器具。

　　(3)对于现有房屋建筑中安装使用的非节水型生活用水器具，城市节水管理部门要协助、指导物业管理、产权单位制定改造计划，逐步实施，全部更换为节水型。

3.4　规划建设中水回用示范工程

　　中水系统的初期投资大，运行费用高，而且需要有人专职维护管理，短期的经济效益不明显，因此开发商不会主动在商住小区配套建设中水系统。缺水城市对符合条件必须配套建设中水回用设施的居住小区或高层住宅等建设项目，要建立一套有效的管理机制，确保配套的中水回用设施"三同时"。中小城市或富水地区可先建示范工程，逐步推进。

3.5　合理设置和使用水表

　　水表是法定的计量器具，其计量数值是供水部门收费和城市节水管理部门开展计划用水、定额管理的依据，是进行水量平衡测试和合理用水分析工作的重要硬件设施。目前在水表的设置上只考虑计量收费要求，而未顾及水量平衡测试需要，使用水单位在进行水量平衡测试时，需要断管增表，增加了测试工作的难度。因此，居民住宅小区的水表设置除了"一户一表、计量出户"外，还要满足水量平衡测试和合理用水分析的要求。即在住宅小区给水系统引入管(总表)、每栋楼引入支管、每个单元引入支管上设置水表。

　　为了提高水表计量的准确度，要按照国家对水表使用年限做出的限制性规定，到期强制更换；水质差的地区在水表前安装过滤器。另外，要加强水表的检查，发现问题，及时更换或维修。有条件的小区可使用 IC 卡水表和远传水表。

4　结论

　　节水不是限制用水、压缩用水、水用得越少越好，而是合理用水、提高水的利用效率和效益。由于人们的生活习惯和生活水平及气候条件不同，居民生活用水量差异十分悬殊，因此不能用统一的用水量标准来判断是否节水。

搞好城市居民生活节水，源于对水资源短缺深刻认识的自觉行动。良好的用水习惯是关键，节水型生活用水器具推广应用是技术保障，阶梯式水价是经济手段，规范的供水设计、计量水表设置是基础。

参考文献

[1] 李明，金宇澄. 居民生活用水实施阶梯水价引发的思考[J]. 给水排水，2006，32(3)：107-111.

[2] 张会艳，张丽荣，岳保华. 北京市生活用水现状和节水对策分析[J]. 北方环境，2004，29(3)：1-3.

[3] 付婉霞，刘剑琼，王玉明. 建筑给水系统超压出流现状及防治对策[J]. 给水排水，2002，28(10)：48-51.

[4] 全国节约用水办公室. 全国节水规划纲要及其研究[M]. 南京：河海大学出版社，2003.

[5] GB/T50331—2002　城市居民生活用水量标准[S].

[6] CJ164—2002　节水型生活用水器具[S].

[7] 国家发展改革委，科技部，水利部，建设部，农业部.中国节水技术政策大纲［EB/OL］. http://news.xinhuanet.com/zhengfu/2005-05/25/content_2998663.htm

【作者简介】 韩建秀，1966 年出生，1989 年 7 月毕业于长春地质学院，南阳市节水办公室高级工程师。

关于城市水环境综合治理与开发的探讨

魏国红[1]　张双景[2]

(1. 安阳市水利局万金渠管理处；2. 安阳市彰武南海水库管理局)

摘　要：本文对安阳市城市沟河现状和存在问题进行了调查分析，并结合实际情况和安阳市城市发展规划与发展目标，提出了城市水环境治理与开发的建议和措施：一是要统筹规划，分步实施；二是要产权清晰，权责分明；三是要结合实际，优化设计；四是要更新观念，开拓创新；五是要统一管理，科学调度；六是要治污节水，开源节流；七是完善机制，加强管理

关键词：水环境　治理与开发

1　安阳市城市水环境现状及存在主要问题

安阳市位于河南省北部，地处晋、冀、鲁、豫四省交界处，是一座具有 3 000 年历史的文化名城，市区面积 247 km²，市区人口 71.82 万人，境内有 107 国道、京珠高速公路和京广铁路纵贯市区，交通便利，地理位置优越，地势西北高东南低。流经城区河道沟渠 17 条，总长度 111.6 km，汇流面积约 25 km²，分洹河(安阳河)、万金、洪河三个水系，担负着城市排涝泄洪和下游灌溉任务。

安阳市城市水系环境早在 20 世纪 60 年代，清水垂柳、鱼儿游淄，城区郊外河道通坑、坑连河，古城鼓楼中高、四边慢坡降，似龟背地势、坑塘湖泊与河水遥相呼应形成排涝、防护的人文景观，曾为中国水系排涝十大典范之一。随着城市规模的扩大，人口的增加，工业的迅速发展，也给城市带来诸多负面效应：一是工业污水和生活污水排放量数十倍的增加；二是工业产品水平的提高、人们生活档次的提升，生产废品及生活垃圾成为河道沟渠、坑塘的昼夜来客；三是管理队伍严重不足，执法机制不够完善，加之多头管理，致使工程设施得不到应有的保护和及时的治理，人为侵占、填塞、损坏严重；四是对营造优美环境认识不到位，设施陈旧老化，功能单一，与城市规划发展不相配套等。这些都给城市水环境造成了难以承受的压力，严重影响了市民的生产、生活，已远远不能适应现代城市建设发展的需要。

2　城市水环境综合治理与开发的探讨

2.1　统筹规划，分步实施，从根本上解决城市沟河的治理现状

随着城市经济的发展和人民生活水平的不断提高，城市沟河的建设和管理显得日趋重要，城市沟河已不再是原来单纯的防洪除涝的水利工程，而是已成为将自然环境、技术科学和社会经济紧密联系在一起庞大而复杂的系统工程，城市河道沟渠治理已不再是某一部门单位的事，也不是一蹴而就的。城市沟河治理一定要本着统筹规划、分步实施

的原则才能更好地适应城市发展的需要，从根本上解决城市沟河的治理现状。

2.1.1　与时俱进，高起点规划，实现防洪功能与城市景观的完美结合

城市河道沟渠防洪排涝规划是城市水系环境建设与管理的基础。同时，城市河道沟渠作为城市的经络系统，也是影响城市生态环境的重要因素，特别是洹河岸殷墟申遗的成功，对城市生态环境的保护提出了更高、更新的要求。因此，制定城市河道沟渠防洪排涝规划，在以防洪工程建设为基础的同时，还要紧紧围绕环境整治这条主线，注重环境与发展的协调关系，实现防洪功能与城市景观结合的最佳效果。结合《安阳市城市总体规划》(1994～2010)，本着共性与个性相互统一的原则，科学策划，反复论证，于2000年4月编制了《安阳市城市防洪排涝规划》。规划以环境整治为重点，本着适度超前的规划设计思想，借助园林艺术手段，精心设计、反复论证，制定出城区17条河道沟渠的综合治理方案，截污治污，净化水质，沿河布绿，因势造景，意在建成集园林、绿化、人文、游乐为一体的开放式及高品位的河道沟渠景观，构建城区的"绿色飘带"和"市民乐园"，提高市民的居住环境质量，特别是要突出重点以建设殷墟保护的洹河自然生态绿廊为依托，充分体现集自然、文化、经济为一体可持续发展的殷都古城新风貌。

2.1.2　高标准建设，分步实施，努力营造城市优美和谐的生态环境

1991年2月5日，江泽民总书记视察安阳时发出了一定把要安阳河治理好的号召。根据江总书记的指示精神，自1992年以来，在安阳市委、市政府的领导下，军民团结共建，出色地完成了市区西段5.6 km的综合治理任务，提高了河道行洪排涝能力，改善了城市生态环境和投资环境，构造出一道靓丽的城市景观。从2000年起，安阳市按照新一轮城市总体规划和城市河道沟渠防洪排涝规划投资近1.6亿元，本着一渠一景的原则，以治水、治污、综合治理为主要内容，分期实施、分段治理，有力地疏浚了城市行洪渠道，美化了河道沟渠环境，擦亮了城市窗口，营造了城市新的"闪光点"和风景线。

2.2　结合实际，优化设计，更好满足城市总体规划建设发展的需要

目前，各地市城镇建设都非常重视城市沟河治理，要么硬化盖板，要么在沟河上建橡胶坝壅水扩大城市水面，两岸规划美化成绿化风光带，的确为城市居民提供了一个休闲娱乐的好去处，但在不少城市也确实存在因城市河道防洪而把堤防筑的较高，以致沿岸的风光美化成了城市里的世外桃园，这与城市的整体规划极不协调。还有不少的主要排水沟渠不是加了盖板就是窄深，功能单一，使本应改善城市水环境的沟渠，成了垃圾渠、危险渠、臭水沟渠，这与城市的规划发展极不相称。对此，设计部门一定要密切结合城市发展的规划和实际情况，优化设计结构形式，对横穿城市的行洪河道，可通过降低河底高程、增加河道断面宽度，并采取设防洪墙和临时防洪措施相结合等办法，降低河道防洪堤的高程，特别对于设计洪水位低于地面的就不必要按设计规范硬要增加相应设计超高。对城市防洪除涝排水的主要沟渠可按宽浅的复式梯形断面进行改造，清淤疏浚，整修护砌，更新设施，逐步实现"沟渠敞开化"，坡面及两岸可采取硬化与草皮绿化相结合的办法，把条条城市沟河建成水绿相映、波光树景、掩映成趣的开敞式风景线，为安阳市园林城市、旅游城市的建设增光添彩。

2.3　产权清晰，权责明确，进一步推动城市沟河的规划和建设管理

多年来，城市沟河管理分属不同部门、不同单位，产权不清，权责不明，运用建设

管理混乱，上项目、要资金、搞建设争着干，搞管理遇问题竞相推拖，大小问题经常上级出面、部门协调，推推动动，不推不动，严重影响了城市沟河的整体规划和建设管理。目前，安阳市城市主要沟河虽划归水利部门统一管理，但考虑到城市沟河防洪、除涝、排水、灌溉、城市规划、环保等多种功能和要求，牵涉面广，社会关系复杂，仍需进一步明确经过城市的河道防洪除涝与城市内沟河防洪除涝的关系，城市排水、排污与城市沟河的关系，城市沟河建设管理与城市规划发展、环保治理的关系，只有建立统一管理、分级分部门负责、部门单位权责分明、协调配合的规划建设管理体制，才能从根本上推动城市沟河的建设和管理工作的正常有序运转。

2.4　更新观念，开拓创新，以经营城市的理念加大城市水环境的治理与改善力度

由于城市河道沟渠、坑塘设施失修严重，历史遗留问题多，全靠政府投资困难很大。因此要彻底解决治理城市水系环境，必须有新的思路、新的探索。近年来安阳市城市建设借鉴兄弟城市的经验，以经营城市的理念，经多方融资，发展建设城市效果十分显著。根据经营城市理念推动城市沟河治理：一是采用政府根据财力投一点，起到杠杆助兴作用，激励投资的方式；二是经营河道沟渠、坑塘，媒体采取卖断广告冠名权；三是以开发河道沟渠、坑塘边沿，坚持谁开发、谁投资、谁建设、谁受益的原则，以开发带建设。这样可以得到社会、经济、环境三大效益的满足，建立起城市水环境建设与管理的良性运作机制，推动城市水环境建设步伐。

2.5　统一管理，科学调度，进一步推动城市沟河的建设管理和水环境的改善

安阳市位于万金灌区中部，城区护城河及不少沟渠都是万金灌溉主渠道，这些灌溉渠道与城市沟渠组成了比较完整的城市防洪除涝排水系统。多年来，由于分属不同的部门和单位，建设和管理经常脱节，沟渠的建设和供水灌溉、排水防洪多功能运用管理很不协调，以致出现不少问题，1998年水淹电视台，2001年水漫梅东路，责任在城建与水利部门之间推扯不清，更使城市沟河多功能难以充分发挥。城市沟渠多功能要统一管理，明确各部门的权力和责任，分级分部门负责，协调配合，科学调度，应充分利用灌区水资源优势，改善城市水环境，进一步推动城市水系环境美化建设。特别是护城河、人民公园、三角湖公园、洹园及一些相关排水沟渠的规划建设和管理，在不影响城市汛期防洪除涝要求的同时，要结合万金灌溉渠道的管理运用，形成水流相通的环行水系，尽可能扩大城市水面面积，不断营造优美和谐的城市生态环境。

2.6　治污节水，开源节流，进一步促进安阳市可持续发展

不少城市沟河不是经常几近干枯断流就是严重污染，本应成为城市休闲娱乐的风景地带，却成了城市人人避而远之的死角，因而治污节水、开源节流成了城市沟河建设管理的首要环节。

2.6.1　治污节水

目前城市污水主要来自生活及垃圾污染废水和工业废水。生活垃圾废水要通过提高市民节水意识，减少污水排放，严禁生活垃圾的乱投乱放。工业废水要通过改进生产工艺，提高重复用水、循环用水率，回收废水中的物质等途径，有针对性地采用分散与集中处理的方法控制污染物和污水的排放量，并实现达标排放。同时，要加快城区污水管线和污水处理厂建设，实现雨水、污水分流，雨水入渠排放，污水进厂处理，从而堵住

污染源，净化河道沟渠水质，营造碧波荡漾的新景象。

2.6.2 开源节流

2001 年安阳市水行政主管部门利用水价杠杆有效促进了钢电厂大幅度节水近 1.5 个流量，从而大大缓解了万金灌区工农业争水的矛盾。但随着工农业经济的发展，灌区工农业供水紧张的趋势已是必然，我们要进一步采取措施开源节流，特别是要抓住南水北调流经安阳市西郊万金灌区的机遇，全面规划，科学调度，用足用好南水北调水源，从而为安阳市经济的可持续发展提供良好的水环境和水资源保障。

2.7 加强管理，完善机制，是城市水环境治理与改善的重要环节

多年来，城市河道沟渠注重汛前突击清淤，忽视日常管理，致使"前清后倒"、"前清后堵"现象屡禁不止，造成人力、财力的巨大浪费。自 2000 年以来，安阳市水行政主管部门积极探索河道沟渠管理的有效途径，妥善处理清淤、建设、管理三者的关系，制定三者相配套的综合整治方案，一是广泛宣传，提高群众认识；二是依法治河，完善管理体制；三是加强日常管理，完善了管理网络。

参考文献

[1] 河南省豫北水利勘测设计院，安阳市规划设计院. 安阳市城市防洪规划可研报告[R]. 2002.3.

[2] 夏有才，合肥市规划设计院. 合肥城市规划的回顾与展望[R]，1999. 11.

【作者简介】魏国红，男，1967 年出生，安阳市水利局万金渠管理处工程师，已获建设部监理工程师、国家发改委咨询工程师和水利部监理工程师、造价工程师等多种执业资格证书。

监理工程师如何利用检测数据控制和评估施工质量

姜仁东

(小浪底工程咨询有限公司)

摘　要：通过抽出一定数量的样本进行试验检测，达到控制施工质量的目的，是监理机构在实施监理过程中进行质量控制的必要和有效手段之一。进行这项工作的方式一般是平行检测和跟踪检测。人们通常认为，只要监理的检测数据满足要求，就能判定工程质量满足要求，这实际上是一种不正确的认识，因为监理的检测工作目的不是检测产品(工程)的质量，而是检查承包人的行为。只有承包人的行为满足要求，工程质量才有保证。但由于认识和经验的不同，实践中经常出现对试验结果评估的不同看法，从而影响质量控制效力和质量评价。为此，本文认为，利用试验结果"一致性"和试验结果"一次性合格率"，来评价承包人的行为，将有助于监理机构实施施工质量控制和有关部门对施工质量做出正确评价。

关键词：平行检测　跟踪检测　试验结果"一致性"　一次性合格率

1　概况

工程建设施工质量实施监理控制是我国建设工程推行的管理制度中的一环，监理机构建立质量控制体系实施施工质量控制，试验检测是质量控制的必要手段之一，能够量化质量状况，不仅能够做到有效控制施工质量，而且能够对工程质量做出正确的评价。

工程质量是施工质量的结果，是施工单位通过一系列保证措施和符合规范规定的活动而达到的。为确保施工质量，施工单位应对用于工程的主要原材料、中间产品和施工过程进行自检试验检测，如钢材、水泥及用于填筑的黏土、砂砾料；混凝土拌和物、砂浆拌和物；压实度、干容重等按一定频率进行取样自检。试验结果必须达到设计标准或满足规范规定。

监理机构则是在施工单位自检的基础上，按一定的频率进行抽检，验证施工单位自检结果的真实性、正确性、可靠性，起到对施工质量的控制和质量评价。

2　检测方法

监理机构试验检测的方法主要有跟踪检测和平行检测。

跟踪检测就是在施工单位对试验进行检测时，实施全过程的监督，确认其程序、方法的有效性以及检测结果的可信性，并对该结果进行确认。平行检测则是监理机构在承包人对试样自行检测的同时独立进行的检测，以核验承包人的检测结果。

这里可以看出，跟踪检测的目的是对施工单位自检过程的可信度的确认，而平行检测是对承包人的试验结果的核验。

应当指出，无论跟踪检测还是平行检测，监理工程师的主要目的是检验承包人的行为，其次才是承包人的产品。所以，监理工程师不仅要关注平行检测数据及结果的正确性，更要关注承包人的检测数据，拿平行检测的数据与承包人的数据进行比较，然后做出判断和评价，这就要求平行检测的过程与被检测的承包人的行为具有可比性。

但实践中，由于人们所处位置、地位及经验来源的不同，对监理的试验检测在施工监理控制中的地位、作用的认识也不一样，从而对试验数据的使用和判定方法不同，不仅不利于施工质量控制，同时也影响对施工质量和工程质量的判别。比如有的检查往往只关心监理的检测数据，而不重视施工单位的检测结果；只关心监理自身的检测结果的正确性，对施工单位的结果的可靠性不去追研。

为了能够有效控制和正确评价施工及工程质量，必须有一个可量化的判别标准，来判断试验检测的可信度和施工质量管理水平：试验检测结果趋势的一致性，同时，通过试验检测一次性合格率来检验其管理水平。

以往的做法是，当监理参与平行检测时，发现不合格的进行处理，之后再进行检测，直至合格为止，这部分监理是有记录的，并能确保施工质量。但对于监理没有进行平行检测或进行跟踪检测的部分，监理是无法掌控的，因为对于施工单位的检测的可信度并不知道，而这部分无法掌控的是占很大比例的。比如根据《水利工程建设项目施工监理规范》的要求，监理机构对施工单位的平行和跟踪检测频率分别是承包人检测数量：混凝土为 3%和 5%，土石方为 7%和 10%。通过跟踪和平行检测，监理机构对承包人的试验检测的控制频率达到：混凝土为 8%，土石方为 15%。但这个频率仍然很小，如果没有指标来体现承包人数据的可信性，对工程的施工质量就难以做出正确的评价。

因此，如果施工单位检测的可信度低的话，施工质量就难以保证。

所谓平行检测试验结果趋势的一致性是以承包人试验结果与监理试验结果趋势一致的次数(合格一致，不合格也一致)为分子，以平行检测数量为分母的比值，用百分数表示。比值越大，表明承包人试验结果可信度越大。监理机构应根据试验数据的一致性的大小增加平行检测的频度，直到达到满意的一致性指标才可降低平行检测次数，同时，分析一致性指标低的原因，并提出纠正措施。

我们通过两组假定数据，来分析承包人的可信度。

例如：某工程土石方以干密度为控制指标，设计干密度为 $2.15\ \mathrm{g/cm^3}$，监理平行检测与施工单位的检测结果分别见表1、表2。

表1 第一组检测结果

项目	1	2	3	4	5	6	7	8	9	10	合格率
监理结果	2.155	2.16	2.14	2.15	2.16	2.16	2.15	2.15	2.145	2.14	70%
施工单位结果	2.158	2.15	2.145	2.153	2.162	2.155	2.165	2.15	2.15	2.15	90%

表2 第二组检测结果

项目	1	2	3	4	5	6	7	8	9	10	合格率
监理结果	2.15	2.145	2.15	2.145	2.16	2.14	2.135	2.155	2.15	2.14	50%
施工单位结果	2.15	2.146	2.15	2.144	2.62	2.14	2.134	2.156	2.15	2.145	50%

分析两组数据：第一组的合格率大于第二组的，但并不证明第一组的平行检测结果好于第二组。首先第一组施工单位的合格率大于监理，应以监理数据为准进行处理；其二，第一组数据趋势一致性为60%(两组监理检测不合格，施工单位检测合格，两组数据明显有偏差)。第二组，虽然检测合格率偏低，但数据趋势一致性为100%。这明显表示施工单位的检测数据可信度高。

当检测数据趋势一致性低时，监理首先要分析原因，即是系统因素、偶然因素还是人为因素，并及时采取纠正措施，力争在短时间内使平行检测数据趋势的一致性达到100%，这样才可确保工程施工质量达到设计标准。

如果每一次的独立检测结果与承包人的检测结果都是一致的，合格或不合格，那么说明承包人的试验是完全可信的。如果不一致，尤其是对监理做出的结果不合格，承包人的结果是合格的，按监理的结果进行处理自不必说，此时监理要做两件事，一是分析结果不同的原因和差距；二是要分析不同的频率。如果不同的原因是偶然结果，而且差距不大，按监理结果处理；如果不是偶然的而是频率很高，就要分析是人的因素还是设备因素，然后进行解决；否则，承包人的整个试验数据的真实性和可靠性就值得怀疑，工程质量就难以保证。例如：如果平行检测时结果的一致性只能达到70%，而且其中的不一致性是表现在监理检测结果不合格，承包人检测是合格的。也就是说，通过平行检测证明承包人的检验水平只能达到70%。按照监理规范，监理对混凝土的平行检测是承包人取样的3%，土石方是7%。也就是说，承包人97%和93%的试验中有30%的不合格没有被检测出来而得不到纠正。

另外，监理还可以通过另一种方法来检验承包人的可靠性，就是在承包人自检合格后进行抽检，以进一步核验承包人的有关成果。

为了防止施工单位人为造成检查数据趋势一致性指标低，使得监理机构不得不增加平行检测的次数，即实际平行检测的频率大于规范的频率，其费用应由承包人承担，监理机构向发包人报告增加的数量并通过一定的程序支付给监理机构。

3 结论

试验数据趋势一致性解决了施工单位数据的可信度，但并不能检验施工单位施工管理水平和其对施工质量的保证。如果检测一次性合格率很低，如第二组数据只有50%，表明现场控制不严或施工措施存在问题。为了加强施工单位对施工过程的管理，还必须引进一次性检验合格率。监理机构根据平行和跟踪检测，统计承包人施工的一次性合格率，确保施工过程的质量要求。一次性取样检验合格率越高，表明承包人施工管理水平越高，施工质量越有保证。因此，一次性取样合格率应达到的水平，一般应不低于95%，最好规定100%，这样不仅对施工检测的保证率会提高，更重要的是减少因一次性检测不合格带来的试验工作量的增加和对进度的影响。

为了确保平行取样和跟踪取样具有代表性，取样的时间与部位应由监理机构随机抽取和指定。

农业灌溉节水在节水型社会建设中的地位和作用

郭兵托

(黄河勘测规划设计有限公司规划院)

摘　要： 我国水资源短缺形势日益严峻，由此引发的经济、社会、生态问题不断显现。建设节水型社会是解决我国水问题的根本出路，农业灌溉用水作为用水大户，其在节水型社会建设中具有十分重要的作用。本文针对目前我国农业灌溉的现实条件，提出了农业灌溉节水的必要性，并探讨了农业灌溉节水对我国节水型社会建设的促进作用，最后提出了农业灌溉节水发展方向。

关键词： 农业　灌溉节水　节水型社会

1　节水型社会的提出

我国是一个水资源总量丰富、人均水资源量匮乏的国家。当前，水资源短缺的不争事实已极大地阻碍了我国经济社会的高速发展，在我国 600 多座建制市中，有近 400 座城市缺水，其中缺水严重的城市达 130 多个，全国城市每年缺水 60 亿 m^3，日缺水量已超过 1 600 万 m^3。缺水给城市工业产值造成的损失在 1 200 亿元以上，且呈现增长之势。我国农村因旱缺水，年均受旱面积 3 亿多亩，据估计，每年造成粮食减产 350 亿 kg。不仅如此，伴随着水资源短缺的是严重的生态环境恶化问题，由于缺水，有些地方和城市无节制开采地下水，导致地下水位不断下降，大面积地下水漏斗产生，严重时甚至引起地面塌陷，进而引发一系列社会问题。地下水位的下降还使得依靠地下水生存的当地生态发生一些不可逆转的恶化趋势，尤其是在干旱、半干旱地区，生态系统对水资源具有极强的依赖性，对水分的变化极为敏感，大幅度的地下水位下降会造成土地不断沙化、退化，使得支撑人类经济社会发展的生态环境遭到严重破坏。另一方面，城市化进程的加快产生了大量的废污水，未经处理和未达标排放的废污水排入水体，不仅降低了水体的自净能力，也减少了水资源可利用量，对原本严峻的水环境污染和水资源短缺来说无疑是雪上加霜。

面对如此严峻的水资源开发利用形势，党中央和国务院审时度势，站在可持续发展战略高度，于 2000 年《中共中央关于制定国民经济和社会发展第十个五年计划的建议》中，首次提出建立节水型社会。并在 2002 年将节水型社会纳入《中华人民共和国水法》中，明确规定："国家厉行节约用水，大力推进节水措施，发展节水型工业、农业和服务业，建立节水型社会"。2005 年 3 月 12 日，胡锦涛总书记在中央人口资源环境工作座谈会上指出，"要积极建设节水型社会。要把节水作为一项必须长期坚持的战略方针，把节水工作贯穿于国民经济发展和群众生产生活的全过程"。十届全国人大四次会议通过的《国民经济和社会发展第十一个五年规划纲要》提出要建设资源节约型和环境友好型社会。这一系列的文件法规表明了我国建立节水型社会的决心，认为解决我国水问题的根本出路在于全民投入，共建节水型社会。

2　农业灌溉节水的必要性

目前，我国每年用水总量约 5 500 亿 m³，其中农业用水约占 70%，用水比例很大，主要消耗于灌溉用水。尽管灌溉用水如此巨大，但我国灌溉水利用效率却十分低下，约为 45%，而发达国家为 70%~80%。粮食作物水分生产率为 1 kg/m³，仅为发达国家的 1/2，我国大中型灌区的水利工程多建于 20 世纪五六十年代，加上长期以来"重建设、轻管理"的思想一直占主导地位，使得水利工程老化失修严重，跑、冒、滴、漏现象屡屡不绝，尽管近年来通过大型灌区节水改造工程和续建配套节水改造措施实施以后，情况有所好转，但是仍未从根本上杜绝此类现象的发生，仍需加大力度，加强管理，维护灌区各类灌溉设施正常运行。

农业是我国国民经济发展的基础，确保粮食安全是实现社会稳定的前提，实现农业可持续发展是节水型社会建设的重要内容之一。灌溉用水是农业发展的根本，随着经济的发展、城镇化进程的加快和人口的增加，用水形势日趋紧张，农业用水所面临的局面是，在尽可能实现零增长的条件下，保证粮食安全，促进农业可持续发展。因此，我国农业发展将面临巨大挑战，严峻的水资源情势和现实条件迫使我国农业由传统的粗放式经营管理向精细耕作集约化模式转变，灌溉节水作为农业管理模式变革的先锋，无疑在这场农业生产力变革中起到不可替代的带头作用。

3　正确认识农业灌溉节水对节水型社会的促进作用

节水型社会建设的目的是促进水资源的可持续利用，支撑经济社会的可持续发展，构建文明、进步、健康的社会环境，实现人与自然和谐相处，确保经济、社会、环境、资源和人口的协调发展。农业灌溉是用水大户，实现农业用水的高效、经济和可持续无疑对我国节水型社会的实现具有积极促进作用，主要表现在以下几个方面。

3.1　有效节约水量，促使农业用水实现零增长

灌溉是指为了满足作物生长发育需求，人为采用各种工程、非工程措施，弥补作物水分不足的过程。一般认为，从用水过程看，通过灌溉将水自水源输送到田间，并形成经济产量，主要包括以下三个环节：一是通过输配水工程技术将水自水源引至田间；二是采用田间灌水工程技术，尽可能将引入的水均匀地分配在田间，在土壤中转化为土壤水以供作物吸收利用；三是作物通过毛细管的作用吸收水分，再通过光合作用等复杂的生理过程，将辐射能转化为化学能，最终形成有机质碳水化合物。这三个环节都存在着节水的潜能，且从节约的水量看，前两个环节节约的水量较大。中国水利水电科学研究院在宁夏平原区所作的研究表明，通过采取一系列灌区综合节水措施，与 2000 年相比，当灌溉水利用系数达到 0.6 时，灌区取用水节水量为 21.6 亿 m³，即使作为资源的耗水量，也节约了 3.8 亿 m³，如此巨大的农业灌溉节水潜力不仅缓解了农业用水矛盾，实现了农业用水零增长，而且也解决了为新增灌溉面积寻求水源的难题，促进了农业增产增收。

3.2　实现水资源优化配置，促使水资源由低效向高效转移

农业灌溉节水可实现水资源的优化配置，这种水资源的配置包括两个方面，一是农

业自身的用水优化配置。主要是通过调整种植结构，减少耗水量大、经济产量低的作物，增加耗水少、经济附加值高的作物种植面积，实现农业内部水资源的合理转移；二是农业灌溉节水引起的产业间的用水优化配置。城市化、工业化的加快促使工业和城镇用水大幅度上涨，各产业用水矛盾加剧。农业在保证自身粮食安全的前提下，通过厉行节水，实现水量的有效节约，这部分节约的水量可转移给工业和城市用水，不仅提高了工业和城市的用水保证率，而且产生了较高的经济效益，有效促进了水资源的节约保护和高效利用。

3.3　提高农业用水效率，促进农业可持续发展

灌区节水改造可大大提高农业用水效率，通过灌区各种节水改造和续建配套设施建设，我国灌溉水利用率由"八五"末的不足 40%提高到目前的 45%左右。各种农艺、管理措施的应用也极大地提高了单方粮食生产率，农业用水效率和效益得到大幅度提高。喷灌、滴灌等先进灌溉节水技术的实施不仅可以有效节约水资源量，同时还可以满足作物适时适量灌溉，节水节地。高附加值作物的种植转变了农业生产模式，实现农业增产、农民增收，在实现农业用水经济合理的同时，提高农产品数量和质量，农业综合生产能力得到提升。

3.4　改善当地生态环境，推动社会主义新农村建设

农业灌溉节水的另一大主要贡献是有效减少污染，改善当地生态环境。由于灌溉节水措施的实施，灌区跑、冒、滴、漏现象减少，大水漫灌的现象得到有效遏制，由于农药化肥的实施所造成的面源污染数量减少，当地生态得以保护。节水措施的实施使得河道引提水量减少，水体自净能力加强，河道纳污能力得到提高。同时灌区节水措施的实施，促使灌排条件得以改善，沟、渠、田、林、路实行综合治理，有利于推进乡村文明建设。

3.5　为水权交易规则的制定和水市场的形成提供"第一手"资料

节水型社会的本质特征是建立以水权、水市场理论为基础的水资源管理体制，形成以经济手段为主的节水机制，建立起自律式发展的节水模式，不断提高水资源的利用效率和效益，促进经济、资源、环境协调发展。在灌区中，通过实施灌溉节水，各用水户手中有了多余的水量，可以依据一定的原则进行买卖交易，促使水资源发挥更大的经济效益。目前，我国在水权交易和水市场的建立方面仍缺乏有效统一的机制和管理体制，通过对农业灌溉节水水权交易的探索和实践，可以总结出一些切实可行的交易规划和市场形成原则，为今后加强水权转化基础研究和水市场的建立完善提供翔实可靠的"第一手"材料。

4　未来灌溉农业发展方向探讨

4.1　加强农田微循环机理研究，积极研究先进的农业节水灌溉技术

农业用水包括引水、输水、配水、保水、用水等多个环节，农业节水灌溉的目的是为了实现农业的高效用水。着重研究农田 SPAC 水分动力学，灌溉水—土壤水—作物水—光合作用—经济产量转化效率关系、水—土—作物—环境关系等基础问题研究；积极研究各类先进的农业节水灌溉技术，尤其是节水灌溉条件下作物的需水规律时空变化

和精细作物种植要求，以及水分、养分在土壤中的运移规律和作物吸收比例关系，探索新型的农业节水增产技术。

4.2　正确认识节水灌溉对当地生态环境的影响

灌区节水可以有效节约水资源量，提高用水效率，增加粮食产量，但也应注意，在一些地区，灌区周边生态是依存于当地地下水位和灌溉退水。当节水力度过大，地下水位明显下降，灌溉退水显著减少，将会引发当地生态产生退化。因此，需要加强研究灌区水分与生态环境的作用机理和敏感程度，节水实施的适宜强度和范围，节水与生态系统的相互作用关系等，通过这些方面的研究，对科学确定节水的实施范围和投资力度具有重要的现实指导意义。

4.3　开展数字化农业灌溉研究

充分利用现代计算机技术、遥感技术、信息技术等先进技术设施，建立数字化灌区灌溉系统水量水质实时监控与水管理闭环自动控制系统、作物旱情、土壤墒情预报系统、实时灌溉决策支持系统等，编制和调整灌溉用水调度计划，实现农业灌溉用水动态管理。

参考文献

[1] 张余良，等. 农业节水技术的研究现状与发展[J]. 天津农业科学，2004，10(1)：33-36.

[2] 裴源生，等. 城市水资源开发利用趋势与策略探讨[J]. 水利水电科技进展，2005，25(4)：1-5.

[3] 裴源生，等. 经济生态系统广义水资源合理配置[M]. 郑州：黄河水利出版社，2006.

[4] 康绍忠，等. 关于西北旱区农业与生态节水基本理论和关键技术研究领域若干问题的探讨[J]. 中国科学基金，2002(5)：274-278.

【作者简介】郭兵托，1978 年 8 月出生，黄河勘测规划设计有限公司规划院硕士，工程师。

土坝帷幕灌浆技术在陆浑西干渠除险加固工程施工中的应用

郭便玲　　张改利　　张伟晓　　王卷霞

(伊川县水利局)

摘　要： 小沙沟大坝为均质土坝，在加固工程中采用帷幕灌浆技术，增强坝基的抗渗性和改善坝基的承载强度，该技术的优点是设备配置简单、施工工艺简单、施工功效较高、工程造价低，适宜于其他土石坝的灌浆施工。

关键词： 西干渠　土坝　帷幕灌浆　施工

1　概况

陆浑灌区西干渠位于豫西丘陵山区，全长 60 km，填方工程多，大小土坝共 105 座。该工程 1976 年开工兴建，1979 年因国民经济调整停建，1990 年 12 月西干区咽喉工程伊河渡槽开工复建后，伊川人民发扬"愚公移山"的精神，持之以恒，年年大干西干渠工程，成效显著。1998 年 11 月西干渠 19 km 以上试通水成功，2001 年 4 月西干渠 40 km以上试通水灌溉成功，2002 年 10 月西干渠全线 60 km 试通水成功，在今年的 5 月份和6 月份两次通水后，伊川县水利局工程技术人员徒步排查西干渠沿线工程，发现没有经过灌浆加固处理的填方坝均有不同程度的沉陷和纵横裂缝，有的填方坝虽已混凝土衬砌，但由于前期施工质量差，填土沉陷未稳，造成局部混凝土板裂缝、伸缩缝拉开等现象，引起坝体渗漏水。为保证大坝的安全运行，发挥其应有的效益，减少渗漏，经有关部门批准，对西干渠 8 处险坝进行了帷幕灌浆除险加固，现以鸣皋段小沙沟大坝为例简单谈一下土坝帷幕灌浆技术在陆浑西干渠工程施工中的应用。

2　帷幕灌浆施工

帷幕灌浆主要包括施工前准备、钻孔、钻孔冲洗、压水试验、灌浆材料、灌浆、封孔和质量检查等。

2.1　施工前准备

(1)将场地的杂物、障碍物清除干净并平整，回填土夯打密实。

(2)挖泥浆池和沉淀池储备合格黏土，制备泥浆。

泥浆槽应挖成高 20 cm，宽 30 cm，长度≥15 m，泥浆流速≥15 cm/s，砂层"17-19"，含水率不超过 8%，胶体率>90%，比重在 1.2～1.4。应有专人负责泥浆试验，调制及质量控制，并做好原始资料记录。

(3)水、电源接通。

(4)桩位测定。测定桩位时，从施工现场的测量基准点施测，以避免累计误差，并校核。

2.2 钻孔

采用人工干法造孔。人工钻孔所需工具和材料是：锥头(30~30 mm)、钻杆(单杆一般长 2 m)、编织袋(水泥袋)、抬杆(一般长 2.5~3 m)等。钻孔时，先用洛阳铲挖去表层硬壳部分(下掏 0.5~1 m 深)再下锥头，一人蹲下，扶直钻杆下部，高提锥头，4~5 人执钻杆上部用力下压，如此连续用力提起下压，可钻孔深 4~5 延米。若需加大造孔深度时可采用续接钻杆的办法进行钻孔。即用事先准备好的旧水泥袋，套在抬杆上，先空扭几圈，使水泥袋受力均匀，再套在钻杆上，高低适宜，固定牢，台杆程直角叉开，每杆每边 2 人，1 人执好钻杆(使钻杆铅直向下)，8 人抬杆，齐喊口号，高抬猛下，进行造孔，一直打到设计孔深止，造孔深度应大于陷患深度 2~3 m。这种办法可造孔深 15~20 延米。

2.3 钻孔冲洗

钻孔冲洗采用高压水冲洗，冲洗时要尽可能将压力升高，使整个冲洗过程在高压之下进行，以便将裂缝中的充填物沿着加压的方向推移和压实。高压水冲洗的压力可以采用同段灌浆压力的 70%~80%。当回水洁净，流量稳定 20 min 就可停止冲洗。

2.4 压水试验

压水试验自下而上分段进行。分段的长度一般为 5 m。对于透水性较强的岩层、构造破碎带、裂隙密集带、岩层接触带及岩溶洞穴等部位，应根据具体情况确定试段的长度。同一试段不宜跨越透水性相差悬除的两种岩层，这样获得的试验资料更具有代表性。如果地层比较单一完整，透水性又较小时，试段长度可适当延长，但不宜超过 10 m，使用的压力通常为同段灌浆压力的 70%~80%，试验时，可在预定压力之下，每隔一定时间记录一次流量读数，直到流量稳定 30~60 min，就可以停止试验。

2.5 灌浆材料

灌浆材料采用本地产的 325 号普通硅酸盐水泥，其细度要求通过 4 900 孔(<5%)，灌浆材料为纯水泥浆。

2.6 灌浆

灌浆孔段的长度应该根据岩层裂隙分布的情况来确定，使每一孔段的长度多控制在 5~6 m。如果地质条件好，岩层比较完整，段长可适当放长，但不宜超过 10 m；在岩层破碎、裂隙发育的灌区，段长应适当缩短，可取 3~4 m；在破碎带、大裂隙等漏水严重的地段以及坝体与基岩的接触面，应单独分段进行处理。每孔灌浆时应一鼓作气灌满为止。中间间歇时间不宜超过 30 min，否则因浆凝固再开机后同样压力下不易进浆。若间隔时间超过 60 min 则注浆管易堵塞且很难拔出。

2.7 封孔

封孔根据钻孔的岩土性质分别采用不同的方法进行。对于基岩段，采用机械灌浆法进行封孔；在灌浆结束后，将灌浆塞卡在设计灌浆段顶部处，采用一次灌浆法，进行复灌；灌注浆液的水灰比为 0.8∶1，灌浆压力为 50~200 kPa，当单位吸浆量>(1~2) L/min时，即可结束。

2.8 质量检查

灌浆质量，对已灌地区，钻设检查孔，通过压水试验和单位吸浆量试验进行检查；通过检查孔，钻取岩心进行检查，或进行钻孔照相和孔内电视，观察孔壁的灌浆质量；开挖平洞、竖井或钻设大口径钻孔，检查人员直接进去观察检查。并在其中进行抗剪强度、弹性模量等方面的试验；利用地球物理勘探技术，测定岩基的弹性模量、弹性波速、地震波的衰减系数等，对比这些参数在灌浆前后的变化，借以判断灌浆的质量和效果。

3 结论与体会

用劈裂灌浆法对填方坝进行灌浆除险加固来解决填方坝与新老结合部裂缝漏水、渗水等险情是行之有效的。在灌浆加固过程中，利用灌注浆液的压力，可控制性地将坝体劈裂，并灌注浆液使之形成一道近似竖直并连续的浆体防渗帷幕，解决了土坝坝体的渗透稳定问题，同时，通过灌浆压力的劈裂作用，补充土坝坝体某些局部土区的小主应力不足，恢复坝体的应力平衡，解决变形稳定问题，从而使坝体压实而得到加固。

【作者简介】郭便玲，女，1977年4月出生，伊川县水利局助理工程师，从事水利工程设计工作。

郑开大道沿线地区防洪规划研究

马俊青　丁永杰

(河南省水利勘测设计研究有限公司)

摘　要：为加速郑汴一体化进程，省发改委、郑州市、开封市对郑开大道沿线地区的集约化开发、基础设施建设、产业布局等进行了系统研究和总体规划。郑开大道沿线地区地处黄泛平原，沿线有贾鲁河和多条平原排水河道穿过，由于河道堤防建设和排水标准低，每遇暴雨地面积水难排，大水时河道漫溢，保障规划区的防洪安全是实现开发区发展目标的重要基础，本文根据规划区建设对防洪的要求，针对沿线河流的洪水特性及防洪工程存在的问题，结合河流生态、区域环境改善对河流水系进行统一规划，提出了综合治理措施，规划对加快郑开大道沿线地区防洪工程建设具有指导作用。

关键词：郑开大道　城市带　防洪规划

1　规划区基本情况

1.1　自然概况

郑开大道规划区西起京珠高速公路，东至开封金明大道，长 43 km，南从规划的中央大道(连接郑州中央大道与开封宋城路)，北到规划的豫兴大道(连接郑州北四环与开封东京大道)，宽约 4 km。总面积约为 170 km²，其中郑州市段约为 116.7 km²，开封段约为 53.3 km²。

郑开大道沿线地区位于黄河南岸，大堤以南黄泛平原，规划区总的地势是由西北向东南倾斜，郑州市境内地势由西向东倾斜，局部地势低洼；开封市境内自西北向东南倾斜。由于黄河泛滥，泥沙冲积和河流分割形成河间低平洼地，在冲积平原大地貌下交错分布一些槽形洼地、蝶形洼地，局部有波形沙地和零星沙丘。

流经规划区的河流属淮河流域，主要河流有贾鲁河干流及支流石沟、大孟沟、水溃沟、桑园沟，涡河支流清水河、运粮河，惠济河支流马家河、马家河北支，共计 9 条。这 9 条河流中，除贾鲁河干流上游为山丘区、京广铁路以东为平原区外，其余 8 条均为平原区排水河道。

1.2　气象水文

本区属暖温带大陆季风气候区，多年平均降水量 640 mm 左右，年内降水分布不均，6~9 月份降水量占全年的 70%左右，年际变化幅度大，最大年降水量为最小年降水量的 3 倍以上，有冬春干旱夏秋易涝的特点。暴雨多发生在 7、8 月份，持续时间一般在 3 天。短历时暴雨强度大，2000 年 7 月 4~6 日中牟八岗雨量站实测最大 6 小时、24 小时、3 天雨量分别达 229.3 mm、253.2 mm、301.2 mm。区内河流洪水由暴雨形成，其变化受暴雨影响，洪水的年幅变化很大，据实测资料统计贾鲁河年最大流量为年最小流量的 87.2 倍。

山丘区内由于比降陡，洪水过程尖瘦，持续时间短，一般为 1~3 天。平原区由于河道比降缓，河槽下泄能力小，洪水积滞难下，洪水过程呈矮胖型，持续时间长达 3~5 天。

1.3 郑开大道沿线规划区基本情况

规划区分为白沙区、官渡区、汴西区三个组团。

白沙组团充分利用其紧邻郑东新区 CBD 及龙子湖大学城的区位优势，以职业教育、现代服务业、高技术产业为主。规划到 2020 年城市建设总用地达到 29.3 km²，人口 33 万人。

官渡组团结合中牟县城，以现代商贸业、科技研发、创新产业、旅游服务业、现代制造业、农副产品加工业以及现代农业示范产业为主。到 2020 年城市建设用地 28.9 km²，人口 25 万人。

汴西组团为综合性新城区，结合开封城市结构调整，建设汴西新区，重点发展金融商贸、行政办公、休闲度假娱乐以及产业孵化区，主要发展无污染的轻工业。到 2020 年城市建设用地 31.6 km²，人口为 32 万人。

2 防洪体系存在的主要问题

郑开大道沿线穿过 11 处低洼易涝区，中牟县境内大道两侧有白沙镇的岗李易涝区、高庄及白坟易涝区，刘集乡的岗赵易涝区，大孟镇的大孟、曾庄、闫堂易涝区，官渡镇的党庄后黑寨、刘庄易涝区；开封市境内有杏花营乡的孙斗门易涝区。易涝区地势低洼，遇暴雨时北部坡面径流汇集洼地，常形成面上积水，淹没村庄农田。2000 年 7 月 5~6 日，中牟县北部发生特大暴雨，12 小时降雨达 365 mm，沿郑开大道两侧的易涝区积水平均深度达 0.6 m，最深处达 1.6 m，积水在一周内才全部排完；2005 年 7 月 30 日，开封杏花营乡、开封市西郊一日降雨 176 mm，郑开大道两侧田间积水深平均 0.3 m，瞿家营、王府砦村一带洼地最大积水深达 1.3 m，积水在 5 天内才排完。

洪涝灾害的成因是贾鲁河、马家河、运粮河及其主要支流等骨干河道的排水标准低，除贾鲁河防洪标准为 20 年一遇外，其他河道洪水标准只有 5~10 年一遇，遇洪水时河道水位平槽运行，支流沟道受干流水位顶托，甚至发生倒灌，面上排水系统不完善，沟道断面小，不能及时排除积水。存在的主要问题有：①河道缺乏统一的治理标准；②大部分滩地被多种植物所占；③原有桥梁设计标准低，跨度短，致使河道节节受阻，主河槽逐渐淤塞、水位壅高，两岸农田频繁受淹；④堤防不完善、质量差、标准低，构不成整体的防洪体系；⑤缺乏完整的排水规划体系；⑥排水建筑物不健全。针对防洪体系存在的问题需要统一规划综合治理。

3 防洪工程规划

3.1 规划指导思想

贯彻科学发展观和构建社会主义和谐社会的战略思想，为保持经济、社会、环境的可持续发展，防洪工程建设要统筹考虑规划区域内的防洪除涝、水资源开发利用、环境改善、河流生态保护的要求。研究郑开大道两侧规划开发区防洪体系总体布局，为防洪工程建设和宏观决策提供科学依据。

3.2　规划原则

坚持以人为本、人与自然协调共处的原则。采取河道清障、拆除阻水建筑物等措施，并通过加强管理，规范人类活动，制止对河流行洪场所的侵占。

贯彻"全面规划，统筹兼顾，标本兼治，综合治理"的原则。统筹考虑城市经济发展、保障防洪安全等各方面的要求，做出全面的规划，并与改善生态环境相结合，发挥防洪工程的综合效益。

坚持"突出重点、兼顾一般"的原则。防洪和抗旱相结合，工程措施与非工程措施结合，充分考虑洪涝规律和上下游、城乡间、左右岸的关系以及国民经济对防洪的要求，因地制宜地采取治理措施。

应遵循国家的有关法律、法规及批准的有关规划，充分利用已有资料和规划成果。防洪工程布局要与经济社会发展规划、国土规划、城市带规划、环境保护规划、土地利用规划等相协调。

3.3　河道治理范围

对区内防洪排水河道进行疏浚整治，河道防洪工程治理范围贾鲁河干流自京珠高速路至陇海铁路下 1 km，8 条平原支流北起连霍高速公路，石沟、大孟沟下至入贾鲁河口，清水河下至运粮河，马家河至陇海铁路以下 7.40 km，马家河北支至陇海铁路以下 2.9 km，其余 3 条河流下至陇海铁路桥下 1 km，9 条河道的治理总长度约 122.32 km。为排除郑开大道北侧河流之间小沟道和坡面洪涝水，防止洪水漫淹大道，加重大道南侧的防洪排水负担，在大道北侧新开挖贯通全线的排水沟道，长 42.4 km。

3.4　治理标准

规划范围内贾鲁河防洪标准按 50 年一遇，与上游郑州市区已治理河段的防洪标准一致；其他平原支流河道及新开挖的大道北侧防洪排水沟道均按 20 年一遇；除涝标准均按 5 年一遇。

3.5　工程治理措施

本着全面规划、统筹兼顾、充分利用现有河道的原则，按照设计标准，对 9 条骨干河道采取清淤、疏浚、切滩、培堤等工程措施进行综合治理，使洪水通过河道顺利排向下游，对于大道北侧河道之间无法进入河道的面上小沟道洪水和坡水，在大道北侧开挖排水沟道，拦截这部分坡水，通过排水沟道将其就近排入交叉河道中，避免壅水淹及路面，保证大道畅通无阻和大道南侧规划开发区域的防洪安全。此外该排水沟还担负着相机分洪的功能，当贾鲁河流域上游发生洪水而东部支流河道不涨水时，可利用排水沟向东分泄贾鲁河洪水，通过运粮河和清水河、马家河和马家河北支将洪水分泄入涡河和惠济河水系，减轻贾鲁河的洪水负担，保障城市防洪安全。

根据城市规划要求，结合平原河道排水特点，规划除贾鲁河干流考虑堤防外，为了保证涝水的顺利排出，其他平原河道不再考虑筑堤，对已有堤防的河道实施堤防铲除。

结合规划区排水规划，大道北侧排水沟布置在郑开大道北侧与大道平行，全长 42.4 km，与大道中到中距离为 50 m。排水沟与沿线 9 条交叉河流平交，通过修建河道节制闸工程，满足汛期排水，非汛期控制河道水位的要求。排水沟道横断面设计口宽 30~50 m，底宽 9 m，边坡 1∶3.0，沟深 3.5 m，该沟道建成后，不仅可以提高规划区排水标准，保护郑开大道的安全运行，而且还可以通过节制闸由河道引水调蓄，利用当地径流为大道沿线城市环境和绿化带用水提供水源，结合景观建设，使之成为以防洪排涝为主要功能、以景观和水资源利用为辅的多功能体系，达到人与自然和谐，为塑造高品位城市形象创造条件。

通过治理，9 条纵向骨干排水河道和大道北侧排水沟道纵横通衢，通畅有序，在郑开大道城市带内形成"九纵一横"完整的防洪排水体系，保证洪水的顺利下泄，为城市带防洪安全提供保障。

结合郑开大道沿线城市景观规划，贾鲁河城市带沿河两侧规划 50 m 宽景观带，石沟、大孟沟等 8 条支沟城市带沿河两侧规划 30 m 宽景观带，为城市景观建设留出了发展空间。

规划区共规划各类建筑物 150 座，其中沟口防洪闸 2 座，节制闸 28 座，渠道倒虹吸 8 座，渡槽 1 座，桥梁 111 座，以保证排灌工程正常运行，实现蓄、排水的统一调度和管理。

4 结语

郑汴一体化发展战略是河南省委、省政府实现中原崛起、推进中原城市群建设的重大战略举措之一，在郑开大道建成通车后，将对郑开大道两侧区域进行集约化建设开发，把大道沿线建成中原城市群核心区的先导区，发挥其在中原城市群建设的示范带动作用。本项规划研究坚持科学发展观和人与自然和谐的原则，通过河流水系的综合治理，因地制宜提出防治洪涝灾害的对策措施，建立完善的防洪排水体系，保障了防洪安全，也为生态环境和城区景观建设创造了条件，规划的实施对促进郑汴一体化建设的快速协调发展具有重要作用。

水文缆道控制台(EKL 型)调速故障的分析与排除

赵新智

(河南省水文水资源局)

摘　要：广泛提高应用人员的业务技能，掌握正确的运用和维护方法，是充分发挥先进设施设备最大效率的前提，也是水文测报工作适应社会经济发展更高要求的根本保证。

关键词：缆道　控制台

1　前言

　　水利部南京水利水文自动化研究所研制的水文缆道控制台(EKL 型)集水文绞车控制、铅鱼位置设定、测点流速计算于一体，同时采用交流变频调速、单片机控制和缆道无线信号传输等先进技术，具有很高的自动化程度，是一种对使用人员素质要求较高的水文测验设备。该控制台具有先进的无级调速功能，其核心是交流变频调速器，它决定着铅鱼的运行速度。交流变频调速器由调速旋钮控制，通过改变输出给电动机的交流电压频率，可使绞车电动机在 0 转数至电动机额定转数之间任意调节，即铅鱼运行速度可以在 0 速度至最大速度之间进行任意调节，极大地提高了流量测验工作的可靠性和安全性。为了更好地掌握交流变频调速器的工作原理，切实发挥设备的优良性能，在总结我省测站多年使用该设备的管护经验以及专家技术咨询意见的基础上，就控制台在现场安装调试和使用过程中出现的交流变频器调速故障问题，分析探讨其产生的原因和排除的方法。

2　变频调速系统工作原理

　　首先应了解控制台交流变频调速系统的构成和基本工作原理。如图 1 所示：交流变

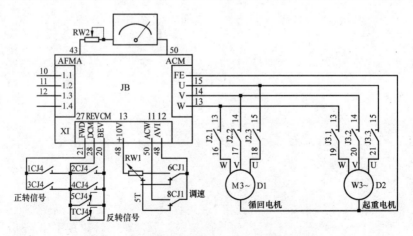

图 1　交流变频调速系统电路构成及原理图

频器 JB 的 U、V、W 三个端子通过交流接触器 J2 的常开触点 J2.1、J2.2、J2.3 和交流接触器 J3 的常开触点 J3.1、J3.2、J3.3 给循回电动机 D1 和起重电动机 D2 提供工作电源，电动机的旋转方向是由交流变频器 FWD(27 号线)端和 REV(29 号线)端对于 DCM(30 号线)端的状态来决定的，当 FWD 端为低电平时，电动机获得正向旋转信号；当 REV 端为低电平时，电动机获得反向旋转信号；当 FWD、REV 端同时为低电平时，电动机将不能运行。因此，电动机是否旋转首先要看交流变频器是否接收了正、反转运行控制命令。图中所示继电器常开触点 1CJ4、3CJ4 为正转信号控制开关，当前进按钮按下时 1CJ4 闭合，循回电动机得到正向旋转命令；下降按钮按下时 3CJ4 闭合，起重电动机得到正向旋转命令。继电器常开触点 2CJ4、4CJ4、5CJ4、7CJ4 为反转信号控制开关，当后退按钮按下时 2CJ4 闭合，循回电动机得到反向旋转命令；提升按钮按下时 4CJ4 闭合，起重电动机得到反向旋转命令；5CJ4 和 7CJ4 分别为垂线停车命令和河底信号、测点停车命令运行信号控制开关，它们分别由水文缆道测距仪和河底信号装置给出动作命令。

在交流变频器获得了输出方向命令后，此时的电动机是否开始运行则是由变频器的输出频率给定端来控制的，在这个系统中交流变频器输出频率为电平给定方式。图中交流变频器+10 V、ACM、AVI 三个端子为交流变频器输出频率给定端，由图可看出电位器 RW1 接在+10 V 和 ACM 两端之间，电位器可调输出端经继电器触点 6CJ1 和 8CJ1 连接至交流变频器输出频率给定端 AVI，当 AVI 端输入电平为 0 V 时，交流变频器的输出也为 0，此时的电动机不转动；当 AVI 端的输入电平在 0 V 至+10 V 之间改变时，交流变频器的输出频率也随之在 0 Hz 和额定频率(一般为 50 Hz)之间改变，此时的电动机变速转动。

3 问题的提出

交流变频调速系统的故障通常会导致缆道测流铅鱼出现以下两种现象。

3.1 铅鱼不能进行正常调速运行

当铅鱼进入任意一种运行状态后都只能以一个固定速度运行，此时的调速旋钮完全失去了调速控制作用。

3.2 铅鱼不能运行

调速旋钮不起任何作用，铅鱼在任何一种运行状态下始终不动。

4 故障分析

如果调速系统故障是第一种情况，即铅鱼进入任意一种运行状态后都只能以固定速度运行并且不受调速旋钮控制，说明交流变频器输出频率给定端电压不能被调速电位器 RW1 改变，而是在 0 V 至+10 V 之间得到了一个固定电压，因此故障点就在于调速电位器 RW1 上。

如果调速系统故障是第二种情况，即铅鱼始终不动，说明交流变频器调速给定端给定的电压值始终为 0 V，这种情况往往是由于继电器 6CJ 或 8CJ 出现了错误动作造成的。由图 1 可看出，当 50 号线和 49 号线通过 6CJ1 或 8CJ1 常开触点导通后，交流变频器

AVI 端即被连接至 ACM 端，因此这时 AVI 端得到的给定电压始终是 0 V，变频器将不会有输出电压。这种故障的出现可能有两种原因，一种原因是 6CJ 继电器或 8CJ 继电器损坏；另一种原因则是由于测距仪给出了错误命令。

5　故障检查与排除

5.1　铅鱼只能以一种速度运行故障的检查方法

根据分析，这种故障产生的原因是由于调速电位器不能改变 AVI 端的给定电压造成的。因此，检查这种故障的原因是判断究竟是因为调速电位器损坏造成的还是由于连接到调速电位器上的导线不通造成的。具体的方法是：第一步，将控制台电源关闭；第二步，将万用表设置到电阻测量挡；第三步，用两表笔分别测量电位器 RW1 可变电阻端与两固定电阻端任一端的电阻值，如果顺时针旋转电位器和逆时针旋转电位器时可变电阻端阻值能在最大值与最小值之间改变，则说明电位器 RW1 没有损坏，故障原因应该在连接电位器的导线上。如果电位器阻值不能改变，则说明电位器损坏。

5.2　铅鱼始终不能运行故障的检查方法

第一步，将继电器 6CJ 拔下，然后按正常操作方法运行铅鱼。若此时故障消除，则更换同型号继电器，换好后再运行铅鱼，若此时故障不再出现，则说明原 6CJ 继电器损坏；若此时故障仍出现，则说明测距仪有故障。

第二步，如果采取过第一步措施后始终不能消除故障，则将继电器 6CJ 仍插回原处，然后再拔下继电器 8CJ，按正常操作方法运行铅鱼。若此时故障消除，则更换同型号继电器，换好后再运行铅鱼，若此时故障不再出现，则说明原 8CJ 继电器损坏；若此时故障又出现，则说明测距仪有故障。

5.3　故障排除

当出现这类故障时，排除的方法是根据检查结果更换损坏的器件。如果是测距仪出现故障，懂电子技术的同志可根据电路图对测距仪进行维修，否则将测距仪寄回厂家维修。

6　结语

我省自 20 世纪 90 年代末引进推广使用水利部南京水利水文自动化研究所缆道测流控制台以来，已先后购置 20 余台，占现有操作台数量较大比重，也取得了较好的实测效果。随着水文基础设施和测报能力现代化建设进程的不断加快，高科技和新技术将越来越广泛地推广应用于基层测站，也将会有更多的测站配置自动化缆道测流控制设备。由于该设备系由铅鱼运行控制、测距定位、流速测算、信号接收处理、避雷抗干扰等系统组合而成，其中涉及机械、电子、计算机、通信等多门学科内容，相应也存在着各方面技术管理和故障维修的问题。因此，广泛提高应用人员的业务技能，掌握正确的运用和维护方法，是充分发挥先进设施设备最大效率的前提，也是水文测报工作适应社会经济发展更高要求的根本保证。

浅谈节水灌溉工程实用技术

周 彬

(南阳市水利局)

摘 要：本文明确提出了节水灌溉的真正内涵，区分出与之相近概念"农业节水"、"节水农业"的差异，对渠道防渗、低压管道输水灌溉、喷灌、微灌、覆膜灌溉、坐水种、沟畦改造技术等节水灌溉工程的概念、类型、优缺点、适用区域进行全面阐述，对节水灌溉的发展有较强的指导意义。

关键词：节水灌溉 工程技术

1 节水灌溉的涵义

"节水灌溉"的涵义是，在充分利用降水和土壤水的前提下高效利用灌溉用水，最大限度地满足作物需水，以获取农业生产的最佳经济效益、社会效益、生态环境效益。不同水资源条件与不同的气候、土壤、地形条件和社会经济条件下，节水的标准和要求不同。节水灌溉的根本目的是提高灌溉水的有效利用率和水分生产率，实现农业节水、高产、优质、高效。节水灌溉更确切的提法应当是"高效用水"。

此外，还有一些概念常被混淆使用，如"农业节水"与"节水农业"。"农业节水"与节水灌溉的涵义类似，但其节水的范围更广、更深，包括生物节水、农艺节水和旱作农业节水等。它是以水为核心，研究如何高效利用农业水资源，保障农业可持续发展。农业节水的最终目标是建设节水高效农业。"节水农业"类似"节水型农业"，是指农业的一种类型，重点研究如何按照节水的要求规划、建设和管理农业。两种提法的研究内容和重点不同，适用的场合不同，不能混淆或相互代替。

2 节水灌溉技术体系

灌溉用水从水源到田间，到被作物吸收、形成产量，主要包括水资源调配、输配水、田间灌水和作物吸收等四个环节。在各个环节采取相应的节水措施，组成一个完整的节水灌溉技术体系，包括水资源优化调配技术、节水灌溉工程技术、农艺及生物节水技术和节水管理技术。其中节水灌溉工程技术是该技术体系的核心，节水灌溉工程技术简要概述如下。

3 节水灌溉工程技术

3.1 渠道防渗技术

渠道是南阳市农田灌溉的主要输水方式，但传统的土渠输水渗漏损失大，一般占到水量的 50% ~ 60%，一些土质较差的渠道渗漏损失高达 70% 以上，是灌溉水损失的最主要方面。因此，渠道防渗一直是南阳市发展节水灌溉的主要技术措施。渠道防渗工程技术就是为减少渠床土壤透水性或建立不易透水的防护层而采取的各种工程技术措施。

渠道防渗适用于所有的灌溉土渠，用做渠道防渗的技术措施种类较多，选择的基本要求是：防渗效果好，减少渗漏值一般应达 50%～80%；因地制宜，就地取材，施工简便，造价较低廉；寿命长，具有足够的强度和耐久性；能提高渠道的输水能力和抗冲能力，减少渠道的断面尺寸；便于管理养护，维修费用低。渠道防渗的方法很多，根据所使用的防渗材料可分为土料压实防渗、三合土料护面防渗、石料衬砌防渗、混凝土衬砌防渗、塑料薄膜防渗和沥青护面防渗等。混凝土衬砌防渗是使用最广泛的一种渠道防渗措施，可分为现场浇筑和预制装配两种，防渗效果好，使用寿命长，特别是使用混凝土"U"形渠槽防渗还可提高渠道流速和输沙能力。塑料薄膜防渗具有重量轻、造价低、运输方便、施工简单及抗腐蚀能力较强的优点。沥青护面防渗是用沥青与其他材料如塑料薄膜、砂石料、玻璃纤维等联合使用起到防渗作用。

渠道防渗不仅可以显著地提高渠系水利用系数，减少渠水渗漏，而且可以提高渠道输水安全保证率，提高渠道抗冲能力，增加输水能力。渠道防渗还具有调控地下水位，防止次生盐碱化，减少渠道淤积，防止杂草丛生，节约维修费用，降低灌溉成本的附加效益。据测定，浆砌石防渗较土渠减少渗漏损失 50%～60%；混凝土防渗较土渠减少渗漏损失 60%～70%；塑料薄膜防渗较土渠减少渗漏损失 70%～80%。

3.2 低压管道输水灌溉技术

低压管道输水灌溉简称"管灌"，是利用低压输水管道代替输水土渠将水直接送到田间灌溉作物，以减少水在输送过程中的渗漏和蒸发损失的技术措施。低压管道输水灌溉具有许多优点：一是省水，由于以管道代渠道可以减少输水过程中的渗漏和蒸发损失，使渠系水利用系数提高到 0.95 以上，可使亩毛灌水定额减少 30%左右。二是节能，与土渠输水相比，由于提高了渠系水的利用系数，使从井中抽取的水量大大减少，因此可减少能耗 25%以上。三是可以减少土渠占地，提高土地利用率，一般在井灌区可减少占地 2%左右。四是管理方便，省工省时，由于低压输水管道埋于地下，便于机耕和养护，耕作破坏和人为破坏大大减少，另外由于管道输水流速比土渠大，灌溉速度大为提高，可显著提高灌水效率。

低压管道输水灌溉系统一般由水源、水泵及动力机、连接保护装置、输水管道、给配水装置及其他附属设备(如量水设备、排水阀、逆止阀和田间灌水设施)等部分组成。一般可分为移动式、固定式和半固定式 3 种。移动式是除水源外，机泵和输配水管道都是可移动的，特别适合于小水源、小机组和小管径的塑料软管配套使用。其优点是一次性成本低、适应性强、使用比较方便。缺点是软管使用寿命短，易被草根、秸秆等划破，在作物生长后期，尤其是高秆作物灌溉比较困难。固定式是包括机泵、输配水管道、给配水装置等建筑物都是固定的，水从管道系统直接进入沟畦进行灌溉。半固定的机泵、干(支)管和给水装置都地埋固定，而地面灌溉管是可移动的。通过埋设于地下的固定管道将水输送到计划灌溉的地块，然后通过给水栓供水给地面移动管进行灌溉。由于具有移动式和固定式两者的优点，是低压管道灌溉较常用的一种形式。

3.3　喷灌技术

喷灌是喷洒灌溉的简称,它是利用专门的设备(动力机、水泵、管道等)把水加压,或利用水的自然落差将有压水送到灌溉地段,通过喷洒器(喷头)喷射到空中散成细小的水滴,均匀地散布在田间进行灌溉。要实现喷灌首先要建立喷灌系统,一般包括水源工程、动力机、水泵、各种管道、喷头及控制设备等。喷灌系统分为固定式、半固定式和移动式三种:固定式喷灌系统各组成部分在整个灌溉季节中(甚至常年)都是固定不动的,或除喷头外,其他部分固定不动;半固定式喷灌系统除喷头和装有许多喷头的支管可在地面移动外,其余部分均固定不动,支管与干管常用给水栓快速连接;移动式喷灌系统除水源工程(塘、井、渠道等)固定外,动力机、水泵、管道、喷头都可移动。固定式喷灌系统操作方便、生产效率高、占地少,易于实现自控和遥控作业,但建设投资较高,适合蔬菜和经济作物地区采用;移动式喷灌系统结构简单,投资较低,使用灵活,设备利用率高,但移动时劳动强度较大,路渠占地较多,运行费用相对较高,比较适用于抗旱灌溉的地区;半固定式喷灌系统的特点介于上述两者之间。

喷灌和地面灌溉相比,具有节约用水、节省劳力、少占耕地、对地形和土质适应性强、能保持水土等优点,因此被广泛应用于灌溉大田作物、经济作物、蔬菜和园林草地等。喷灌可以根据作物需水的要求,适时适量地灌水,一般不产生深层渗漏和地面径流,喷灌后地面湿润比较均匀,均匀度可达 0.8～0.9,由于用管道输水,输水损失很小,灌溉水利用系数可达 0.9 以上,比明渠输水的地面灌溉省水 30%～50%,在透水性强、保水能力差的土地,如沙质土,省水可达 70%以上。由于喷灌可以采用较小的灌水定额进行浅浇勤灌,因此能严格控制土壤水分,保持肥力,保护土壤表层的团粒结构,促进作物根系在浅层发育,以充分利用土壤表层肥分。喷灌还可以调节田间小气候,增加近地表层空气湿度,在天热季节能降低温度,而且能冲掉作物茎叶上的尘土,有利于作物的呼吸和光合作用,故有明显的增产效果。多年大面积应用证明,与传统地面灌溉相比,喷灌粮食作物增产 10%～20%,喷灌经济作物增产 20%～30%,喷灌果树增产 15%～20%,喷灌蔬菜增产 1～2 倍。但喷灌也有一定的局限性,如受风影响大,风大时不易喷洒均匀,以及投资比一般地面灌水技术要高。

喷灌几乎适用于灌溉所有的旱作物,如谷物、蔬菜、果树、食用菌、药材等,既适用于平原也适用于山区,既适用于透水性强的土壤也适用于透水性弱的土壤。不仅可以灌溉农作物,也可以灌溉园林草地、花卉,还可以用来喷洒肥料、农药,防霜冻、防暑降温和防尘等。但为了更充分地发挥喷灌的作用,取得良好的效果,应优先应用于:当地有较充足的资金来源,且经济效益高、连片、集中管理的作物;地形起伏大或坡度较陡、土壤透水性较强,采用地面灌溉比较困难的地方;灌溉水资源不足或高扬程灌区;需要调节田间小气候的作物,包括防干热风或防霜冻;劳力紧张或从事非农业劳动人数较多的地区;水源有足够的落差,适宜修建自压喷灌的地方;不属于多风地区或灌溉季节风大的地区。

3.4　微灌技术

微灌是一种新型的最省水节水灌溉技术,包括滴灌、微喷灌、渗灌和涌泉灌等。它是根据作物需水要求,通过管道系统与安装在末级管道上的灌水器,将作物生长所需的水分和养分以较小的流量均匀、准确地直接输送到作物根部附近的土壤表面或土层中，相对于地面灌和喷灌，微灌一般属于局部灌溉。微灌一般包括首部枢纽、输配水管网和灌水器。首部枢纽由水泵及动力机、控制阀门、水质净化装置、施肥装置、计量和保护设备组成。输配水管网包括管道和管件，常用塑料管道。灌水器是微灌的专用设备，也是微灌系统中最重要的组成部分，有滴头、微喷头、涌水器和滴灌带等形式。

根据不同的作物和种植类型，微灌系统可分为固定式和半固定式两类。固定式全部管网固定在地表或埋入地下，灌溉时不再移动，常用于宽行作物，如果树、葡萄等；半固定式的干、支管固定，田间毛管可在数行作物中移动，灌完一行后，移至另一行再灌，常用于密植的大田作物和宽行瓜类等作物。根据管网安装方式不同，又可分为地表式和地埋式两种。地表式一般支管和毛管铺设在地面上，安装方便、易于检修，但有碍耕作且易老化损坏；地埋式可避免地表式的缺点，但不便检修。

微灌有着显著的优点：因全部由管道输水，基本没有沿程渗漏和蒸发损失，灌水时一般实行局部灌溉，不易产生地表径流和深层渗漏，水的利用率较其他灌水方法高，可比地面灌省水 50%~70%，比喷灌省水 15%~20%；又因省水显著，对提水灌溉来说节能也显著；能有效控制压力，使每个灌水器的出水量基本相等，均匀度可达 80%~90%；能为作物生长提供良好的条件，较地面灌一般可增产 15%~30%，并提高产品的品质。

微灌的灌水孔径很小，最怕堵塞。故对微灌的用水一般都应进行净化处理，先经过沉淀除去大颗粒泥沙，再进行过滤，除去细小颗粒的杂质等，特殊情况还需进行化学处理。由于微灌只湿润作物根区部分土壤，会引起作物根系因趋水性而集中向湿润区生长，造成根系发育不良，甚至发生根毛堵塞出水孔，故在干旱地区微灌果树时，应将灌水器在平面上布置均匀，并最好采用埋深式。为防止鼠类咬坏塑料输水管，应将管道埋入鼠类活动层以下，约距地面 80 cm。

微灌适应所有的地形和土壤，特别适用于干旱缺水的地区，是微灌最有发展前景的地方。丘陵区的经济作物因常受季节性干旱也很适宜微灌。瓜果、温室蔬菜采用滴灌最理想；茶叶、胡椒等经济作物及苗木、花卉、食用菌等宜采用微喷灌；大田作物如小麦、玉米等宜采用半固定式滴灌。

3.5 覆膜灌溉

覆膜灌溉是在地膜栽培的基础上，把以往的地膜旁侧灌水改为膜上灌水，水沿放苗孔和地膜旁侧渗水对作物进行灌溉。通过调整膜畦首尾的渗水孔数及孔的大小，来调整沟畦首尾的灌水量，可获得较常规地面灌水方法相对高的灌水均匀度。膜上灌投资少，操作简便，便于控制灌水量，加快输水速度，可减少土壤的深层渗漏和蒸发损失，因此可显著提高水的利用率。膜上灌适用于所有实行地膜种植的中耕作物，与常规沟灌玉米、棉花相比，可省水 40%~60%，并有明显增产效果。

3.6 坐水种(点水灌)

坐水种是利用坐水种单体播种机，使开沟、浇水、播种、施肥和覆土一次完成，特别适用于南阳市有小水源的旱地农业区。与常规沟灌玉米相比，可节水 90%,增产 15%~20%。

3.7 沟畦改造技术(改进的地面灌)改进的沟畦灌，水平畦灌，波涌灌

沟畦灌是南阳市当前最主要的田间灌水方式，为了节水增产，可在精细平整土地的

基础上大畦改小畦、长沟改短沟，以使沟畦规格合理化。一般可比常规沟畦灌减少灌水定额 50%，增产 10%～15%。有条件的地方可采用间歇灌或利用激光平地实现水平畦田灌，以大幅度提高田间灌水的利用率。

【作者简介】周彬，男，35 岁，南阳市水利局工程师。

南阳市农村供水现状、问题及对策

周　彬

(南阳市水利局)

摘　要：本文对南阳市供水现状、问题做了分析，对今后解决农村供水问题提出了新的思路和建议。

关键词：南阳市　农村供水　对策

1　基本情况

南阳市地形复杂，山区、丘陵、平原面积各占 1/3，东、北、西三面环山，中南部为平坦开阔的河湖冲积平原，构成向南开口与江汉平原相连的南阳盆地。南阳地处南北气候过渡带，跨长江、淮河两大流域，多年平均降水量 826 mm，但是地区差异大、年际变化大、季节分配不均，致使旱涝灾害频繁发生，造成山丘区人畜吃水十分困难。西部丹江沿岸山丘区为石灰岩地质断裂带，岩石破碎，降雨入渗快，群众吃水主要靠河水、泉水、裂隙水解决，取水距离远，落差大，是我市历史上缺水最严重的地区之一；北部山区为变质岩区，无地表水和地下水储藏条件；东南部山区为花岗岩区，基本上没有地下水，地表水存在生物污染；占南阳盆地总面积 2/3 的山前岗丘区地下水储量少，开采难度大，近年来由于农村经济的快速发展和气候的变化，季节性缺水人口呈逐年上升趋势，有的发展为常年缺水。同时，由于地球物理作用原生造成的大部分地区地下水含氟量过高，人口分布数量大；局部地区富集盐矿，苦咸水呈点状和带状分布。近年来，随着社会经济的迅速发展和人口的不断增长，废、污水排放量越来越大，生活污水、垃圾、工业废水的有机污染以及农田施用化肥、农药的污染越来越严重，超过了环境容量，致使地表水和地下水受到不同程度的污染，从而又产生了许多新的饮水不安全因素，造成农村饮水不安全人数显著增加，农村饮水安全问题日益突出。

2　农村供水现状

新中国成立以来，在上级的大力支持下，经过各级政府和缺水区广大干群的共同努力，截至 2004 年底，全市农村总人口为 900.34 万人，其中饮水安全和基本安全人数为622.24 万人，占全市农村总人口的 69%；饮水不安全人数为 278.1 万人，占全市农村总人口的 31%。自来水普及人口为 121.28 万人，占全市农村总人口的 13%。

2.1　集中式供水基本情况

截至 2004 年底，全市共建集中式供水工程 2 038 处，其中乡镇及跨乡镇供水工程59 处，村级集中供水工程 1 979 处，受益人口 131.84 万人。

按水源类型：采用地下水为水源的受益人口 110.38 万人，采用地表水为水源的受益人口 21.46 万人。

按供水规模：供水到户的集中式供水工程受益人口 121.28 万人，建集中供水点的工程受益人口为 10.55 万人。

南阳市现有集中供水工程的水源主要采用山泉水、地表水和地下水几部分，大部分都是用潜水泵抽取地下水供水，通过铺设管道供水至各家各户。截至 2004 年底，南阳市共建成集中供水工程 2 038 处，受益人口 131.84 万人，其中供水到户 121.28 万人。

2.2 分散式供水基本情况

有供水设施：据统计，南阳市农村分散式供水人口总计 768.50 万人，其中有供水设施人口 713.88 万人，在有供水设施的人口中，通过手压井、大口井取水的有 693.52 万人，通过引泉取水的有 14.37 万人，通过集雨取水的有 5.99 万人。

无供水设施：南阳市分散式供水人口中无供水设施的人口有 54.63 万，南阳市各地均有分布，取水方式多为直接取用溪水、山泉水和坑塘水，这些水源由于处于自然状态，极易受到污染和破坏，通常情况下山泉和位于河流上游的地方较好，但大部分地方较差。供水水质直观检查和抽验的结果发现有下列一些问题：坑塘水能清晰看到绿色悬浮物和流动的微小生物，夏季还有比较难闻的气味，沟道内的溪水看起来比较清，但入口有苦涩味，经化验盐化物含量超标。部分农户的饮用水源是在河溪旁、坑塘边、农田角自挖的土井，一般深度为 3~8 m，水量直接受河溪、坑塘、农田水量影响，水质受季节变化较大，有的井水含氟量超过国家规定的 3~4 倍。部分土井污染较重，特别是坑塘、农田边的土井，水质受房前雨水、农药、化肥污染较重，细菌总数 13 000 个/L 左右，大肠菌群大于 2 380 个/L，细菌和大肠菌类大大超过饮用水质标准。

3 农村供水不安全问题分析

3.1 饮用水水质超标问题

3.1.1 高氟水

高氟水导致地方氟中毒疾病，危害人民身心健康。"高氟水"指水中氟含量超过饮用水卫生标准，长期饮用高氟水，易诱发地方性氟中毒疾病。地方性氟中毒主要侵犯骨骼系统，以氟斑牙和氟骨症为主要病征。病情轻者牙釉质出现白垩、着色、缺损样改变，即所谓氟斑牙；重者可侵害骨骼，表现为全身关节疼痛、活动受限、骨骼变形，甚至发生瘫痪，即所谓氟骨症。

南阳市地方性氟中毒的主要流行特点：一是男女皆可发病，患病率高低及病情轻重与在病区居住时间长短有关。在病区居住时间越长，患病率越高，病情越重。氟斑牙高发年龄组为 8~15 岁，乳牙也有发病者，但病情较轻。氟骨症多为成年人。二是外环境含氟量高低与患病率高低成正相关。三是由于生活条件、饮食习惯和营养状况等关系，氟骨症患者似有家庭聚集性。

氟水区的分布与地形、地下水径流条件、气候、含水层的地质结构及化学特征等因素有密切关系。它的形成原因一般是水流经高氟矿床或高氟基岩时，使地下水氟含量增高；或含氟岩石的风化与淋溶以及含氟矿石受地下水的溶解，而形成高氟区；此外，干旱气候也决定了南阳市病区分布的广泛性；封闭或半封闭的地形，地下水径流不良是形成饮水型地方性氟中毒重病区的主要因素。南阳市富氟岩石以萤石矿为主，萤石矿涉及的区域均为氟中毒病区。南阳市氟病区分布面积十分广泛。

3.1.2　苦咸水

长期饮用苦咸水，影响人体微循环系统，多发腹泻、肠炎等消化道疾病，并可导致老年血压、心血管等方面后发疾病。用苦咸水灌溉可致土壤次生盐碱化。生活在苦咸水区的群众迫切需要改善饮用水。

苦咸水分布区大都处于盆地及地势低洼地带，这些地区年降水量稀少，热量充分，气候干旱，地表径流不发育，潜水位很低，土壤的透气性良好，蒸发作用强烈，经过长期风化，Ca、Na、Mg 等元素在土壤中大量富集，使地表水和潜水呈碱性，土壤盐渍化比较严重，盐分在土壤中含量较高，水在循环运动过程中也溶解了大量盐分，造成水中盐化物含量超标。

3.1.3　高砷水

砷及砷化合物(俗称砒霜)是公认有毒物质，也是一种致癌物。高砷水的形成原因主要是由于人类取水灌溉、采矿，特别是打井取水饮用等活动，以及受各地区的生态环境和气候影响，地球表层中砷化合物以砷酸盐及亚砷酸盐等形式大量溶入地表水中而形成，并带来了严重的水砷污染问题。而在最近十几年中，高砷水形成的罪魁祸首则是工业污染。南阳高砷水的形成主要是采矿厂和化工厂、造纸厂的无秩序排放，入渗污染浅层地下水，导致水中砷含量超标。高砷水易诱发癌症等恶性疾病，一项调查表明，饮用高砷水的村庄，人口死亡率明显高于周边地区。

3.1.4　污染水

近年来随着南阳市工农业快速发展和城镇化进程的加快，大量工业废水未经处理直接排入沟河，通过沟河侧渗使地下潜水受到不同程度的污染；农业耕作中大量使用化肥、农药和污水灌溉，其残留物中的有害物质通过土壤渗入地下，对浅层地下水环境构成严重危害；大量生活污水、生活垃圾、工矿废渣的不合理排放和堆放，也造成有害物质入渗浅层地下水，由于地表水和浅层水水质恶化，直接饮用这些水源的农村居民供水质量和卫生状况难以保障，极易诱发多种疾病，尤其是各种癌症及并发症，死亡率明显偏高。

3.2　水源保证率、生活用水量及用水方便程度方面的问题

南阳市地质构造复杂，降雨时空分布不均，加之人口的自然增长、需水量增加、水源条件的变化、环境恶化、持续干旱、工程老化失修等因素，部分乡镇群众无供水设施，直接取用江河水或坑塘水，水质无处理设施和过滤设备，水质标准低。有的到十几里外的村庄取水，用水量受限制，且用水方便程度较低。部分群众供水设施标准较低，水源井多为浅井，无净化设施，遭到枯水期和干旱期，水井干枯，无水可饮。

3.3　工程技术方面的问题

一是规划不科学，布局不合理，缺乏长远规划，造成工程实际解决的人口数与规划解决的人口数差距较大，一个供水工程从水源地选择、蓄水构筑物设计、水处理设施、配水管网管路走向、管径设计、入户设施都应经过科学的规划设计，由专业工程技术人员来完成，但由于南阳市农村供水，许多小型供水工程难以保证由专业设计部门完成，很多小型工程均为村里自行设计施工，新打机井有时未经地质勘测单位勘探，仅凭经验

确定井位，这样就可能存在设计上不合理性，影响到整个工程的效益发挥。

二是技术手段单一，缺乏对深层地下水开采进行系统分析及论证，打深井时对上层水的封闭技术不过关，形成上下层互通，使水质达不到饮水安全标准。

三是农村饮水不安全区域，没有水源勘测设备，寻找优质水源难度大；水质检验设备落后，缺乏统一的必要的水质检测体系；对各类供水水源水质检测结果，未能在影响地区及时发布，对有问题的水质未能制定净化和其他改善措施。

3.4 建设管理方面的问题

南阳市农村群众供水不安全问题，从建设管理方面分析，主要有以下几个方面原因：

(1)建设管理模式落后，管理人员大多未进行专业培训，管理水平低下。

(2)工程建设管理资金筹措困难，工程建设管理资金主要依靠从地方配套资金中提取，但分散式供水工程大多为群众投资，没有配套资金，建设管理问题大。

(3)个别小型供水工程施工没有按照招投标程序，由村里施工队建设，缺乏水利工程施工经验，施工安装技术差，监管不力，施工随意性大，没有严格按照设计进行施工，更改设计，特别是在管网施工上，临时改变管线走向、改变管径大小，还有村民私接管道，影响了整个管网供水，使工程质量无法保证。

3.5 运行管理方面的问题

从南阳市已建农村供水工程现状看，运行管理好坏是一个工程能否长期发挥作用的关键，有很多供水工程也取得较好的经验，能够达到以水养水的良性循环模式，运行多年依然能持久发挥效益。也有许多供水工程初期效果很好，但由于一些工程先天质量问题，为日后管理带来一定困难。另外，由于农村经济不发达，大部分农村群众还比较贫困，水费征收困难，达不到以水养水的目的，从工程运行管理方面分析，主要表现在以下几方面：

(1)重建轻管，由于主观或客观因素的影响，对部分工程只重建设，不重视管理和运行，管理人员管理意识淡薄，责任意识和服务意识不强，管理手段落后，管护制度不健全，缺乏维修技术和管理经验，一旦工程设备出现问题，不能及时进行解决，直接影响群众的生活用水需求。

(2)对于20世纪20~80年代建设的供水工程，经过多年的运行，许多工程已年久失修，设备陈旧落后，致使工程运行管理困难。

(3)个别工程由于建设期间的质量问题，运行中存在着工程隐患，工程运行过程中达不到设计供水效益。

(4)运行管理没有按市场经济模式运行，没有按"以水养水、自我维护、自我发展"的运行管理机制，表现在收费制度上，大多数地区仍沿用按农村人口平均收费的不合理收费现象，没有按计量科学收费，没有安装水表，出现用水浪费现象严重，导致水价偏高，水费征收比较困难，不能足额提取维修管理费和折旧费，给工程长期良性运行带来隐患。工程效益难以发挥。

(5)农村集中式供水工程建成后，由于管理体制与运行机制不规范，职责不明，产权不清，没有建立良好的运行管理体制和完善的服务体系，出现问题互相推诿，不能及时解决；或是供水单位负责人不是通过公开竞争方式选任，其职工不是按照岗位要求择优聘用，岗位和人员不是按照精简、高效的原则确定。

(6)水质管理和水源保护意识不强，导致许多村不注意对建设水源的保护，造成工程在运行过程中水质污染，形成新的饮水不安全因素。

3.6 行业管理方面的问题

从近几年农村供水项目实施情况看，南阳市农村供水工程除极少数接近城区自来水管网的纳入行业管理外，其他农村集中式供水多数是集体投资所建，没有纳入行业管理。通过对各行业管理方面的调查，南阳市水利、财政、计划、卫生等部门基本上能明确分工，各负其责，相互协作，使农村供水工作取得了显著成效。但是，仍然存在着一些问题。

(1)仍有部分地区行业管理混乱，形成"多龙治水"局面，各部门之间缺乏统一协调，各行其是，造成工程建设标准不一，技术、资源不能共享，由于缺乏沟通，建后因规划不合理而被毁的现象时有发生。

(2)农村小型水利工程管理体制改革未能得到很好的落实，加上工程分散等原因，农村供水工程目前主要由基层村组集体进行管理，水利部门仅对工程管理工作进行指导，管理力度不够。

(3)工程技术及管理人员匮乏，知识水平参差不齐，技术培训力度不够，相关制度建设相对落后。

4 解决农村供水工程的思路和建议

4.1 技术思路

(1)工程规划之前必须进行现场调查研究，摸清农村现状供水不安全人口及分布，进行水质检验，认真做好供水水源地的选址工作，对水源地的供水量、水质要进行充分论证，使所选供水水源地相对稳定，同时要了解群众意愿，为科学编制农村饮水安全工程规划提供可靠的依据。

(2)按"先急后缓、先重后轻、突出重点、分步实施"的原则，优先解决对农民生活和身体健康影响较大的水质超标问题；因地制宜，根据各地实际情况，制定工程实施方案，经充分论证后实施。

(3)合理开发深层地下水，科学利用地表水水，在平原地区，高盐和污染水主要集中在 40~60 m 以上的浅层松散土壤中，而其下部分为承压水，水量充沛，水质良好，无需处理即可达到《生活饮用水卫生标准》的要求，因此在浅层水受到污染的地区以打深层水为主，作为供水水源，在施工中应封闭上层水防止浅、深层水的互串，然后通过供水设施(提水设备、水塔、变频器、管网等)对项目区进行集中供水；为保证水井使用寿命，井壁采用无缝钢管或钢筋混凝土离心管井壁，使用寿命可达 30~50 年。同时雨水利用工程也是一个值得推广的发展方向，具体做法可以借鉴山区的水窖、集雨工程。无其他水源可供选择时，收集自然界的雨水进行二次利用是一个解决当地饮水安全的较好途径，而且成本较打深井低。

(4)对于污染比较严重，无良好水源的地区，可根据水源水质，采取特殊净化措施。

高氟水可采用活性氧化铝吸附、电渗析或反渗透处理工艺等；苦咸水可采用电渗析或反渗透处理工艺；污染水可在常规净化工艺基础上增设生物预处理或活性炭吸附工艺等。

(5)对距集中供水点较近的个别无可靠水源的村庄，尽量采取连村的供水方式进行供水，对相对距离较远的村可采取一村一井的供水方式进行供水；对于居住分散的农户，有良好水源时，宜引则引，宜井则井，可建造分散式筒井或引泉池等分散式供水工程。无可靠水源时，可根据因地制宜，采用建造雨水集蓄工程或屋顶接水等多种渠道，解决群众的吃水问题。

(6)在一些打井困难又缺乏地表水源地区，可在区外进行打井，以"甜水远送"的方式通过管网、渠道将合格的地下水输送到这一缺水地区，解决群众的吃水困难和饮水安全问题。

(7)采用先进技术，配备必要检测设施，加强对水源、水质的检测和监控，以提高供水质量。

4.2 建设管理思路

加强组织领导，实行行政首长负责制。坚持"六个统一"，突出"三个结合"。"六个统一"即：项目统一规划、资金统一管理(项目资金统一纳入饮水专户，实行专账储存，专款专用，公开账务，实行监督的原则，采取"先干后补，工程验收结算报账"的办法，确立"以工程规模确定国债资金补助比例"的资金管理机制，确保国债资金的科学合理使用，提高了资金使用效率，克服了人均大锅饭的不利因素，提高了农民群众大办供水工程的积极性)、材料统一采购(项目所需主要料物由政府采购办统一采购，由饮水办统一发放，达到保质保量、降低成本的目的，杜绝无生产厂家、无产品质量合格证、无产品说明书的"三无产品"，防止不法厂家坑农害农事件发生)、项目统一管理(由市饮水办出台饮水项目管理办法，对项目的招投标、进度、质量提出统一要求，统一管理)项目统一监理(选择有资质的监理单位，并成立项目监理处，制定切合实际的项目监理规划和监理实施细则，确保"三控制、两管理、一协调"监理目标的顺利实施)、项目统一验收(工程竣工后由饮水办组织饮水工作领导小组成员单位对项目工程进行统一验收，达不到设计标准的坚决不予签字支付，杜绝"豆腐渣工程"、"半拉子工程"、虚报假报工程的发生)，做到精心规划、精心设计、精心施工。三个结合即：农村饮水工程与家庭庭院经济相结合(利用供水工程浇灌香菇、天麻、木耳等食用菌)、农村供水工程与节水灌溉相结合(利用供水工程大力发展小型节水灌溉工程)、农村供水工程与小城镇建设相结合。加强宣传，使受益群众认识到饮水不安全的危害，提高忧患意识，进而愿意投资建设，加快建设步伐。

4.3 投资思路

解决农村供水问题是全面建设小康社会、加强农村基础设施建设、构建社会主义和谐社会的具体要求。根据农村供水工程的性质和特点，其投资思路是：

(1)形成多元化的投资格局，充分利用国家专项资金和地方配套资金，保证资金及时足额到位；合理安排各级资金投入饮水安全工程建设；按"谁投资，谁所有，谁受益"的原则，鼓励、吸纳社会资金用于饮水安全工程建设，多渠道筹措资金，建立多元化的投融资新机制。

(2)随着农业经济的快速发展和农业税费的免征，农民收入稳步增长，有一定的自筹能力，要积极动员群众投资筹集工程建设资金，征求工程所在地村民的意见，达成建设饮水工程的共识，全面落实群众自筹资金，保证工程配套任务的完成。

(3)做好宣传工作，提高群众对工程建设重大意义上的认识，组织群众积极投工投劳，做一些施工难度要求较低的工程，在一些贫困地区，尽量减少农民的集资投入，以减轻农民负担。

4.4 运行管理对策

农村饮水安全工程是一个系统工程，任重而道远，必须一手抓建设，一手抓管理，推行改革运行机制，实行有偿供水，逐步实现全成本收费，真正实现以水养水，只有这样，才能使农村饮水工程真正走上长期发挥效益、良性循环的轨道。

4.4.1 管理体制

(1)一家一户和联户修建的水池、水窖等单户及联户饮水工程，实行"自建、自有、自管、自用"的管理办法，国家补助资金所形成的资产归农户所有。

(2)集中供水工程，按照《河南省农村饮水工程管理办法》中关于工程产权和运营管理、水源保护和水质监测、供水管理、水价核定、水费计收和财务管理等规定，因地制宜建立具体的管理办法。

4.4.2 运行机制

(1)规模较小的集中供水工程，按精简高效原则设置管理岗位，管护人员实行聘任制，签订合同，推行管理目标责任制，规范管理和监督责任。

(2)规模较大的供水管理站(所)负责人由工程管理委员会通过竞聘方式选任，并定期考核；管理站(所)其他岗位人员参照水利部颁发的《村镇供水站定岗标准》统一考试，持证上岗，严格控制人员编制，降低成本。

(3)推进专业供水管理站(所)内部改革，建立站(所)内部劳动人事、工资分配、资质培训等方面竞争、奖罚的激励约束机制。加强对管理人员进行知识和技术培训，提高管理人员的思想道德素质和管理水平，定期对管理工作进行检查、考核和评比。

(4)建立"以水养水、自我维护、自我发展"机制，实行有偿供水服务、自主经营、独立核算、自负盈亏的办法，实行供水按量计征水费，推广节水型技术，实行计划用水和节约用水，降低供水成本，保证水资源的可持续利用。

4.4.3 完善农村饮水安全监测体系

(1)卫生部门与水利部门加强信息沟通与工作配合。以县级卫生防疫部门为依托，建立和完善水质监测体系。以规模较大的集中供水站为依托，分区域设立监测点。对于集中供水工程，加强水源、出厂水和管网末梢水的水质检验与监测；对于分散供水工程，分区域定期进行水质监测。

(2)指导地方建立科学化、规范化的用水管理规章制度，建立健全工程维修养护、水质监测、水源保护等管护细则；加强工程技术档案管理制度，对水质监测记录、设备维修记录、生产报表等资料专人保管，避免丢失。

(3)划定供水工程管理和保护范围，在保护范围内设置渗水厕所、渗水坑、粪池、垃圾堆和废渣堆等污染源，或修建影响供水的其他建筑物，严禁任何单位和个人擅自改动、破坏或拆除侵占供水设施，并建立卫生检查制度，保证水源的安全。

4.5 行业管理建议

农村安全饮水工程，关系到农民群众的切身利益，是农村广大干群期望的"党心、民心"工程，必须建好、管好、用好，使工程实实在在地长期发挥效益。农村饮水安全工程管理涉及水利、卫生、环保、发改、财政等行业，各行业要在各级政府和上级主管部门的领导下，由水利部门牵头，有关部门通力合作，形成"政府扶持，全民参与"的局面，才能把这项工作抓出成效。水利部门为负责单位，要加强专业技术人员的培训，建立健全工程技术服务网络，为农村饮水安全工程建设提供全方位的跟踪指导和技术服务；环保及卫生部门继续关注氟病区、砷病区、高盐区和高污染区的农村饮水困难，加强水质检测化验分析工作，为工程管理单位提供可靠的水质检测成果，一是加强凿井、取水许可管理，保证水资源的合理开发和可持续发展；二是会同卫生部门做好水质的检测、化验工作，保证群众用上干净卫生水；三是会同物价部门合理制定供水价格，保证群众利益不受损害，保证项目的良性运行；四是加强技术服务和技术咨询，用优质的服务赢得民心，打造水利队伍的形象；地质部门应从水文、地质等方面予以技术指导；宣传部门要全方位宣传农村饮水安全工程建设的有关政策和好做法、好经验，并进行推广，调动广大群众投入到这项工程中来；财政部门要及时调拨各级财政资金到位并做好审计工作，保证资金的合理分配和使用。只要各行业、各部门齐心协力，广大干群积极参与，就一定能将农村饮水安全工程建设任务保质保量地如期完成，为农村全面建设小康社会提供饮水安全保障。

基于共享的水资源实时监控与管理平台设计构想

王　骏

(河南省水利信息中心)

摘　要：本文提出了建设水资源实时监控与管理系统"三个标准二个平台"的概念，对于建设水资源实时监控与管理技术体系，乃至构造基于共享的水利信息化应用系统具有一定的借鉴作用。

关键词：水资源　共享　平台　设计

1　引言

　　建设节水型城市，实现水资源管理和利用从粗放型向集约型转变。在这一过程中，充分利用现代信息技术，探索创新型管理模式，建设水资源实时监控与管理平台，实现水资源的优化配置和可持续利用十分必要。

　　目前，为了加强水资源管理和水费增收，我省各地都对取水计量及实时监控系统非常重视，相应实施安装了一些智能表具及部分远程监测系统。这些系统相对独立，通信和数据标准多样，省、市、县数据共享困难，不能充分发挥系统的整体管理效益。

　　因此，建设基于共享的水资源实时监控与管理平台，统一信息采集、传输和处理标准是本文探讨的重点。

2　水资源实时监控服务平台

　　目前，我省已经建立了比较完善的连接 18 个省辖市的计算机网络，以防汛为依托的无线数据传输平台也已建设。

　　水资源实时监控服务平台是水资源信息采集、传输、处理和服务的基础。本平台数据采集网络采用基于 GPRS(General Packet Radio Service)的数据通信服务，提供基于 WEB 应用的水资源实时监控应用系统软件。前者是全省统一的通信服务平台，后者是可以提供各市选择使用的服务平台，各市可以自己建设自己的监控应用软件平台，也可以使用省中心提供的监控服务平台。但采用自己建设的监控平台要遵循统一的数据交换标准。

2.1　通信服务网络平台

　　系统结构示意如图 1 所示。

　　本系统由通信主站服务器、省中心 WEB 应用服务器、市应用服务器、带 GPRS/SMS 模块的数据采集器、流量计、水位计等组成。

2.1.1　通信主站服务器

　　运行 GPRS 通信数据传输软件,负责接收和发送各个市的水资源监控器的采集数据、

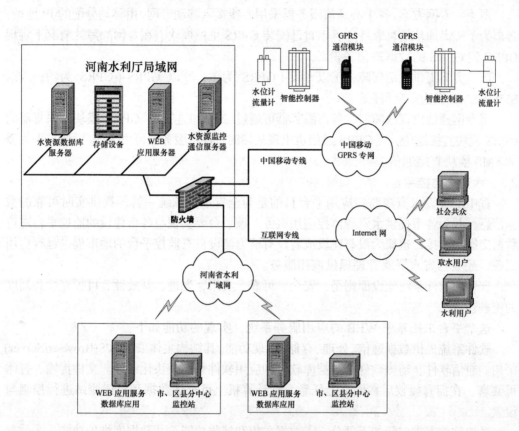

图 1　系统结构示意

传送控制命令等，同时通过省水利计算机网络各市水资源监控中心的应用服务器与省中心通信主站进行数据通信，实现监控数据的双向通信。各市的智能水资源控制器都通过省中心通信服务器实现无线数据传输功能。通信服务器主站通过专线接入移动网，再通过 GPRS 网络与采集器相连。省中心通过通信服务主站给各市的水资源监控系统提供无线数据通信服务。

2.1.2　省中心 WEB 应用服务器

提供按照省行政区划分的取水实时监控及管理软件服务，对于没有经济实力建设自己的中心实时监控应用的区县等可以直接使用省厅提供的这个管理软件进行监控和管理，这些地区只需要建设现场控制点就可以了。

2.1.3　各市应用服务器

负责与省中心通信服务器进行数据通信，取得实时的采集数据和下达控制命令(给采集进行置数、控制水泵阀门起闭等)；同时各市应用服务器运行水资源监控服务程序，提供给本地区使用水资源监控管理系统的应用系统。

2.1.4　带 GPRS/SMS 模块的数据采集单元

收集水表表数据、水位数据、下行控制数据传送到数据中心，它连接省厅通信服务器主站和传感设备。

图 1 为专网方案,省中心通信服务器采用专线接入移动专网,由移动分配的 IP 地址,各市为了提高通信的可靠性还可以自己安装 GPRS 主站模块,在专网故障的情况下实现 GPRS 到 GPRS 的数据通信备份。

以上方案提供三层保障:①以专线＋GPRS 为主;②以 GPRS＋GPRS 为辅;③以 SMS＋SMS 作为最后屏障。

当专网通信出现故障时,各市服务器可通过 232 口连接的 GPRS 模块与采集器的 GPRS 模块直接通信,当 GPRS 通信也出现故障时,各市服务器可由 SMS 模块与采集器的 SMS 模块直接通信。

2.2　水资源监控平台

省中心建设水资源监控应用平台目的是为全省水资源统一管理提供实时可靠的数据信息,并为各市提供水资源监控应用服务。该平台要实现与各市建设的监控平台进行数据交换和对接,也要为没有建设或者没有能力建设自有监控平台的地市提供远程应用服务,还要为省水资源管理提供应用服务。

省中心软件系统建设原则是:安全、可靠、实用、先进、开放性、可扩充性和高度的统一性。

这个平台采用基于 WEB 的应用服务系统,实现的功能如下:

软件系统提供数据通信、处理、存储、再现功能。其结构主体采用 B/S(Browser/Server)结构。通信软件、遥测软件、数据库软件和应用软件采用模块化设计。文件传输、打印可共享。在拥有授权后在网络上任意一台计算机上可查询数据和对遥测站进行控制与设置。

系统软件需求包括如下部分:①数据采集和接收功能;②数据库维护功能;③数据统计分析;④图形显示功能;⑤报表功能;⑥查询检索;⑦与遥测终端通信功能;⑧告警功能;⑨具有防病毒方面的安全措施;⑩移动办公功能;⑪在线帮助。

3　智能计量表具、无线通信和数据交换标准

智能计量表具标准(智能控制器)、无线通信标准(GPRS)、数据交换标准(XML)这三个标准是建设全省统一的水资源监控与管理系统的基础和关键。没有这三个标准就没有办法实现省一级的实时监控和水资源管理的月度统计功能,更没有办法实现取水许可管理、计划调度等管理功能。下面分别就这三个标准进行简要的说明:

3.1　智能计量表具标准

这个标准的制定目标是实现不同厂家的采集设备与 GPRS 通信模块的数据通信从而实现与省中心统一通信传输平台的对接;实现不同厂家的采集设备(智能表具)与监控服务器应用的统一数据传输,保证了在一个地区采用一个监控平台,实现不同的采集设备的集约化控制和数据采集。

这个标准的主要包括以下内容:

(1)物理通信接口。

(2)数据连路传输协议,包括前导字节、传输次序、传输响应、差错控制和传输速率。

(3)命令、数据格式。由于具体制定需要一定时间和协商,可以参考电力系统的费率

系统(智能电表的标准规范),这个规范已经在全国实现了统一,目前我国现有不同厂家的智能电表都可以实现统一抄表和数据交换。

3.2 无线通信标准

这个标准制定的目的是实现 GPRS 模块与省厅通信服务器的数据通信,也就是不同厂家生产的 GPRS 模块都可以下联智能表具,上联省厅通信服务器,实现省厅通信服务器与智能表具的通信和控制。

(1)基本要求:①使用方便、灵活、可靠;②支持双频 GSM/GPRS;③符合 ETSI GSM Phase 2+标准;④数据中断永远在线;⑤实时时钟;⑥支持 A5/1&A5/5 加密算法。

(2)增强功能:①透明数据传输与协议转换;②支持虚拟数据专用网;③短消息数据备用通道(选项);④支持动态数据中心域名和 IP 地址;⑤STK 卡特殊功能配置;⑥支持 TTL/RS-232/485 或以太接口;⑦支持音频接口,方便维护操作;⑧系统配置和维护接口;⑨通过 Xmodem 协议进行软件升级;⑩支持软件升级和远程维护;⑪自诊断和告警输出;⑫抗干扰设计,适合电磁环境恶劣的应用需求;⑬防潮设计,适合室外应用。

3.3 数据交换标准

这个标准是实现省中心水资源监控应用服务平台与各市水资源监控服务器之间,各市水资源监控服务器与省中心通信服务器之间的数据交换和通信。

应用系统之间的交互采用标准 HTTP 协议,以 XML 作为传输格式。系统中通过 URL 指定接收终端。数据交互标准分为命令/结果、业务数据/列表等形式。要全面实现水资源以省为单位的统一管理还需要进行更深入的应用需求调研,才能制定出全面的水资源系统的数据交换标准。同时,还需要制定比如取水许可档案交换、取水户信息、取水工程、水费征收等各个数据交换的 XML 格式。

4 三个标准二个平台概念和特点

以上通信服务网络平台、水资源监控平台以及智能计量表具标准、无线通信标准和数据交换标准这三个标准二个平台是水资源实时监控系统建设的关键。构成了水资源信息的采集、传输和处理的应用服务体系。其特点如下:

(1)强化了取水用水的统一监控管理的实时性:省中心及各市分中心可以实时在线监测到各个取水口门的累计取水量、水位等实时数据,可以实现取水用水水费征收月度报表功能。

(2)充分利用我省已建的水利计算机网络和专线连接移动专网:实现了安全可靠的网络通信系统。

(3)实现通信平台的低成本和一体化运行:由于采用了单一专线连接移动网的结构,使得各市不用再投资与移动的专线连接费用,且统一连接后可以保证高的带宽和低廉的月使用费。

(4)统一的通信服务和各市自建的应用系统有机结合:通信平台的统一意味着实现了网络层的互联互通,应用系统可以独立于通信系统分别建设,高速通道上跑什么内容由用户自己选择。

(5)采用了统一的数据交换标准后可以实现不同的地区应用系统之间的数据交换和

共享：本方案要求采用 HTTP 协议和 XML 数据交换标准来实现各个地区的水资源应用系统之间的数据上报和查询服务，这样既满足了用户自己建设自己应用的要求，也实现了数据上报和查询的需求服务。

(6)实时性强。由于 GPRS 具有实时在线特性，系统无时延，无需轮巡就可以同步接收、处理大量采集点的数据。可很好地满足系统对数据采集和传输实时性的要求。

(7)大大减低各市水资源监控系统建设成本和运行费用。由于采用统一通信服务平台和利用了水利专网以及以省为整体的 GPRS 包月服务策略，大大降低了各个地方的建设和运行成本。前期投资少、见效快，后期升级、维护成本低。

(8)使用范围广。GPRS 覆盖范围广，在无线 GSM/GPRS 网络的覆盖范围之内，都可以完成对计量表具的控制和管理。而且，扩容无限制，接入地点无限制，能满足山区、乡镇和跨地区的接入需求。

(9)系统的传输容量大。各市服务器要和每一个计量数据采集点保持实时连接。由于数据采集点数量众多，系统要求能满足突发性数据传输的需要，而 GPRS 技术能很好地满足传输突发性数据的需要。

(10)数据传送速率高。每个数据采集点每次数据传输量在 2 kbps 之内。GPRS 网络传送速率理论上可达 171.2 kbps，目前 GPRS 实际数据传输速率在 40 kbps 左右，完全能满足本系统数据传输速率($\geqslant$10 kbps)的需求。

5　结语

为了实现的水资源统一管理、计划管理和实时管理，应加强水资源实时监控与管理技术体系的建设，制订完善的技术标准和建设规范，并充分利用我省现有的水利通信网络，建立技术先进、标准统一和资源共享的水资源实时监控与管理平台。

参考文献

[1] 朱玉，陈振宇. 流域水资源实时监测解决方案[J]. 中国水利，2003.9(B 刊).

[2] 谢新民，蒋云钟，闫继军，等. 流域水资源实时监控管理系统研究[J]. 水科学进展，2003(5).

[3] 黄荣星，许士敏. 基于 GPRS 技术的城市水资源监测系统[J]. 现代电子技术，2004(8).

[4] 郭书英，等. 水资源实时监控系统关键技术研究[J]. 中国水利，2004(22).

[5] 黄传华，陈燕，艾丽军. 水资源远程实时监控系统传输网络设计探讨[J]. 中国水利，2004(23).

[6] 赵学民，梅锦山. 关于水资源实时监控系统试点项目的几点看法[J]. 水利规划与设计，2004(3).

[7] 宋键华，王志坚，娄渊胜，等. 基于 WWW 技术的水政水资源管理系统的设计与实现[J]. 计算机工程与应用，2003(3).

[8] 黄静，郭勇，李乃玮. 计量用水智能监测系统的设计与实现[J]. 物探化探计算技术，2003(8).

信息化技术在石漫滩水库
闸门控制系统中的应用

齐翠阁　袁自立　王培超

(河南省石漫滩水库管理局)

摘　要：石漫滩水库原闸门控制系统始建于 1995 年，经过几年运用，保证率下降，不能满足工作需要。为确保水库度汛安全，对闸门控制系统进行了改造，采用目前较先进的信息化技术，实现了闸门自动控制。该系统采用 Pentium Ⅳ 型号的专业工控机，增设了 RS485 通信接口，实现了计算机远程控制及图像传输；采用专机专用、双机冗余、密码确认保护及多种故障检测方法，操作灵活，使用方便，保证了系统安全运行，完全满足工程管理和防汛调度的各种要求，大大提高了水库管理现代化水平。

关键词：石漫滩水库　信息化　闸门　自动控制

1　石漫滩水库工程简介

石漫滩水库位于河南省舞钢市境内淮河上游洪河支流滚河上。原石漫滩水库始建于 1951 年，是新中国成立后在淮河流域上修建的第一座水库。1975 年 8 月 4～8 日，洪河流域发生了历史上罕见的特大暴雨，致使洪水漫坝、水库失事。

复建后的石漫滩水库防洪标准为百年一遇设计，千年一遇校核。大坝采用全断面碾压混凝土重力坝，总库容 1.2 亿 m^3，控制流域面积 230 km^2，最大坝高 40.5 m，长 645 m。水库泄水建筑物为 13 孔 8 m×6 m 弧形钢闸门，最大泄量 3 927 m^3/s。

2　闸门控制系统建设的必要性

原闸门的控制方式是以远方集中控制为主，现地控制为辅。集中控制系统始建于 1995 年，经过几年的应用，技术落后，部分元件厂家已停止生产，备件奇缺，影响了集中控制设备的正常运行。特别是近两年，为了调节洪水，闸门启闭频繁，使原已落后的闸门集中控制设备不能正常工作，闸门启闭运行保证率下降，已不能满足目前现代化管理的需要。为确保水库度汛安全，今年年初，结合水库实际，经过技术论证，采用目前较为先进的信息化技术，对现有闸门集中控制设备进行更新改造，实现了闸门自动化控制及远程图像传输。经过 2007 年汛期运用，效果较好，得到了省防办的认可。

3　闸门自动控制系统方案设计

3.1　机电系统

将原有集中控制台拆除，改为计算机控制，计算机采用 Pentium Ⅳ 型号的专业工控机；在原现地控制柜中增加了电压、电流传感变送器，并在智能开度仪上增设了 RS485 通信接口，实现了计算机远程控制。

3.2 数据采集

闸门自动化控制系统需要采集的数据包括水位、时间、闸门开启高度、电流、电压等。水位采用水文遥测自动化系统的数据，通过数据转换器进入计算机，数据转换器的功能是将每 1 cm 变化一次电信号转换成水位数据，误差范围为 1 cm。时间从工控机时间系统采集，保证各种记录时间的一致性。闸门开启高度，通过连接在启闭机的闸门开度仪采集，闸门开度仪采用徐州电子研究所研制的智能型 SZC-1/LCU 号开度仪，运行可靠，精度准确，误差范围 1 cm，完全满足工程管理的需要，电流、电压的采集是通过 WB-V414 型的电流、电压传感变送器从现地柜采集，再送回工控机。

3.3 故障检测

闸门自动化控制系统采用了多种故障检测方法，保证系统安全运行，可检测的故障类型包括闸门开启高度越限，电流、电压越限，闸门卡阻等。

3.4 安全性设计

(1)操作员上岗前必须先登录系统，该系统给每个操作员定义不同的权限，当不同的操作员登录本系统时，有各自的名称和密码，他只能使用系统给他的权限。系统自动记入日志数据库，便于出问题时查找责任人。

(2)该系统采用专机专用，防止病毒入侵，没有安装任何输入设备，系统设有管理员最高权限，最高权限授予部门负责人，只有管理员才能对系统的设计参数进行修改。

3.5 远程控制

该系统支持远程控制方式，从理论上讲只要在网络上的任何一台计算机上安装该系统，都可以在网络上的任何一个地方进行远程控制。为了防止远程非法控制，该系统设立一台专用计算机，用于远程控制，在远程控制时物理隔断与工控机的联系，采用密码确认，防止病毒入侵工控机。

3.6 参数设置

参数设置是该系统提高安全性的重要措施，参数设置与故障检测是相对应的，当系统检测到参数超出许可范围时，就认为是故障，可设置的参数包括：闸门启闭高度越限许可范围，电流、电压变动区间等。参数的设置应以工程管理规范为依据，参照平常运行的经验慎重设置，不能随意设置，范围过大，会影响该系统的安全性，范围过小会影响系统的可靠性，参数设置可参照表 1 进行。

表 1 闸门运行参数设置统计

项　目	水位(m)	闸门开高(m)	电压(V)	电流(A)
上限	112.0	4.5	440	50
下限	100.0	0	340	10

3.7 控制方式

闸门控制方式有闸门开启高度控制方式和流量控制方式两种，该系统采用两种控制方式并用，操作灵活，使用方便，更接近于防汛工作的实际和工程运行的指挥调度。

3.8　泄流曲线的拟合

无论采用何种控制方式都必须依据水位、开高和孔数、流量之间的对应关系。计算机描述其对应关系的方法有两种：一种是列表内插法；一种是公式拟合法。公式拟合法是根据水位、开高、流量之间的关系建立数学模型，求解这个数学模型得到一个表达式，从而根据已有的参数计算出未知的数据。在精度方面公式拟合法比列表内插法要高一些。

3.9　界面设计

该系统采用下拉式菜单，操作简单，功能明确，该系统设有单闸控制界面、双闸控制界面、三闸控制界面、任意闸控制界面，完全满足了工程管理及防汛调度的各种要求，界面美观，操作方便，各种参数明晰。

3.10　数据库设计

该系统能完整地记录系统运行的各种情况，分别记入各种数据库：值班信息数据库、闸门运行数据库、故障记录数据库等，查找方便。

3.11　可靠性设计

可靠性和安全性是控制系统设计的两个重要方面，也是该系统最突出的特点，在可靠性方面主要采取了以下措施：①保证各种元器件的质量；②保证安装施工工艺严格按规范操作；③物理隔断工控机不与网络连接；④专机专用，没有设置输入设备；⑤双机冗余，互为备份，当两台工控机都开启的情况下，一台作为主控机，另一台作为备份机，在主控机出现故障时，备份机自动转为主控机，不影响操作，主控机上发生的各种操作指令及其他各种记录，备份机上同时存有记录；⑥通过密码和权限保证系统安全运行；⑦安装有接地装置等其他安全措施；⑧紧急情况下，系统会自动切断电源。

3.12　视频监控系统

在主控操作台前设置有屏幕墙，安装有视频监控系统，分别通过坝上、坝下、廊道内的摄像头监控闸门开启状况和主要部位的运行情况，省防办可随时进行监控。视频监控系统由独立的计算机控制，24小时不间断监控，遇有情况自动记录。

3.13　系统运行环境

该系统硬件上采用了 Watchdog 技术，软件采用中文 Windows2003 为工作平台，用中文 Visual Basic.NET 专业版编制。软件界面采用了 Flash 动画技术，运行可靠，界面刷新时平稳无闪烁，动画效果逼真，采用实景画面作为系统背景，更强化了真实效果。

4　试运行状况

该系统安装后进行了试运行，运行情况如表2所示。

试运行过程中，可靠性和安全性都比较好，流量精度能够满足要求，人为设置的故障也能准确无误地检测出来。该系统的安装运行大大提高了石漫滩水库的工程管理现代化水平。

表 2 运行情况

控制方式	闸门编号	启或闭	起始值		预设值		最终开度值(m)	误差(m)	电压(V)		电流(A)		运行情况
			开度(m)	流量(m³/s)	开度(m)	流量(m³/s)			空载	有载	空载	有载	
单闸	6#	启	0	0	0.31	10	0.32	0.01	408	405	0	18	正常
		闭	0.31	10	0	0	0	0	408	406	0	16	
单闸	7#	启	0	0	0.31	10	0.32	0.01	407	404	0	17	正常
		闭	0.32	10	0	0	0	0	407	403	0	14	
单闸	8#	启	0	0	0.30	9.8	0.30	0	408	406	0	16	正常
		闭	0.30	9.8	0	0	0	0	408	404	0	14	
双闸	4#	启	0	0	0.30	19.5	0.30	0	408	406	0	17	正常
	10#	启	0		0.30		0.30	0	408	406	0	16	
	4#	闭	0.30	19.5	0	0	0	0	408	406	0	15	
	10#	闭	0.30		0		0	0	408	406	0	14	
双闸	5#	启	0	0	0.31	20	0.31	0	406	405	0	17	正常
	9#	启	0		0.31		0.31	0	406	405	0	17	
	5#	闭	0.31	20	0	0	0	0	405	404	0	14	
	9#	闭	0.31		0		0	0	405	404	0	13	
三闸	2#	启	0	0	0.30	29.3	0.30	0	407	404	0	16	正常
	5#	启	0		0.30		0.30	0	407	404	0	17	
	12#	启	0		0.30		0.30	0	407	404	0	18	
	2#	闭	0.30	29.3	0	0	0	0	407	403	0	14	
	5#	闭	0.30		0		0	0	407	403	0	14	
	12#	闭	0.30		0		0	0	407	403	0	14	
任意闸	9#	启	0	0	0.20	6.5	0.20	0	407	404	0	16	正常
		闭	0.20	6.83	0	0	0	0	407	404	0	16	
	4#	启	0	0	0.20	26	0.21	01	407	404	0	15	正常
	5#	启	0		0.20		0.20	0	407	404	0	15	
	6#	启	0		0.20		0.20	0	407	404	0	15	
	7#	启	0		0.20		0.20	0	407	404	0	15	
	4#	闭	0.20	26	0	0	0	0	406	404	0	14	
	5#	闭	0.20		0		0	0	406	404	0	14	
	6#	闭	0.20		0		0	0	406	404	0	14	
	7#	闭	0.20		0		0	0	406	404	0	14	
	1~13#	启	0	0	0.2	85	0.2	0	408	406	0	16	正常
		闭	0.2	85	0	0	0	0	408	406	0	15	

【作者简介】齐翠阁，女，河南省舞钢市石漫滩水库管理局助理工程师。

水击基本方程的改善研究

杨玲霞[1] 李树慧[2] 侯咏梅[3] 范如琴[1]

(1.郑州大学环境与水利学院；2.郑州水利学校)

摘 要：本文指出了当前用于水击计算的数学模型中的连续性方程式在恒定流时不成立的问题，并通过进一步的理论推导，得到了新的水击波速计算公式和新的连续性方程。新的连续性方程改善了老方程存在的不合理现象，同时还指出了水击波速并不是一个常量。最后，本文通过对水击现象的计算比较，进一步说明了老方程存在不合理现象，而新方程的计算结果是合理的。

关键词：水击压强 水击方程 水击理论

1 问题的提出

目前，几乎在所有的资料和教科书中所介绍的用于水击计算的数学模型都是由意大利学者阿列维(Allievi，L.)于 1902 年首次以数学方法建立的如下形式的运动方程和连续性方程：

连续性方程：
$$v\frac{\partial H}{\partial s} + \frac{\partial H}{\partial t} + v\sin\theta + \frac{a^2}{g}\frac{\partial v}{\partial s} = 0 \tag{1}$$

运动方程：
$$g\frac{\partial H}{\partial s} + \frac{\partial v}{\partial t} + v\frac{\partial v}{\partial s} + \frac{\lambda v|v|}{2D} = 0 \tag{2}$$

式中：v 为管道某断面平均流速；H 为管道相应断面的测压管水头；θ 为管道轴线与水平面的夹角；a 为水击波速；g 为重力加速度；D 为管道内径；λ 为沿程阻力系数。

水击现象是管道水流从一种恒定状态过渡到另一种恒定状态的非恒定流，描述它的数学模型既要体现水击现象的非恒定特性，也应满足初始和终了时刻的恒定流条件。分析式(1)和式(2)可知：运动方程(2)能够满足恒定流条件，而连续性方程(1)在恒定流时则变为如下形式

$$v(\frac{\partial H}{\partial s} + \sin\theta) + \frac{a^2}{g}\frac{\partial v}{\partial s} = 0$$

显然上式不能成立，即当前用于水击计算的基本方程组中的连续性方程不满足恒定流条件。关于这一点，文献[1]、[2]、[3]也均提到，但没有解决或没有彻底解决此问题。因此，有必要进一步分析研究，重新推导出更加完善的用于水击计算的连续性方程。

2 新的水击连续性方程

当前用于水击计算的连续性方程是在一维非恒定流连续性方程的基础上，设法消去变量 A(管道横断面积)和 ρ(液体密度)，引入变量 p(压强)而得到的。在推导过程中要用到

水击压强的计算公式和水击波速的计算公式。经过分析，我们认为目前的推导过程不甚严谨。下面进行新的推导。

2.1　水击压强的计算公式

取图 1 所示的流段应用动量定理。经过时段 Δt 水击波由下游 1—1 断面传到上游 2—2 断面，$\Delta s = a'\Delta t$，a' 为水击波速。流段内的流速由 v 增至 $v + \Delta v$，压强由 p 增至 $p + \Delta p$，密度由 ρ 增至 $\rho + \Delta \rho$，管道横断面积由 A 增至 $A + \Delta A$，则动量变化为

$$(\rho + \Delta\rho)(A + \Delta A)a'\Delta t \cdot (v + \Delta v) - \rho A a'\Delta t \cdot v \approx \Delta(\rho A v)a'\Delta t$$

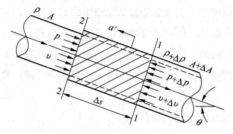

图 1　水击压强计算图

作用在流段上的外力在流动方向的投影有：

两端断面压力差 $pA - (p + \Delta p)(A + \Delta A) \approx -\Delta(Ap)$；重力 $\rho g A \Delta s \sin\theta$；摩擦阻力 $\tau_0 \chi \Delta s$。其中，θ 为管轴线与水平线的夹角；τ_0 为管壁摩擦切应力；χ 为管道断面湿周。

在 Δt 时段内外力的冲量为：

$$\Delta t[-\Delta(Ap) + \rho g A \Delta s \sin\theta - \tau_0 \chi \Delta s]$$

由动量定理得

$$-\Delta(Ap) + \rho g A \Delta s \sin\theta - \tau_0 \chi \Delta s = \Delta(\rho A v)a'$$

取 $\tau_0 = \rho g R J$，其中 R 为管道断面水力半径，J 为水力坡降，代入上式得

$$\Delta p = \rho g \Delta s \sin\theta - \rho g J \Delta s - \frac{a'}{A}\Delta(\rho A v) - \frac{\Delta A}{A}p \tag{3}$$

当前广泛应用的直接水击压强的计算公式为 $\Delta p = -a'\rho\Delta v$，这相当于在式(3)中忽略了重力项、阻力项以及 ΔA 和 $\Delta\rho$ 的影响所得。

2.2　水击波速的计算公式

对于如图 1 所示的流段，应用质量守恒原理。

Δt 时间内从上游 2—2 断面流入的液体质量为 $\rho A v \Delta t$，从下游 1—1 断面流出的液体质量为

$$(\rho + \Delta\rho)(A + \Delta A)(v + \Delta v)\Delta t$$

Δt 时间由水击波引起的流段内液体质量的增量为

$$(\rho + \Delta\rho)(A + \Delta A)a'\Delta t - \rho A a'\Delta t = a'\Delta(\rho A)\Delta t$$

由质量守恒原理可得

$$\rho A v \Delta t - (\rho + \Delta\rho)(A + \Delta A)(v + \Delta v)\Delta t = a'\Delta(\rho A)\Delta t$$

对上式化简得

$$\Delta(\rho A v) = -a'\Delta(\rho A) \tag{5}$$

将上式代入式(3)得

$$\Delta p = \rho g \Delta s \sin\theta - \rho g J \Delta s + \frac{a'^2}{A}\Delta(\rho A) - \frac{\Delta A}{A}p$$

两边同除以Δp，并取极限得

$$\rho a'^2 \left(\frac{1}{A}\frac{\mathrm{d}A}{\mathrm{d}p} + \frac{1}{\rho}\frac{\mathrm{d}\rho}{\mathrm{d}p}\right) = \frac{p}{A}\frac{\mathrm{d}A}{\mathrm{d}p} + 1 - (\rho g\sin\theta - \rho g J)\bigg/\frac{\partial p}{\partial s} \tag{6}$$

整理得

$$a' = a\sqrt{\frac{p}{A}\frac{\mathrm{d}A}{\mathrm{d}p} + 1 - (\rho g\sin\theta - \rho g J)\bigg/\frac{\partial p}{\partial s}} \tag{7}$$

其中

$$a = \frac{1}{\sqrt{\rho\left(\frac{1}{A}\frac{\mathrm{d}A}{\mathrm{d}p} + \frac{1}{\rho}\frac{\mathrm{d}\rho}{\mathrm{d}p}\right)}} = \frac{\sqrt{\dfrac{K}{\rho}}}{\sqrt{1 + \dfrac{K}{E}\dfrac{D}{\delta}}} \tag{8}$$

式(8)即为当前广泛应用的水击波速计算公式。

因为$\dfrac{\partial p}{\partial s} = \dfrac{\partial}{\partial s}[\rho g(H-z)] \approx \rho g\dfrac{\partial H}{\partial s} + \rho g\sin\theta$，$J = -\dfrac{\partial}{\partial s}\left(H + \dfrac{v^2}{2g}\right)$，代入式(7)得

$$a' = a\sqrt{\frac{\dfrac{p}{A}\dfrac{\mathrm{d}A}{\mathrm{d}p} - \dfrac{\partial}{\partial s}\left(\dfrac{v^2}{2g}\right)}{\dfrac{\partial H}{\partial s} + \sin\theta}} = a\sqrt{\frac{\dfrac{\mathrm{d}A}{A} - \dfrac{\partial}{\partial s}\left(\dfrac{v^2}{2g}\right)}{\dfrac{\mathrm{d}p}{p} - \dfrac{\partial}{\partial s}\left(\dfrac{p}{\rho g}\right)}} \tag{9}$$

式(9)即为正确的水击波速计算公式。此式表明，水击波速并非常数，它的大小随流体动能沿程变化率与压强势能沿程变化率之比的变化而变化，同时也随管道断面相对变化量与压强相对变化量之比的变化而变化。对于水平管道($\theta=0$)，当不计阻力影响，同时忽略管壁的膨胀和收缩变化时，由于动能的沿程增加量应等于势能的沿程减少量，即$\dfrac{\partial}{\partial s}\left(\dfrac{v^2}{2g}\right) = -\dfrac{\partial H}{\partial s}$，这时由(9)式得$a' = a$。由此可知，当前用于水击波速的计算公式式(8)应当为忽略了管道的倾斜度、管壁的弹性变形和阻力影响后的近似公式。由于水击波速值通常很大，忽略掉的为次要因素。

2.3　新的水击连续性方程

将一维非恒定流的连续性方程

$$\frac{\partial}{\partial s}(\rho A v) + \frac{\partial}{\partial t}(\rho A) = 0$$

展开并整理后得

$$\left(\frac{1}{A}\frac{\mathrm{d}A}{\mathrm{d}p} + \frac{1}{\rho}\frac{\mathrm{d}\rho}{\mathrm{d}p}\right)\frac{\mathrm{d}p}{\mathrm{d}t} + \frac{\partial v}{\partial s} = 0$$

将上式与式(6)联合消去$(\frac{1}{A}\frac{\mathrm{d}A}{\mathrm{d}p}+\frac{1}{\rho}\frac{\mathrm{d}\rho}{\mathrm{d}p})$，并忽略管壁的膨胀和收缩变化后得

$$\frac{1}{\rho a'^2}\frac{\mathrm{d}p}{\mathrm{d}t}-\frac{1}{\rho a'^2}(\rho g\sin\theta-\rho gJ)\frac{\mathrm{d}s}{\mathrm{d}t}+\frac{\partial v}{\partial s}=0 \tag{10}$$

又因为

$$\frac{\mathrm{d}p}{\mathrm{d}t}=\rho g(\frac{\mathrm{d}H}{\mathrm{d}t}-\frac{\mathrm{d}z}{\mathrm{d}t})=\rho g(v\frac{\partial H}{\partial s}+\frac{\partial H}{\partial t}-\frac{\partial z}{\partial s}\frac{\mathrm{d}s}{\mathrm{d}t}-\frac{\partial z}{\partial t})=\rho g(v\frac{\partial H}{\partial s}+\frac{\partial H}{\partial t}+v\sin\theta)$$

代入式(10)得

$$\frac{g}{a'^2}(\frac{\partial H}{\partial t}+v\frac{\partial H}{\partial s})+\frac{g}{a^2}v\sin\theta-\frac{1}{\rho a'^2}(\rho g\sin\theta-\rho gJ)v+\frac{\partial v}{\partial s}=0$$

取$J=\frac{\lambda v|v|}{2gD}$，代入上式得

$$\frac{\partial H}{\partial t}+v\frac{\partial H}{\partial s}+\frac{a'^2}{g}\frac{\partial v}{\partial s}+v\frac{\lambda v|v|}{2gD}=0 \tag{11}$$

若将式(9)代入上式(忽略了管壁的膨胀和收缩变化)可得

$$\frac{\partial H}{\partial t}+v\frac{\partial H}{\partial s}-\frac{a^2}{g^2}\frac{v(\frac{\partial v}{\partial s})^2}{\frac{\partial H}{\partial s}+\sin\theta}+v\frac{\lambda v|v|}{2gD}=0 \tag{12}$$

式(11)或式(12)即为完善正确的水击计算的连续性方程。对于等直径管道，在恒定流时上式能够成立。

3　新老方程的水击计算比较

3.1　对水平简单管道的水击计算比较

本文利用特征线法对新方程和老方程分别进行了水平简单管道的水击计算，其中阀门关闭时间T_s=20 s，阀门关闭规律为$\tau=(1-\frac{t}{T_s})^3$，其他条件如图2所示。

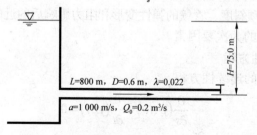

图2　简单管道图

由于式(12)为非线性方程，不易求解。考虑到在通常情况下，水击波速值的变化量

在10%～15%以下时，对水击压强的计算结果影响不大，作为简化和近似计算，本文在计算中取$a' \approx a$。用新方程和老方程分别计算得到的阀门断面的水击压强变化过程如图3和图4所示。

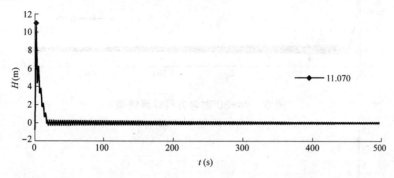

图3　新方程计算结果

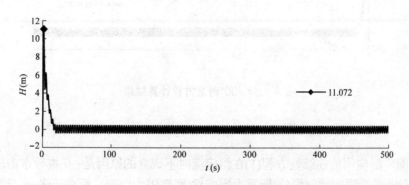

图4　老方程计算结果

比较图3和图4可知：①用新方程和老方程计算的阀门断面的最大水击压强值基本相等，这是因为当$\theta=0°$时，新方程(11)和老方程(1)的区别仅在于新方程中多了水头损失影响一项，而水头损失对最大水击压强值的影响较小；②当阀门关闭完后，由新方程计算的水击压强值是逐渐衰减的，符合实际，而由老方程计算的水击压强值衰减不明显，不符合实际。这正是由于新方程满足恒定流条件，而老方程在恒定流时不成立所致。

3.2　对倾斜简单管道的水击计算比较

本文分别对$\theta=+30°$和$\theta=-30°$两种倾斜简单管道中的水击现象进行计算比较。两种管道的水击计算参数完全同前述水平管道。

用新方程计算的阀门断面的水击压强变化过程仍然如图3所示。用老方程计算的阀门断面的水击压强变化过程如图5和图6所示。

比较上述计算结果可知，用老方程计算时，对于$\theta=+30°$情况，最大水击压强值比水平管道有所增大，阀门关闭完后的水击压强值比水平管道有明显衰减。而对于$\theta=-30°$情况，最大水击压强值比水平管道有所减小，阀门关闭完后的水击压强值比水平管道有明显发散。显然，对于倾斜管道，老方程的计算结果是不符合实际的。因为当基本情况相同时，水击现象不可能因为管道向上倾斜而变为发散。这说明老方程(1)中$\sin\theta$的体现方式不合理。

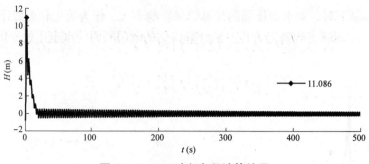

图 5　θ=+30°时老方程计算结果

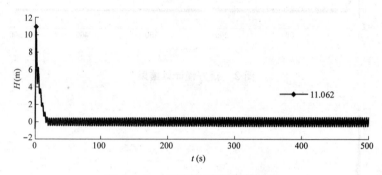

图 6　θ= −30°时老方程计算结果

4　结论

(1)当前广泛应用的连续性方程(1)在恒定流时不成立的原因是：在推导水击压强计算公式时没有考虑管道的倾斜影响(即重力影响)和摩擦阻力影响，而在压强 p 与测压管水头 H 的转换时却考虑了管道的倾斜影响，整个推导过程前后不一致。本文所推导出的新的连续性方程(11)在恒定流时是成立的。

(2)水击波速并不是一个常数，在水击现象的变化过程中，始终随着动能的沿程变化率与压强势能的沿程变化率之比和管道断面相对变化量与压强相对变化量之比的变化而变化。只有对不考虑阻力和管道弹性的水平管道，水击波速才为常数。

(3)通过新老方程的水击计算比较可知，无论对于水平管道或是倾斜管道，老方程的计算结果都出现了不符合实际的情况，而新方程的计算结果是合理的。

(4)本文用新方程计算水击现象时，近似取了水击波速为常数。下一步的工作将是寻求求解连续性方程(12)的方法，以便得到更加精确的计算结果。

参考文献

[1] 王树人，等. 水击理论与水击计算[M]. 北京：清华大学出版社，1980.

[2] [美]李文勋. 水力学中的微分方程及其应用[M]. 韩祖恒，等译. 上海：上海科学技术出版社，1982.

[3] E B Wylie，V L.Streeter，SuoLisheng. Fluid Transients in Systems[M]. Newjersey，Engle-WoodCliffs，1993.

【作者简介】杨玲霞，1958 年出生，女，河南焦作人，郑州大学环境水利学院教授。

水文新技术在河南省水文测报
工作中的应用与发展

赵恩来　孙　霞

(南阳水文水资源勘测局)

摘　要：通过河南省水文测报现状的分析，介绍了水文新技术在水文测报工作中的应用。

关键词：水文新技术　水文测报

　　过去的几十年，水文信息的采集一直依赖于人工的目测、器测，水文测验设施也是基于人工和简单的机械辅助，其间虽经几代水文人及水文科研人员的不懈努力，也仅仅限于在原有的基础上进行局部的改进。例如，雨量观测从人工标准雨量计到虹吸式雨量计；水位观测从目读直立式水尺到日计、月计水位计；流量测验从浮标、测船到吊箱、缆道；地下水位采用皮尺测量；水质监测仅限于部分仪器的更新和项目的增加，而且这些测验方法至今还被大多数的水文测站作为常规方法使用。

　　改革开放以来，随着我国经济飞速、持续的发展，国家综合实力的增强，科学技术特别是信息技术的迅猛发展，给传统的水文测报技术注入了新的活力，水文新技术为水文事业的发展插上了腾飞的翅膀。水文新技术离不开数字化技术，数字化以其信息革命时代最具有代表性的特征已深入到水文测报工作中的各个方面：水文信息的采集、传输、存储、处理和显示等发生了根本性的改变，从而使揭示水文变化规律的手段发生了根本的变化。

　　在数字化技术的支持下，水文信息的采集从人工目测、器测发展到遥测、遥感，从过去的点测发展到面测，从静态观测发展到动态观测；水文信息的传输从原来的手摇模拟电话发展到报汛自动化、智能化；特别是计算机技术的日益成熟和发展，计算速度和存储能力的几何型的增大，各种操作平台的建立，各种网络的日渐完善，为水文资料的搜集、存储、分析、计算、显示提供了广阔的发展空间。

　　当前，水文新技术可以概括以下几个方面：地理信息系统(GIS)技术；雷达及超声波技术；遥感技术；同位素技术；实时测报和调度技术。其中地理信息系统(GIS)技术广泛用于防洪减灾、水资源管理和水环境监测；雷达及超声波技术给降雨量、水位、流量的测验带来了质的变化，特别是 ADCP 作为目前世界上最先进的流量测验技术之一，以其快速、有效、准确的测流仪器给原始的流量测验技术带来一次彻底的革命，水文走出固守断面、走向巡测、走向资源水文成为现实。遥感技术具有范围大、速度快、信息广的特点，适应大范围的资源环境调查。同位素技术广泛地运用在泥沙含量大的河道上，而实施测报的调度导位技术使水文信息的即时性大大增强，借助各种操作平台，对采集的数据进行科学分析和调度，极大地发挥着水文信息的社会价值和作用。

　　河南是中原文明的发祥地，是我国重要的农业大省和商品粮基地，辖区内有黄河、长江、淮河、海河四大流域，其中黄河横贯河南北部，流经省内长度达 710 km；河南作为淮河的发源地，至豫、皖交界的洪河口为上游，长 382 km；加之豫北卫河的海河段和长江流域汉江水系的唐白河及丹江，其防汛测报任务非常重。河南省水文水资源局辖内共设国家基本水文测站 144 个，其中国家重要水文测站 33 个，一般水文测站 111 个；现有雨量观测站 888 个，其中报汛雨量站 426 个，向国家防总报汛的雨量站 226 个。

　　河南水文的发展也是随着水文科技的发展而发展。20 世纪 90 年代以前也是普遍使用传统的测验手段和方法。随着社会对水文行业的需求增加，水文服务于社会的领域逐步得到了拓展。河南水文机构的领导层非常关注水文新技术的发展及应用，以可持续发展和科学创新的思维模式，站在战略的高度制定了可操作性强的发展规划，并千方百计争取多方面资金，加大对水文新技术的投入。通过重点站建设，通过工程带水文项目，使我省水文事业得到了快速、蓬勃的发展。

　　近年来，我省"九五"、"十五"陆续投入 2 000 多万元资金，改变了长期以来水文测站的落后面貌，广大水文职工的生活环境、工作条件得到了较大的改善，各类水文站网在保持稳定的同时逐步进行了优化调整，雨量站、水质观测站点有所增加。继驻马店防汛抗旱指挥系统示范区建设正常运行后，2006 年、2007 年其余 13 个地市的 10 个水情分中心约 400 多个遥测站点已陆续建成并投入试运行。水文自动测报系统是指一个流域或区域内能自动搜集传输处理以水文为主的各类信息的自动化系统，目前系统仅限于水位、雨量 2 个参数，虽然预留了流量传输端口，但基于当前水文测站的现状，还达不到自动测量的目标。在水情分中心建设的同时，各勘测局相继建成了防汛通信网络、办公局域网、水情信息广域网，自动测报水平有了很大的提高。

　　计算机技术在水文各项工作中是使用最普遍的技术。早在 90 年代初，我省就投资数百万元购置了电子管式的大型计算机，用于水文资料整编。随着计算机发展的日新月异，我省基本上达到了测站都配置有计算机，用来进行水文数据输入、存储、计算、分析、处理。省局、各勘测局基本达到人手一台，计算机作为常用工具，不仅融入到我们业务工作中，而且也同样作用于我们其他工作的各个方面。

　　近年来，我省加大了改造水文缆道设施的投入，在提高缆道测洪标准的同时，积极引进自动化技术，配置并安装了南京水文水利自动化研究所研制的缆道自动操作系统。该缆道操作系统使用了先进的变频设备，从零到最大可以自由控制缆道的水平、垂直运行速度，消除了原来在启动和停止时的惯性作用，而且与计算机配合，可对测速垂线、测点位置进行设定，自动测记，并最后计算出流量成果，直接进入数据库参加资料整编。

　　现代测绘技术近年来在我省水文测验工作中得到了广泛的应用，特别是全站仪的使用。这种仪器能同时测角、测距，而且还能自动显示、记录、存储数据，并进行数据处理，可在野外直接测得点的坐标和高程，并且可通过计算机处理后自动绘制电子地图。这种仪器配合全球定位系统(GPS)使用，可对任何地域进行宏观和细部地形测量，其测计速度和数据量是过去水准仪、经纬仪所无法比拟的。

　　声学多普勒流量测验系统是目前世界上最先进的流量测验技术之一。在西方发达国家，该类产品已获得普遍使用。我省近几年陆续给测站配备了 6 台声学多普勒流速剖面仪——ADCP。ADCP 是 Acoustic(声学的)Doppler(多普勒)Current(流速)Profiler(剖面)的缩写，ADCP 是一种利用回波束声学换能器所发射的声脉冲在随流运动的水体悬浮物质中所产生的多普勒效应进行测流的仪器，其突出特点就是能够测量不同水层的三维流速和流向。一台 ADCP 相当于无数多的常规流速测向仪所起的作用，对两岸间各测点的流速剖面和相对深度进行积分计算，即可算出流量值。ADCP 作为利用多普勒原理进行流速、流量测验的新的测验方式在原理上与传统测验方式完全不同，但是对于测验的其他方面(如计算方法、参数和数学模型等)，与传统测验方式并无根本区别。ADCP 作为快速、经济、有效、高精度的测流仪器，将在我省流量测验中得到广泛、普遍的使用。

　　我们应该清醒地认识到，虽然我省的水文新技术的应用较过去有了较大的提高，但由于众多因素的制约，特别是水文资金的投入不足，使我省水文新技术的应用范围和深度与经济发达的省或地区相比还比较落后，地理信息系统(GIS)、技术遥感技术、同位素技术对于我们来说还是空中楼阁——可望而不可及。因此，建立稳定的技术资金投入渠道是水文新技术发展应用的保证，在保障各项工作正常运行的同时，制定健康、有序、可操作性强的水文新技术发展新规划，按照科学求实、分轻重缓急、循序渐进、突出重点、分步实施、体现效益的原则，让水文新技术在我省水文行业生根开花，使我省的水文事业走在全国乃至世界的前列。

ADCP在河道流量测验中存在的问题与对策

赵恩来

(南阳水文水资源勘测局)

摘　要：ADCP全称声学多普勒剖面流速仪(Acoustic Doppler Corrent Profiler)，是目前世界上最先进的流量测验技术之一。ADCP是一种利用回波束声学换能器所发射的声脉冲在随流运动的水体悬浮物质中所产生的多普勒效应进行测流的仪器，其突出特点就是能够测量不同水层的三维流速和流向，一台ADCP相当于无数多的常规流速测向仪所起的作用，对两岸间各测点的流速剖面和相对深度进行积分计算，即可算出流量值。ADCP由于天然河道水流特性及ADCP测流原理导致在测量中仍存在一些问题，如泥沙影响、流速脉动、外界磁场影响、体积偏大、漂浮物、仪器率定等。但主要制约原因还不是这些，而是与传统流量测验方法完全不同的原理和方式带来的包括测验、资料整理等多个方面的冲突和矛盾，因此探索ADCP的应用问题及对策对更好完成河道流量测验具有十分重要的意义。

关键词：ADCP　流量测验　问题与对策

1　前言

自我国20世纪90年代初引进第一部ADCP以来，ADCP作为一种新的流量测验手段在我省也逐步开始了较大范围的应用，近几年陆续给测站配备了多台声学多普勒流速剖面仪——ADCP。2007年6月，南阳水文水资源局勘测局初配了"瑞江"牌零盲区ADCP(WHRZ1200-1型1 200 kHz)这种新型的流量测验仪器，同月6日开始先后在唐河水文站、平氏水文站试用，并多次与传统的流速仪测验方法进行流量对比测验。本文将就ADCP在流量测验过程中存在的问题、ADCP流量测验与其他水文项目传统测验方式的结合、ADCP与传统流量测验方式的矛盾及衔接等方面进行探讨，为ADCP作为流量测验基本手段提出一个可行的解决方案。

2　ADCP应用中的问题

2.1　ADCP测验的必要性

流量测验是水文工作的主要任务之一，传统的流量测验手段(如常用的旋桨式流速仪法)由于其历时长、自动化程度低，越来越不能满足水文事业和经济社会发展的需要。回水河段以及日益增多的受人类活动影响的水文测站进行流量测验，使用传统的测验手段是难以实现的。

ADCP利用声学多普勒原理进行流速、流量测验，具有历时短、采集数据量大、不扰动流场等诸多优点，可以极大程度地减小劳动强度、增大工作效率、提高现代化水平，成为流量测验发展的一种新手段。

2.2　ADCP 应用中的问题

归纳起来，我们在对 ADCP 在河道流量测验实际应用中发现的问题有以下几方面：

(1)高含沙量的影响。2007 年 7 月 19 日 8 时至 7 月 20 日 8 时，唐河流域降下大暴雨，暴雨中心位于桐柏县淮源镇，日雨量 184.3 mm；桐柏县平氏水文站的日降雨量为 147.5 mm。强降雨导致三夹河出现了今年以来较大的洪水，三夹河平氏水文站 7 月 19 日 13 时开始涨水，2 小时内，流量由 2 m³/s 急速增加到 1 050 m³/s，16 时 40 分出现洪峰，洪峰流量 1 650 m³/s。由于近几年流域内植被破坏及河道取沙，加之为今年的第一次洪水，含沙量较过去大(该站没有测沙任务，故没有含沙量确切数值)，这时我们在使用 ADCP 与流速仪进行对比测量时，发现 ADCP 测得数据严重偏小。这是因为 ADCP 根据回波强度沿深度变化在河底突起的峰值来识别河底，故当水体含沙量较大时，ADCP 无法正确识别河底和水深。

(2)河床走沙的影响。当水流速度较大的时候，河床表面的泥沙会随着水流运动形成推移质，由于 ADCP 假定河床底部固定不运动，致使其误将河床泥沙的运动速度当做水流速度的一部分而产生错误。

(3)磁场影响。2007 年 7 月 7 日，在唐河水文站进行多次 ADCP 测验工作培训和对比试验中，有几次测得的数据有一定的偏差，分析各种影响因素，发现这几次仪器都是距测船较近，根据仪器经营方的技术人员介绍，该站使用的是铁质测船，铁船可能导致 ADCP 内部的磁罗盘发生偏差，因而导致数据偏差。

(4)体积偏大。ADCP 良好的测量精度和方便、快捷的测量特点在应用中得到好评，但对于南阳山区、平原各半的地区开展水文巡测工作而言，ADCP 的体积还是偏大，其配套的测船不方便人员在较高的桥梁上用缆绳直接控制测量。目前，ADCP 主要还是用于普通船载测量，在巡测工作中船只的租赁必不可少。因此，在日常巡测中不可能大规模地应用 ADCP 进行测量，ADCP 的优势得不到充分发挥。

(5)声波无法穿透漂浮物。ADCP 是利用声波原理进行流速测量，当 ADCP 的发射探头碰到漂浮物的时候，发射的声波就不能穿透漂浮物，导致无法测量水流速度，此时 ADCP 测流软件会出现坏数据。在南阳一般河道的第一场洪水，河面上往往有庄稼、秸秆，甚至是树木和大面积水草漂浮，给 ADCP 测流造成难度，影响测量精度。

(6)仪器如何率定。ADCP 设备属电子产品，是计量器具，它是利用声波原理进行流速测量的，电子设备使用一段时间后，电子元器件的老化影响声波发射强度，势必影响测流精度，仪器需要率定。

(7)与传统资料的衔接问题。ADCP 应用的另一个问题是如何与传统资料结合的问题，当采取 ADCP 作为流量测验基本手段后，其资料与传统流速仪资料两个系列的关系如何、怎样衔接，是水文资料使用需要探讨的问题。

3　ADCP 作为流量测验基本手段的问题探讨

从 ADCP 的实际应用来看，ADCP 具有方便、快捷、测验精度高等特点，但从以上实际应用中不难看出，ADCP 还有一定的局限性。随着科技的发展和对该仪器认识的深入，本身的技术问题已经得到了比较好的解决。譬如：当水体含沙量较大时，ADCP 无法正确识别河底和水深时，可外接回声测深仪器加以解决；当遇到河床走沙时，可外接差分 GPS，以其测定测船运动速度，从而获取准确的水流速度；当遇到磁场影响，可以采用非铁质测船或外接罗盘加以解决；牵引可用冲锋舟，有漂浮物时可配合雷达电波流速仪 SVR；由于 ADCP 是计量器具，按国际惯例，必须强制检定，必须制定仪器率定标准等。真正制约 ADCP 推广应用的障碍是，由于 ADCP 与传统流量测验方法完全不同的原理和方式带来的包括测验、资料整理等多个方面的冲突和矛盾。

ADCP 测验的流速数据量大而且是瞬时数据，其实测的最大流速必定比旋桨式流速仪测得的大。为保证 ADCP 实测最大流速符合水文测验的要求，其选取方法必须满足以下原则：首先，必须通过平均计算；其次，鉴于测验垂线布置的合理性，在其他位置选取最大流速的差别并不显著且不必要，最大流速应在常规测验垂线上选取；第三，基于类似原因，最大流速应在垂线的常规测验位置上选取，但不能是推算值。依据上述几条选取的最大流速作为 ADCP 测验的最大流速，在记录 ADCP 实际测得的瞬时最大流速的情况下，可以分析两者之间的关系。

其次，要做好 ADCP 与旋桨式流速仪等传统方式之间测验资料衔接的工作，就必须在很长一段时间内，在使用 ADCP 测验结果的同时，利用 ADCP 测验资料转换为传统测验方式的结果(主要是记录一些水文特征数据)作为辅助资料。这样的工作既保持了水文资料系列的延续，又有利于找出两者之间的关系。尽管增加了一定的工作量，但是在具备完善的软件的情况下还是能够非常方便地实现的。

其实，在与旋桨式流速仪测验资料的衔接问题上，一种较为普遍的观点认为阻碍 ADCP 发展的主要原因是现行的技术标准。不得不承认目前的规范给 ADCP 的应用带来了很多限制，但是规范是可以修订的，更重要的是要正确理解规范规定对于水文测验的真正意义并依此调整我们目前的 ADCP 测验。进行流量测验，除了收集测点流速数据和计算流量外，其他水文特征的记录——如最大流速、断面面积、最大水深等对于水文资料的使用价值具有相当重要的意义，规范对这些方面的限制是有相当必要的。

4　结语

ADCP 作为利用多普勒原理进行流速、流量测验的新的测验方式在原理上与传统测验方式完全不同，但是对于测验的其他方面(如计算方法、参数和数学模型等)，与传统测验方式并无根本区别。在 ADCP 的物理性能得到保证之后，我们完全可以将其当做是对传统测验方式一次升级，而不是变革。对于与我国水文业务惯例相冲突的问题，可以从水文工作要求的本质出发，在修订相关技术文件的同时，延续或创新基本计算原理与 ADCP 测验相同的传统方式的模型和方法，使其资料整理和与传统方式的衔接等问题得到解决，为 ADCP 作为流量测验基本手段铺平道路。

信息技术在水利工程建设管理中的应用

毋芬芝

(焦作黄河河务局)

摘　要：当前，社会各领域都在深化应用信息技术，它使得人们的生产、生活面貌发生了日新月异的变化，水利工程建设管理也不例外。本文从信息技术在水利工程建设管理中应用的几个阶段、黄河水利工程建设管理系统的开发应用入手，阐述了信息技术对水利工程建设管理的重要性。

关键词：水利工程建设管理　信息技术　应用

1　引言

20 世纪中叶以来，信息技术的快速发展和广泛应用对全球经济及整个人类社会发展产生了重大影响，引发了全球性的经济结构大调整，并引领人类社会从工业社会开始向信息社会转变。迄今为止，信息技术已在我国国民经济和社会发展各领域得到了很大程度的深化应用。2006 年 1 月 9 日，胡锦涛主席在全国科学技术大会上的讲话中指出："进入 21 世纪，世界新科技革命发展的势头更加迅猛，正孕育着新的重大突破。信息科技将进一步成为推动经济增长和知识传播应用进程的重要引擎……"。水利作为我国国民经济基础设施和基础产业，其工程建设必须充分运用现代的信息技术，提高信息化水平，才能在 21 世纪实现更大的繁荣和发展。

2　什么是信息技术

凡是能扩展人的信息功能的技术，都是信息技术。它主要是指利用计算机、网络及通信手段实现信息的采集、录入、存储、传输、处理、分析、管理等的相关技术，是当代社会最具潜力的新的生产力。

3　信息技术在水利工程建设管理中应用的三个阶段

3.1　部分利用通信技术

20 世纪 70 年代至 80 年代末，水利工程建设主要采用人员进行管理，人工采集信息，利用纸介质进行文字数据信息的存储、处理、分析和管理。仅在信息传递中以通信电话(后期还借助于传真)为载体，管理人员劳动强度高、效率低，工作受人为因素制约，极易造成数据分析错误或交流传递失误。

3.2　结合利用计算机和通信技术

20 世纪 90 年代，随着计算机和通信传真的推广普及，广大水利工作者可以利用计算机、传真进行建设管理信息的采集、存储、处理、分析、管理和传递，信息分析、处理能力有所增强，并在一定程度上减少了沟通传递失误和对纸介质的依赖，管理水平和工作效率得到了较大提高。并且，此时的计算机已可以生成图形和图像，建设管理可视化技术成为可能。

3.3　利用现代计算机网络技术

90 年代末期以来，计算机网络逐步进入各行各业，为水利工程建设管理提供发展的契机。水利系统相继开通了 Internet，建立了网站、局域网、电子政务系统、数据库、项目管理系统等网络体系和信息管理平台，不仅可以快速、有效、自动而有系统地发布、储存、修改、查找及分析处理大量的建设管理信息，而且能够对建设管理中的各个环节进行跟踪管理。并且数码相机和扫描仪等现代电子产品的应用使建设管理信息形式更加丰富、直观，建设管理可视化技术基本成熟，各种文字、表格、图形、图片、声像信息让建设管理工作变得更加有声有色，这些电子化的信息可以被光速传输、无限复制、长久保存和资源共享。通信技术的发展也为我们带来了极大方便，无线联系、短信群发，使水利工程建设管理更加如鱼得水。这些都意味着水利工程建设管理真正进入了"数字化"和"信息化"时代。

为更好地解决黄河水利工程建设的信息化管理，加强沟通、协作，最大化地实现信息资源共享，不断提高建设管理水平和效率，2006 年 4 月，黄河水利委员会结合自身工作实际，创新管理方式，开发了黄河水利工程建设管理系统(见图 1)，将信息技术在水利工程建设管理中的应用又向前推进了一大步。

图 1　黄河水利工程建设管理系统

4　黄河水利工程建设管理系统的开发和应用

黄委独立开发的黄河水利工程建设管理系统设置了基础信息、质量管理、进度管理、造价管理、合同管理、数据维护等十一个功能模块及若干个子功能模块，每个功能模块均对应着特定的字段信息和管理任务，涵盖了黄河水利工程建设管理中的各个环节。该系统可以安全、高效地进行数据存取、分析、处理，自动计算、生成各种图形、表格，并且实现了建设信息资源的完全共享，除数据维护模块外，各用户可以在登录后非常方便、快捷地进行所需信息的访问和信息检索、查询。

系统采取了模块添加管理权限授权与信息分级控制，数据维护模块的各个子模块的相同字段可以继承，避免了同一数据的重复录入，各授权用户可根据权限随时对数据信息进行新增、修改和补充。子模块字段设计中将规划计划、合同、财务、建设管理等岗位的日常工作与数据采集进行了紧密结合，提供了一个交互工作平台，使各单位、各岗位管理人员在处理日常事务的同时即可进行建设管理信息的采集和录入，这样就不但有效地解决了数据采集及动态更新问题，而且实现了系统信息采集的畅通、准确、完整、高效。

自然，为了保证系统的安全和可靠，设计中采取了用户身份识别，用户只有通过授权才能对相关数据进行修改、新增。利用该系统，任何人均可以在很短的时间内了解掌握黄委系统 1998 年以来已建或在建工程的全部情况，提高了黄河水利工程建设管理工作的透明度，这在以前是根本不可想象的。该系统的开发和应用为黄河水利工程建设管理提供了有力支撑，带动了黄河工程建设管理的信息化和现代化。

5 结语

综上可以看出，信息技术已融入水利工程建设管理中的各个环节，并取得了很大的应用成效，但这仅是一个开端，现代水利工程建设项目多，任务重，形成文件多，参与人员多，信息量大，只有充分利用先进的信息技术，才能优化管理程序、提高工作效率，增进领导决策的科学性和时效性，从根本上提高水利工程建设管理的整体水平。

参考文献

[1] 潘明惠. 信息化工程原理与应用[M]. 北京: 清华大学出版社，2004.

【作者简介】毋芬芝，女，36岁，焦作黄河河务局工程师，大学本科。

鸭河口水库水情自动测报系统更新改造方案

杨晓鹏

(南阳市鸭河口水库工程管理局)

摘　要：鸭河口水库水情自动系统自 1990 年投入运行以来，以其迅速快捷的雨水情预报和及时准确的计算，在历次遭遇大洪水的时候，都能够实时准确地为防洪调度提供科学合理的基础数据。随着现代通信技术、水情自动测报新技术的发展，以及现有设备出现老化、陈旧及其系统自身存在缺陷的现状，为了使系统继续有效地为水库生产调度服务，充分发挥自动测报、洪水预报及水库调度的最大效益，需在新的设计思路指导下，利用新技术、新设备对系统进行全面技术改造。

关键词：水情自动测报　更新改造　方案

1　概述

1.1　水文特征

鸭河口水库以上河流属雨源山溪性河流类型，水文特性与降雨特性十分接近，汛期径流量占全年径流量的 79.5%，历年平均年径流量为 10.93 亿 m^3，最大、最小年径流量分别为 33.2 亿 m^3 和 0.72 亿 m^3。年水量的变差系数为 0.49，由于地形因素，暴雨中心一般在上游山区，白河店、钟店、马市坪一带经常出现暴雨中心。暴雨历时一般为 1～3 天，也有达 5 天左右。黑山头站年最大洪峰流量统计：历年平均为 2 970 m^3/s，1953 年实测洪峰流量为 6 370 m^3/s，历史调查洪水为 10 000 m^3/s。1975 年 8 月最大洪峰流量为 11 700 m^3/s，洪水特性是峰型尖陡，急涨暴落，如 1953 年 8 月 1 日在 15 分钟内水位上涨 1.56 m，洪峰滞时 6～10 小时，洪峰推进到坝前一般为 12 小时。

1.2　水情自动测报系统现状

鸭河口水库水情自动测报系统始建于 1990 年，投入运行 10 年后，于 2000 年升级改造成集水情自动测报、洪水预报、防洪调度为一体的洪水调度系统。系统改造后，以其迅速快捷的雨水情预报和及时准确的计算，在历次遭遇大洪水时，为防洪调度决策提供了科学合理的基础数据，从而保证了水库在超正常水位情况下仍能安全运行，充分发挥出了拦蓄洪水的作用，有效减轻了保护区范围内的洪灾损失。但是，由于受当时通信条件及其他技术条件的限制，目前系统存在以下几个方面的问题：

(1)中继站超短波通信信道质量有所下降。在本系统中共建有鸭河口、穿心垛 2 个超短波中继站，其中有 7 个遥测站的水情数据通过 2 级中继站后方能传送至中心站。随着区域内经济建设发展及人类活动的增加，其通信信道质量受到一定的影响，有数据丢失的情况。

(2)受当时通信技术的影响，遥测站至中心站的数据传输均采用超短波或海事卫星单一的通信信道。当信道出现故障时，则影响数据传输的实时性，造成系统畅通率的降低。

(3)由于设备常年用于野外,使得设备出现了不同程度的老化,使系统的稳定性受到一定的影响。

(4)水库上游的三个入口水文站的水位及流量观测还没能在系统中实现自动遥测,对提高洪水预报精度有着一定的影响。

2　遥测站改造方案

2.1　站网布设

依据鸭河口水库防汛水情预报和防洪调度的需要,参照水库坝址以上流域内已有水文站网,考虑到现有的水库预报方案,鸭河口水库水情自动测报系统站网在现有的测报站网上,将口子河、南召、白河店3站更改为水位站,增加3站的水位自动观测项目。鸭河口水库水情自动测报系统由1个中心站、1个中继站、4个水位站、12个雨量站组成。鸭河口水库水情自动测报系遥测站站网布设详见表1。

表1　遥测站站网布设情况

| 序号 | 站　名 | 遥测项目 | 位　置 | | 地　址 | 高程 (m) |
			东　经	北　纬		
1	白河	雨量	111°57′	33°38′	嵩县白河乡白河村	800
2	桥端	雨量	112°06′	33°34′	南召县桥端乡桥端村	400
3	洞街	雨量	112°03′	33°31′	南召县桥端乡洞街村	600
4	钟店	雨量	112°10′	33°28′	南召县板山坪乡钟店	300
5	白河店	水位、雨量	112°22′	33°27′	南召县白土岗乡白河店	200
6	焦圆	雨量	112°09′	33°41′	南召县马市坪乡焦圆村	800
7	马市坪	雨量	112°15′	33°34′	南召县马市坪乡马市坪	400
8	南召	水位、雨量	112°26′	33°29′	南召县城郊乡西沟村	200
9	羊马坪	雨量	112°23′	33°36′	南召县崔庄乡羊马坪	600
10	廖庄	雨量	112°20′	33°20′	南召县四棵树乡铁炉村	300
11	下店	雨量	112°31′	33°21′	南召县太山庙乡下店	200
12	斗垛	雨量	112°33′	33°34′	南召县留山乡斗垛村	600
13	建坪	雨量	112°38′	33°34′	南召县小店乡东场村	400
14	口子河	水位、雨量	112°39′	33°25′	南召县太山庙乡黄土岭	200
15	辛庄	雨量	112°45′	33°29′	南召县太山庙乡沟口村	400
16	坝前	水位、雨量	112°38′	33°18′	南召县皇路店乡东抬头	180

在本系统中,坝前水位站已建有水位自测井,选用浮子式水位计。南召、白河店、口子河3站将选用压阻式(投入式)压力水位计。

2.2　系统通信组网方案

随着现代通信技术的迅速发展,超短波(UHF/VHF)、短波、卫星、PSTN、移动通信(GSM)、GPRS等通信技术在水文数据传输中有着广泛的应用,将采用表2所示的信道配置。

3　遥测站集成及设备配置

遥测站集成结构:为保证系统可靠、有效地运行,遥测站将采用测、报、控一体化集

表 2　鸭河口水情自动测报系统通信信道配置

序号	河名	站名	站别	遥测项目	通信信道		
					VHF(主)	北斗卫星(主)	GSM(备)
1	白河	白河	雨量站	雨量		✓	✓
2	白河	桥端	雨量站	雨量		✓	✓
3	淞河	洞街	雨量站	雨量		✓	✓
4	淞河	钟店	雨量站	雨量		✓	✓
5	白河	白河店	水位站	雨量	✓		✓
6	黄鸭河	焦圆	雨量站	雨量		✓	✓
7	黄鸭河	马市坪	雨量站	雨量		✓	✓
8	黄鸭河	南召	水位站	水位、雨量	✓		✓
9	古路河	羊马坪	雨量站	雨量	✓		✓
10	排路河	廖庄	雨量站	雨量	✓		✓
11	白河	下店	雨量站	雨量	✓		✓
12	大沟河	斗垛	雨量站	雨量	✓		✓
13	空山河	建坪	雨量站	雨量	✓		✓
14	鸭河	口子河	水位站	水位、雨量	✓		✓
15	鸭河	辛庄	雨量站	雨量	✓		✓
16	白河	坝前	水位站	水位、雨量	✓		✓
17		鸭河口	中继站		✓		

成结构，即以自动监控及数据采集终端(RTU)为核心，接入水位、雨量传感器及远程通信终端设备，实现水情信息的采集、预处理、存储、传输及控制指令接收和发送等测控功能。遥测站数据采集终端采用事件启动、定时采样和指令查询等三种启动工作方式，将各种水文要素的变化经过数字化处理，按一定的存储格式存入现场固态存储器，供现场和远地调用查看。数据采样周期即定时间隔、事件增减变化量、数据传输主备信道，均可在现场或远地通过编程进行设置。

3.1　雨量遥测站

北斗卫星/GSM 主备式通信的雨量遥测站，其设备由翻斗式雨量计、自动监控及数据采集终端、北斗卫星和 GSM 通信终端及天馈线、电源系统等四个单元组成。选用 VHF/GSM 通信的雨量遥测站，其设备由翻斗式雨量计、自动监控及数据采集终端、超短波和 GSM 通信终端及天馈线、电源系统等四个单元组成。

3.2　水文(位)遥测站

水文(位)遥测站选用 VHF/GSM 主备式通信信道，主要采集水位、雨量、流量等水情数据，其中水位、雨量数据采用自动采集、传输方式；流量数据采用人工置入，自动传输方式。遥测站设备由翻斗式雨量计、水位传感器、自动监控及数据采集终端、超短波和 GSM 通信终端及天馈线、电源系统、人工置数装置等六个单元组成。

3.3　超短波中继站

超短波中继站配备主备式中继，主备中继为相互独立的两套设备，主机值守，备机定时对主机进行检测，如主机发生故障，备机自动切换为主机工作模式，并向中心站报告工作状态；如主机正常，备机返回低功耗守候状态。中继站配置多路径遥测终端机、电台及天馈线、蓄电池及太阳能板、充电器、同轴避雷器各两套。

3.4 遥测站设备选型

3.4.1 雨量计

雨量计选用南京水利水文自动化研究所生产的 JDZ05-1 型遥测雨量计。

3.4.2 水位传感器

(1)浮子水位计。选用徐州伟思信息系统工程研究所 WFX-40 浮子式水位传感器，该产品按照 GB9359—88《水文仪器总技术条件》设计、制造。该仪器在水位变率大、波涌严重的环境下，具有良好的测量精度和工作稳定性，特别适合水库站测量水位使用。

(2)投入式压力水位计。选用麦克传感器有限公司的 MPM4700 型压阻式智能液位变送器，它是一种全密封潜入式智能化液位测量仪表。

3.4.3 遥测终端机

遥测终端机选用 YAC9900 多路径遥测终端。YAC9900 多路径遥测终端是在国家"八五"科技攻关项目的成果上优化设计形成的产品，集水文数据采集、传输和监控于一体，是一种接口标准化、功耗低、可靠性高的智能式自动测报设备。它能同时接入多种类型的传感器和通信终端，可接雨量计、浮子水位计、气泡压力水位计、流量传感器、水质传感器、闸位计等。可支持 VHF、北斗卫星、GSM、GPRS、PSTN 等多种通信网协议，具有水情信息自动采集、存储、发送、应答等功能。能在遥测站或中心站实现现地或远地编程控制，具有硬件"看门狗(Watch-dog)"功能。增强了系统管理和维护的能力，是实现水情自动测报系统测、报、控一体化功能的核心设备。

3.4.4 通信终端

(1)北斗卫星通信终端。选用成都国星通信有限公司的 YDD-3-01 型北斗一号用户机。

(2)VHF 通信终端及同轴避雷器。采用超短波通信方式的报汛站及中继站选用 ND250 数传电台，同轴避雷器选用日本关西(KANSAI)公司生产的 KT-35P 同轴避雷器。

(3)GSM 通信终端。为保证系统的可靠性，GSM MODEM 选用国际知名品牌的智能透传模块。

3.4.5 电源系统

遥测站、中继站的电源采用太阳能浮充蓄电池供电；为防止过充还应配有充电自动控制器。电源电压统一采用标称电压 12 V。

免维护蓄电池的容量根据设备的最大功耗及平均功耗并保证在连续 45 天阴雨天的情况下所维持正常供电而确定。

太阳能电池板的功率根据总功耗、工作周期、当地日照、太阳能电池板的充电效率等因数，并要求在连续 45 天阴雨天后能在 10~20 天内将电池充足而确定。在结构方面选用防潮及光电转换效率高且结构强度好的产品。在本系统中各遥测站配置 100 AH/12 V 蓄电池和 40 W 太阳能板。控制装置是防止过充的设备，配置 6.6 A 充电控制器。

中心站数据接收设备的电源采用交流电浮充蓄电池供电，配置 100 AH/12 V 蓄电池和交直流充电控制器。

4　中心站改造方案

鸭河口水情自动测报系统中心站设在鸭河口水库工程管理局。中心站由数据接收处理系统、计算机网络系统、信息查询系统组成。

4.1　数据接收处理系统

数据接收处理系统主要由数据接收通信设备、数据接收处理计算机、电源以及卫星、超短波天线安装设施和避雷系统组成。各遥测站点的水情信息通过北斗卫星、VHF、GSM通信信道传输到中心站后，进入数据接收处理计算机，通过数据接收软件实时完成遥测站水雨情数据的接收处理，并存入原始数据库。

4.2　中心站计算机网络

根据本系统中心站计算机网络应用的实际需求以及网络未来的发展趋势，中心站计算机网络在满足信息接收处理、数据库建立与查询服务的基础上，还应满足水情预报、会商、监视等对计算机网络速度和容量的要求。中心站计算机网络结构采用以太网交换技术，拓扑结构采用星形结构。计算机网络对外互联采用 TCP/IP 协议，局域网内部应支持 TCP/IP、IPX/SPX、NetBEUI 等协议。

设备选型原则：①可靠性原则。在保证所选设备完全满足系统基本功能及技术指标的前提下，选用在国际或国内本行业领域具有知名品牌厂家的产品，并具有良好的售后服务，以确保设备能长期稳定可靠地工作。②实用性与先进性相结合的原则。对计算机网络中的关键设备(如服务器系统等)除考虑设备指标的实用性外，还应选用代表当今计算机网络发展趋势的产品。③一致性原则。对数据接收处理系统的主要通信设备以及主要网络设备应考虑与遥测站以及现有溪洛渡水电站骨干网的接口与通信协议的一致性。

4.3　中心站数据接收处理系统开发方案

数据采集和处理应用软件主要完成水情信息的接收、处理及数据入库等过程，具有与系统数据库服务器连接功能，同时对遥测站可进行监视和远程控制。数据采集和处理应用软件主要由数据接收及处理、遥测系统管理、实时查询、维护和后台数据库连接等模块组成。

数据接收及处理模块主要是通过 GSM 或北斗卫星或 VHF 通信信道实时接收测站的水情信息和工况报告，经检查及预处理后存入本地数据库。

遥测系统管理模块主要是对遥测站进行监视和控制，可通过 GSM、北斗卫星信道查询、召测遥测站的数据和运行状态信息。同时，可对遥测站进行远地编程、校对时间、自报段次及自报时间、参数加报标准和传感器等参量的设置。

实时查询模块主要是随时查询保存的数据信息，且产生相关数据显示静态和动态图表。

维护和后台数据库连接模块主要是把接收的实时数据及时传送到网络数据服务器中。

4.4　数据库和数据库管理

4.4.1　数据库类型

数据库的分类以及每个库的表结构的设计是数据管理的关键环节。参照国家防汛指挥系统的标准数据库结构定义的表结构。本系统设立"数据库结构"功能模块，提供对已设计库的分类及表结构进行查阅，同时向用户提供创建新的数据库的功能。

根据本系统的功能要求，将数据划分为基本信息、遥测水情数据、中间计算成果数据、预报成果数据、历史洪水档案及其他数据。

本系统选择 ORACLE 9i 作为系统共用的关系数据库管理系统。编制数据库管理维护软件，对每一个数据库表设置增加、修改、删除等功能，可在分中心和中心站实现相关信息的维护与管理。

4.4.2 用户管理

提供用户权限管理，按用户不同可分为一般用户、预报用户、系统管理员等三个等级。

4.4.3 目录管理

对于全部原始、次生数据库以及分析计算的中间或最终成果数据建立网络分布式管理。

4.4.4 参数设置

实现对于系统运行所必需的相关参数的设定，只有管理员才有权限进行设置。

4.4.5 数据处理

数据库能否随时保持齐全、正确的状态，是遥测预报系统正常运行的关键环节。将数据库管理系统本身提供的数据库管理工具和开发的数据库管理软件结合起来进行数据库系统的管理。

4.4.6 图形显示打印子系统

在中心站的应用软件中，合理安排图形显示打印功能。在软件编制中，采用地理信息系统 GIS 的 MAPX 控件实现空间数据和图形的显示和打印，该控件具有 GIS 的全部特征，可以实现各种图形的图像的无级缩放、多层叠放，采用 ProEssentials 图形控件实现水位流量过程线、雨量柱状图、各种相关线的显示和各种图像的坐标自动标注。用户可以按照自己的要求，使用图形编辑软件，做出各种图形，无须编程。

4.4.7 报表子系统

对于在预报过程中或信息检索查询中的表格图形，均提供文件和打印机输出功能。输出文件按照用户习惯提供 RTF、XLS、PDF、TIF 等格式的输出。

采用报表编程控件 Flexcell 实现报表的制作和输出，该控件具有和 EXCEL 一样的风格，可以实现和 EXCEL 的数据交换，编程实现各种水情和水务报表的制作、修改、打印等功能。

4.4.8 告警子系统

本子系统可实现:水位值三级(上、下限)报警；雨量值(指定时间长度降雨量)三级(上限)报警；流量三级(上下限)报警；遥测站发生故障报警；广域网通道故障报警。这些报警画面都可自动推出，并可同时以短信方式通知相关人员，记录可存入数据库。

4.4.9 数据备份与装载子系统

可以在线按时段(日、月、年)对历史数据进行备份，并清除在线的过时数据。要调用历史数据时，可以从外部存储设备中装载指定时段的数据。

5 洪水预报及水库调度系统开发方案

为保证鸭河口水库安全运行，充分发挥整体防洪效益，洪水预报及水库调度系统将建立水库的入库洪水预报模型，为水库的科学调度决策提供服务。开发水库防洪调度模型和下游区间补偿调度控制模型。及时、准确、科学地为水库下游防洪调度决策提供服务。

洪水预报及水库调度系统依据该流域暴雨洪水特性和水库防洪特点，根据自动采集的最新雨水情信息实现实时跟踪、实时校正、滚动预报和预报、调度交互作业，具有良好的针对性和可操作性，洪水预报子系统将具有自动定时预报、预见期降雨预报和人工智能等功能。水库调度系统能够快速生成调度方案模型，并适用于不同防洪重点的模型库，具有重点方案的分析功能和调度方案管理功能，通过模拟仿真技术为防洪决策提供防洪形势分析和风险决策参考依据。洪水预报及水库调度系统主要包括以下主要功能：

(1)数据预处理功能：开发实时遥测信息与报汛信息的收集处理软件，将实时雨水情信息存储到网络数据库中，并自动处理实时水雨情数据，为其他子系统准备所需的输入数据。在选择先进的数据库管理系统和地理信息系统开发平台的基础上，除数据库的查询和更新维护功能外，还必须具备水位流量关系的转换和单值化处理、实时雨水情缺测的插补、实时雨水情信息的动态仿真显示等功能。

(2)河库洪水预报功能：为确保工程和沿河城镇及下游的防洪安全，洪水预报系统将以工程、县市为子单元划分节点，在预报系统中根据上、下游预报断面的内在联系，充分考虑各地的防汛需要，各子单元的预报断面具有独立的预报输出。系统以水文模拟为基础，河道演算模型和水动力学模型为连接，将整个流域河道划分成若干个单元河段，进行有机结合，与水库调度实现交互式作业。系统既实现全流域洪水演进，又有分段输出功能，并能根据自动采集系统的实时信息利用卡尔曼滤波技术实现实时校正，为水库防洪调度、重要河段和城市的防汛决策提供及时的科学依据。

(3)工程防洪调度功能：建立包括库水位控制、出库控制和预报预泄模型在内的调度模型系统，通过先进的集成技术，使其快速生成调度方案，并有实时的滚动计算、修正功能和风险分析功能。开发防洪调度模型，根据入库洪水、下游区间洪水及河段上游来水和下游防洪要求进行水库防洪优化联合调度。通过人机交互界面，在设定调度控制条件后，根据预报入库流量过程，进行自动调度和人机交互调度，寻找最优的水库调洪演算方案和下游区间的错峰补偿调度，实现水库的最佳调度方案。

(4)信息查询功能：它将决策者关心的基本信息、重要控制条件，以及一些包含误差的决策因子汇集在一起，采用直观的图形操作与后台模型系统相配合的方式，在会商时为决策者提供可视化极强的辅助会商工具：信息查询、信息发布、实时显示流域已发生的洪水和历史典型洪水的信息、主要工程运行状况、洪水预报成果、调度方案及仿真计算成果，显示水情、工情和灾情实时图像，对各种信息进行对比分析，利用GIS技术对洪涝灾害进行评估等，在多媒体等先进技术的支持下，以图像、声音等多种形式将各种信息显示在屏幕上，为防汛会商、决策支持提供服务。

6 结语

鸭河口水库水情自动测报系统的全面更新改造，将使鸭河口水库的信息化进程达到一个更高的层次，同时也是数字鸭河口水库建设的一项基础工程。

【作者简介】杨晓鹏，男，1963年12月出生，南阳市鸭河口水库工程管理局高级工程师，大专学历。

网络视频监控系统在工程管理中的应用思路

张　战　何心望

(河南省燕山水库建设管理局)

摘　要：第三代全数字化远程视频监控系统，是近年来随着网络、数字视频处理、数据网络传输等技术发展起来的一项新的数字监控模式。该模式已在政府、金融、交通、医院、电力、石油等行业得到广泛应用。希望能够通过本文的介绍给大家提供一个新的认识，为我省的水利工程建设管理的视频监控模式提供一个新的思路。

关键词：网络　视频　监控系统

1　概述

随着以数字化、网络化、智能化为代表的信息技术的发展，社会安全防范的理论和技术都发生了彻底的转变，传统的视频监控技术已不再适应时代发展的需要，而以计算机、网络、通信技术为基础，以智能图像分析为特色的网络视频监控系统逐渐成为监控领域的发展方向。

目前，比较成熟的监控系统解决方案基本上可分为三种模式，即基于传统的模拟监控模式的监控系统、以硬盘录像机(DVR)为核心的第二代准数字化视频监控模式的监控系统、以网络视频服务器为核心的第三代全数字化远程视频集中监控模式的监控系统。

传统的模拟监控模式在国内大中城市刚刚引入监控应用时最为盛行，由于该技术在数据传输、系统结构等方面的欠缺最近几年日趋衰微。

与传统的模拟监控模式相比，基于数字硬盘录像机的准数字化视频监控系统不亚于一次飞跃。数字硬盘录像机放置在监控前端和摄像机相连，可以对视频源信号进行模拟/数字转化压缩后在本地硬盘录像，并可以通过电信数据网络或其他网络通道上传到监控中心，摆脱了传统模拟监控必须敷设光缆的局限性，使系统结构大为简化。

第三代全数字化远程视频集中监控系统是以网络为依托，以数字视频处理技术为核心，综合利用光电传感器、数字化图像处理、嵌入式计算机系统、数据传输网络、自动控制和人工智能等技术的一种全新的数字监控模式。实现监控指挥中心随时对各监控现场状况进行全方位的监视、录像、控制管理。而且，指挥中心区域之外的部门领导及其他相关授权人员，在获得授权密码后，也可以随时或在突发事件时通过联网的办公电脑观看任何监控点的现场情况。

2　需求分析

建立一套科学合理的视频监控系统，来充分保障工程的安全运行，是目前工程建设阶段的一项重要任务。以下是对大型工程建设视频监控需求的分析：

(1)系统将依托网通"宽视界"视频监控系统运营平台构建，前端各监控点注册到"宽视界"平台；用户可以通过 PC 机登录到网通"宽视界"视频监控系统点播选看经授权访问的前端监控点图像，并将经授权访问的前端监控点图像切换到自己监控中心电视墙等显示系统中。

(2)系统采用网络数字化设计，采用分级分域的架构思想，不同级别的用户拥有不同的权限，充分保证系统的安全性。

(3)整个系统采用全光纤接入，在充分保证接入带宽的前提下实现高清实时监控，D1(720×576 分辨率)，相当于 DVD 画质，单点平均带宽为 2 M。

(4)系统能够接入红外、温感、烟感、紧急按钮等探测和报警设备，并能够设置报警联动，当前端有告警产生时图像能自动在电视墙上显示出来并可实现告警预录，及时将事发过程保存下来。

(5)系统应具备远程控制功能，可远程控制云、镜的转动和拉伸。

(6)提供及时优质的维护服务，保障系统正常运转。

3　工程建设视频监控设计原则

工程建设视频监控设计遵循技术先进、功能齐全、性能稳定、节约成本的原则，并综合考虑施工、维护及操作因素，将为今后的发展、扩建、改造等因素留有扩充的余地。本系统设计内容是系统的、完整的、全面的；设计方案具有科学性、合理性、可操作性。

4　全数字化远程视频系统描述

视频监控系统可以大体分为如下几个部分。

4.1　视频监控平台

依托网通"宽视界"视频监控平台，平台主要负责实现各监控点数字图像码流的汇聚、分发与控制。通过全中文化图像用户界面，方便操作维护。根据要求，系统中视频监控主机一方面要把视频信息送往录像系统进行录像，为以后的调看、点播而存储图像，另一方面负责把视频流送到解码器进行解码，输出到电视墙上显示；同时接收网络内具有权限的用户的点播，把未经过解码的音视频信息送到该用户的计算机上，由用户的计算机解码，实现监控图像、声音到桌面，领导以及相关工作人员的计算机登录后观看监控图像，进行远端摄像机的操作等功能。

4.2　前端监控点

前端部分设备主要包括摄像机及配套云台、护罩、解码器、雨刷、支架、视频编码设备和报警器材等设备。

4.3　监控中心

对于图像的解码、显示，可以分为两部分：

(1)通过硬件解码，上电视墙或其他显示设备；

(2)通过点播录像用软件解码，直接在电脑显示屏上观看。

实现如下：

方法(1)配置解码器，用硬件方式解码，输出到电视墙上，配置数量可以按照客户需求随意增减。每个解码器都有一个10/100 M网络接口和一路复合视频输出接口。在本方案建议的系统中，由解码器的10/100 M网络接口接入监控中心的局域网，接收平台送来的音视频流，把信息流解码后输出到电视墙。

方式(2)是软件解码方式，这部分通过在PC上安装客户端软件实时浏览、控制远端监控图像。

4.4　传输网络

即传输线路、接口，我们将根据客户实际情况和具体需求选用不同传输线路来实施。采用了视频通信网的TCP/IP网络结构及传输方式，直接与Internet网络连接，是一个开放性的网络。支持专线、光纤、LAN、ADSL等。

4.5　系统存储

整个系统录像文件可租用网通公司存储设备，存储至网通公司"宽视界"平台，交于网通公司托管维护。也可以在用户本地自行存储。

4.6　系统拓扑图

系统拓扑图见图1。

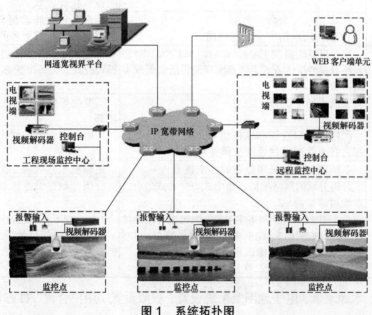

图1　系统拓扑图

5　全数字化远程视频监控系统与准数字化视频监控系统的对比

其对比情况见表1。

6　全数字化远程视频监控系统的功能实现

全数字化远程视频监控系统在实际工程运用当中，能够完全满足大型工程建设和管理的需要实现网络视频监控、远程报警与报警联动、移动侦测、远程矩阵摇杆键盘控制、图像抓拍、电视墙管理、桌面视频浏览预案、图像遮蔽、局部放大、中心定位、语音远程对讲、

表 1　全数字化远程视频监控系统与准数字化视频监控系统的对比

项目	全数字化远程视频监控系统	准数字化视频监控系统
系统的安全性和稳定性	1.能够及时采用最新的先进技术，保障系统的安全性和稳定性 2.专业的维护队伍，高素质的从业人员电信级业务支撑网络自身所具备的高度安全性和稳定性，亦是宽视界系统稳定安全运行的可靠保障	1.无法及时采用最新的先进技术，且技术的更新意味着二次投资 2.有限的设备管理和维护人员业务支撑网络的安全性和稳定性有限，支撑网络的性能有可能对监控系统造成冲击
建设成本	1.一次性投资小或无需一次性投资，解决用户的现期投资财务压力，有限的资金可用于更紧迫的建设(可类比于住房按揭)，并可长期享受专业级服务 2.用户可享受监控业务与传输资源的打包服务，综合投资成本低 3.电信级的传输网络，低成本的中心点海量传输线路。用户可低成本享受专业的海量存储服务及设备托管服务	1.一次性投资大，只能自建服务系统和服务队伍 2.除设备投资成本外，尚需长期租用运营商传输线路 3.系统容量较大时，将承担高昂的传输线路费用(远端点和中心设备线路，尤其是中心点线路) 4.录像存储设备投资较高，无法充分利用存储资源可能需要承担较高的设备托管成本
数据的安全性和可靠性	1.电信级冗余数据备份 2.强大的电信安全防范措施	冗余备份意味着更大的投资安全防范要求意味着更多的投资
接入方式	宽视界系统提供 LAN、WAN、WLAN、E1、光纤等多种接入方式，能够实现最灵活的低成本组网方案	自建系统如需多种接入方式，设备投资较高，设备维护亦存在更大难度
维护成本	低成本的维护开支	需要配备专人维护自建系统，成本较高
系统管理	严格的权限管理和认证机制，强大的设备管理、日志管理和快速的故障处理能力。	有限的网管能力和故障处理能力
技术延续性	系统能够及时采用最新的稳定技术	更新技术意味着二次投资
网络架构	分级分域的网络架构，集中式与分布式结合，系统可靠性高	分级分域建设意味着较高的投资
开放性	1.可提供多种对外业务接口，例如告警联动接口、110 联动接口、GIS 地理信息系统接口、GPS 定位系统接口、人像识别系统接口等 2.低成本的高效二次服务能力	1.一般不具备二次开发能力 2.对业务接口的需求意味着较高的投资

帧重传重组、本地录像、电子地图及系统设置、权限设置、用户管理、日志管理等功能。

7　总结

第三代全数字化远程视频监控系统，是近年来随着网络、数字视频处理、数据网络传输等技术发展起来的一项新的数字监控模式。该模式已在政府、金融、交通、医院、电力、石油等行业得到广泛应用。在这里，希望能够通过本文的介绍给大家提供一个新的认识，为我省的水利工程建设管理的视频监控模式提供一个新的思路。

基于 MapServer 技术的防汛抗旱预警系统

冉志海　田海河　孙　霞　张晓红

(南阳水文水资源勘测局)

摘　要：基于 MapServer 技术的防汛抗旱预警系统是架构在由美国的明尼苏达大学(University of Minnesota)自然资源学系和美国太空总署所开发的开源(OpenSource)软件 MapServer 的 WebGIS 的防汛抗旱预警系统。

关键词：防汛抗旱预警　MapServer　WebGIS

1　引言

防汛抗旱预警系统的任务是充分收集、调查、了解区域内水利工程、历史与实时水文资料，有关法律法规文档资料，不同比例与用途的地图、卫星遥感图片、防汛通信网络、防汛组织机构等信息，经过系统组织、分类和综合，建立相应的数据库、文档库、图片库，以系统形式提供给用户，为防汛抗旱指挥调度部门了解、掌握、控制灾情变化提供反应能力和决策支持。

按照系统论和信息论观点，防汛抗旱预警系统中输入的信息是空间信息和依附于空间信息上属性信息的结合。所谓空间信息就是主要来描述特殊区域或目标的地理或地面特征。而属性信息则是空间信息的历史与实时描述。仅采集其中某一项信息或采集后仅使用某一项信息来进行决策显然是不够的，只有充分采集、使用空间和属性信息才能掌握它的全面情况。对于防汛抗旱预警系统中输入的信息可以大致分为三类：一是呈点状分布，如城镇、居民地、水文站、水利工程枢纽等。二是呈线状分布，如河流、行政边界、堤防等。在实际地面上，其表面都是一个多变的、狭长的区域的面状，因此它的空间位置可以是一线状坐标串，也可以是一封闭的坐标串。对应与线状地物属性数据一般均以线状为基本描述单元。三是呈面状分布，如灌区、易涝区、易旱区、工业区等。它们具有一定范围内连续分布的特征。综上所述，系统的输入可以概括为空间信息和属性信息两种。而系统的输出是区域内的水系、地形、行政区、交运及指挥机构、通信网络等的综合实时显示、分析和管理等，也就是空间信息和属性信息的结合。

GIS 能完好地处理数据与图形的空间关系，具有良好的用户界面和数据分析能力，给防汛抗旱预警系统带来新的解决途径。利用 GIS 的内置空间数据管理系统分别建立系统所需的地理要素图层，每一图层都可以和一个或多个属性数据库发生联系，将所有图层叠置而成一幅电子地图，这样空间数据和属性数据结合在一起，就可以在电子地图上漫游、无级放缩、浏览和查询等，达到信息可视化，从而使思维可视化，以便于防汛抗旱指挥调度部门决策。

2　MapServer 介绍

美国的明尼苏达大学(University of Minnesota)自然资源学系和美国太空总署所开发的开源(OpenSource)软件 MapServer，是一个免费典型的 WebGIS 系统。MapServer 支持三层体系结构[2]，如图 1 所示。

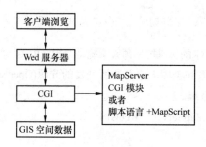

图 1　三层体系结构

(图中的脚本语言指服务端脚本语言；MapServer 的 CGI 模块和 MapScript 模块将在后面介绍)

与由商业企业提供的众多 WebGIS 解决方案相比，MapServer 是开源项目。这就意味着你可以免费使用 MapServer，并具有自行修改、复制以及再分发的权利[3]。同时，MapServer 还有众多的优点[4]：

(1)支持的矢量格式：ESRI shapefiles、PostGIS、ESRI 的 ArcSDE 等(通过 OGR 库实现)。支持的栅格格式：TIFF/GeoTIFF、EPPL7 等(通过 GDAL 库实现)。

(2)对 shapefile 文件，可以建立四元树空间索引。

(3)完全支持定制的 template 的输出。

(4)支持微软和 Apple 公司共同研制的字型标准 TrueType。

(5)支持分块的(tiled)矢量和栅格数据。

(6)地图元素(如比例尺、图例、参照图等)自动控制。

(7)图像比例自动调节。

(8)利用逻辑或正则表达式生成专题地图。

(9)特征标注(包含标注冲突解决)。

(10)可以通过 URLs 动态的对 MapServer 进行配置。

(11)支持动态的投影变换。

(12)对 Open Geospatial Consortium 若干网络规范的支持：WMS (client/server)、on-transactional WFS (client/server)、WCS(server only)、WMC、SLD、GML 和 Filter Encoding[4]。

3　MapServer 环境下的 WebGIS 开发

使用 MapServer CGI 模块或 MapScript 模块开发 WebGIS 程序。利用 MapServer CGI 模块需要做的工作：准备 MapFile 需要的资源，配置 MapFile，设计用户交互界面。无法进行服务器端设计，因为 MapServer CGI 本身就是定制好的服务器端程序(除通过修改源代码来使 Map Server CGI 具有需要的特性)。而利用 MapScript 模块就需要其他服务器端解决方案(指脚本语言)，如 PHP(以 CGI 模块安装在 Web Server 上)。MapScript 模块作为 PHP 的扩展模块，放在 PHP 安装路径的 extensions 目录下。MapScript 模块保留 MapFile 文件的层次对象结构，向 PHP 提供对象结构的 API。在服务器端就可以用 PHP 调用 MapScript 的 API 灵活的选择，修改 MapFile 文件；而不像 MapServer CGI 模块那样死板。同时结合 PHP 对众多数据库——非空间数据库，如 Oracle、Sybase、MySQL 等的支持，在 WebGIS 中整合空间数据和非空间数据变的容易。

MapScript 支持的语言：PHP、Perl、Python、Java、Tcl、C# 等[4]。

4　系统建立

防汛抗旱预警系统 GIS 的建立主要是空间数据和属性数据的采集与存储，以及一些数据模型的建立。

(1)空间数据的采集与存储。利用 MapLab 的图层管理，采用数字化仪或数字大型扫描仪采集空间数据。根据系统的需求在地图上选择地理要素，不同要素分层录入。根据系统分析，系统需要采集以下空间数据：①地形图；②水系图；③行政区划图；④交通图；⑤水利工程分布图；⑥站网分布图；⑦护岸工程分布图；⑧堤防图；⑨防汛通信网络图。利用 MapLab 的分区技术，在图层上划分灌区、易涝区、易旱区、工业区、分洪区，再输入气象卫星图片以丰富图层。而且 MapLab 可以在系统使用过程中对图层上的地理要素进行动态编辑处理。

(2)属性数据的建立。属性数据是依附于空间数据上，利用 MapServer 的数据接口，属性数据可以用 SYBASE、ORACLE、DB2 和 SQL SERVER 等主流型大型数据库。MapServer 支持大多数数据库平台。采用开源数据库 MySql，利用 MySql 建立水文水情数据库、水利工程库和防汛组织库。水文水情数据库包括降雨、流量、含沙量、水位、蒸发、墒情等历史实时数据，水利工程库包括水利工程规格、防护面积、重点工程等，防汛组织数据库包括人员、分布、物资、通信等。

(3)模型库的建立。模型主要是对数据的再加工。采集的数据一般通过人工报汛或微波自动报汛获得。要对原始数据进行分析，必须建立数据模型。而 MapServer 是一个开源软件，兼容 C/C++代码，可以通过 C/C++建立数字模型：水文预报模型、水情调度数字模型、洪水预案模型、枯季径流预报模型和灾情评估模型。建立水文预报模型来处理实时数据；建立水情调度模型来处理重点水库和重点河段的洪水调度；建立灾情控制模型来处理特别情况下对事态的处理，例如人员的撤离、物资的保证等。嵌套在 MapServer 代码中，重新编译，可以建立适合自己的 Web GIS 软件平台。通过 MapScript 调用相关函数即可应用模型，对前台开发可以透明应用。这样，属性数据就可以通过模型产生新的数据，在与空间数据结合就可以使数据可视化。

(4)系统构建整个系统服务端构建在 Windows2003 Server 平台上，Web 服务器采用 Apache，数据库采用 MySql，Web 开发语言用 php，地图矢量化用 ArcInfo。客户端采用任何标准浏览器软件，不需要插件配合。

5 系统功能

建立防汛抗旱预警系统可以实现以下主要功能：

(1)查询和显示。系统中的空间数据和属性数据是相对应的。查询将是十分简单的，只要在图上找到它即可。如要查询某水文站实时水情，在图上找到该站，点击它的属性项目，系统就给出其值(一般为列表形式)。系统在显示方面更是便捷，在图上所见即所得。如要显示某河道的水情，系统就使河道用不同的颜色显示(不同颜色表示不同的水情)。系统可以分层显示不同地理要素，如可以显示区域内的水文站网图，用于独立项目的查询。

(2)任意漫游和无级放缩。由于系统中的地图是电子地图，GIS可以将不同比例的矢量地图结合起来，系统支持用户在区域内任意漫游，并且对区域内任意感兴趣的小区域进行放大和缩小，真正达到无级放缩。便于在防汛抗旱指挥中对某区域进行分析。

(3)水情模拟和决策模拟。系统是以防汛抗旱为目的，对于实时水情进行水情预报，在图中可以动态的显示出来。例如在区域内某水系的预报中把预报值变换成不同的颜色在水系上显示出来，同时由预报时间来演示水情的发展过程，利于行政首长决策，同时利用决策模型在图上演示决策效果。例如在分洪过程中。

(4)专题图的制作。系统提供的三维DEM(数字程度模型)可以制作地形三维图，可以制作单要素晕泫图、点密度图和多种圆饼、直方图等。这些功能对于灾情评估、区域水资源评估等专题的制作十分便利。

6 系统的不足和改进

本研究利用符合OpenGIS标准的开源软件MapServer构建防汛抗旱预警系统过程中，归纳出以下几点不足和建议：

(1)采用开源软件，虽然不需要GIS系统购置费用，但没有完善的资料说明和技术服务，增加开发难度。

(2)MapServer支持FreeType字型，对中文支持不友好，需要由UTF-8转换为true type中文字库，交给GD库处理。

(3)采用CGI模式，传输数据量大，尤其地图，可利用MapLab建立WMS服务器，在符合OpenGIS的OGC标准下构建跨平台运作。

参考文献

[1] http://gis.pku.edu.cn/course/giscourse/resources/dlxx/gis_11_1.htm.

[2] Shashi Shekhar, Sanjay Chawla. Spatial Databases：A Tour. New Jersey: Prentice Hall，2003.

[3] http://www.opensource.org/.

[4] http://mapserver.gis.umn.edu/doc.html.

对南水北调中线工程沙河南—漳河南渠段
膨胀岩(土)渠坡处理技术问题的思考

石长青

(河南省水利勘测设计研究有限公司)

摘 要：膨胀性岩土的特殊性质可主要归结为"三性"，即胀缩性、裂隙性和超固结性，鉴于目前膨胀土处理存在的诸多问题，虽然以往对膨胀土也做过大量的研究，但大多是对其特性和机理的研究，对工程措施研究较少。特别是对南水北调中线工程这种大规模的输水渠道，其处理措施的可靠性、经济合理性，以及施工工艺控制等方面，需要进行有针对性的研究，并通过现场原型试验，提出安全可靠、经济合理的处理措施及施工方法，指导设计和施工，保证工程安全运行。

关键词：膨胀岩(土)分级指标 滑动 处理措施

南水北调中线工程是缓解河南、河北和京津地区水资源危机的特大型跨流域调水工程，该工程以城市供水为主要目标，兼顾农业与生态用水，是党中央、国务院根据我国经济社会发展需要做出的重大决策，不仅经济效益巨大，而且政治意义深远。该工程线路长，渠道沿线穿越膨胀岩土段地质条件复杂，特别是膨胀岩土，沿渠段分布长度 335.85 km，因其具有特殊的工程特性，易造成渠道边坡失稳，对工程的安全运行产生严重危害，而且其处理难度和处理投资均较大。

虽然以往对膨胀土也做过大量的研究，但大多是对其特性和机理的研究，对工程措施研究较少。特别是对南水北调中线工程这种大规模的输水渠道，其处理措施的可靠性、经济合理性，以及施工工艺控制等方面，需要进行有针对性的研究，并通过现场原型试验，提出安全可靠、经济合理的处理措施及施工方法，指导设计和施工，保证工程安全运行。

鉴于目前膨胀土处理存在的诸多问题，2005 年 5 月，水利部水规总院在北京召开了南水北调中线一期工程总干渠膨胀岩土处理方案技术讨论会，建议尽快开展有关膨胀岩土室内和现场试验的专项研究。

1 膨胀岩土的特性及工程危害

膨胀性岩土的特殊性质可主要归结为"三性"，即胀缩性、裂隙性和超固结性。胀缩性是由其所含的黏土矿物成分、胶结物质成分和结构特征等因素决定的遇水膨胀、失水收缩的特性，属于"内因"；裂隙性是由于膨胀软化或收缩开裂而导致土的体积和状态的变化，从而使岩土体开裂，产生裂隙，破坏了膨胀岩土的整体性；超固结性是由于土层的沉积受荷历史等因素引起的，在渠道施工时开挖卸荷使地基产生较大回弹，促进裂隙的发展和土体膨胀软化特性的加剧。膨胀岩土的成因类型多，如沉积类、残积类、岩溶侵蚀类等，性状复杂，其工程地质问题不仅与成因、时代和演化历史有关，而且与气候环境、工程与其相互作用密切相关。

膨胀土抗剪强度具有层次性、动态性和随时间衰减的特点。与一般黏性土抗剪强度相比，膨胀土抗剪强度有显著的特殊性。这些特性是膨胀土胀缩性、裂隙性和超固结性在强度方面的综合表现。膨胀性岩土"三性"的相互作用、相互促进，以及在外界因素如降雨、蒸发等作用下含水量发生变化，导致其对渠道边坡的危害性很大，主要表现为滑坡、溜滑、崩塌等。已有研究和观测结果表明，膨胀岩土边坡的破坏失稳与一般土质边坡的失稳情况不尽相同，膨胀岩土边坡多表现为牵引式、渐进性、浅层滑动破坏，与一般土的圆弧形滑动破坏有很大的区别，有些大滑坡甚至是在 1:6 的平缓渠坡上出现。以往的水利工程，如：南水北调中线工程引汉总干渠陶岔渠首引水渠 4.4 km 渠道的开挖施工曾在第四系膨胀土中发生 13 处大滑坡；南阳市刁南灌区 172 km 渠道发生膨胀土滑坡多达 60 余次；平顶山市昭平台北一干渠鲁山坡段多处滑坡迫使明渠报废，后改为暗渠形式才通过第三系膨胀岩地段；信阳市南湾灌区通过栗子岗工程，岩性为第三系灰白色黏土岩，具中偏强膨胀性，渠道按 1:3 切岗明挖，挖深 21 m，开挖后产生的塌滑填满了渠道，1964 年改线，开挖时又一次塌滑填满渠道，后不得已改为沉箱式埋管。可见膨胀岩土边坡失稳是膨胀土地区常见的破坏现象，无论是膨胀岩土自然边坡还是人工边坡，失稳现象都十分普遍，常形成区域性灾害。

2　沙河南—漳河南渠段膨胀岩土的主要特点

2.1　分布范围广

总干渠沙河南—漳河南渠段总长 472 km，渠线穿越膨胀岩土段累计长 134.7 km(扣除膨胀岩和膨胀土分布的重复计算长度)，占渠线总长的 28.5%，所占比例较大。上第三系膨胀岩分布长度约 110 km，其中弱膨胀岩分布长 43.4 km，中~强膨胀岩分布长 66.6 km，第四系弱膨胀土分布长度约 26.5 km。本渠段大多为膨胀岩，少量为膨胀土。

膨胀岩多分布于低山丘陵和岗地，呈缓坡状，出露地表，部分地段表层有第四系土层覆盖，第四系膨胀土一般埋藏于平原的下部。

2.2　挖方渠段长

渠线穿越膨胀岩土渠段累计长 134.7 km，其中挖方渠段长 71.15 km，占膨胀岩土渠段长的 52.8%，所占比例过半；平均挖深 10~15 m，在桩号 IV122(新乡璐王坟)附近，最大挖深达 42 m。

2.3　成因、岩性、结构类型复杂

沙河南—漳河南渠段分布的膨胀岩有上第三系潞王坟组(N_{2L})、鹤壁组(N_{1h})、漳武组(N_{1z})、洛阳组(N_{1L})，岩性以黏土岩、砂质黏土岩、泥灰岩为主，另有黏土质砂岩、砂岩、泥质砾岩夹杂其中，属滨湖相、河湖相陆源碎屑沉积，一般呈层状结构，地表风化带内呈碎块状结构，严重时呈松散土状。

泥灰岩呈灰白色、灰绿色杂棕黄红色，主要矿物为方解石和黏土矿物，其中方解石含量 60%~90%，黏土矿物含量 10%~20%，黏土矿物成分主要为水云母和高岭石。

黏土岩呈紫红色、棕红色杂灰绿色条带，主要矿物为黏土矿物(含量 55%～85%)、石英和方解石(含量 15%～40%)，其中黏土矿物由水云母和高岭石组成。

膨胀土主要为第四系中更新统棕红色粉质黏土、重粉质壤土等，可塑状，裂隙一般不发育，无～弱膨胀潜势。

2.4 分布不均一、成岩程度差异大

根据沙河南—漳河南渠段膨胀岩土的物理力学性指标统计和地质结构分析，其在水平方向和垂直方向均表现出各向异性的特点，膨胀性等级表现出不均一性，在同一地点、统一岩性的不同深度，其膨胀等级有很大差异。

第三系黏土岩一般成岩程度差，多呈硬黏土状，风干即裂解，局部钙质含量较高，岩心呈短柱状，饱和单轴抗压强度最低只有 0.02 MPa；泥灰岩胶结较好的属较软岩或较坚硬岩，岩心呈长柱状，可见溶蚀现象，饱和单轴抗压强度一般在 15～52 MPa 之间，胶结稍差的饱和单轴抗压强度在 1 MPa 左右，风化后呈碎块状，主要分布于新乡璐王坟、淇县大盖组、汤阴永通河以南等地；胶结程度差的泥灰岩分布较多，硬度接近硬黏土，自然单轴抗压强度在 0.5 MPa 以下，风化后呈粒状或土状。

2.5 耐崩解性低、膨胀性较强

泥灰岩大部分耐崩解性指数 0～27.6%，耐崩解性很低，少部分胶结成岩程度较好的泥灰岩耐崩解性指数 30.6%～89.8%，耐崩解性低～中高，一般为弱～中等膨胀潜势；黏土岩一般呈坚硬土状，耐崩解性指数为 0，多在第一循环已崩解完，耐崩解性很低，以弱～中等膨胀潜势为主，部分为强膨胀潜势。

2.6 新构造运动强烈

黄河以北—漳河南渠段位于地震基本烈度Ⅶ度和Ⅷ度区，新构造运动发育，尤其在辉县—汤阴段Ⅷ度区，渠道附近分布有汤东、汤中等几条第四系活动断层，区域构造稳定性差，地表和钻孔岩心中均可见发育于第三系膨胀岩中小断层。

3 目前勘察、设计中存在的主要问题及思考

3.1 分类方法不够完善

目前国内勘察多采用《膨胀土地区建筑技术规范》(GBJ112—87)，该标准为单一指标分类，即采用自由膨胀率分级，没有考虑土体的矿物成分、粒径分布、结构、塑性指数、液性指数、固结程度等指标，各指标间存在矛盾。如有些按自由膨胀率判定为弱膨胀岩土，但初始含水量较小，而膨胀力很大；而有一些膨胀岩土已表现出膨胀岩土的性质，但自由膨胀率却小于 40%。采用单一指标分类存在的上述问题，使判别出来的结果不能有针对性地指导设计，往往使设计人员对膨胀岩土的计算、处理无从下手。

3.2 抗剪强度指标取值标准不统一

膨胀岩(土)强度指标的选取是个复杂的问题，目前关于膨胀岩土强度的取值主要有以下观点：

(1)风化层理论认为自地表向下强度随深度不同而变化，应分别取残余强度、残余强度与峰值强度的平均值及峰值强度。

(2)弹塑性分区理论认为剪切区滑段上取残余强度，其他段采用峰值强度。

(3)分期分带理论认为膨胀岩土抗剪强度应考虑在地下水位上下采用不同的强度值、强度使用期限。

(4)《水利水电工程地质勘察规范》(GB50287—99)建议根据所含黏土矿物的性状、微裂隙的密度和干湿效应等综合分析后确定,具流变特性的中强膨胀土宜取流变强度作为标准值,弱膨胀岩土可以峰值强度的小值平均值作为标准值;《南水北调中线一期工程初步设计阶段总干渠工程地质勘察技术要求》中要求,在确定膨胀土抗剪强度时,建议采用现场大剪试验方法,条件不具备的单位,也可采用室内试验残余强度的大值与直剪试验的小值这一区间值作为建议值。南阳盆地的膨胀土研究中建议渠水位以上按极限强度折减,以下按残余强度取值。

沙河南—漳河南渠段分布的膨胀性黏土岩、泥灰岩属第三系软岩,矿物组成、结构类型、胶结成岩程度差异较大,裂隙发育,其抗剪强度指标的室内试验结果受钻探、取样、制样、试验条件、试验方法等条件的限制,不能真实反映膨胀岩土的实际强度指标,而大型现场抗剪强度试验受多种条件的限制,又不能做得很多,一般靠一定的现场试验成果建立起与室内试验成果的相关关系进行取值,南阳盆地曾做过膨胀土研究,但沙河南—漳河南渠段膨胀岩土的外观性状、物理力学参数与南阳盆地膨胀土差别较大,见表1,需做有针对性的进一步研究。

表1　南阳盆地与黄河北渠段膨胀岩土物理力学性指示对比

类别	岩性	天然含水量(%)	天然干密度(g/cm³)	自由膨胀率(%)	膨胀力(kPa)	体缩率(%)	缩限(%)	线缩率(%)
膨胀性的判别指标				大于40		大于1	小于12	
黄河北膨胀岩 弱膨胀	泥灰岩	6.8~4.7	1.44~2.17	40~64	16~566	2.1~19.6	3.5~19.2	0.4~6.45
		18.5	1.72	50.5	114	9.3	11.1	3
	黏土岩	0~34	1.43~2.02	40~64	13~362.5	1.1~19.8	2.4~21.1	0.47~8.3
		19.7	1.71	48	106.2	9.5	11.1	2.9
中膨胀	泥灰岩	10.2~25	1.4~2.64	69~90	37~352	2.4~26.5	7.6~18	0.75~8.2
		19.5	1.73	72.2	140	14.15	11.5	4.16
	黏土岩	14.6~33.1	1.42~1.83	65~90	16~325	8.3~21.7	5.7~19	1.6~8
		23.6	1.61	72.9	129	14.4	11.5	4.9
强膨胀	黏土岩	21~31.1	1.43~1.7	95~106	28~425	16~28.3	7.2~13.1	4.3~10
		24.6	1.6	101	167.7	19.5	10	6.38
黄河北弱膨胀土Q₂	粉质黏土 重粉质壤土	19.2~26.1	1.51~1.73	45.5~62	0.12~27			
		22.8	1.61	52	8.5			
南阳盆地膨胀土 Q₂Q₃	灰褐色黏土(弱)	22~31.1	1.47~1.68	33~77	7~90	38~702	11.4~14	0.7~4.2
		23.3	1.59	46	31	14.2	12.1	2.9
	棕红色黏土(中)	18.6~27	1.48~1.68	36~90	31~200	13~20.5	8.1~12	1.6~7.2
		23.5	1.6	52	88	16.1	10.4	4.8
	灰白色黏土(强)	19~31.5	1.38~1.74	70~158	56~780	13~25.5	38~43	3.9~8.3
		22.8	1.53	95	219	18.2	9.3	5.8

3.3 膨胀岩(土)边坡稳定计算的方法不够完善

膨胀岩土边坡的破坏失稳与一般土质边坡的失稳情况不尽相同，膨胀岩土边坡多表现为牵引式、渐进性、浅层滑动破坏，与一般土体的圆弧形滑动有很大的区别，采用圆弧滑动分析方法进行膨胀岩的渠坡稳定计算是否适用，对膨胀岩土体中存在的很多随机裂隙和软弱结构面采用常规的勘察技术很难查清，这些边界条件无法准确地反映到边坡稳定计算的公式或程序中，其稳定分析结果与实际是否存在偏差？此种偏差对工程措施的影响有多大？另外，膨胀岩成岩程度的不均一性和分布的不均匀性，使其外观性状和强度界于岩-土之间，虽然国内外有关膨胀土的研究已经从以往的采用饱和土理论上升到采用非饱和土理论研究阶段，但对膨胀岩这种似岩非土的边坡，其稳定计算的可靠性尚需进一步研究，并采取有效措施。

3.4 工程措施的技术经济合理性、可靠性有待研究

膨胀岩土边坡的处理措施与其成因、结构、物理力学性质、破坏后产生的后果等密切相关。目前工程上主要采用放缓边坡、坡面衬砌、土工织物膜袋护坡、换土、膨胀土改性、土层锚杆、挡墙、抗滑桩、砌石联拱等措施。

对膨胀岩土渠道工程稳定影响最大的是具有中~强膨胀性的岩土，对其必须进行处理，关键是采取的处理措施应既安全可靠又经济合理；对弱膨胀岩土，虽然自由膨胀率小，但膨胀力较大，膨胀变形后对渠道衬砌影响很大，是否进行处理以及采取何种处理措施目前还没有统一的认识，沿线弱膨胀岩土的分布多于中强膨胀岩土，是否处理及如何处理对工程投资影响很大。

因此，在渠道正式开工之前，通过现场大型原型试验，在以往工作的基础上针对河南渠段膨胀岩的工程地质特性和我省的水文气象条件，对各种不同膨胀岩土渠坡处理措施进行研究，经过对比验证，找出既安全又经济的设计方案和有针对性的处理措施，来指导河南渠段膨胀岩渠坡的设计和施工，对工程建设具有现实意义。

后记：2007 年 6 月 29 日，南水北调中线一期工程总干渠膨胀岩(土)(潞王坟)试验段在河南省新乡市潞王坟开工，这标志着国家"十一五"科技支撑计划项目膨胀土研究进入新的阶段。

参考文献

[1]膨胀土地区建筑技术规范（GBJ112–87）[S]. 北京：中国计划出版社，1991.

[2] 黄志全，等. 南阳膨胀土抗剪强度的现场剪切试验研究[J]. 水文地质工程地质，2005，32(5)：64-68.

[3] 刘特洪. 工程建设中的膨胀土问题[M]. 北京：中国建筑工业出版社，1997.

[4] 李宗坤，等. 膨胀土判别指标的优化及其分类[J]. 南水北调与水利科技，2007，5(1):91-94.

【作者简介】石长青，男，1968 年出生，河南济源人，大学本科学历，高级工程师，从事水利工程地质勘察及技术、质量管理工作。